新时期
中国科技人才政策
发展与实践

科学技术部科技人才交流开发服务中心　编著

科学技术文献出版社

·北京·

图书在版编目（CIP）数据

新时期中国科技人才政策发展与实践 / 科学技术部科技人才交流开发服务中心编著. —北京：科学技术文献出版社，2023.3（2025.2重印）
 ISBN 978-7-5235-0138-2

Ⅰ.①新… Ⅱ.①科… Ⅲ.①技术人才—人才政策—研究—中国 Ⅳ.① G316

中国国家版本馆 CIP 数据核字（2023）第 056580 号

新时期中国科技人才政策发展与实践

策划编辑：张 闫	责任编辑：张 红	责任校对：张 微	责任出版：张志平

出 版 者	科学技术文献出版社	
地 址	北京市复兴路15号　邮编 100038	
编 务 部	（010）58882938，58882087（传真）	
发 行 部	（010）58882868，58882870（传真）	
邮 购 部	（010）58882873	
官方网址	www.stdp.com.cn	
发 行 者	科学技术文献出版社发行　全国各地新华书店经销	
印 刷 者	北京虎彩文化传播有限公司	
版 次	2023年3月第1版　2025年2月第3次印刷	
开 本	787×1092　1/16	
字 数	383千	
印 张	23	
书 号	ISBN 978-7-5235-0138-2	
定 价	89.00元	

版权所有　违法必究

购买本社图书，凡字迹不清、缺页、倒页、脱页者，本社发行部负责调换

编委会

主　任：刘育新　徐晧庆
副主任：陈宝明　赵慧君　徐　辉
委　员：（按姓氏笔画排序）
　　　　牛　萍　左晓利　严　利　林芬芬　明正杰
　　　　胡　峻　高东岳　常　颖　蒋玉宏　彭春燕

编写组

主　编：林芬芬　徐晧庆
副主编：刘　辉　周　潇　段黎萍　汪雪锋
成　员：（按姓氏笔画排序）
　　　　王　博　王晓娇　艾易凡　左晓利　刘　倩
　　　　刘　辉　许银彪　孙巧玉　肖一凡　汪雪锋
　　　　张殿雄　陈　航　陈虹枢　林芬芬　周　潇
　　　　段黎萍　袁　铭　景园园　樊嘉逸

序 言

习近平总书记指出，人才是第一资源，是实现民族振兴、赢得国际竞争主动的战略资源。党的十八大以来，以习近平同志为核心的党中央把科技创新摆在国家发展全局的核心位置，坚持创新驱动实质上是人才驱动，聚天下英才而用之，全面谋划部署科技人才队伍建设，充分激发各类科技人才的创新活力和潜力，为我国科技创新事业取得显著成就提供强大人才支撑。党的二十大报告指出，教育、科技、人才是全面建设社会主义现代化国家的基础性、战略性支撑，强调要坚持教育优先发展、科技自立自强、人才引领驱动，深入实施科教兴国战略、人才强国战略、创新驱动发展战略，开辟发展新领域新赛道，不断塑造发展新动能新优势，为新时代科技事业发展和人才工作指明了前进方向，提供了根本遵循。

当前，世界百年未有之大变局加速演进，新一轮科技革命和产业变革正在重构全球创新版图、重塑全球经济格局，科技创新成为国际战略博弈的主要战场。科技竞争背后是人才竞争，谁拥有一流的创新人才，谁就拥有科技创新的优势和主导权。同时，中国迈上了全面建设社会主义现代化国家的新征程，国家科技创新发展面临新的战略机遇，高水平科技自立自强对科技人才的需求上升到新高度。我们要紧紧抓住科技人才这一关键变量，着力造就拔尖创新人才，加快建设国家战略人才力量，实施更加积极、更加开放、更加有效的人才政策，深化人才发展体制机制改革，引导和激励科技人才围绕"四个面向"刻苦钻研、打赢关键核心技术攻坚战、不断向科学技术广度和深度进军，实现从人才强、科技强到产业强、经济强、国家强。

习近平总书记强调，一切科技创新活动都是人做出来的。激发人才创新活力的关键在改革，人才始终是科技体制改革的出发点和落脚点。党的十八大以来，党中央强化顶层设计、系统布局，推动建立了科技体制改革"四梁八柱"，其中科技人

新时期中国科技人才政策发展与实践

才发展体制机制改革在人才培养、评价、激励、流动等关键环节取得多点突破,为科研人员松绑减负、扩大人财物支配权和学术自主权、加大科技成果转化激励、促进人才合理有序流动、推动科技人才开放与合作、加强科研诚信建设等政策最受广大科研人员的关注和欢迎,有效激发了科技人才创新创业创造的积极性、主动性。

目前,我国基本形成了覆盖创新活动全类型、贯穿职业发展全周期、涵盖科技人才工作全链条的中国特色科技人才政策体系。科技人才政策有效推动了我国科技人才队伍的建设和发展壮大,研发人才总量居世界首位,已经形成一支规模宏大、素质优良、结构不断优化、作用日益突出的科技人才队伍;激励引导了广大科研人员矢志创新、潜心研究、追求卓越,在量子信息、干细胞、脑科学、类脑芯片等科学前沿方向聚集了一大批杰出科学家,在载人航天、探月探火、深海深地探测、超级计算机、卫星导航、核电技术、新能源技术、大飞机制造等重点领域涌现出一大批优秀的领军人才和创新团队;营造了有助于科技人才潜心研究的创新生态环境,推动形成了全社会尊重人才、尊重知识、崇尚创新、参与创新的良好氛围。

《新时期中国科技人才政策发展与实践》一书立足于我国科技人才政策发展实践,系统梳理了党的十八大以来我国科技人才政策的发展历程、演变特征和进展实效,探索了科技人才政策基本理论,分析了科技人才政策发展方向,对各级科技和人才管理工作者具有一定的参考价值。

新时代新征程的号角已经吹响。我们要紧密团结在以习近平同志为核心的党中央周围,坚持人才引领发展的战略地位,推动创新链产业链资金链人才链深度融合,引导科技人才在履行国家使命中成就价值,建立具有国际竞争比较优势的人才发展体制机制,激发科技人才内生创新动力,为建成世界科技强国、全面建设社会主义现代化国家不断作出新的更大贡献!

徐旺庆

科学技术部科技人才交流开发服务中心主任
2023 年 3 月

前 言

科技人才作为最活跃、最有创造性的要素，是人才队伍中的重要组成部分。党的十八大以来，党中央、国务院高度重视科技人才工作，系统推进人才体制机制改革，围绕激发科研人员积极性密集出台了一系列政策文件，涵盖了发现培养、激励评价、组织使用、学风作风等各个方面，科技人才政策体系不断完善，政策的针对性和操作性也越来越强，科技人才成长和创新创业环境有了明显改善，科技人才政策红利不断释放，科技人才"获得感"不断增强。

面对百年未有之大变局，2021年召开的中央人才工作会议对新时期人才工作擘画蓝图、谋篇布局，提出了关于新时代人才工作的新理念新战略新举措，明确深入实施新时代人才强国战略。为了贯彻落实好中央人才工作会议精神要求，有必要以科技人才政策理论为指导，对党的十八大以来出台的科技人才政策框架体系进行系统梳理和分析，厘清整体框架和发展脉络，作为开展新时期科技人才政策创新工作的重要基础性工作，为政策制定、优化、集成提供理论和实践方面的参考借鉴。

为此，科学技术部人才中心组织编写了《新时期中国科技人才政策发展与实践》。本书基于科技人才政策理论和我国科技人才政策实践，阐述了科技人才政策基本理论，研究提出了科技人才政策的框架体系，对科技人才政策进行了分类分析，并对科技人才政策落实情况开展了调查分析。本书分为3个部分，共14章。第一部分为总论，主要阐述科技人才政策理论和实践，包括科技人才政策的时代要求、基本理论、框架体系、发展历程和进展成效，以及新时期科技人才政策发展思路。第二部分为分论，按照科技人才政策框架体系分别进行进展和成效分析，包括发现与遴选、教育与培养、使用与集聚、激励与引导、开放与合作、学风与文化、机构与平台、管理与服务等8个方面。第三部分为科技人才政策落实情况调查报告，主要调查科技人才对当前已出台政策的关注度、对落实效果的感受，以及对未来政策的建议和诉求。

本书由科学技术部人才中心组织有关专家学者编写完成，是编写组辛勤工作的成果。各章编写作者如下：第一章，林芬芬，其中段黎萍参与了第四节；第二章，林芬芬，其中周潇参与了第四节；第三章，刘辉；第四章，林芬芬；第五章，景园园；第六章，周潇、许银彪、肖一凡；第七章，陈虹枢、艾易凡、周潇、左晓利；第八章，许银彪、周潇、袁铭；第九章，段黎萍、王晓娇；第十章，周潇、许银彪、王博、张殿雄、樊嘉逸、陈航；第十一章，汪雪锋、刘倩、陈虹枢、周潇；第十二章，肖一凡、周潇；第十三章，左晓利、林芬芬；第十四章，第一、第三、第四节为刘辉，第二、第五、第六节为林芬芬。孙巧玉、张哲整理了附录中的政策文件，并为本书进行了审校。在本书研究和出版过程中，得到了科学技术部科技人才与科学普及司、政策法规与创新体系建设司的大力协助与支持，在此表示衷心感谢。

今后，科学技术部人才中心还将围绕贯彻落实中央人才工作会议精神开展专题研究，出版相关系列书籍。本书编写时间仓促，难免存在不足，敬请读者批评指正。

目　录

第一部分　总　论

第一章　科技人才政策的时代要求 … 3

　第一节　党和国家对科技人才工作提出了新战略新理念新要求 … 3

　第二节　科技人才管理要贯彻落实"四抓"要求 … 5

　第三节　科技人才政策始终贯穿"四抓"要求 … 9

　第四节　科技创新政策与科技人才政策 … 12

第二章　科技人才政策的基本理论 … 14

　第一节　科技人才政策的概念和形式 … 14

　第二节　科技人才政策的内容框架 … 16

　第三节　科技人才政策工具 … 20

　第四节　科技人才政策制定及实施 … 23

第三章　我国科技人才政策发展 … 34

　第一节　科技人才政策发展历程 … 34

　第二节　我国科技人才政策的演进特征 … 38

　第三节　科技人才政策进展与成效 … 41

第四章　新时期科技人才政策创新的主要思路 … 49

　第一节　新时期科技人才政策创新面临的新形势新要求 … 49

第二节　新时期科技人才政策发展方向……………………………………… 53

第二部分　分　论

第五章　科技人才发现与遴选政策…………………………………………… 63
第一节　政策发展过程和进展……………………………………………… 63
第二节　政策落实成效……………………………………………………… 78
第三节　政策发展主要方向………………………………………………… 84

第六章　科技人才教育与培养政策…………………………………………… 86
第一节　政策发展过程和进展……………………………………………… 86
第二节　政策落实成效……………………………………………………… 103
第三节　政策发展主要方向………………………………………………… 110

第七章　科技人才使用与集聚政策…………………………………………… 112
第一节　政策发展过程和进展……………………………………………… 112
第二节　政策落实成效……………………………………………………… 135
第三节　政策发展主要方向………………………………………………… 142

第八章　科技人才激励与引导政策…………………………………………… 144
第一节　政策发展过程和进展……………………………………………… 144
第二节　政策落实成效……………………………………………………… 167
第三节　政策发展主要方向………………………………………………… 176

第九章　科技人才开放与合作政策…………………………………………… 178
第一节　政策发展过程和进展……………………………………………… 178
第二节　政策落实成效……………………………………………………… 197
第三节　政策发展主要方向………………………………………………… 202

第十章　科技人才学风与文化政策…………………………………………… 205
第一节　政策发展过程和进展……………………………………………… 205

第二节　政策落实成效 219
　　第三节　政策发展主要方向 227

第十一章　科技人才机构与平台政策 229
　　第一节　政策发展过程和进展 229
　　第二节　政策落实成效 243
　　第三节　政策发展主要方向 250

第十二章　科技人才管理与服务政策 251
　　第一节　政策发展过程和进展 251
　　第二节　政策落实成效 269
　　第三节　政策发展主要方向 276

第三部分　科技人才政策落实情况调查报告

第十三章　科技人才政策落实情况调查总体情况 281
　　第一节　调查工作基本情况 281
　　第二节　调查结果总体情况 282
　　第三节　有关启示 288

第十四章　分政策类别调查研究分析 290
　　第一节　科技人才发现与遴选政策落实情况调查 290
　　第二节　科技人才教育与培养政策落实情况调查 295
　　第三节　科技人才使用与集聚政策落实情况调查 301
　　第四节　科技人才激励与引导政策落实情况调查 307
　　第五节　科技人才开放与合作政策落实情况调查 313
　　第六节　科技人才学风与文化政策落实情况调查 319

附　录　科技人才相关政策文件列表（2013—2022年） 325

第一部分 Part 1 | 总　论

导　读　科技人才是指具有专业知识或专门技能，具备科学思维和创新能力，从事科学技术创新活动，对科学技术事业及经济社会发展做出贡献的劳动者。主要包括从事科学研究、工程设计、技术开发、科技创业、科技服务、科技管理、科学普及等科技活动的人员。本部分探讨了科技人才政策面临的时代要求，并从基本理论、实践发展、历史演变、改革重点、改革成效和未来发展方向等方面对我国科技人才政策进行总结，以期全面梳理我国科技人才政策发展的现状和脉络。

第一章
科技人才政策的时代要求

任何创新活动都是由人来实施的，科技人才已经成为国家发展和科技创新的核心资源要素，开展科技人才工作成为各级科技管理部门的重要职能，其中，制定和落实科技人才政策是推动科技人才工作的重要抓手，是推进人才体制机制改革的主要方式。本章深入分析科技人才政策所面临的时代要求，以及科技人才政策与科技创新政策的关系，作为理解科技人才政策内涵意义的前提基础。

第一节 党和国家对科技人才工作提出了新战略新理念新要求

面对百年未有之大变局，人才已经成为国家竞争的核心要素，随着科技创新的重要性不断凸显，科技人才作为核心战略性资源的地位不断增强。党的二十大报告将科技与教育、人才作为基础性、战略性支撑，三位一体进行总体部署，提出"科技是第一生产力、人才是第一资源、创新是第一动力"的重要论断，要求深入实施科教兴国战略、人才强国战略、创新驱动发展战略，更加突出了人才的引领驱动作用，人才成为现代化建设的重要支撑。

近年来，习近平总书记对科技创新和人才工作做出了一系列重要论述，充分体现了党中央对人才规律的深刻把握和对人才工作的高度重视。在2021年中央人才工作会议上，习近平总书记提出了实施新时期人才强国战略的"八个坚持"，从战略定位、队伍建设、培养引进、改革要求、生态环境等方面构建了科技人才工作的内容范围，对新时期人才工作做出了新部署，提出了新要求，指明了新方向。

一是坚持党对人才工作的全面领导，这是做好人才工作的根本保证。坚持党的全面领导，是我国人才制度的独特优势，是加快建设人才强国的政治保证，要完善党委统一领导、组织部门牵头抓总、职能部门各司其职、社会力量广泛参与的人才工作格局，加强对人才工作的政治引领，确保新时代人才工作沿着正确的方向前进，努力建设一支规模宏大、结构合理、素质优良的人才队伍。

二是坚持人才引领发展的战略地位，这是做好人才工作的重大战略。要坚持树立人才是第一资源的理念，作为人才工作的出发点和落脚点；坚持创新驱动本质上是人才驱动，为科技创新发展提供不竭动力；坚持人才优先开发的原则，强调人才是创新的核心要素，充分发挥人才在建设现代化经济体系中的战略支撑作用。

三是坚持面向世界科技前沿、面向经济主战场、面向国家重大需求、面向人民生命健康，这是做好人才工作的目标方向。要激励广大科学家和科技工作者肩负起历史责任，引导广大科技人才紧跟世界科技发展大势，不断向科学技术广度和深度进军，坚持需求导向和问题导向开展科研选题，从国家急迫需要和长远需求出发，真正解决实际问题，多出战略性、原创性、前瞻性科技成果。

四是坚持全方位培养用好人才，这是做好人才工作的重点任务。要提高自主培养的质量和能力，把发现、培养、使用青年人才作为一项重要责任，为青年人才施展才干提供更多机会和更大舞台；要加快建设国家战略人才力量，在实践中培养造就一大批具有国际水平的战略科技人才、科技领军人才、青年科技人才和高水平创新团队；深化供给侧结构性改革，要紧密结合产业发展需求，建设知识型、技能型、创新型劳动者大军。

五是坚持深化人才发展体制机制改革，这是做好人才工作的重要保障。人才资源是创新活动中最为活跃、最为积极的因素。为了发挥人才资源的能动作用，就要遵循社会主义市场经济规律和人才成长规律，深化体制机制改革和政策创新，着力破除束缚人才发展的思想观念，用好用活人才，建立更为灵活的人才管理机制，打通人才流动、使用、发挥作用中的体制机制障碍，实行有效的激励保障制度和措施，营造良好的人才成长环境，调动广大科技人才的积极性。

六是坚持聚天下英才而用之，这是做好人才工作的基本要求。从发达国家的历史来看，充分吸收和利用国际优秀人才，是其能够实现科技快速发展的重要原因。在经济科技全球化发展背景下，要以全球视野谋划和推动创新，引进和使用、吸引和用好国际优秀人才在人才工作中居重要地位。聚天下英才而用之，体现了习近平总书记开放的人才观，彰显了党对人才开放包容的态度，对广纳贤才的渴望。要拓展人才来源渠道，坚持"引进来"和"走出去"并重、"引资"和"引技引智"并举，不唯地域引进人才，不拘一格用好人才，构筑集聚全球优秀人才的科研创新高地，聚集党内和党外、国内和国外各方面优秀人才投入党和人民的伟大奋斗中来。

七是坚持营造识才爱才敬才用才的环境，这是做好人才工作的社会条件。环境是吸引人才、留住人才和集聚人才的基础，是人才发挥作用的保障。要在全社会营造尊重劳动、尊重知识、尊重人才、尊重创造的文化，为人才发挥聪明才智创造良好条件，营造宽松环境，提供广阔平台，形成鼓励创新、宽容失败、崇尚科学的风尚。

八是坚持弘扬科学家精神，这是做好人才工作的精神引领和思想保证。科学成就离不开精神支撑，我国科学事业取得的伟大进展离不开科学家的奋斗奉献，也离不开科学家精神的激励。习近平总书记在中央人才工作会议上强调，广大人才要继承和发扬老一辈科学家胸怀祖国、服务人民的优秀品质，心怀"国之大者"，为国分忧、为国解难、为国尽责。要大力弘扬科学家精神，激励广大科技人才立足国家发展需求，把自己的科学追求融入建设社会主义现代化国家的伟大事业中去，引导科技人才服务国家战略，不断向科学技术广度和深度进军。

习近平总书记在中央人才工作会议上提出的"八个坚持"，明确了做好人才工作的根本保证、重大战略、目标方向、重点任务、重要保障、基本要求、社会条件、精神引领和思想保证，是以习近平同志为核心的党中央对我国科技人才事业发展规律性认识的深化，是科技人才工作的根本遵循和政治指引，需要始终坚持并不断丰富发展。

第二节 科技人才管理要贯彻落实"四抓"要求

习近平总书记关于科技创新和人才工作的系列论述落实到具体工作层面，表现为习近平总书记对科技管理部门提出的"四抓"要求。2016年5月30日，习近平总书记在全国科技创新大会上的讲话中提出"政府科技管理部门要抓战略、抓规划、抓政策、抓服务"，奠定了科技创新管理的工作格局。2021年5月28日，习近平总书记在全国科技创新大会、中国科学院第二十次院士大会和中国工程院第十五次院士大会、中国科学技术协会第十次全国代表大会上讲话时指出，"要拿出更大的勇气推动科技管理职能转变，按照抓战略、抓改革、抓规划、抓服务的定位，转变作风,提升能力,减少分钱、分物、定项目等直接干预,强化规划政策引导。"习近平总书记对科技管理的"四抓"要求在具体表述上进行了调整,将原先"抓政策"的要求更加具体化,突出了改革性政策,更加体现了改革的紧迫性和重要性,同时强调了规划、政策要服务于战略、改革。

在实现高水平科技自立自强和建设世界科技强国的时代使命下,科技人才工作作为科技管理的重要组成部分,要适应科技管理由研发管理向创新服务的根本性转变,实现科技人才治理现代化,重点是在科技人才工作中贯彻落实"抓战略、抓改革、抓规划、抓服务"的新要求,具体落实为"抓科技人才战略、抓科技人才体制机制改革、抓科技人才发展规划、抓科技人才服务"4个方面,重构科技人才工作格局。把握科技人才政策与"抓战略、抓改革、抓规划、抓服务"新要求的关系,需要理解每一"抓"的具体内涵,以及"四抓"之间的系统性和融合性。

一、抓科技人才战略

我国从战略层面对人才工作进行顶层部署,并不断加以强化。2003年的全国人才工作会议上正式提出了"人才强国"战略,明确了人才工作的战略地位,将人才发展纳入国家战略体系。进入新时期,党的十八大报告明确提出了科教兴国战略、人才强国战略和创新驱动发展战略。党的十九大报告明确"人才是实现民族振兴、赢得国际竞争主动的战略资源",是创新驱动发展战略、科教兴国战略等七大战略的重要战略支撑。党的二十大报告中关于人才的重要论述体现了人才战略地位的不断深化,人才发挥着核心的引领支撑作用,是首要资源,也是最为重要的决定性资源。科技人才作为人才的重要组成部分,其战略资源地位得到进一步强化。

抓科技人才战略在"四抓"中发挥引领作用,人才战略的制定和实施不同程度地体现了规划和政策研究基础、实践探索和进展成效,对规划、改革和服务发挥着蓝图式指导作用。抓科技人才战略,就是要集中精力谋大事、议大事、抓大事,贯彻落实科教兴国战略、人才强国战略和创新驱动发展战略,把科技创新摆在国家发展全局的核心位置,把科技人才作为第一战略资源,围绕建设世界科技强国的战略目标谋划科技人才全局性、战略性问题,引导科技人才坚持面向世界科技前沿、面向经济主战场、面向国家重大需求、面向人民生命健康不断探索,打造国家战略人才力量,为支撑高水平科技自立自强提供有力的智力支撑。

二、抓科技人才体制机制改革

党中央、国务院始终坚持以体制机制改革激发人才活力，将改革作为推进人才发展的"引擎"，致力形成具有国际竞争力的人才制度优势。2016年，《中共中央印发〈关于深化人才发展体制机制改革的意见〉的通知》（中发〔2016〕9号）明确了改革的基本原则、主要目标，提出了推进人才管理体制改革、改进人才培养支持机制、创新人才评价机制、健全人才顺畅流动机制、强化人才创新创业激励机制、构建具有国际竞争力的引才用才机制、建立人才优先发展保证机制等"1个体制+6个机制"的重点任务，为深入开展人才管理改革指明了前进方向，提供了基本遵循。2021年召开的中央人才工作会议从向用人主体和科学家放权、深化科研经费管理改革、优化整合人才计划、完善人才评价体系方面进一步深化部署人才发展体制机制改革。

抓科技人才体制机制改革在"四抓"中发挥动力作用，是落实战略、规划、服务的具体举措。抓好科技人才体制机制改革，要深刻领会科技创新战略的目标导向和策略安排，要全面落实创新规划的问题导向和确定的任务安排，要有力支撑推进创新实施工作的管理和服务需求。抓科技人才体制机制改革，需要以激发科技人才活力为主线，破除一切制约科技创新的思想障碍和制度藩篱，坚持以需求和问题为导向，通过改革举措打造具有国际竞争力的科技人才制度体系，以应对当前国家创新体系建设的紧迫需求和各方挑战。这些需求和挑战主要包括：科技人才结构与当前国家发展不相适应；顶尖人才、基础研究、战略急需领域等人才短缺；国际人才吸引力不够，新冠疫情与中美博弈背景下的海外人才交流受限；青年科技人才群体活力尚未有效激发；新一轮产业革命带来的科学范式变革对人才发展带来挑战等，都需要通过强有力的政策工具，在科技人才制度框架下形成有效应对举措。

三、抓科技人才发展规划

规划是对未来一定时期为实现一定发展目标而进行的整体设计与行动安排，是国家加强和改善宏观调控的重要手段，也是政府履行经济调节、市场监管、社会管理和公共服务职责的重要依据。国家人才规划、科技创新规划及其他行业部门的相关专项规划，形成科技人才发展规划的总体要求，系统部署科技人才队伍建设、人才体制机制改革、重大工程、重大任务等，对科技人才工作具有指导性作用。2010年，《国家中长期人才发展规划纲要（2010—2020年）》（中发〔2010〕6号）发布，作为我国第一个中长期人才发展规划，明确了战略目标、7项总体部署、12项重大人才工程等，是当时一个时期内全国人才工作的指导性文件。在其指引下，《关于印发国家中长期科技人才发展规划（2010—2020年）的通知》（国科发政〔2011〕353号）、《国务院关于印发"十三五"国家科技人才发展规划的通知》（国科发政〔2017〕86号），以及《关于印发2010—2020年国家中长期生物技术人才发展规划的通知》（国科发社〔2011〕673号）、《关于印发国家中长期新材料人才发展规划（2010—2020年）的通知》（国科发高〔2011〕655号）等行业专项规划相继发布。各地方全面落实，全国31个省、自治区、直辖市均编制出台了地方人才及科技人才发展规划，作为地方人才工作的行动纲领。科技人才规划体系不断完善并初步形成。2021年，中央人才工作会议对未来一段时期的人才工作做出了顶层谋划，明确了各个发展时期的任务目标。《国家"十四五"期间人才发展规划》作为落实中央人才工作会议精神的具体举措，是国家"十四五"规划的一项重要专项规划，要求加快建设世界重要人才中心和创新高地，加快建设国家战略人才力量，加大支持基础研究人才，深化人才发展体制机制改革等。同时，《中华人民共和国国民经济和社会发展第十四个五年规划和2035年远景目标纲要》与《"十四五"国家科技创新规划》围绕激发人才创新活力对深化人才发展体制机制改革做出具体部署，要求全方位培养、引进、用好人才，锚定了未来一段时期的科技人才政策重点。2022年，"十四五"科技人才发展及卫生健康等行业领域的人才规划陆续印发，青海、河南等地方的人才或科技人才规划也接连发布，科技人才规划体系持续完善。

抓科技人才发展规划在"四抓"中发挥路线图作用，对其他"三抓"发挥承上启下的管理核心作用，要反映和落实人才战略的目标方向和策略要求，要对科技人才政策措施工作做出明确的任务规定，要对推进落实规划行动做出系统安排部署。抓科技人才发展规划，需要继续发挥规划在加强宏观管理、促进科技人才资源优化配置方面的重要作用。要客观分析科技人才发展所面临的外部形势，以及国家经济社会发展和科技创新对科技人才队伍建设的需求，明确未来科技人才工作的主要目标和方向，为科技创新工作提供清晰的指引作用；要研究提出行动的路线图，提出重点任务、重大工程、重大行动等，确保规划目标得以实现；要加强科技人才需求的研判，优化科技人才资源的配置布局；要最大限度地凝聚社会共识，形成尊重劳动、尊重知识、尊重人才、尊重创造的社会氛围，营造良好的生态环境。

四、抓科技人才服务

科技人才服务是科技创新服务的重要组成部分，是为了支持科技人才科学、高效地开展科学研究、技术开发和技术创新等各类科技创新活动，以及更好地服务经济社会发展所提供的各类服务的总和。科技人才服务大体上可以分为三大类：科技创新资源服务，包括基础信息服务、科学数据服务、仪器和设备共享服务、科技文献服务和自然科技资源保障服务等；科技人力资源服务，包括教育与培训服务、科学技术普及服务、科技人才测评服务、人才流动服务和中介信息服务等；科技创新成果转化服务，包括技术咨询服务、技术转让服务、技术合作服务、孵化和产业化服务、创新成果推广运用示范服务、创新成果转移转化服务等。

抓科技人才服务，是实施其他"三抓"的集中承载者，也是其检验者、探索者和创新者，为"四抓"要求的落实不断优化创新环境和条件。抓科技人才服务，需要强化创新公共服务，推进各类资源开放共享，为各类科技人才松绑减负，清障搭台。对科技管理部门来说，要切实转变政府职能，由管理型向服务型转变，赋予用人主体科研自主权和科技领军人才人财物自主权，激发人才积极性和创造性，彻底落实科技管理部门"放管服"改革；大力发展人力资源市场，即通过市场机制配置人力资源，同时为科技人才提供专业的创新服务；要优化科研生态环境，优化科研院所和研究型大学科研布局，大幅提高科技资源开放共享水平和专业化服务能力，弘扬新时期科学家精神，营造崇尚创新、宽容失败的生态环境。

第三节 科技人才政策始终贯穿"四抓"要求

总体来看，科技人才政策贯穿和体现在科技人才工作的"抓战略、抓改革、抓规划、抓服务"的新要求中，是落实"四抓"要求的有效工具。从狭义上来看，科技人才政策就是政府管理部门以科技人才发展战略为目标，为落实科技人才发展规划和改革措施、提升科技人才服务水平而制定的一系列行动方案或举措。从广义上来看，科技人才政策的表达形式包括了法律法规、行政规定与命令、各类规划、人才工程计划、行动举措等，是战略、改革、规划、服务的具体表现形式。

科技人才政策作为落实手段贯穿整个"四抓"过程中。抓科技人才战略需要加强对科技人才政策方向的引领及科技人才政策创新的完善优化，是科技人才战略确定的重要前提，要通过规划和政策来落实战略所明确的方向和任务。抓科技人才规划需要科技人才政策加以落实，科技人才发展规划对科技人才政策措施而言，表现为制度性宏观性的系统部署，科技人才政策的任务是贯彻落实，是推进规划实施的具体举措和行动安排。抓科技人才体制机制改革需要加大科技人才政策创新和供给力度，做到系统部署、协同发力、统筹继承，在创新战略指导下，按照规划部署，建立有利于实施创新管理和服务的环境条件。抓科技人才服务要充分落实和用好创新政策措施，不断探索提出新的政策措施需求。科技人才政策为科技人才服务的开展提供政策依据，发挥规范性作用；科技人才服务是落实科技人才政策的手段，不断优化创新环境和条件，为政策的落实落地提供环境保障。

科技人才政策的发展在外部形势、国家科技战略、人才发展环境、科技人才和各类创新主体等要素的影响下，形成双向强化、互动的体系（图1-3-1），从而有效贯彻落实"四抓"要求。科技人才政策的发展与科技创新和人才发展等规划，以及环境等要素相互影响促进，每个因素都会强化或改变其他因素的表现。其中，科技人才政策作为政府推动人才工作的重要工具，在体系中起着关键作用。例如，人

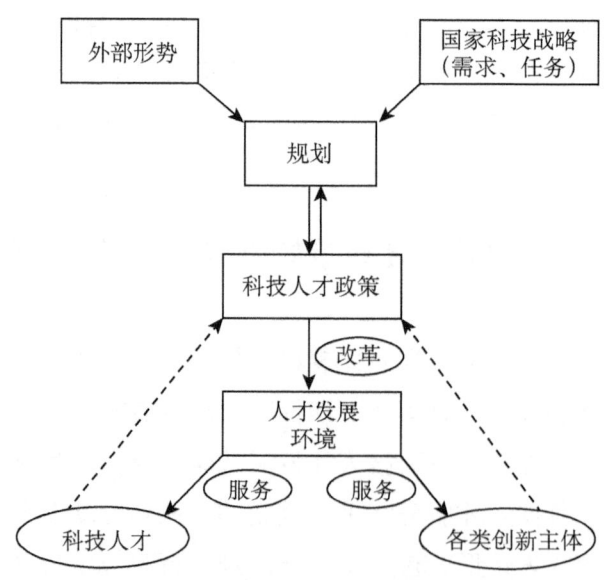

图1-3-1 科技人才政策与各类影响因素之间的作用

才教育培养政策有助于促进个人能力的提升，人才使用政策组织动员人才完成国家任务和服务国家经济社会发展的需求，学风作风政策推动形成良好的文化氛围，人才管理和使用政策影响了各类创新主体选人用人的小环境建设。科技人才政策要随时根据外部形势的变化做出动态调整。

1. 外部形势

是指国际宏观形势和科技发展趋势，具体包括大国博弈竞争、科技革命和产业变革、突发性事件（如新冠疫情）等。外部形势发生重大变化时，科技人才发展、国家科技战略和任务、人才发展环境、各类创新主体均受到影响，需要对形势进行研判，制定科技人才规划，对科技人才工作进行总体部署，并注重及时调整科技人才政策来适应和应对形势的变化。

2. 国家科技战略

是指国家对科技事业制定的大政方针。围绕国家战略制定出台科技人才规划，同时，基于国家科技战略凝练形成的国家科技需求和任务是人才发展的事业平台，需要健全完善人才评价激励等政策，引导科技人才在国家重大科技攻关任务、关键核心技术攻关、重点产业发展、经济社会发展和民生改善等领域发挥支撑作用，在使用中促进科技人才成长发展。

3. 人才发展环境

完善科技人才政策环境是营造良好人才发展环境的重要内容，通过政策形成人才发展的外部环境和人才成长的沃土，除了公平竞争的制度环境和保障有力的生活环境外，还包括弘扬爱国、创新、求实、协同、育人的科学家精神，鼓励创新、宽容失败的创新文化，弘扬学术道德和科研伦理的学术环境，尊重知识、尊重人才的社会氛围等。

4. 科技人才

科技人才是政策的目标群体，受到政策的直接影响，同时其需求直接影响政策的制定。通过科技人才培养、引进、使用、评价、激励、服务等政策激发科技人才积极性，深化人才发展体制机制改革，最大限度地支持和鼓励科技人员创新创造，引导科研人员服务国家需求和国家任务，使得各类科技人才在有效的政策举措的推动下充分释放创新活力，形成人人皆可成才、人人尽展其才的良好生态环境。

5. 各类创新主体

科研院所、高等学校、企业、新型研发机构等各类创新主体作为科技人才成长发展和发挥作用的组织载体,是科技人才政策落实和生态环境营造的承载者,直接促进科技人才成长发展,并组织动员科技人才服务于国家需求和任务。

第四节 科技创新政策与科技人才政策

围绕创新驱动发展战略的实施,党中央、国务院统筹加强科技创新政策的总体部署,已经形成较为完整的国家创新政策体系。中华人民共和国科学技术部(以下简称"科技部")官方网站显示,国家科技创新政策包括15个方面,分别为:综合性科技创新政策、科研机构改革政策、科技计划管理政策、科技经费与财务政策、基础研究与科研基础政策、科技条件与标准政策、企业技术进步与高新技术产业化政策、农村科技与社会发展政策、科技人才政策、科技中介服务政策、科技金融与税收政策、科技成果与知识产权政策、科学技术普及政策、科技奖励政策、国际科技合作政策。有学者根据国家创新体系多要素、多主体、多环节和多层次的立体性特征,按科技创新政策体系分为6个方面:要素政策、创新主体政策、关联政策、产业领域创新、区域创新政策、创新环境政策[①]。其中,科技人才作为最具能动性的创新资源,属于要素政策中的一类。

任何科技创新活动都是由人做出的,科技人才政策与其他科技创新政策具有很强的交互性,在国家科技创新政策中具有相对特殊的地位。同时,科技人才政策不是独立存在的政策,它的内容涉及整个科技创新政策的方方面面,要通过与其他政策相结合才能发挥作用。从相互之间的关系来看,在国家科技创新政策中,其他政策与科技人才政策一般表现为两种类型的关系。一种是直接作用关系,这类政策切实影响科技人才的科研创新活动和个人自身利益,如科研机构改革政策中的机构人事制度改革与科研人员的岗位、薪酬等方面密切相关;科技成果与知识产权政策影响科研人员成果转化的权益划分及知识产权归属,直接影响科研人员创新创业活力;科技奖励政策通过奖励激励引导科研人员做出更大贡献。另一种是间接作用关系,这类政策并不直接与科技人才相关,但通过规制和管理科技创新活动,从而对科技人才产生间接的影响,如基础研究与科研基础政策、科技条件与标准政策、国际科

---

① 《中国科技创新政策体系报告》研究编写组. 中国科技创新政策体系报告[M]. 北京:科学出版社,2018.

技合作政策等都属于这种类型。

需要说明的是,科技人才政策是科技创新政策和人才政策的集合体,人才政策覆盖了个人生存发展中从工作到生活的方方面面,如身份管理、职称改革、工资管理、个税管理等人事制度;落户办理、住房保障、子女教育等人才服务保障;企业注册、税收优惠、产业项目支持等创业服务;等等。可见,科技人才政策需要遵循科技创新规律和人才发展规律,在谈到科技人才政策时,除科技领域内的人才政策外,还需要包括广义的人才概念中的"引育留用服管"全链条政策,才能对科技人才所处的政策环境形成综合、全面的判断(图1-4-1)。

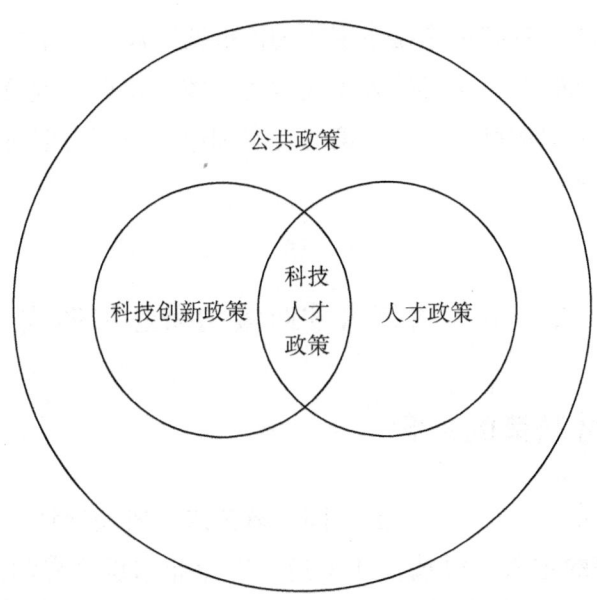

图1-4-1 科技人才政策与公共政策、科技创新政策和人才政策的关系

第二章

科技人才政策的基本理论

科技人才政策的有效制定应在一定的理论框架下展开。本章在深入剖析科技人才政策核心概念的基础上，从科技人才政策的主体、特点、政策形式、政策工具、政策内容等方面初步构建科技人才政策的基本理论，为新时期科技人才政策的制定和调整提供重要参考。

第一节　科技人才政策的概念和形式

一、科技人才政策的概念

根据《国务院关于印发"十三五"国家科技人才发展规划的通知》（国科发政〔2017〕86号）中的定义，科技人才是指具有专业知识或专门技能，具备科学思维和创新能力，从事科学技术创新活动，对科学技术事业及经济社会发展做出贡献的劳动者。其主要包括从事科学研究、工程设计、技术开发、科技创业、科技服务、科技管理、科学普及等科技活动的人员。政策则是国家机关、政党及其他政治团体在特定时期为实现或服务于一定的社会、政治、经济、文化目标所采取的政治行为或规定的行动准则，是一系列谋略、法令、措施、办法、方法、条例等的总称[1][2]，因而，科技人才政策是我国针对"科技人才"这一群体制定的一系列政策的总称。

---

[1] 苏竣.公共科技政策导论[M].北京：科学出版社，2014.
[2] 陈振明.政策科学：公共政策分析导论[M].北京：中国人民大学出版社，1998.

当前，学界从不同角度对科技人才政策的内涵及范围做出了多种定义。中国社会科学院娄伟等认为，科技人才政策可以看作为了规范科技人才行为而制定的准则，也包括那些目标诉求不完全是针对科技人才，但含有与科技人才相关内容的准则[①]。学者赵永乐等则认为，科技人才政策是政府在特定时空背景下为促进科技人才发展，提升科技人才驱动经济、科技、文化等发展的效能而采取的行为准则和制度措施，涉及包括科技人才的培养、引进、使用和管理等在内的法律、规划及办法等制度措施[②]。学者郭俊华等更加笼统地将科技人才政策论述为国家或地区针对科技人才工作的各个环节而制定颁发的一系列法律、法规、条例、办法和措施等的总称，其主要功能是通过营造有利于科技人才发展的良好环境，健全科技人才开发机制，培养造就一支宏大的、高素质的科技人才队伍[③]。学者王辉耀等将科技人才政策界定为国家和地区党政部门、机构等在一定时期内采取的涉及科技人才引进、培养、使用、管理等活动的一系列政策措施[④]。总体来讲，科技人才政策是政府部门以科技人才的全面发展为政策客体而实施的一系列政策的总称，其目的是实施有效的人才管理服务和激发科技人才活力，从而使得科技人才更好地促进科技进步。其实施范畴涉及科技人才队伍培养、引进、使用、管理、激励和评价等多个方面。因此，本章在深入论述科技人才政策主体、范畴的基础上，从科技人才政策形式、政策工具、政策内容等方面深入探讨科技人才政策的基本理论。

二、科技人才政策的形式

我国现有的科技人才政策体系是在不断调整、发展中逐步形成的，并始终与我国宏观发展规划保持高度一致。特别是党的十八大以来，国家以激发科技人才活力为主线，以建设适应时代发展和经济社会需求的科技人才队伍为任务，从中央到地方出台了多项、多维度的科技人才相关政策，使得科技人才政策的形式及实施范围

---

① 娄伟.中国科技人才政策分析[M].北京：社会科学文献出版社，2005.
② 刘忠艳，赵永乐，王斌.1978—2017年中国科技人才政策变迁研究[J].中国科技论坛，2018（2）：136-144.
③ 徐倪妮，郭俊华.中国科技人才政策主体协同演变研究[J].中国科技论坛，2018（10）：163-173.
④ 苗绿，王辉耀，郑金连.科技人才政策助推世界科技强国建设：以国际科技人才引进政策突破为例[J].中国科学院院刊，2017，32（5）：521-529.

得到进一步扩展。因此,本书所探讨的科技人才政策泛指广义上的政策、法规。具体来讲,可表现为法律法规、政策措施、管理运行细则及学风文化4种形式。

法律法规从法治层面实现对科技人才创新创业创造行为和科技人才发展体制机制的法律规范、约束和引导,是实现依法治国的基本依据和根本保障。建立健全结构合理、内容完整、保障充分的科技人才法律法规体系,有助于为各类科技人才全面发展和各项体制机制改革落实落地增强法律保障,固化和稳定已取得的改革成果。科技人才法律法规体系主要包括两个方面:一是科技领域的人才立法,主要在《中华人民共和国科学技术进步法》《中华人民共和国促进科技成果转化法》等相关科技领域法律法规中,对人才培养、引进、使用、评价、流动、激励、保障等各个环节,以及政府、用人单位、人才等多方主体进行规范,用法律促进国家科技人才发展,保护国家人才安全,维护科技人才的权益,保护人才创新创业;二是其他领域的科技人才相关法律法规,行业产业领域在立法过程中完善科技人才内容,加强和规范各类科技人才发展。

政策措施是指行政管理部门在一定时期内,为了实现特定目标、战略和任务等,针对科技人才创新创业创造活动和科技人才管理工作制定的行为准则、权益职责、工作方式、实施步骤、基础制度等,既包括与科技人才发展体制机制改革相关的政策措施,也包括与科技人才所依附的主体、载体相关的改革措施。政策措施从某种程度上来说具有临时性,对于有必要长期坚持的政策措施,需要在法律法规或制度层面进行固化,以保持其稳定性。

管理运行细则是对科技人才、创新主体、科技资源等进行管理的基本制度和流程,包括科研机构、企业等主体的内部运行规则,是法律法规和政策措施落实的重要途径。

学风文化具体为涉及科研组织内部及全社会对待科技创新的基本认识、核心价值观、道德规范和行为准则等,直接影响科技人才创新活动的价值取向和行为导向,包括弘扬科学家精神、倡导创新文化等要求,能够形成具有导向性的文化氛围,有助于营造良好的政策环境。

第二节　科技人才政策的内容框架

从服务国家战略发展和国家创新体系建设的视角来看,科技人才政策可划分为目标类、供给类、实践类和保障类 4 种类型，具体包括各有定位、功能衔接的 10 个政策方向，整体构成了我国科技人才政策的总体内容框架（图 2-2-1）。

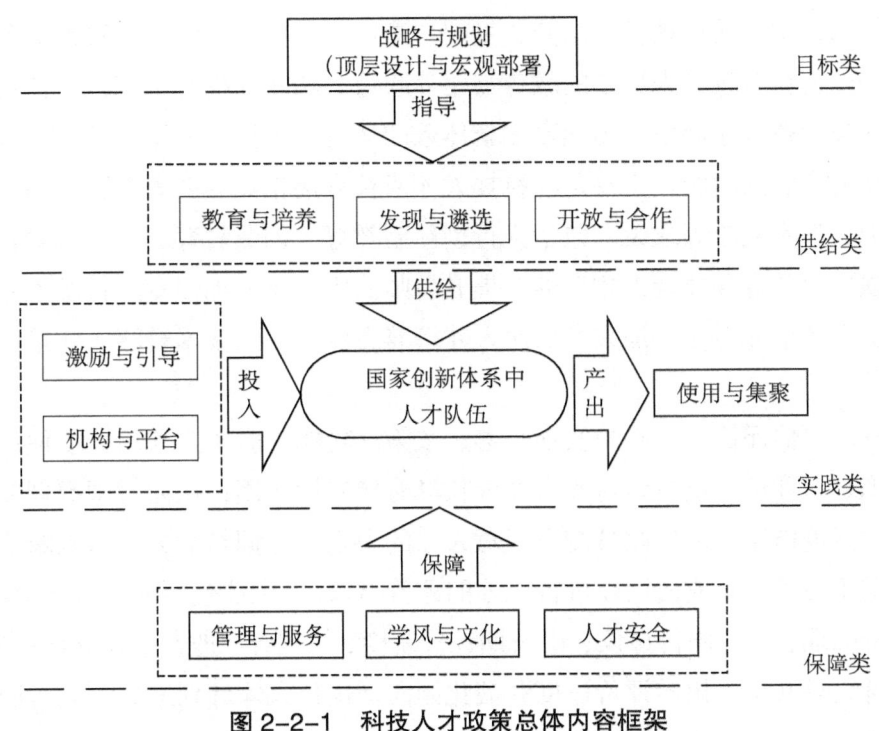

图 2-2-1　科技人才政策总体内容框架

一、目标类政策

目标类政策解决"为了什么"的问题，通过战略与规划实现对人才发展的顶层设计和总体布局，体现国家创新体系建设对科技人才队伍提出的需求。

——以顶层设计和宏观部署为核心的战略与规划政策。其功能为服务国家创新体系的需求，对人才工作进行顶层设计和宏观部署，体现科技创新事业对科技人才工作提出的需求。主要是国民经济社会发展规划、创新驱动发展规划等综合性规划，以及科技创新发展规划、人才发展规划、教育发展规划、产业发展规划等专项规划中对科技人才发展的定位、目标与战略部署等。包括科技人才定位、科技人才发展目标、科技人才发展重点任务部署、科技人才体制机制改革和政策等政策内容。

二、供给类政策

供给类政策解决"人从哪里来"的问题，核心是保持并持续壮大队伍规模、优化人才结构，主要通过教育与培养、发现与遴选、开放与合作3类政策实现。

——以创新型教育为核心的教育与培养政策。功能为提升国家创新体系的能力建设和加强后备人才储备，为国家创新体系的运行提供持续的智力源泉，解决人才供给和动力来源的问题。主要是与科技人才成长直接相关的高等教育、职业教育、技能培训、学术交流等政策。包括推行创新型教育、创业教育、产学研融合培养人才、加强职业教育和技能人才培养、提升教师队伍素质、加强专业技术人才培养、加大基层人才培养力度、加大高层次人才培养力度、加强技术转移人才培养等政策内容。

——以评估评价为核心的发现与遴选政策。功能为服务人才培养或使用，进行人才的识别、评价、选拔，对于人才成长具有导向性作用，从而对国家创新体系能力提升有促进作用。发现政策侧重于对人才的识别、挖掘与潜力能力判断等；遴选政策侧重于为了培养或使用而进行人才的评价与选拔。主要包括科技人才分类评价、完善评价标准、实行同行评议、中长期评价制度、"三评"改革、建立评审专家库、推进评价结果共享、扭转评价过度利益化倾向、优化人才计划遴选、完善职称设置和评审通道、下放职称评审自主权、职称评审社会化、基层人员职称评审倾斜、完善科技奖励评选制度等政策内容。

——以利用国际资源为核心的开放与合作政策。功能为统筹国内国外两支人才队伍，加快推进科技人才国际化发展，促进国家创新体系的内外融通，实现创新资源和能力的互联互通。包括积极引进国际人才、扩大科技计划对外开放、高等教育国际化、搭建国际人才发展与交流合作平台、支持人才走出去、国际人才服务与保障、对海外人才来华创业提供支持、加强职业资格国际认证、优化海外人才评价、国际人才荣誉与奖励等政策内容。

三、实践类政策

实践类政策解决"人才发挥什么作用"的问题，核心是激发内生动力、组织动员，主要通过3个方面的政策来实现：通过激励与引导政策，充分激发个体创新的内生动力和积极性创造性；通过使用与集聚政策，使项目、基地、人才一体化配置，实现对科技人才群体的高效组织动员，促进科技人才合理流动；通过机构与平台政策，为科技人才提供进行科研活动的载体。

——以组织动员为核心的使用与集聚政策。功能为组织动员科技人才服务国家科技重大任务、产业发展、民生改善等，为国家创新体系提供"动力系统"，发挥科技人才的支撑作用。包括优化科技计划立项和组织实施方式、优化科研经费管理使用方式、加大青年科技人才支持、加快博士后人员在使用中成长、加大对领军人才和优秀创新团队的支持、促进人才项目基地结合、促进科技人才合理有序流动、引导科技人才服务企业、实行重大决策专家咨询、加大女性科技人才支持等政策内容。

——以激发人才动力为核心的激励与引导政策。功能为通过物质奖励、精神鼓励、荣誉奖励及竞争、规范、约束等方式激发科技人才创新活力，作为国家创新体系高效运作的"催化剂"。包括提高薪酬收入、实行绩效激励、实行津贴激励、加大科技成果转化收益激励、扩大科技成果享有权益、加大科技成果转化金融支持、优化管理激励机制、强化奖励荣誉和表彰、建立激励约束机制等政策内容。

——以良好的内部机制与微观环境为核心的机构与平台政策。功能为促进国家创新体系中各类创新主体良好运行，通过为人才发展营造良好的"小环境"，促进科技人才实现更大的价值创造。主要包括专家服务基地建设、自主创新示范区改革、创建双创示范基地新模式、发展众创空间、建设科技创新中心、建设高水平科技创新基地、发展新型研发机构、建设海南自由贸易港、改革博士后工作站、发展高新技术产业园区、推进高校和院所管理改革等政策内容。

四、保障类政策

保障类政策解决"需要什么条件"的问题，核心是提供完善的服务和营造良好的创新生态，主要通过3个方面的政策来实现：通过管理与服务政策，提高组织效率；通过学风与文化政策，为科技人才提供良好的创新环境与氛围；通过人才安全政策，确保人才需求的总体安全和科研人员的个体安全。

——以提高组织运行效率为核心的管理与服务政策。功能为从制度、条件、平台等方面为科技人才发挥作用提供服务和保障。主要是党管人才体制机制、科技人才管理、科技人才服务、人才资源市场化配置和服务等。包括党管人才、优化科技人才管理、优化选人用人制度、面向科技人才推动资源共享、加大培训力度提升科技人才创新创业能力、健全科技人才公共服务体系等政策内容。

——以回归科学家精神为核心的学风与文化政策。功能为营造科技人才发挥功能作用所需的良好生态环境，在全社会形成有利于人才成长的创新文化。主要是加强科研诚信建设，弘扬创新求是、敢为人先、勤勉尽责、诚实守信、学术民主等科学精神和学风作风，倡导科技报国、造福人民的担当和情怀。包括科研诚信建设、学风作风建设、弘扬科学家精神、反对不良科研风气等政策内容。

——以保障国家人才安全和人才个人安全为核心的人才安全政策。功能为通过保障人才安全增强科技人才队伍的稳定性和抗风险能力，进而保障国家创新体系的平稳运行。主要是加强人才开发及人力资源、重点领域重要人才等人才安全领域相关建设，维护国家科技人才安全。包括人才安全法律法规、人才安全预警等方面的政策内容。目前主要是在科技体制改革宏观顶层设计文件中提出了相关要求，尚未有针对性政策公开发布。

第三节　科技人才政策工具

政策工具又称行政工具、治理工具，是决策者用来实现特定政策目标的手段和方式。政策工具表现为带有强制性、命令性规定的权威工具，实质上表现为具体的政策举措，政策体系正是由一系列政策工具要素组成的。同时，政策工具是相对的、动态的，如对于科技创新政策来说，教育培训可以视为基本的政策工具，但换个情境，教育培训本身可以自成体系，包含高等教育、职业教育等多个政策工具。同一个政策工具在不同的应用情境下，其类型也会相应进行调整。

从分类来看，罗斯韦尔（Rothwell）和泽格维尔德（Zegveld）对一般性的创新政策进行归纳，将创新政策分为供给面政策、需求面政策和环境面政策，这种分类方法被广泛引用。参考这种分类方法，根据政府对于科技人才治理的直接、间接程度等，将科技人才政策工具分为供给面政策工具、需求面政策工具和环境面政策工具（表2-3-1）。从供需两端看，有人才评价、人才培养、人才激励、人才管理、人才引进等供给面政策工具，也有科技创新规划、科技事业发展等需求面政策工具，还有科技人才规划、公共服务等环境面政策工具。从人才工作链看，供给面政策工具、需求面政策工具和环境面政策工具都会对人才工作的各个环节产生影响。但是，只有3个层面的政策工具组合使用，才能对创新产生强大的激励与推动作用。

表 2-3-1 常用科技人才政策工具分类

供给面政策工具	需求面政策工具	环境面政策工具
（一）科技人才评价 1. 科技人才计划 2. 职称评审 3. 绩效考核 （二）科技人才培养 1. 教育 2. 培训 （三）科技人才激励 1. 收入分配 2. 成果转化激励 3. 奖励 （四）科技人才管理 1. 岗位管理 2. 人员科研自主权 （五）科技人才引进 1. 出入境和居留管理 2. 境内生活工作各项服务	（一）科技创新规划 （二）科技事业发展 1. 关键核心技术攻关 2. 科技计划部署 （三）产业发展 1. 创业支持与服务 2. 税收优惠 （四）科技体制改革 1. 项目管理 2. 经费管理	（一）科技人才规划 （二）公共服务 1. 促进科技基础设施开放共享 2. 建设科技人才信息库 （三）人力资源市场 1. 规范市场秩序 2. 支持人才中介组织 （四）监督约束 1. 处罚科研不端行为 2. 构建科研诚信监督体系 （五）创新主体改革与评估 1. 推进现代院所制度建设 2. 国有企业改革

一、供给面政策工具

供给面政策工具主要表现为政策工具对科技人才工作的直接推动力，是指政府通过科技人才培养、引进直接增加科技人才总量的供给，开拓国际人才交流渠道，改善科技人才供给的状况，通过评价激励指挥棒激发科技人才创新创业活力，推动科技人才产出更多更好成果。

常见的供给面政策工具包括：一是科技人才评价，是最常用的政策工具，通过构建科学合理的评价指标和采用多元化评价方式来引导科技人才的活动，具体细化为科技人才计划、职称评审、绩效考核。二是科技人才培养，根据科技创新和产业发展需求，积极完善各类教育体系和培训体系。其中，教育包括完善基础教育、高等教育、职业教育等方面；培训包括就业培训、知识更新培训、能力培训等方面。

三是科技人才激励，以物质待遇和精神激励满足科技人才生活和精神需求，促进科技人才创新创业，具体包括收入分配、成果转化激励、奖励。四是科技人才管理，政府出台指导性政策，规范科研单位人事管理制度，规范科技人才管理，包括岗位管理、人员科研自主权。五是科技人才引进，政府为境外科技人才提供便利的出入境和居留管理，以及境内生活工作各项服务。

二、需求面政策工具

需求面政策工具是指政府确定科技创新战略目标和通过提出国家科研任务、优化科技创新活动、促进产业发展等措施为科技人才发展搭建事业平台和载体，采取税收优惠、创业服务等手段来减少市场的不确定性，支持科技人才的创新创业服务，形成以创新驱动为导向的人才组织动员，从而促进科技人才全面发展。

常见的需求面政策工具包括：一是科技创新规划，政府制定科技发展规划，确定科技发展远景目标和发展蓝图，提出国家层面的科技人才队伍建设需求，为科技人才的创新活动提供目标和方向。二是科技事业发展，政府为了国家科技战略发展，建设社会主义市场经济条件下的新型举国体制，布局国家科学技术计划体系，开展科技攻关和前瞻性储备，包括关键核心技术攻关、科技计划部署，从而对科技人才发挥的引领支撑作用提出需求。三是产业发展，政府通过税收减免、创业补贴、融资支持、风险投资、低息贷款等政策手段改善科技创业环境和支持科技型企业发展，包括创业支持与服务、税收优惠。四是科技体制改革，政府为了优化科技项目组织，实行"揭榜挂帅""赛马"等项目组织方式，改革经费管理方式，更好地支持科技人才发展，包括项目管理、经费管理。

三、环境面政策工具

环境面政策工具主要表现为政策对科技人才活动的影响力，具体包括改善科研生态环境、为科技人才发展提供有利的政策环境，能够发挥明确目标、规范行为、营造氛围等作用。

常见的环境面政策工具包括：一是科技人才规划，政府研判科技人才队伍面临的形势与需求，制定科技人才发展规划，对科技人才的中长期目标和愿景做出总体描述和规划，作为一段时期科技人才工作的指引，部署谋划科技人才发展的总体环境。二是公共服务，政府出资建设各类实验室和研究平台等科技基础设施，促进科技基础设施开放共享，收集整理国内外科技人才信息，建设科技人才信息库，为把握科技人才队伍现状提供信息支撑。三是人力资源市场，政府通过设定行业标准、规范市场规则等措施加强人力资源市场监管，规范市场秩序，支持人才中介组织来促进人力资源行业的发展，营造良好的市场环境。四是监督约束，政府加强对科研不端行为的处罚，构建科研诚信监督体系，规范科研活动，加强科研学风作风建设，营造风清气正的科研环境。五是创新主体改革与评估，政府通过推进现代院所制度建设和国有企业改革，开展科研院所绩效评估、"双一流"评估等，推动各类创新主体良性发展，为人才营造成长的"小环境"。

第四节　科技人才政策制定及实施

随着政策研究的深入，国内外学者基本一致认为政策过程是一个连续、系统的过程，从制定前的信息收集到政策执行应用，再到后续的政策调整，是一个由一系列环节构成的过程系统。本节重点分析了政策过程中的制定、执行和评估环节。

一、科技人才政策的制定

1. 科技人才政策制定的主体

从定义来看，公共政策主体是指参与或影响政策制定、执行及评估等各个政策过程阶段的个体和组织[①]。公共政策主体表现为各方利益相关者，一般包括立法机关、行政机关、政党、各类创新主体、科学共同体、智库、各类媒体、科学家、普通公民等不同组织和个人。

从分类来看，国内学者大多将公共政策主体分为官方决策者和非官方参与者。李刚认为，科技政策制定主体可分为官方或非官方两大类，官方政策制定者有立法者、政治官员、行政管理人员乃至司法人员；非官方政策制定者有利益集团、政党和作为个人的公民[②]。就科技人才政策制定的主体而言，官方决策者是指具有公权

---

① 苏竣. 公共科技政策导论 [M]. 北京：科学出版社，2014.
② 李刚. 论科技政策的人本基础 [J]. 福建论坛（人文社会科学版），2005（6）：58-61.

力和合法权威去制定科技人才政策的组织和个人。官方决策者的范围与国家的政治体制相关，如美国的官方决策者包括立法机关、政府与司法机关，中国的官方决策者包括各级党组织、立法机关和司法机关、各级政府行政管理部门。非官方参与者是指对政策制定的影响较为间接，但又是政策制定中不可忽视的主体因素，包括各级科协和科学共同体、各类创新主体、各类民主党派、科学家、智库、各类媒体和公民等。下面逐一介绍科技人才政策制定中发挥重要作用的各类主体。

一是各级党组织。中国共产党是官方决策者的核心，是最高政策决策主体。党中央做出实施新时代人才强国战略的重大决策，确立了党管人才原则。党管人才主要是管宏观、管政策、管协调、管服务，包括规划人才发展战略，制定并落实人才发展重大政策，协调各方面力量形成共同参与和推动人才工作的整体合力，为各类人才干事创业、实现价值提供良好服务等。在科技人才政策制定和落实方面，要发挥党委（党组）在人才工作中的核心领导作用，保证党的人才工作方针政策全面贯彻落实。总体来讲，党管人才工作的落实以中央组织部为主体。2016年3月，由中央组织部牵头制定的《中共中央印发〈关于深化人才发展体制机制改革的意见〉的通知》（中发〔2016〕9号）强调"要坚持党管人才，充分发挥党的思想政治优势、组织优势和密切联系群众优势，进一步加强和改进党对人才工作的领导，健全党管人才领导体制和工作格局，创新党管人才方式方法"，从而为深化人才发展体制机制改革提供坚强的政治和组织保证。

二是立法机关和司法机关。立法机关是政策主体中最重要的构成因素之一，通过立法这一职责履行制定法律和政策的政治任务。各级人民代表大会及其常务委员会广泛听取各方意见，起草制定法律法规条例等。当前，我国尚没有专门针对科技人才的法律法规，对科技人才工作的法律规范主要体现在《中华人民共和国科学技术进步法》中，该法案于2021年完成第二次全面修订。新的修订法中强调"科学技术进步工作应当面向世界科技前沿、面向经济主战场、面向国家重大需求、面向人民生命健康，应在加强科技创新治理、强化战略科技力量的基础上，将国家创新体系建设上升为法律规范，明确科技人员核心权益和责任义务"。与此同时，修订法案中还明确规定了各类违法行为的法律责任和处罚措施，要求司法机关通过司法审查权、法律解释权等职责间接参与政策的决策，为科技自立自强创造良好环境。

三是各级政府行政管理部门。各级人民政府是重要的政策制定主体之一，其职责在于贯彻落实党中央制定的科技人才发展战略和方针，规划和推动科技人才政策和法规的出台与执行，开展科技人才管理与服务。其中，科技部是科技人才政策制定的重要主体，其他部委亦根据职能出台科技人才相关政策。科技部的职能包括"会同有关部门拟订科技人才队伍建设规划和政策，建立健全科技人才评价和激励机制，组织实施科技人才计划，推动高端科技创新人才队伍建设"。中华人民共和国人力资源和社会保障部（以下简称"人力资源社会保障部"）的职能包括"健全工作协调机制，分类推进人才评价机制改革，制定出台技能人才培养、评价、使用等政策，系统支持高层次、高技能人才服务发展，推动人才与经济社会深度融合发展"。[①] 财政部则通过"加大财税政策和资金支持力度，合理安排重大人才工程预算"等方式，推进专项人才工作的开展[②]。教育部也始终把人才培养工作置于重要地位，通过"深化体制机制改革，健全教育人才工作领导机制，完善人才评价、激励、流动机制"等方式积极参与国家战略性人才力量建设[③]。除此之外，农业农村部、水利部等其他行业部门也根据职责推动本行业科技人才规划和政策的出台和执行。

四是各级科协和科学共同体。中国科学技术协会是中国科学技术工作者的群众组织，是中国共产党领导下的人民团体，是党和政府联系科学技术工作者的桥梁和纽带。根据章程，各级科协组织科技工作者参与国家科技战略、规划、布局、政策、法律法规的研究、咨询和制定，参与国家事务的政治协商、科学决策、民主监督工作。科学共同体作为科学家组成的集合体，发挥其学术影响力密切联系科技工作者，反映科技工作者的建议、意见和诉求，从而影响政府的有关政策决策。

除了在科技人才政策制定中起着领导作用的官方决策主体外，以各类创新主体、民主党派、科学家为代表的非官方参与者也在科技人才政策的制定与决策中产生积极影响。其中，各类创新主体主要包括高校、院所、企业、新型研发机构等，它们是科技活动的主要承担者，是科技人才聚集、成长和发挥作用的重要载体，能够加快推进科技人才政策落地；各类民主党派主要通过人民政治协商会议实行参政议政的职责，不仅为我国科技人才政策的制定出谋划策，还参与对国家人才相关方针、政策、法律、法令执行情况的检查和监督工作；科学家以群体或个人形式参与到科

---

① 人社部组织实施人才服务专项行动 [EB/OL].（2020-08-27）[2022-10-08]. http：//www.mohrss.gov.cn/SYrlzyhshbzb/dongtaixinwen/buneiyaowen/202008/t20200827_383905.html.
② 李勇. 发挥财政职能作用服务人才发展战略 [J]. 中国人才，2012（3）：11-12.
③ 教育部：让人才培养扎根在中国大地上 [EB/OL].（2021-10-08）[2022-10-09]. https：//baijiahao.baidu.com/s?id=1713016102858090453&wfr=spider&for=pc.

技人才政策制定过程中，并为重大政策和科技决策提供建议和咨询。

此外，在建设现代化科技人才治理体系过程中，越来越多的主体参与到政策制定过程中。智库、各类媒体也在通过思想研讨、营造舆论等方式影响着科技人才政策的制定。随着公众科学的逐渐兴起，公众参与政策制定的意识也不断增强，政府部门亦采取公开征集公众意见的方式，确保政策制定能够反映广大公众的普遍意志。例如，2021年全国人大常委会就《中华人民共和国科学技术进步法（修订草案）》公开征求意见，充分听取公众的意见，推动公民间接参与政策的起草；2020年，科技部会同有关部门在研究编制《"十四五"国家科技创新规划》时，向社会各界众筹对《"十四五"国家科技创新规划》的意见建议，把社会期盼、群众智慧、专家意见、基层经验充分吸收到规划当中。

2. 科技人才政策制定的原则

科技人才政策从属性上包括了科技创新和人才发展政策的特点，同时遵循人才规律和科技创新规律，从目的上要服务于国家发展的战略需求和科技人才个人发展，体现需求导向和问题导向，体现为"三个坚持和两个遵循"。为此，科技人才政策制定主要有以下原则。

一是坚持统筹协同。科技人才政策与人的活动息息相关，内容繁杂，涉及面广，与教育、经济、财税、人事管理等领域改革密切相关，单个部门就科技人才问题出台文件难以解决改革中的障碍藩篱，需要加强多部门的政策整合和统筹协调，需要对科技人才政策改革进行系统设计和统筹部署，多部门协同推进。

二是坚持需求导向。进入新发展阶段，全球科技人才争夺更趋激烈，建设社会主义现代化强国和世界科技强国需要充分发挥人才第一资源的作用。推动科技人才高质量发展，充分激发科技人才活力，必须加快建立完善具有国际竞争力的人才制度和政策环境。2020年9月11日，习近平总书记在科学家座谈会上提出了"坚持面向世界科技前沿、面向经济主战场、面向国家重大需求、面向人民生命健康"的新要求。坚持"四个面向"，是我国人才制度体系的根本遵循，是人才队伍建设和人力资源配置的具体方向，需要围绕其确定人才制度导向、具体措施和配套保障。

三是坚持问题导向。科技人才政策的制定需要针对科技人才工作中的突出矛盾和难点堵点来开展，科技人才政策发展创新面临的问题有的属于难点堵点迟迟没有突破，如现代科研院所制度建设；有的属于改革措施虽然已经部署，但效果释放与科研人员的期望存在较大差距，如科技人才分类评价、促进成果转移转化等政策，需要敢于"啃硬骨头"。新时期科技人才政策制定需要应对当前科技人才结构与国家发展不相适应、严峻外部环境带来引才引智受限、青年科技人才群体活力尚未有效激发、新一轮产业革命带来的科学范式变革等一系列挑战，都要在科技人才政策体系框架下，围绕科研人员的诉求和关切，针对难点堵点拿出真招实招，完善相关的政策工具。

四是遵循人才规律。科技人才政策制定要把握人才成长过程中带有普遍性的客观必然要求，既包括基本生活需求、成长和职业发展周期、自我实现需要等个体内部规律，也包括厚德成才、竞争成才、师承传承、量才施用、成才黄金期、团队成才等外部规律。例如，科技人才评价政策要根据人才的专长特长、成长潜质、发展阶段等构建相应的科技人才评价指标，对于青年科技人才要看成长潜力，注重长周期评价，避免急功近利和拔苗助长，促进各类科技人才人尽其才、才尽其用。

五是遵循科技创新规律。科技人才政策制定要遵循科技创新规律，既要立足科研活动是人的创造性活动的本质，尊重科学研究灵感瞬间性、方式随意性、路径不确定性的特点，所制定的科技人才政策要符合当下的科学范式发展，适应新的科技与产业变革趋势，又要营造有利于创新的环境和文化，鼓励科学家自由畅想、大胆假设、认真求证。随着科学技术的发展，基础研究、应用研究和技术创新之间的界限越来越模糊，基础研究成果转化周期缩短，新知识更迭加速成为产业变革和经济增长的引擎，科技人才政策要把握科学发展规律，引导科研人员既要关注探索未知科学问题，把握先行发展的不确定性，又要重视从实践中凝练科学问题，解决深层次难题。特别是基础研究，由于其具有探索未知、厚积薄发等特点，需要为从事基础研究的科研人员提供长期稳定支持，保障科研人员科研工作时间，营造学术民主、自由探索、鼓励创新、宽容失败的科研环境，促使科研人员潜心研究。

二、科技人才政策的执行

政策执行是通过一定的方法，综合运用各种手段，将政策观念转化为实际效果的动态过程[①]。科技人才政策的执行旨在解决人才培养与发展中存在的难点，培养高水平人才，其执行效果直接关系到人才队伍的建设水平，因而在政策活动中占据

---

① 杨洋.科技政策范式及其执行系统研究[M].上海：上海三联出版社，2015.

重要地位。总体来讲，政策的执行可分为政策宣贯、政策试验、政策实施与推广、政策协调与控制等4个方面。

1. 政策宣贯

政策宣贯作为一项重要的功能活动，是政策执行阶段的先导环节，其目的在于推动政策目标群体对政策举措实现深入了解[1]。科技人才政策宣贯是统一政策执行主客体思想认识、提高科技人才政策知晓度的有效举措，具体包括讲座、新闻宣传、座谈调研等方式。在政策宣贯工作进程中，各级机关需深刻领会政策意图，明确政策实施步骤，对科技人才政策的宣贯进行全面部署，使科技工作者充分学习并接受政策内容，自觉配合政策的执行[2]，营造有利于科技人才成长的科研生态环境。

2. 政策试验

政策试验是指根据目标群体和政策适用范围的实际情况，选择具有代表性的局部地区或机构试行政策的方法，是政策得以全面推行的基础[3]。为更好发挥科技人才在建设世界科技强国、推动我国创新驱动发展等方面的重要作用，政府机关在实施一些缺乏实践经验且执行成效难以估计的特殊人才政策时，可以通过建立政策试点探索有效的政策执行方式。例如，在探索对顶尖人才的特殊支持方式时，可通过出台特殊性政策，在试点区域先行先试。在经过一段时期的实践探索后，形成成熟的政策实施方案，并逐步向普适性政策过渡。其中，中关村人才政策示范区就是此类施政方式的典型代表[4]。2011年，为全面贯彻落实《国家中长期人才发展规划纲要（2010—2020年）》（中发〔2010〕6号）和全国人才工作会议精神，中央人才工作协调小组及北京市委、市政府在中关村国家自主创新示范区建设人才特区，全面探索人才政策的创新实践方式。近10年来，中关村人才政策示范区先后出台并实施了一系列新的人才政策，如中关村雏鹰人才计划[5]，并率先实施外籍人才"绿卡直通车"、积分评估等30余项人才新政[6]，在创新人才选拔及培养方式上成绩斐

---

[1] 宋锦洲. 公共政策：概念、模型与应用 [M]. 上海：东华大学出版社，2005.
[2] 朴贞子. 政策执行论 [M]. 北京：中国社会科学出版社，2010.
[3] 同②。
[4] 科技部：落实和推广中关村自创区先行先试政策 [EB/OL].（2022-02-25）[2022-04-05]. https://baijiahao.baidu.com/s?id=1725706661879661025&wfr=spider&for=pc.
[5] 李焱. 雏鹰工程：中关村开启市场选才新机制 [J]. 投资北京，2013（9）：72-74.
[6] 国务院. 关于深化中关村人才管理改革　构建具有国际竞争力的引才用才机制的若干措施 [EB/OL].（2018-02-07）[2021-07-08]. https://zhibo.qianlong.com/2018/0223/2410338.shtml.

然。当前,各地政府纷纷效仿中关村人才政策试行机制,筹建当地的人才政策示范区,如广州中关村科技园区[①]、西安高新区人才特区[②]等,并取得了广泛成效,有力推动了地方科技人才生态建设。

3. 政策实施与推广

政策的实施与推广是政策执行过程中最为复杂的一环,其成效关系到整个政策系统的有效性和功能发挥,直接检验政策的可行性和质量优劣[③]。科技人才政策实施推广工作要充分考虑本土人才环境,全力推动各项人才政策部署制度化、可操作化、可监评化与成效化[④]。

其中,各级政府需落实配套支持政策,推动人才工程项目、各类科技计划与基地建设的有效衔接[⑤],明确科技人才工作的制度规范与组织形态,为培育和开发高质量的科技人才队伍奠定基础。而高校院所及企业是人才政策落实的核心主体。各高校院所以"引才、育才"为核心,通过出台具体的人才培养与激励方案[⑥],如筹建人才培育平台、设置重大科研成果奖励、拓展人才职称评定渠道、实施以知识价值为导向的绩效工资分配方案等举措,确保一系列引才、育才政策有效落地。企业则以有效"用才"为目标,通过赋予技术领军人才及产业骨干人才更大的人财物支配权、技术路线决策权,提高重大科技创新成果的奖励额度[⑦],建立健全科技成果

---

① 以科创为引,产业链为径:广州大学城锻造中关村科技园区 4.0[EB/OL].(2022-06-24)[2022-07-08]. https://news.dayoo.com/gzrbyc/202206/24/158752_54295737.htm.

② 打出政策、资金、渠道、载体、宜居组合拳 西安高新区全方位打造人才特区[EB/OL].(2020-12-29)[2021-07-08]. https://baijiahao.baidu.com/s?id=1687397662420251261&wfr=spider&for=pc.

③ 朴贞子. 政策执行论[M]. 北京:中国社会科学出版社,2010.

④ 国务院. 关于深化人才发展体制机制改革的意见[EB/OL].(2022-08-31)[2022-09-30]. https://www.ndrc.gov.cn/fggz/gbzj/xxyd/202208/t20220831_1334819_ext.html.

⑤ 国务院."十三五"国家科技创新基地与条件保障能力建设专项规划[EB/OL].(2017-10-24)[2021-07-08].https://www.most.gov.cn/xxgk/xinxifenlei/fdzdgknr/fgzc/gfxwj/gfxwj2017/201710/t20171026_135754.html.

⑥ 国务院. 关于高校进一步落实以增加知识价值为导向分配政策有关事项的通知[EB/OL].(2016-11-09)[2021-07-08].http://www.scio.gov.cn/xwfbh/yg/2/Document/1518900/1518900.htm.

⑦ 打破国企科技人员薪酬待遇"天花板"!好政策来了![EB/OL].(2022-06-09)[2022-08-31]. https://baijiahao.baidu.com/s?id=1735170566087738240&wfr=spider&for=pc.

转化收益等方式①，落实人才激励举措，有效激发人才的创新活力。

4. 政策协调与控制

政策协调的目的在于使政策执行的主客体达成观念上的统一和行动上的一致，政策控制则是通过检查和监督，根据反馈信息，对执行偏差进行防范和修正②。具体来讲，在科技人才政策的协调上，一方面要关注科技人才政策与外部政策的协调统一、相辅相成。通过整合科技、人事、财税、经济等相关政策，推进人才工作的有效落实。例如，科研人员薪酬制度改革方案的确定就是在党中央、国务院的总领下，科技部、财政部、教育部等多个部委协同发力，共同推动改革方案落地实施③。另一方面是围绕科技人才工作链的协调与衔接。科技人才工作包括发现、培养、引进、使用、评价、激励、管理、服务等多个环节。其中，人才发现是培才、引才的重要前提；用才是培才、引才的最终目标；人才的有效评价、激励、管理及服务则是提高人才效能、充分发挥各类人才核心作用的重要保障。只有保证各个环节的有效衔接，科技人才工作才能最终落实。在政策控制方面，应不断改进人才管理方式，及时发现并克服政策推行中的实际问题，并针对具体问题加强政府宏观调控④，为科技人才的开发、培养和流动等提供高质量的服务保障。

三、科技人才政策的评估

政策评估是指采用现代社会科学研究方法对一个社会（或特定社会群体）的政策需求、政策方案或者已经付诸实施的政策的执行情况、效果及影响进行的系统化考察与评价⑤。对科技人才政策的评估，需要以提升科技创新的质量、绩效及贡献

---

① 国务院. 关于事业单位科研人员职务科技成果转化现金奖励纳入绩效工资管理有关问题的通知[EB/OL].（2021-03-31）[2021-07-08]. http://www.mof.gov.cn/zhengwuxinxi/caizhengxinwen/202103/t20210331_3678924.htm.

② 朴贞子. 政策执行论[M]. 北京：中国社会科学出版社，2010.

③ 国务院. 关于事业单位科研人员职务科技成果转化现金奖励纳入绩效工资管理有关问题的通知[EB/OL].（2021-03-31）[2021-07-08]. http://www.mof.gov.cn/zhengwuxinxi/caizhengxinwen/202103/t20210331_3678924.htm.

④ 国务院. 关于深化人才发展体制机制改革的意见[EB/OL].（2022-08-31）[2022-09-30]. https://www.ndrc.gov.cn/fggz/gbzj/xxyd/202208/t20220831_1334819_ext.html.

⑤ 张金马. 公共政策分析：概念·过程·方法[M]. 北京：人民出版社，2004.

为导向[①]，建立符合人才发展规律的评估原则及方式，并重点关注科技人才队伍建设成效、科研人员获得感、科研人员创新活力激发等内容。因此，本部分对科技人才政策评估的研究主要分为3个方面：评估原则、评估内容及评估阶段。

1. 评估原则

政策评估原则是指为了保证政策评估的科学性、有效性和可信度所必须要遵循的经验和准则。设立政策评估原则的意义在于明确评估目标、提高评估的科学性和准确性，从而进一步提升政策的执行效果。

近年来，国内外多位学者提出了政策评估的基本原则及标准。Polster提出了政策评估的7项原则：效率性、充分性、适当性、标准化、公平性、反应度和执行能力[②]；Tongeren从政策执行的过程出发，提出了政策评估的"3Ps"原则，即公众参与度（Participation）、效果的可预见性（Predictive）及程序的公正性（Procedural Fairness）[③]；张金马基于政策执行的效果，提出政策评估应保证有效性、效率性、全面性、目的性及可行性[④]。

当前，国内科技人才政策评估主要遵循五大原则，即目的性原则、全面性原则、客观性原则、动态性原则及标准化原则。目的性原则即一切人才政策服务于人才本身，明确科技人才政策评估的根本目的在于激发科技工作者的创新活力、推动技术创新和价值创造；全面性原则即评估过程应当贯穿政策的制定、执行和监督等全过程，科技人才政策评估不仅落脚在最终执行结果上，还需进一步建立健全整体政策执行过程的监督机制；客观性原则旨在通过推行第三方评价等方式，进一步提高科技人才政策评估的公开性和开放性，从政策文本、科学合理的样本调查等方面确保评价结果的科学性和客观性；动态性原则是指评估过程和评估涉及的问题指标要尽量动态化，秉持"动态发展观"，关注改革进度、政策落地和外部环境变化情况；标准化原则是指评估过程必须按一定的标准进行，要根据评估目的建立不同的评估框架，设计科学的评估方案，明确方式和手段。

---

① 国务院.关于完善科技成果评价机制的指导意见[EB/OL].（2021-08-02）[2021-09-30].http://www.gov.cn/zhengce/content/2021-08/02/content_5628987.htm.

② POLSTER T H.Public program analysis：Applied methods[M].Baltlmore：University Park Press，1978.

③ TONGEREN F W V.Microsimulation of corporate response to investment subsidies[J]. Journal of policy modeling，1998，20（1）：55-75.

④ 张金马.政策科学导论[M].北京：中国人民大学出版社，1992.

2. 评估内容

政策内容是政策评估的主要对象[①]。目前，我国科技人才政策评估多从科技人才队伍建设、科研人员精神状况（如获得感、成就感）及科研人员创新活力3个维度出发。

一是科技人才队伍建设，主要关注人才队伍规模、人才队伍结构调整、人才培养引进举措及人才计划工程落实进展和成效等内容。合理评估科技人才队伍建设现状，是完善人才培养和引才引智机制、优化人才队伍结构、落实人才计划与部署的重要前提。

二是科研人员精神状况，重点关注科技人才政策的实施是否能有效激发人才的获得感与成就感，反映科研人员对政策环境的总体感受，强调政策应对科技人才产生精神激励和行为引导。

三是科技人员创新活力，重点评估在实施了诸如绩效工资改革、建立人才分类评价机制、创新科研经费管理模式等举措后，推动科研人员形成干事创业的内驱力，对激发科技人才创新活力的作用及程度。

3. 评估阶段

当前，对科技人才政策的评估大致可分为3个阶段，即事前评估、事中评估和事后评估[②]。

事前评估。该阶段的政策评估主要从政策实施的必要性及合理性两个维度展开。鉴于科技人才政策具有高投入、高风险、高溢出等特征，科技人才政策的事前评估需坚持问题导向和需求导向，多方面考察科技人才政策制定的合理性，进一步预判政策发布后的影响。

事中评估。该阶段评估的主要目的在于保障政策执行的有效性，防止政策执行偏离政策目标。因此，政策的合理性及执行偏差是该阶段评估的主要内容。其中，对政策合理性的评估需要结合政策执行环境，避免由预设环境失真而导致的政策失效；对政策执行偏差的评估可围绕政策执行力、目标群体的政策接受度，以及政策执行的监督机制等方面来系统评估预期结果与实际结果的差异。

[①] 綦良群，于颖，朱添波. 高新技术产业政策评估要素的系统分析[J]. 中国科技论坛，2008（4）：11–15.

[②] 綦良群，于渤. 高新技术产业政策评估指标体系设计[J]. 哈尔滨理工大学学报，2010，15（1）：124–128.

事后评估。该阶段通过衡量政策目标的实现程度，对政策的整体绩效做出最终评价。因此，本阶段需要从政策的执行效果、执行效率及社会效应等内容进行分析评估[①]。就科技人才政策而言，科研绩效是该阶段最重要的评估内容。因此，如何建立长期、多维度的科技人才分类评价标准，实现对科技人才的有效评价是本阶段的工作重点。

---

① 王再进，徐治立，田德录. 中国科技创新政策价值取向与评估框架 [J]. 中国科技论坛，2017（3）：27–32.

第三章

我国科技人才政策发展

党中央、国务院始终高度重视科技人才工作，把科技人才政策作为推进科技人才工作的重要方式，建立健全我国科技人才政策体系。近年来，我国科技人才政策始终围绕国家发展战略，聚焦国家重大需求，紧跟国家发展阶段和经济社会发展水平不断演进发展，为科技创新和经济社会发展提供强有力的人才支撑。

第一节 科技人才政策发展历程

从人才强国战略的提出，到第一个中长期人才发展规划纲要的发布，再到党的十八大以来的全面深化改革，我国科技人才政策以激发人才的创造性积极性为主线，以改革科技人才体制机制为抓手，不断完善制度设计，调整政策重心，丰富政策工具，拓展政策范围，强化政策力度，为我国科技人才发展提供坚实保障。截至目前，我国科技人才政策发展历程可以分为5个阶段。

一、提出人才强国战略，将科技人才政策作为国家人才政策的重要组成部分，初步形成科技人才政策体系框架

2002年5月，中共中央办公厅、国务院办公厅印发《2002—2005年全国人才队伍建设规划纲要》，首次提出"实施人才强国战略"，对我国人才队伍建设进行了总体谋划。2003年12月，中华人民共和国历史上第一次全国人才工作会议讨论通过了《中共中央国务院关于进一步加强人才工作的决定》（中发〔2003〕16号），对实施人才强国战略做出顶层设计和具体部署，提出造就高素质劳动者、专门人才

和拔尖创新人才，建设规模宏大、结构合理、素质较高的人才队伍。在人才强国战略的指引下，科技人才工作上升到国家战略层面。

这一阶段的人才政策主要体现科教兴国的战略目标，把加强人才队伍建设和优化人才布局作为重点，在人才激励、评价、流动、引进等制度方面进行了积极探索实践，初步形成了科技人才政策体系框架。一是强化科技人才创新激励政策支持，重点对企业、转制院所等的科研人员实行股权和分红政策激励，修订国家科技奖励条例，突出对科学技术进步活动奖励的法律保障。二是鼓励科技人才服务企业，加强广大科技人员服务企业的政策引导，动员科技人才队伍参与经济发展。三是开展科研事业单位管理制度改革，明确科研事业单位人事、岗位、收入分配及公益类科研机构稳定支持等一系列基础性政策。四是以海外留学人员为主体完善海外人才引进支持政策，支持留学人员服务祖国。五是改进完善科技评价制度，规范科学技术评价工作，提高科技管理水平，引导科学技术工作健康发展。

二、发布中长期人才发展规划纲要，对科技人才政策形成系统设计，强化科技人才支持政策配套

2010年，党中央、国务院召开全国人才工作会议，《国家中长期人才发展规划纲要（2010—2020年）》（中发〔2010〕6号）发布，确立了"人才优先、创新机制、高端引领、整体开发"的指导方针，并对建设人才队伍、开发人才资源进行了总体部署，强调要以高层次创新型科技人才为重点，建设创新型科技人才队伍。国家人才的战略导向从人才大国向人才强国迈进。

这一阶段的科技人才政策在相关规划的引领和部署下，进入了全面展开、整体推进的新阶段，并结合经济和科技发展需求，把突出培养造就创新型科技人才作为人才队伍建设的主要任务之一，强调要以高层次创新型科技人才为重点，努力造就一批世界水平的科学家、科技领军人才、工程师和高水平创新团队，注重培养一线创新人才和青年科技人才，建设宏大的创新型科技人才队伍。一是集中部署谋划中长期人才发展，立足国家多个领域集中谋划未来10年发展的重要时间节点，发布《国家中长期科技人才发展规划（2010—2020年）》，生物技术、新材料、海洋、交通运输、装备制造、信息、农村农业等多个领域的人才规划配套发布，从体制机制创新、政策措施和组织实施等方面进行系统设计。二是将各领域高级专家等高层

次人才建设作为重点,实施国家高层次人才培养工程,设立创新人才推进计划、青年英才开发计划等一系列重要国家优秀人才支持计划,构建了我国科技人才梯队的政策支持格局。三是事业单位分类改革迈出重要步伐,确立了事业单位分类、编制管理等重要改革制度,收入分配、职业年金等制度深化实施。四是科技成果"三权"改革加速推进,从中关村扩大到全国范围实施,相关税收优惠政策同步试点,为后续科研人员相关激励政策的拓展奠定了重要基础。

三、突出人才第一资源地位,激发人才活力的政策导向更加凸显,科技人才政策全面加强

党的十八大后,国家创新驱动发展战略深入实施,习近平总书记做出"人才是第一资源"的重要论述,科技人才在国家创新体系中的重要性上升到新的高度。这一时期,党中央对深化科技体制改革做出系统部署,充分释放全社会创新活力成为科技人才政策的主要任务,为科技人才的潜能发挥创造良好的社会制度环境。

自2012年起,国家层面科技人才相关政策出台的密集程度显著提升,在法律法规、宏观政策、人才计划、人才培养、评价与激励、引进与保障、事业单位改革、创新创业、产业人才等多个方面发力,科技人才体制机制改革起步前行,着力激发科研人员创造性积极性,提升获得感。一是加强科技人才激励政策力度,通过制修订促进科技成果转化法、国家科学技术奖励条例等法律法规,出台税收优惠、股权激励等系列配套政策,加强对科技人才的激励力度。二是完善科研事业单位管理制度,出台事业单位人事管理条例、领导人员管理、机构设置及高校"双一流"建设总体方案等制度文件,优化科研事业单位体制机制管理制度规范。三是改进完善中央财政科技计划体系,将中央财政科技计划(专项、基金等)优化为五大类科技计划,完善科研经费管理和自然科学基金青年基金资助等制度。四是不断完善科技人才计划支持体系,"百千万"人才工程、专业技术人才知识更新工程等接续实施,中国科学院率先行动"百人计划"等一系列人才支持政策相继出台。

四、全面深化人才体制机制改革,更加注重科技人才政策的协同性和系统性,着力营造良好创新生态

随着科技体制改革进入深水区,对人才发展体制机制进行系统改革的需求更加

迫切。习近平总书记多次强调,要遵循社会主义市场经济规律和人才成长规律,破除束缚科技人才发展的思想观念和体制机制障碍,深入推进科技管理体制和运行机制改革,构建科学规范、开放包容、运行高效的人才发展治理体系,充分释放科技人才的创新活力,逐步形成有利于创新型科技人才成长和发挥作用的良好环境。习近平总书记指出,要深化人才发展体制机制改革,破除人才引进、培养、使用、评价、流动、激励等方面的体制机制障碍,实行更加积极、更加开放、更加有效的人才政策,形成具有吸引力和国际竞争力的人才制度体系。2016年,《中共中央印发〈关于深化人才发展体制机制改革的意见〉的通知》(中发〔2016〕9号)对人才发展体制机制的重要领域和关键环节做出具体改革部署,完善人才管理体制和人才评价、流动、激励机制政策体系。中央、地方和各有关部门全面发力,加快推进人才培养、评价、流动、激励、引进等重点改革,陆续出台了一系列力度大、含金量高的改革措施。

这一阶段的人才政策重点在人才体制机制改革的推进,改革措施立足人才成长规律,充分体现分类、精准施策的原则,从收入分配、科技评价、科研自主权、科研项目和经费管理、科研诚信和学风作风等方面出台一系列政策,既对原有科技人才政策体系框架实现发展完善,又补齐制度短板、填补制度空白,构建有利于科技人才创新创业的良好政策环境。一是建立以增加知识价值为导向的收入分配制度,通过完善科技人才薪酬制度,构建基础工资、绩效工资和科技成果转化性收入的"三元"薪酬结构,在全社会形成知识创造价值、价值创造者能够得到合理回报的良性循环。二是建立以创新价值、能力、贡献为导向的人才评价体系,大力破除"唯论文、唯职称、唯学历、唯奖项"错误导向,优化整合人才计划,切断评价结果与物质利益过度挂钩,树立正确的评价导向。三是加快推进科研自主权改革,进一步完善相关制度体系,推动扩大高校和科研院所科研领域自主权,全面增强创新活力。四是大力改进完善中央财政科技计划项目和经费管理,不断深化科研领域"放管服"改革,逐步建立完善以信任为前提的科研管理机制,为科研人员"松绑"减负。五是营造潜心研究、风清气正、追求卓越的科研环境,建立完善科研诚信管理制度,大力弘扬科学家精神,加强学风作风建设,加强科研伦理治理,营造开放包容、科学诚信的外部环境,不断激发人才内生活力,为人才队伍建设注入强大动能。

五、深入实施新时代人才强国战略，建设世界重要人才中心和创新高地，构建具有全球竞争力的科技人才制度体系

进入新时期，党中央、国务院全面谋划人才工作。面对百年未有之大变局，党的二十大提出了完善人才战略布局、加快建设世界重要人才中心和创新高地、加快建设国家战略人才力量、加强人才国际交流、深化人才发展体制机制改革等要求。2021年，中央人才工作会议做出深入实施新时代人才强国战略的部署，提出加快建设世界重要人才中心和创新高地，加快建设国家战略人才力量，深化人才发展体制机制改革，全方位培养引进用好人才，为2035年基本实现社会主义现代化提供人才支撑，为2050年全面建成社会主义现代化强国打好人才基础，成为今后一段时期科技人才工作的根本遵循和行动指南。

未来一段时期的人才政策重点在于围绕建设世界重要人才中心和创新高地的战略目标，增强我国科技人才制度的吸引力和竞争力，着力构建具有国际竞争力的科技人才制度体系。要全面贯彻新时代人才工作新理念新战略新举措，坚持以人为本，把制度建设作为人才体制机制发展的重要内容，全方位培养、引进、用好人才，不断完善新时期科技人才政策体系框架，进一步深化自主权下放、人才评价、人才激励等体制机制改革，推动党中央关于新时代人才工作各项决策部署落地生效。

第二节　我国科技人才政策的演进特征

总体来看，我国科技人才政策的演进始终跟随国家发展阶段和经济社会发展需要，以激发人才活力为主线，以建设一支规模宏大、适应时代要求的科技人才队伍为任务，以全面深化科技人才体制机制改革为重点，从科技领域逐步扩展到经济社会领域，从宏观走向微观，人才政策体系更加科学和完善，支撑我国科技人才队伍规模不断壮大、质量不断提升、结构不断优化，为创新驱动发展战略的实施提供了坚实保障。随着科技政策目标从"科技进步"到"面向经济""自主创新"，再到"创新驱动"，科技人才政策不断发展演进：政策内涵不断深化，更加突出人才第一资源理念；政策外延不断扩大，更加强调多领域多方面政策协同；政策手段不断完善，从科技管理向创新治理转变；政策目标不断聚焦，更加凸显国家重大战略需

求；政策内容不断拓展，从改进完善管理方式向体制机制改革转变；政策措施不断丰富，从以激励为主向激励、约束、引导的多元化措施转变；政策重心不断调整，从完善单项政策措施向提升制度整体竞争力转变。重点表现出4个方面的演变特征。

一、科技人才政策逐步向各相关领域延伸，政策协同性和系统性特征更加突出

科技人才是科技创新活动的具体实施者，是实现创新的最基本微观单元。随着国家创新体系不断发展完善，创新驱动发展战略深入实施，仅针对人才自身的政策设计已经难以满足充分激发人才创新活力的需要，以人为核心的政策需求更加凸显，对政策协同性和系统性的要求更加迫切。从发展历程看，我国科技人才政策从以科研人员个体为主要政策对象，逐步向机构、资源、条件、平台等各方面政策协同配套延伸；由以单独部门发布为主转向更多由多部门联合发布。例如，围绕国家创新体系对科技人才的需求，对科技人才的支持手段从以科技人才计划为主逐步向实行更加灵活的科技人才动员组织、放活科研经费、完善收入分配制度、改进科技评价导向等方面丰富和发展，更加注重与科研管理、事业单位管理、职称岗位、财税、政府采购、收入分配、知识产权、国有资产等多个领域政策制度的协同改革。

二、科技人才政策由科技管理转向创新治理，更加注重发挥科技人才自主性

自主性是人才规律中的重要特性之一。充分调动科技人才创新的主动性积极性是科技人才政策的重要目标。我国科技人才政策按照"放管服"的总体思路，从加强对科技人才队伍的管理到更加注重发挥人才自主性，从"择天下英才而用之"到"聚天下英才而用之"，逐步由"管理"向"治理"转变。自人才强国战略提出以来，我国科技人才政策以主动支持和完善管理为重点，注重对科技人才的遴选、组织，加强对科研事业单位科技人才的管理。随着我国科技发展水平的不断提升及科技人才队伍的快速壮大，人的自主性作用逐渐凸显，迫切需要进一步发挥科技人才队伍和科研单位的自组织作用，科技人才政策随之调整，特别是在一些重点领域不断突出治理理念。这一理念在科技资源配置和科研管理方面得到了充分体现。以科

研项目和经费管理为例，以往更加突出"照章管理"，注重项目组织管理的规则、程序，注重管好科研经费的使用。随着政策的不断演进，政策内容更加突出赋予科技领军人才科研自主权，国家科研项目负责人可根据国家有关规定自主调整研究方案和技术路线、自主组织科研团队。对科技人才队伍的组织动员不再实行单一的竞争性资助，从突出目标导向和激发人才内生动力的角度，实行首席科学家负责制、"揭榜挂帅"、对基础研究人才给予长周期稳定支持、减少过程考核管理等措施。让科研经费更好地为人的创造性活动服务，扩大科研项目经费预算调整、使用管理等自主权，实行"包干制"，由科技人才根据科研任务自主、合理使用科研经费。

三、科技人才政策与科技体制整体改革同频共振，逐步深入人才体制机制改革深水区

长期以来，各类国家科技人才计划、工程在国家科技人才政策体系中占有重要地位。随着科技体制改革进入深水区，以及各类科技人才计划体系的成熟定性，科技人才发展面临的深层次问题更加突出，科技人才政策更加注重制度建设，政策着力破除制约人才发展的制度藩篱，逐步转向科技人才发展的体制机制改革。科研单位及科研人员的人事、岗位、薪酬、职称、出国管理等一系列关联性改革逐步成为人才体制机制改革的重点。2015年，《中共中央办公厅 国务院办公厅关于印发〈深化科技体制改革实施方案〉的通知》（中办发〔2015〕46号）对与科技人才直接相关的科研单位、激励、评价、奖励、成果转化等制度做出明确改革部署。2016年，《中共中央印发〈关于深化人才发展体制机制改革的意见〉的通知》（中发〔2016〕9号）进一步对科技人才体制机制改革政策做出顶层设计和系统布局，从人才管理、培养支持、人才评价、人才流动、创新创业、提升制度国际竞争力等方面提出一系列改革举措。其中，科研机构作为多项人才政策集成落实的主体，以扩大科研自主权为核心的科研事业单位改革逐步上升为改革重点，通过多部门联合印发的方式，对与科研人员密切相关的科研单位岗位、薪酬、人事、职称、招聘、考核、选拔、奖励等制度方面协同推进改革，赋予科研单位更大自主权，提高制度的灵活性。

四、科技人才政策从以激励为主转向激励、约束、引导的多元化政策，着力优化创新生态环境，提升制度竞争力

科技人才政策发展的主线始终着力于激发科研人员积极性，其关键在于激发科研人员创新的内生动力，良好的科技人才政策环境是重要保障。近年来，我国科技人才政策以注重物质激励为切入，先后出台了科技成果奖励、税收优惠、薪酬激励等一系列政策。随着激励政策的大量出台实施，一方面，原有的激励政策手段逐渐出现了激励边际效应递减与激励不足并存的情况；另一方面，科技人才多元化需求的不断凸显，改善科研生态环境和改革科研价值导向的政策上升到更加重要的位置。在此背景下，我国科技人才政策进一步丰富了政策工具，改进完善政策方式，从激励、约束、引导等方面协同发力，政策重心由"强激励"逐步向"激励与约束"并重转变，更加注重科研单位小环境和创新生态大环境的内外协同，更加注重创新生态、学术氛围、创新土壤的营造。在激励方面，完善收入分配基础性制度，构建以增加知识价值为导向的收入分配政策体系，更加注重基本工资、绩效工资和科技成果转化奖励的"三元"激励作用，加强总体保障。聚焦国家重大需求目标，向承担国家重大科技任务的群体倾斜支持，在薪酬、奖励、荣誉等方面给予更大支持。在约束方面，坚持自律与监督并重，构建科技监督评估体系，形成科技计划"大监督"格局；建立健全科研诚信制度体系，严肃查处违背科研诚信要求的行为，建立联合惩戒机制，完善国家科研诚信管理信息系统，营造诚实守信、追求真理、崇尚创新、鼓励探索、勇攀高峰的良好氛围。在引导方面，树立正确的科技评价导向，推动人才分类评价改革，深化项目评审、人才评价、机构评估改革，加强学风作风引导，弘扬科学家精神，强化政策的引导和环境保障作用。

第三节 科技人才政策进展与成效

党的十八大以来，党中央、国务院及各有关部门、地方不断加大科技人才政策力度，强化政策协同，以激发科研人员创新积极性为出发点和着力点，出台了一系列改革力度大、含金量高、具有突破性开创性的科技人才政策，补齐了多项科技人才基础性制度短板，基本建立了覆盖创新研究各类型、职业发展全周期的中国特色

科技人才政策体系框架，为激励科研人员矢志创新、潜心研究、追求卓越发挥了重要保障作用，有效促进了我国科技人才队伍的建设和发展壮大。

一、我国科技人才政策体系框架已经初步形成，政策供给强度高、涉及面广

在党中央的高度重视、各有关部门的大力支持和共同努力下，我国科技人才政策体系框架初步形成。党的十八大以来，党中央、国务院及各有关部门针对科技人才出台一系列政策，形成多层级、多部门、多领域协同的政策供给结构。从政策内容来看，党中央和各部门出台的一系列科技人才政策已经涉及了人才发现与遴选、教育与培养、使用与集聚、激励与引导、开放与合作、学风与文化、机构与平台、管理与服务、战略与规划、人才安全等10个政策方向，科技人才政策成为推动科技、经济、财税、金融、人事管理等改革的重要内容。从政策数量来看，党的十八大以来，党中央和各部门共出台科技人才有关政策超过270项，近几年政策供给强度加大，2020年和2021年均超过50项。从政策发布主体来看，除了党中央、国务院以外，各相关部门都积极支持科技人才发展，根据自身职能从不同层级、不同方面、不同领域制定人才政策，并且在具体措施上体现不同职能部门的协同与互补。

二、在科技人才体制机制多个关键领域实现政策突破，有效破除制约人才创新活力的制度藩篱

遵循科技创新规律、人才规律，对科研人员实行区别于党政领导干部的管理方式，破除制约科技人才创新活力的体制机制障碍，在激励制度、管人用人制度、组织动员和经费管理制度等方面出台一系列改革政策。

强化物质和荣誉性政策激励，发挥收入分配、成果转化、科技奖励政策对科研人员的激励作用。以增加知识价值为导向的科研人员收入分配政策为统领，更加重视科研活动中人的因素，凸显知识价值，科研事业单位不断完善薪酬体系，科技人才薪酬由基本工资、绩效工资和津贴补贴构成，除基本工资、津贴补贴执行国家统一制定的政策和标准外，绩效工资由事业单位在核定的总量内按规范程序和要求自主进行分配。近两年，科技部、财政部、人力资源社会保障部等部门积极推动中央有关事业单位全面实施绩效工资，加强分类管理，不断完善体现科研事业单位

行业特点的薪酬制度。在科技成果转化奖励方面，国家通过修订科技成果转化法律、出台若干意见、制定行动方案"三部曲"全面加强了科技成果转化收益分配激励，并通过一系列配套文件加强了科技成果转化税收优惠、股权激励、赋予所有权或长期使用权等一系列举措，对职务科技成果完成人和为成果转化做出重要贡献的其他人员给予不低于净收入50%的奖励，不受单位绩效工资总量限制；改革相关税制，对符合条件的技术成果投资入股实施选择性税收优惠，对科研人员的职务科技成果转化现金奖励减免个人所得税，赋予科研人员职务科技成果所有权和长期使用权，进一步强化了科技成果转化收益分配对科研人员的激励作用。出台国家科技奖励制度改革相关政策，从推荐制改为全面实行提名制，建立定标定额评审制度，调整奖励对象，增强评审的透明度，健全诚信制度，完成公开提名制、定标定额等重大改革，进一步彰显国家科技奖的荣誉性，提高奖励质量，调动科技人才创新积极性。

回归科技创新规律、人才规律，注重发挥科研自主性，加强扩大领军人才和高校、科研院所自主权政策力度。2019年，《科技部等6部门印发〈关于扩大高校和科研院所科研相关自主权的若干意见〉的通知》（国科发政〔2019〕260号）提出完善章程管理、强化规划绩效、优化机构设置管理等措施，通过扩大科研单位在干部人事、岗位设置、薪酬分配、成果转化、科研项目经费管理、科研仪器设备耗材采购管理、因公出国出境管理等方面的自主权，激发高校、科研院所和科技人员的积极性。其中，科研项目管理、差旅费管理、科研经费调剂使用、科研绩效管理、科研成果管理及处置等举措在试点单位得到了普遍落实；自主确定岗位聘用制度、会议管理、自主分配绩效工资、因公出国出境管理、人才引进、科研仪器设备采购等举措在部分单位得到了落实，其他单位也开展了积极尝试。部分主管部门和试点单位主动探索，在已有文件的基础上，实现对已有举措的进一步深化和细化。科研相关自主权改革作为一项复杂的综合性改革，相关举措在试点中得到了有效集成和联动，形成政策"组合拳"。

完善科研组织及经费管理政策，提高科技人才创新组织效能。科技计划项目是科技人才成长的重要依托，也是集聚科技人才服务国家科技任务的主要途径和方式。近年来，科技计划管理改革始终围绕以人为本不断深化。优化科技计划项目组织实施，从人找项目转向项目找人，部分国家科研任务探索实行直接委托、定向择优和定向委托方式，在一定范围内集中科技优势资源和优势力量；推动人才工程与各类科研、基地计划相衔接，建立结合科技创新基地和重大科研任务培养人才的机制。从提升科技人才组织效率出发，创新"揭榜挂帅""军令状""首席科学家负责制"等一系列新型组织机制。让经费更好地为人的创造性活动服务，进一步精简合并预算编制科目，按设备费、业务费、劳务费三大类编制直接费用预算。设备费预算调剂权全部下放给项目承担单位，不再由项目管理部门审批其预算调整。在人才类和基础研究类科研项目中推行经费包干制，不再编制项目预算。对数学等纯理论基础研究项目，间接费用比例进一步提高到不超过60%。项目承担单位可将间接费用全部用于绩效支出，并向创新绩效突出的团队和个人倾斜。

三、建立了针对不同政策受众的精准支持政策，鲜明体现了对国家急需紧缺人才和重点群体的倾斜保障

近年来，科技人才政策对不同受众群体的支持更加精准完善，从不同年龄、不同职业发展阶段、不同层次、性别和地域差异等多个维度，出台了一系列针对性支持政策，包括按年龄、按职业发展阶段、按人才层次、按岗位、按职责等不同类别的支持政策。例如，从年龄看，主要是对青年人员的针对性支持，针对45岁以下青年设有杰出青年基金、优秀青年基金资助等。从职业发展阶段看，学生阶段有高校人才培养相关政策，博士后阶段有博士后创新人才支持计划，进入科研岗位、获得高级职称后有科研绩效向科研骨干人员倾斜相关政策，成为国家科技计划项目负责人、领军人才后有对全时全职承担任务的团队负责人及引进的高端人才一项一策、清单式管理和年薪制等灵活薪酬政策等。从人才层次看，国家层面设立了院士制度，实施"万人计划"等高层次人才培养计划，部门层面设有"百千万"人才工程、创新人才推进计划、"长江学者"奖励计划等。从不同岗位和身份类型看，针对事业单位领导人员、"双肩挑"科研人员、专业技术人员、科研辅助和实验技术类人员等均有相应的政策条款。

突出服务国家发展的重大任务导向，加强对承担国家重大科技任务人才和高层次人才的倾斜支持。建立各类人才发挥作用通道，以重大任务为牵引，在任务布局和人才队伍建设上更加聚焦国家重大需求，突出面向世界科技前沿、面向经济主战场、面向国家重大需求、面向人民生命健康，充分发挥战略科学家、领军型科学家、青年科学家作用，专门设立青年科学家专项，以重大任务用好人才、培养人才。探

索实行高层次人才多元化薪酬制度和学术休假制度,对全时承担国家关键领域核心技术攻关任务的团队负责人及单位引进的急需紧缺高层次人才等可实行年薪制、协议工资、项目工资等灵活分配方式,其薪酬在所在单位绩效工资总量中单列,相应增加单位当年绩效工资总量。改进完善院士制度,改革院士遴选机制,优化学科布局和年龄结构,规范兼职和待遇,建立完善退休退出制度,推动院士称号回归学术性、荣誉性的本质。

注重创新人才梯队建设,加强对青年人才政策支持保障力度。扶持青年人员的成长,对45岁以下的青年科研人员设立杰出青年基金、优秀青年基金等。在重大人才工程与人才专项中建立中青年领军人才承担任务的优先机制,国家重点研发计划专门设立青年人才专项,对具有研究潜力的优秀青年科技人才给予重点支持。从职业发展看,覆盖了学生培养阶段、博士后阶段,以及进入科研岗位、获得高级职称后等针对骨干人员的倾斜相关政策。从人才层次看,国家设立了高层次人才培养计划,以及针对院士群体的相关政策。

加强对不同类型科技人才的政策支持,促进各类科技人才协同综合发展。从不同岗位、身份、区域等类型看,针对事业单位领导人员,"双肩挑"科研人员,专业技术人员,科研辅助和实验技术类人员,创新创业人才,中西部、东北地区人才,女性科技人才等均实行了专门的政策支持。例如,对事业单位领导人员、"双肩挑"科研人员的科技成果转化奖励政策进一步完善,允许取得现金奖励。从岗位、待遇、职称等方面加强实验支撑和科研辅助人员队伍建设,参与中央财政项目研究的科研辅助人员等均可开支劳务费,不设比例限制。对特定人才有所倾斜并放宽申报要求的导向要求在我国各类人才计划中逐步落实,鼓励东部地区优秀人才到中西部、东北地区高校应聘,明确东部地区高校不得从中西部、东北地区引进人才。通过"三区"人才支持计划、科技人员专项计划等,加大对县域科技创新支持力度,加大"三区"人才支持计划、科技人员专项计划精准实施力度,促进边远地区人才队伍建设。鼓励创新创业人才成长,为创新主体提供创业平台与创业支持,鼓励人才成长和创业。完善符合技术工人特点的企业工资分配制度、增长机制和激励机制。专门制定支持女性科技人才在科技创新中发挥更大作用的若干措施,坚持性别平等、机会平等,为女性科技人才成长进步、施展才华、发挥作用创造更好环境。

四、加强了科技人才创新保障的基础性制度建设,科技人才创新环境得到显著优化

调动和激发科技人才创新内生动力,良好的创新和制度环境是关键。目前,我国科技人才政策体系在科技评价、科研诚信、学风作风、科技伦理、宽容失败等方面的基础性政策制度不断加强建设,潜心研究、追求卓越、风清气正的科技人才创新环境逐步形成。

强化科技人才评价政策价值导向作用,建立以科技创新价值、能力、贡献为导向的科研"指挥棒"。以《中共中央办公厅 国务院办公厅印发〈关于分类推进人才评价机制改革的指导意见〉的通知》(中办发〔2018〕6号)、《中共中央办公厅 国务院办公厅印发〈关于深化项目评审、人才评价、机构评估改革的意见〉》(中办发〔2018〕37号)为指引,科技人才评价制度改革全面铺开。科技评价政策更加强调突出品德、能力、业绩和贡献的评价导向,建立科学的人才分类评价机制。在科技人才计划、职称评审、科研人员绩效评价等科技人才评价的各领域各方面,坚决破除唯学历、唯职称、唯论文、唯奖项等错误倾向。推行代表作评价和小同行评议制度,强化用人单位人才评价主体地位,改进科技评价指标,科学设置人才评价周期,建立以同行评价为基础的业内评价机制,健全职称制度体系,注重引入市场评价和社会评价,发挥多元评价主体作用。正确使用评价结果,避免与物质利益过度挂钩,不把人才荣誉性称号作为承担各类国家科技计划项目、获得国家科技奖励、职称评定、岗位聘用、薪酬待遇确定的限制性条件,同一类高层次人才计划将不再重复入选、人才只能在同层次人才计划中择一申报成为统筹管理的重要举措。

建立完善科研诚信和学风作风制度,优化净化学术环境。作为科研领域的基础性制度,2018年,中共中央办公厅、国务院办公厅印发《关于进一步加强科研诚信建设的若干意见》,着力加强我国科研诚信体系建设。目前已经形成了"零容忍"的联合惩戒机制,实行科研诚信承诺制,建立学术诚信档案,对严重失信行为实行"一票否决";压实用人单位科研诚信管理责任,完善分级责任担当机制;完善违背科研诚信行为的边界划定、调查审核、惩戒处理等机制,建立联合惩戒机制;完善国家科研诚信管理信息系统,建立科研诚信监督和信息公开机制;强化学术共同体在学术自律、学风建设等方面的引导、约束和监督作用,引导科技人员加强自我约束、自我管理。《中共中央办公厅 国务院办公厅印发〈关于进一步弘扬科学家精神加

强作风和学风建设的意见〉》（中办发〔2019〕35号）以塑形铸魂科学家精神为抓手，积极推动作风和学风建设常态化、制度化，激励和引导广大科技工作者追求真理、永攀高峰，树立科技界广泛认可、共同遵循的价值理念，加快培育促进科技事业健康发展的强大精神动力，在全社会营造尊重知识、崇尚创新、尊重人才、热爱科学、献身科学的浓厚氛围。

完善科技人才治理机制，营造宽松有序的科研生态。2019年，中央全面深化改革委员会第九次会议审议通过了《国家科技伦理委员会组建方案》，进一步明确科技活动必须遵守的科技伦理价值准则。组建国家科技伦理委员会，加强统筹规范和指导协调，推动构建覆盖全面、导向明确、规范有序、协调一致的科技伦理治理体系。大力减轻科研人员负担。加快国家科技管理信息系统建设，实现在线申报、信息共享。大力解决表格多、报销繁、牌子乱、"帽子"重复、检查频繁等突出问题。在创新决策、科技成果转化决策等方面建立免责担责的创新机制，高等学校、科研机构领导人员和企业负责人在履行勤勉尽责义务、没有牟取非法利益的前提下，免除追究其技术创新决策失误责任，对已履行勤勉尽责义务但因技术路线选择失误等导致难以完成预定目标的项目单位和科研人员予以减责或免责。

五、我国科技人才政策总体效果已经凸显，对科技人才队伍结构优化、质量提升和创新效率提高发挥了积极作用

总体来看，近年来我国一系列科技人才政策取得了显著效果，我国科技人才队伍数量和结构持续优化，科技人才"获得感"更加显著，创新活力和积极性不断增强。

科技人才队伍建设方面，2020年，全社会研究与试验发展（R&D）人员全时当量达到523.45万人年，"十三五"期间年均增速为7.80%，连续多年居世界第一；基础研究R&D人员全时当量达到42.7万人年，年均增速较"十二五"同期高4.65%；R&D人员中本科及以上学历占比达到63.57%，博士学历占比达到8.43%，比"十二五"时期有较大提高；企业R&D人员占全体R&D人员的74.21%，创新主体地位突出。更多青年科技人才脱颖而出，青年科技人才逐步成为科研主力军。

科技人才创新效能方面，科技人才创新能力显著提升，一批领军人才和创新团队加快涌现。我国ESI论文被引用次数居世界第2位，科学家获得的国际奖项明显增多。2021年全球6602位高被引科学家名单中，我国内地上榜人数达935人，排

名升至全球第二。载人航天、探月工程、超级计算机等领域一批领军人才和创新团队加快涌现。广大科研人员勇担时代重任，深扎基层一线，在新冠疫情防控阻击战和脱贫攻坚战中发挥重要支撑作用。

科研人员创新创业积极性得到有效激发。以基本工资、绩效收入和科研奖励为主的"三元"薪酬体系初步形成，科研项目绩效经费实现了对科研人员薪资体系的有力补充，科技成果转化收益奖励的"创富效应"已经显现，稳定了科研人员潜心研究的信心，也大幅调动了科研人员转化成果、投身科技创新的积极性。科研放管服改革不断深化，国家信息中心开展的简政放权群众获得感大数据分析显示，为科研人员松绑减负的群众获得感达94.58%，在各项简政放权举措中名列前茅。对科研人员的政策激励效果显著，《中国科技成果转化2021年度报告（高等院校与科研院所篇）》显示，2020年，3554家高等院校和科研院所以转让、许可、作价投资和技术开发、咨询、服务方式转化科技成果的合同项数有所增长，合同项数达到466 882项，合同总金额达到1256.1亿元。科研人员创设和参股新公司数量为2808家，比2019年增长28.90%。

第四章

新时期科技人才政策创新的主要思路

2021年9月,中央人才工作会议在北京召开,习近平总书记在会上发表重要讲话,强调深入实施新时代人才强国战略,加快建设世界重要人才中心和创新高地。习近平总书记的重要讲话精神是指导新时代人才工作的纲领性文献,为做好新时期人才工作指明了前进方向,提供了根本遵循。新时期科技人才政策创新工作要遵循党中央对我国人才事业发展的"八个坚持"的规律性认识,按照习近平总书记关于人才发现、培养、使用、激励的指示精神,不断明确新时期我国科技人才政策的主体框架和发展方向。

第一节 新时期科技人才政策创新面临的新形势新要求

党中央高度重视科技人才工作,习近平总书记对人才工作作出了一系列重要指示,党的二十大提出深入实施人才强国战略,中央人才工作会议对新时期人才工作做行了全面部署。进入新发展阶段,全球科技人才争夺更趋激烈,建设社会主义现代化强国和世界科技强国对发挥人才第一资源作用的需求更加迫切,亟须推动科技人才高质量发展,充分激发科技人才活力,加快建立完善具有国际竞争力的人才制度和政策环境。

一、党中央对人才工作的系统部署,为科技人才政策创新指明了重要方向

党的二十大报告提出,深入实施人才强国战略,培养造就大批德才兼备的高素

质人才，建设规模宏大、结构合理、素质优良的人才队伍，对人才工作进行了系统部署。中央人才工作会议对未来一段时期的人才工作进行了顶层设计和战略谋划，要求到2025年科技创新主力军队伍建设取得重要进展，到2030年适应高质量发展的人才制度体系基本形成，到2035年在诸多领域形成人才竞争比较优势。《中华人民共和国国民经济和社会发展第十四个五年规划和2035年远景目标纲要》围绕激发人才创新活力对深化人才发展体制机制改革做出具体部署，要求全方位培养、引进、用好人才。面向新时期，一是要加快建设国家战略人才力量，大力培养使用战略科学家，培养造就更多国际一流的战略科技人才、科技领军人才和创新团队，培养具有国际竞争力的青年科技人才后备军。二是要实行更加开放的人才政策，加快建设世界重要人才中心和创新高地，加强人才国际交流，着力形成人才国际竞争的比较优势。三是要深化人才发展体制机制改革，优化整合人才计划，激励人才更好发挥作用，完善人才评价和激励机制。四是全方位培养、引进、用好人才，走好人才自主培养之路，建立以信任为基础的人才使用机制。五是要深入推进科技体制改革，用好用活各类人才，建立以信任为基础的人才使用机制，推动重点领域项目、基地、人才、资金一体化配置。六是要优化创新创业创造生态，大力弘扬新时代科学家精神，强化科研诚信建设，健全科技伦理体系，提高全民科学素质。

按照习近平总书记关于人才工作的重要论述，以及对照党中央部署要求，新时期科技人才政策需要重点解决好"人才从哪里来"和"人才怎么用"这两个关键问题。一方面，要加快建设国家战略人才力量，加强人才培养、引进以保证人才供给，改革人才组织动员、评价激励、管人用人的服务国家战略需求，优化完善资源配置、条件配套、人才安全、学术生态、科研环境等以营造良好创新生态，全面提升科技人才政策体系效能；另一方面，要不断深化体制机制改革，用好用活人才，改善人才发展环境，激发人才创新创造活力，为科技人才更好地发挥作用提供强有力的制度安排和政策保障。

二、科技自立自强对人才的需求上升到新高度，迫切需要科技人才政策改革创新

建设社会主义现代化强国和世界科技强国首先要建成人才强国，实现科技自立自强需要以人才强为先决保障。我国经济社会发展进入新阶段，实现高质量发展

需要依靠创新驱动的内涵型增长，在构建以国内大循环为主体、国内国际双循环相互促进的新发展格局中发挥科技创新的关键核心作用，在新科技革命和产业变革不断加速的背景下，现代产业经济体系下的产业链、供应链不断拉长、扩容、升级，这些都对科技人才队伍的质量、结构、组织效率等提出了新的挑战和更高的要求。

在新时期，需要优化人才培养政策，构建战略科技人才、科技领军人才、青年科技人才和高水平创新团队齐备的多元化、多层次人才队伍，更好支撑高质量发展；需要优化科技人才政策链布局，集中解决产业链、供应链中人才链断裂的问题，突破关键核心技术；需要紧跟从宏观科技计划项目管理到微观创新主体内部管理的变革，改变跟随式研究的人才组织模式，探索更有利于提升科技人才原始性创新能力的政策机制；需要进一步激发人的内生动力，通过完善科技人才政策体系、构建科技人才政策链，把激发科研人员和创新主体的积极性创造性作为科技体制改革的着力点。一方面，要完善科技人才的发现、培养、使用、激励机制，激发人才创新创业活力；另一方面，要改革科研管理体制，以项目、基地、人才、资金一体化配置为重点，围绕人来配置任务、建设基地和匹配资金，为各类优秀人才更好服务国家重大任务搭建平台、创造条件。

三、国际形势变化对集聚国内外高层次科技人才带来新的挑战和机遇，迫切需要提升人才政策竞争力

国际外部形势和激烈的人才竞争日益严峻。一方面，优化人才制度已经成为国际人才竞争的主要手段。发达国家把吸引、集聚和使用科技人才作为国家战略，对高端科技人才的控制和保护呈现不断加强的态势，从放宽出入境限制、提供良好的移民服务、给予优厚的科研条件、营造宽松的科研环境等方面出台一系列政策，努力招揽国际优秀人才为本国服务。另一方面，复杂多变的国际竞争格局和新冠疫情给国际人才交流合作带来更多的不确定性。复杂的外部环境和激烈的人才竞争格局要求我们加大开放合作力度，面向全球进行双向交流合作，实行更加开放的人才政策，吸引集聚全球优秀人才，着力于打造具有国际竞争力的战略人才力量队伍。

习近平总书记指出，强调人才自主培养，绝不意味着自我隔绝。人才对外开放是双向的，不仅要引进来，还要走出去。当前我国仍然要坚持全球视野、世界一流

水平，大力吸引集聚全球高层次优秀人才，迫切需要提升我国人才制度竞争力，加大对现有人才政策的改革创新力度，实行更加开放的人才政策，着力构建具有国际竞争力的人才政策体系。

四、科研人员的政策诉求与普遍期盼，明确了新时期构建科技人才政策链的着力点和突破点

新时期科技人才政策创新要坚持问题导向，要针对科研人员反映集中、需要重点突破的政策难点堵点，出台真招硬招，补齐政策空白点、薄弱点，持续推进科研人员认可度高、含金量大的政策落实落地，针对问题出硬招、出真招，打通堵点难点，着力于促进科技人才政策的协同和落实。

在科研人员诉求方面，科技部人才中心开展的政策落实调研反映，科技人员对科技人才评价、培养、激励、使用等政策创新和改革深化还有较大诉求。表现在：科技人才分类评价改革亟须落实深化，近40%的科研人员希望深化落实"规范人才评价结果使用"和"评价破除'四唯'"的改革举措。青年科技人才有效发现与稳定支持机制有待建立完善，80%左右的青年人才认为稳定的基本科研经费支持是心无旁骛潜心搞科研最需要强化的条件保障。新的人才组织动员机制仍处于起步阶段，帅才型科学家配置资源的机制等方面需要创新和探索。科技人才激励机制还需要进一步突破和细化，超过40%的科研人员希望加快推进落实"提高基本工资比例"和"加大科研项目绩效激励"。需要打通改革难点堵点，解决"最后一公里"问题，推动政策落地见效。

同时，人才政策改革影响力大、涉及面广、渗透性强，与人才政策改革密切相关的部门、行业众多，单一的人才政策难以实现改革的效果，需要消除政策"孤岛"。要强化协同性，着力于促进科技人才体制机制创新与科技体制改革、其他领域改革的协同性，推进改革措施一体化部署；要着眼落地性，着力于深化改革举措，形成管用见效的政策，提高科技人才政策供给质量，构建适应未来发展需要的科技人才制度体系。

第二节 新时期科技人才政策发展方向

新时期科技人才政策创新需要把建设有国际竞争力的科技人才政策体系纳入"十四五"统筹部署、同步推进，形成科技人才政策体系建设的主攻方向和改革要点，加强改革的政策统筹、进度统筹、效果统筹，发挥改革整体效应。新时期政策框架的构建要按照习近平总书记关于人才发现、培养、引进、使用、激励的指示精神，聚焦政策梳理和政策调查发现的政策诉求与普遍期盼，遵循继承与发展相结合、补短板与延长板相结合、系统构建与重点突破相结合的原则，由科技人才的发现、培养、引进、使用、激励和环境建设等部分组成，进而形成科技人才政策未来改革方向和要点。

一、优化科技人才发现评价机制

党的二十大报告提出了"深化科技评价改革"的要求，其中科技人才评价是科技评价的重要组成部分。科技人才发现评价政策的发展重点是要完善科技人才发现识别机制，通过多元化、市场化机制面向全球吸引集聚优秀人才；以创新价值、能力、贡献为导向健全科技人才评价体系，形成评价改革政策"组合拳"，推动建立与岗位需求、学科特色、研究性质相适应的评价体系，使优秀科研人员即使没有"帽子"也能脱颖而出。

一是完善科技人才发现基础制度，建立面向全球发现和吸引帅才型科学家、战略科技人才等世界顶尖人才的机制。把科技人才发现作为人才培养、引进、使用、评价等科技人才工作的先导性、基础性制度。充分运用多种方式和手段，完善科技人才发现机制。加强国家高层次科技人才信息管理，支撑国家重大科技任务人才资源的有效配置。

二是要加快建立以创新价值、能力、贡献为导向的人才评价体系，形成并实施有利于科技人才潜心研究和创新的评价体系。制定科技人才分类评价标准，固化科技人才分类评价制度。制定与岗位特点、学科特色、研究性质等相适应的科技人才分类评价标准，并从法律法规层面加大执行要求。

三是深化"三评"改革联动。在项目评价、机构评估、人才评价中贯彻落实"破四唯"要求，坚持"破四唯"和"立新标"并举。加快科研机构评估改革，为科技人才评价导向建立基本前提。减少不必要的机构排名或评估，不把评估结果与"帽子"、平台、项目、经费、招生、编制等资源配置简单直接挂钩。优化整合人才计划，让人才静心做学问、搞研究，多出成果、出好成果。面向国家战略需求推进院士制度改革，进一步切断院士称号与相关利益的联系，推进院士称号进一步回归学术性、荣誉性本质，更好发挥广大院士在科研攻关、战略咨询、学科发展和人才培养中的作用。

四是鼓励科技人才评价主体的多元化发展。在品德、能力、业绩、贡献等科学评价导向下，发挥政府、市场、专业组织、行业协会等多元评价主体作用，建立社会化、市场化的科技人才评价机制及评价责任、信誉制度，减少政府部门对科技人才的直接评价。以机构管理改革推动科技人才评价自主权落地见效。从法律或制度层面明确科研机构法人主体地位，发挥用人单位选人评人的主体作用，进一步扩大用人单位选人评人的自主权。

二、改革创新人才教育培养体制

党的二十大报告将教育、科技、人才作为全面建设社会主义现代化国家的基础性、战略性支撑，进行一体化部署。需要从社会主义现代化建设和科技强国建设的需求出发，统筹利用国内国外两支人才资源队伍，把握人才作为第一资源的属性，突出目标导向、结果导向和问题导向，加强创新型人才培养力度，促进科技人才资源集聚，为贯彻落实创新驱动发展战略提供人才支撑。教育培养政策的发展重点是按照科技创新规律和人才成长规律，促进科技与教育结合，培养创新型科技人才；遵循人才成长规律和科研活动规律，培养造就更多国际一流的战略科技人才、科技领军人才和创新团队；培养具有国际竞争力的青年科技人才后备军，按照"早发现、早使用、早激励、早成长"的思路，把培育国家战略人才力量的政策重心放在青年科技人才上，进一步加强对青年科技人才的普惠性稳定支持，支持青年人才挑大梁、当主角，让他们在使用中更快成长起来。

一是加强创新型科技人才培养。创新型科技人才培养要从科技人才成长的全阶段出发，推动教育科技有机结合。发挥高校特别是"双一流"高校在培养基础研究人才主力军中的作用，加强基础学科拔尖学生培养，建设数理化生等基础学科基地和前沿科学中心。加强青少年科学精神、创新思维的教育，培养优秀青少年的好奇心和探索心，激发其从事科技创新工作的热情；改进教学方式，推行启发式、探究式、研究式教学方法，提升青少年的科学创新意识与创新能力。要发现和培养具有特殊才能的儿童，对个性化、创新型人才培养需要建立特殊通道，让富有创新潜质、优秀人才素质的学生有适合的成长途径和发展环境。

二是强化科教、产教协同融合，注重培养后备人才创新意识和创新能力。完善学科布局、专业和课程设置，在重要和关键领域科学规划全链条人才培养。推进科教融合、产教融合的人才培养新体制，增强实践和体验式学习，培养一大批热爱科学、具有创造力的后备人才。推进产学研深度融合，开展校企联合招生、联合培养试点，推行产学研联合培养研究生的"双导师"培养。

三是加强创新型、应用型、技能型人才培养，实施知识更新工程、技能提升行动。针对科技发展加速、知识更新加快需要，加快全社会终身教育学习与技能提升，为人才知识更新和转型升级提供有力支撑，推动社会教育培训的终身学习机制。强化职业学校和高等学校的继续教育与社会培训服务功能，开展多类型多形式的职工继续教育。培养新时代科技型企业家，开发专业化、针对性的成果转化课程体系和师资队伍，搭建科学家、企业家、投资人、政府管理人员、科技服务机构交流互动的平台，促进合作对接。

四是建立健全青年科技人才培养和稳定支持机制，建立促进青年科技人才脱颖而出的机制。青年科技人才成长直接关系到科技人才队伍的能力水平和长远发展。围绕青年科技人才成长全链条，按照"早发现早使用早担责，多鼓励多支持多培养"的思路，实施更有效地发现、培养、激励青年人才的相关举措，营造有利于青年科技人才脱颖而出的良好环境，促进青年科技人才成为科技创新主力军。各类人才培养引进支持计划要向青年人才倾斜，扩大支持规模，优化支持方式。对于职业早期和基础研究青年科技人才给予稳定支持，保障其潜心研究，给予科学研究选题、经费使用和组建团队等自主权，为青年科技人才快速成长提供条件和空间。落实用人单位主体责任，引导用人单位更多使用青年科技人才，围绕青年人才合理配置"老中青"科研梯队，鼓励和支持青年科技人才承担重要任务。完善优秀青年人才全链条培养制度，组织实施高校优秀毕业生接续培养计划，从高校、科研院所、企业遴选高水平导师，赋予高端人才培养任务。

三、创新新时期引才引智方式

为贯彻落实"聚天下英才而用之"的理念,构建新时代我国科技人才对外开放新格局,实施更加开放、更加积极、更加有效的科技人才政策,新时期引才引智的发展重点是需要创新海外人才引进机制,促进国际科技人才双向交流合作,推动"请进来"和"走出去",采取多种方式开辟人才培养新途径,进一步提升我国科技人才国际化水平。

一是完善外籍高端人才和专业人才来华工作、科研、交流的停居留政策,完善外国人在华永久居留制度。二是坚持全球视野,实行更加开放的人才引进政策,研究设立面向全球的科学研究基金,加大国家科技计划对外开放力度,建立国际访问学者和国际博士后制度。三是健全薪酬福利、子女教育、社会保障、税收优惠等制度,为海外科学家在华工作提供具有国际竞争力和吸引力的环境。四是加快建设世界重要人才中心和创新高地,开展人才发展体制机制综合改革试点,发起国际大科学计划,为吸引和集聚人才提供国际一流的创新平台。

四、创新科技人才组织动员方式

加快实现高水平科技自立自强,需要用好用活各类科技人才,在事关国家公共利益、国防安全、民族声望、国际地位的战略必争领域,面向制约产业发展的瓶颈短板技术领域和突发性应急科技攻关任务等方面,还需要发挥政府的宏观导向作用和体制优势。创新科技人才组织动员方式,重点是聚焦"四个面向",在新型举国体制下有效组织动员高层次科技人才服务国家重大创新任务,探索新的项目形成和组织实施机制,推动重点领域项目、基地、人才、资金一体化配置,打好关键核心技术攻坚战。根据需要和实际向用人主体充分授权,发挥用人主体在人才培养、引进、使用中的积极作用。

一是优化科技计划组织方式。完善科研任务"揭榜挂帅""赛马"制度,打破科研"小圈子",强调"英雄不问出处",放开对揭榜人的学历资历等背景限制,面向社会各类所有制和规模的机构征召优秀项目负责人和科研团队,谁能为国家做贡献就支持谁。实行目标导向的"军令状"制度,明确任务目标,坚持激励与约束并重,通过给予技术路线和经费使用等方面自主权,让揭榜的人成为真正的"帅",

同时，通过科技成果质量、价值、贡献和影响进行绩效评价，实现责、权、利相统一。

二是完善项目、基地、人才、资金一体化配置机制。在科技计划项目、任务组织实施及重大科技创新基地建设中，突出发挥人才主导作用，围绕科技领军人才的科研需求和研究方向配置资金和科研条件。在科技前沿领域探索"按方向选人，按人定项目"的科技任务组织实施方式，支持前期具备优势基础的科技人才开展持续研究。赋予科技领军人才队伍组建、研究方案规划、技术路线和资源调配选择、持续研究建议等权利。加强基础研究人才培养，实施基础研究人才专项，通过国际同行评议遴选并长期稳定支持一批在自然科学领域取得突出成绩且具有明显创新潜力的青年人才。建设一批世界级科技基础设施，支持科技人才从事长期性基础科研工作。

三是要为用人主体和科研人员松绑减负。完善科学家本位的科研组织体系，建立以信任为基础的人才使用机制，赋予更大技术路线决定权和经费使用权，全方位为科研人员松绑，允许失败、宽容失败，鼓励科技领军人才挂帅出征。要建立以信任为基础的人才使用机制，赋予用人主体科研自主权，建立用人单位容错纠错和尽职免责机制，打消用人单位深化落实改革的顾虑。完善用人主体有效的自我约束和外部监督机制，引导用人主体增强服务意识和保障能力，切实履行好主体责任。

四是推动科技人才服务经济和社会发展。搭建科研人员服务经济社会的平台和载体，支持科研院所、高校根据企业需求，积极选派科研能力强、拥有创新成果的科技人员担任"科技专员"，推动战略人才力量率先服务企业，到企业开展科技咨询、技术诊断、产品开发、成果转化、科学普及等服务。加强工程技术人才与科研创新、产业市场的对接，及时回应推进新基建等重大科技创新过程中面临的工程技术问题，打通科研成果产业化的"最后一公里"。

五、改进各类科技人才创新创业的激励措施

加大科技人才激励是增强科技人才获得感、充分释放人才活力的重要途径。新时期要坚持面向世界科技前沿、面向经济主战场、面向国家重大需求、面向人民生命健康，树立勇担使命、潜心研究、创造价值的激励导向，营造有利于原创成果不断涌现、科技成果有效转化的创新生态，激励广大科技人员各展其能、各尽其才。科技人才激励政策发展的重点是深化科技人才激励机制改革，构建充分体现知识、

技术等创新要素价值的收益分配机制，强化国家使命导向，激发科技人才内生动力。

一是强化国家使命导向的科技人才激励机制改革。要激励科技人员坚定爱国之心、砥砺报国之志，自觉为加快建设科技强国、实现高水平科技自立自强担当作为、贡献力量。要坚持精神激励和物质激励相结合，重点奖励那些从国家急迫需要和长远需求出发，为科学技术进步、经济社会发展、国家战略安全等做出重大贡献的科技团队和人员。

二是完善以增加知识价值为导向的分配政策。建立绩效工资总额正常增长机制，完善基于机构类型、机构使命和机构绩效评估结果的绩效工资总额核定机制。建立合理的绩效工资总额正常增长机制，着力提高科研投入绩效，稳定研究队伍，进一步激发创新人才活力。完善科研人员职务发明成果权益分享机制，探索赋予科研人员职务科技成果所有权或长期使用权，提高科研人员收益分享比例，激发科研人员创新创业活力。

三是健全人才荣誉和奖励制度。通过完善科技人才奖励制度增强科技人才荣誉感，注重对科技人才的精神激励和引导，让科学家在社会上真正受到尊重、得到实惠。在国家荣誉勋章制度中，加大对科技创新人才的奖励比重。

六、营造有利于科技人才发展的良好环境

为了激励和引导广大科技工作者树立追求真理、勇攀高峰的科研价值取向和科技报国的担当，加快培育促进科技事业健康发展的强大精神动力，近年来，从党中央到部门、单位和地方层面，以塑形铸魂科学家精神为抓手，积极推动作风和学风建设常态化、制度化，不断完善科研诚信制度建设，为科研人员潜心研究、拼搏创新提供良好的政策保障和舆论环境。为营造良好的学风作风，未来科技政策发展的重点是大力弘扬科学家精神，加强科研诚信与学风建设，强化人才服务保障，营造良好创新生态。

一是推动科学家精神学习常态化、制度化。将科学家精神学习作为党管人才、学风文化建设的重要内容，有关部门和单位通过学习、培训、宣讲、表彰等多种形式建立科学家精神学习的有效制度安排，并建立相应的指导和督查机制，加强科学家精神宣传教育和典型示范带动。

二是加强鼓励自由探索、倡导学术民主、宽容创新失败的有效制度安排。在基

础性、前瞻性探索科研项目中，以信任为前提，建立科研单位和科研人员科研失败的免责机制。给予科研人员，特别是青年人才充分的自主权和话语权，鼓励知名专家举荐优秀青年人才、提携后学。建立健全科技创新创业风险保障和容错免责机制，各级人民政府应当建立支持创新创业容错免责和分级担责机制，解决科技人才创新创业的后顾之忧。

三是完善科研诚信管理机制。建立科技人才信用征信系统，完善诚信约束和失信惩戒机制。建立科技人才科研诚信档案，将科研诚信情况作为人才引进、评定、培养、财政资金支持、享受优惠政策的重要参考依据。强化学术共同体的引导、约束和监督作用，强化科研人员的科研伦理、学术道德和职业操守约束。鼓励建立行业性或企业间的诚信联盟，支持联盟成员制定科研诚信行为规范。建立健全职责明确、高效协同的科研诚信管理体系，明确用人单位、项目承担单位、人才推荐单位等科研诚信管理的第一责任主体地位，引导责任单位建立科研诚信引导、监督、评估、记录等制度安排。

四是营造崇尚创新创业文化和敢为人先的社会氛围。组织开展科普展馆建设、科普主题活动、科普赛事等，通过税收优惠、资金补贴等方式引导高校、院所、企业、行业学会协会等组织面向社会开展各种类型的科普活动，让公众理解科学、热爱科学、参与科学。推进创新创业创造向纵深发展，为人才创业排除障碍，以便利性举措间接强化创业氛围。通过政策倾斜、资金保障等为人才创业排除障碍，建立和提供创业基地、文化展馆，定期举办创业赛事，形成创业文化的辐射效应，加强创业价值观宣传和大学生创业教育，营造创新创业良好社会氛围。

第二部分 Part 2 | 分 论

导 读 创新驱动实质上是人才驱动,科技人才政策贯穿整个科技创新活动和国家创新体系建设之中,体现在各类创新主体和科技人才的创新活动之中。本部分按照科技人才工作链,选取了科技人才发现与遴选、教育与培养、使用与集聚、激励与引导、开放与合作、学风与文化、机构与平台、管理与服务等8个方面,分部分系统梳理党的十八大以来党中央、国务院及相关部委发布的与科技人才相关的政策文件,从政策框架、发展过程、当前进展、落实成效和发展研判等方面进行了总结与评述,对各类政策的现状、落实情况和未来发展进行梳理与分析,为今后进一步深化人才发展体制机制改革、增加有效政策供给提供参考。

第五章

科技人才发现与遴选政策

科技人才发现与遴选是造就高水平人才队伍的重要环节，是实现科技人才有效激励、使用和流动等方面的重要基础。党的十八大以来，党中央落实"在创新实践中发现人才"的指导方针，完善人才发现机制，不拘一格选人才，完善科技人员绩效考核评价机制，用好人才评价这个"指挥棒"，营造有利于激发科技人才创新的生态系统，加快形成有利于各类人才脱颖而出的竞争机制。

第一节 政策发展过程和进展

科技人才的发现与遴选是指依据一定的标准，通过一定的人才评价手段，对人才进行分析，选出适合的人才。发现侧重于对人才的水平能力的识别、挖掘与潜力能力判断等；遴选侧重于为了培养或使用进行人才的评价与选拔。科技人才发现评价是人才发展的基础性制度和深化科技体制改革的重要内容，贯穿科技人才的培养、使用、流动、激励等各个环节，具有"指挥棒"的作用，对培育高水平科技人才队伍、产出高质量科研成果、营造良好创新环境至关重要。根据发展性评价理念，按照目标和手段一致原则，科技人才评价要实现个人发展目标与组织发展目标相统一，要发挥人才发现评价政策的作用，引导科技人才服务国家战略目标。

科技人才发现与遴选政策主要包括以下方面。一是实施科技人才评价机制改革。主要包括实行科技人才分类评价、完善科技人才评价标准、改进科技人才评价方式、规范和引导评价结果使用等方面。二是深化职称制度改革。主要包括健全职称制度体系、完善职称评价标准、畅通各类专业技术人才职称评审通道、下放职称评审权限等方面。三是优化人才计划遴选。主要包括统筹优化科技人才计划，突出科技人才计划的支持和培养功能，注重科技人才计划与项目、基地建设结合，为人才和团队创新创业提供优质服务等。四是完善人才多元化发现机制。主要包括完善人力资源市场、大力发展人力资源服务业、积极发挥猎头作用、创新创业大赛发现人才等（图5-1-1）。

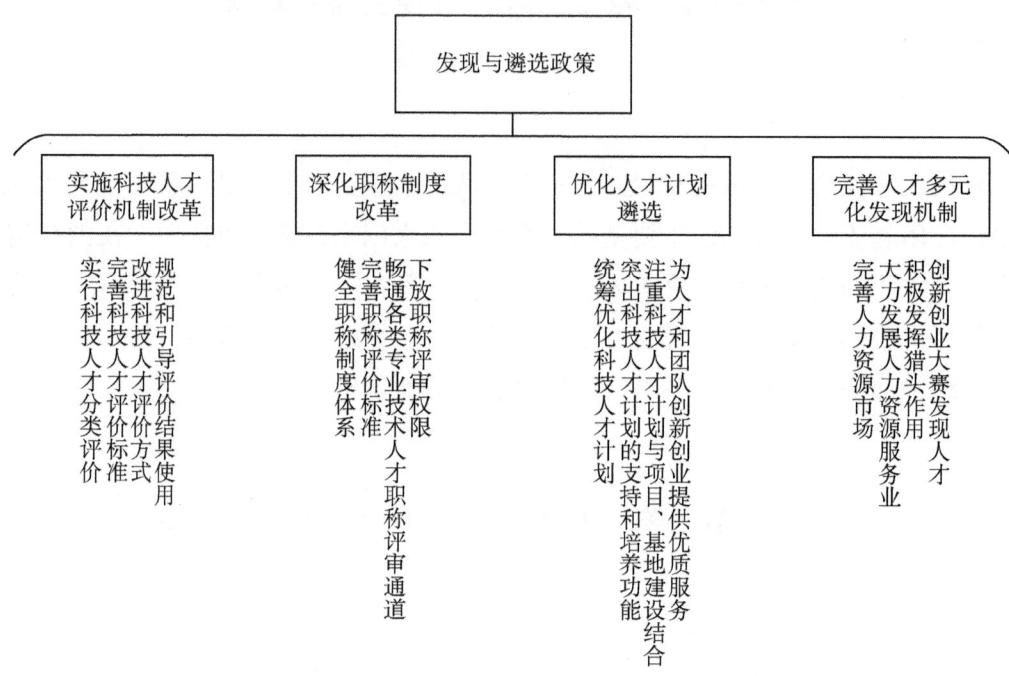

图5-1-1 科技人才发现与遴选政策框架

一、实施科技人才评价机制改革

党的十八大以后，我国的科技人才评价政策在党中央统一部署下逐步深化改革要求，明确改革方向。2021年修订的《中华人民共和国科学技术进步法》中明确了实行科学技术人员分类评价制度，在法律层面对科技人才评价机制提出了具体要求，为科技人才评价机制改革提供法律依据。

（一）政策发展过程及特点

从时间维度来看，科技人才评价机制改革政策发展过程如下（图5-1-2）：一是将创新人才评价机制作为科技体制改革和人才发展体制机制改革的重要内容。党的十八大以来，党中央多次提出要发挥好人才评价"指挥棒"作用。2013年，党的十八届三中全会审议通过的《中共中央关于全面深化改革若干重大问题的决定》将"完善人才评价机制"列为改革的一项重要任务。此后，党中央出台了一系列政策措施，科技人才评价的分类化、科学化和规范化得到快速发展。2015年，《中共中央 国务院关于深化体制机制改革加快实施创新驱动发展战略的若干意见》（中发〔2015〕8号）和《中共中央办公厅 国务院办公厅关于印发〈深化科技体制改革实施方案〉的通知》（中办发〔2015〕46号）均提出实施分类评价。2016年，《中共中央印发〈关于深化人才发展体制机制改革的意见〉的通知》（中发〔2016〕9号）将创新人才评价机制作为改革中重要的一环，指出要从评价标准、评价方式、评价主体等方面推进人才评价机制创新。二是部署实施科技人才评价改革，进行改革总体设计。以《中共中央办公厅 国务院办公厅印发〈关于分类推进人才评价机制改革的指导意见〉》（中办发〔2018〕6号）、《中共中央办公厅 国务院办公厅印发〈关于深化项目评审、人才评价、机构评估改革的意见〉》（中办发〔2018〕37号）为指导，根据"干什么，评什么"的原则，提出以职业属性和岗位要求为基础，健全科学的人才分类评价体系；根据不同职业、不同岗位、不同层次人才特点和职责，分类建立健全涵盖品德、知识、能力、业绩和贡献等要素，科学合理、各有侧重的人才评价标准。实行代表性成果评价，突出不同类型科技人才的研究成果质量、原创价值和实际贡献。三是深入推进科技人才评价改革。相关部门密集出台了系列文件，包括《科技部 教育部 人力资源社会保障部 中科院 工程院关于开展清理"唯论文、唯职称、唯学历、唯奖项"专项行动的通知》（国科发政〔2018〕210号）、《教育部办公厅关于开展清理"唯论文、唯帽子、唯职称、唯学历、唯奖项"专项行动的通知》（教技厅函〔2018〕110号）、《科技部印发〈关于破除科技评价中"唯论文"不良导向的若干措施（试行）〉的通知》（国科发监〔2020〕37号）、《教育部 科技部印发〈关于规范高等学校SCI论文相关指标使用 树立正确评价导向的若干意见〉的通知》（教科技〔2020〕2号）、《教育部印发〈关于正确认识和规范使用高校人才称号的若干意见〉的通知》（教人〔2020〕15号）等，将科技人才分类评价改革不断推向纵深发展。2022年，中央全面深化改革委员会第二十六次会议审议通过了《关于开展科技人才评价改革试点的工作方案》，并由科技部、财政部等八部门联合发布，通过改革试点，聚焦国家重大科技创新活动，探索科技人才分类评价的新标准、新方式、新机制，突出国家使命导向，推动构建以

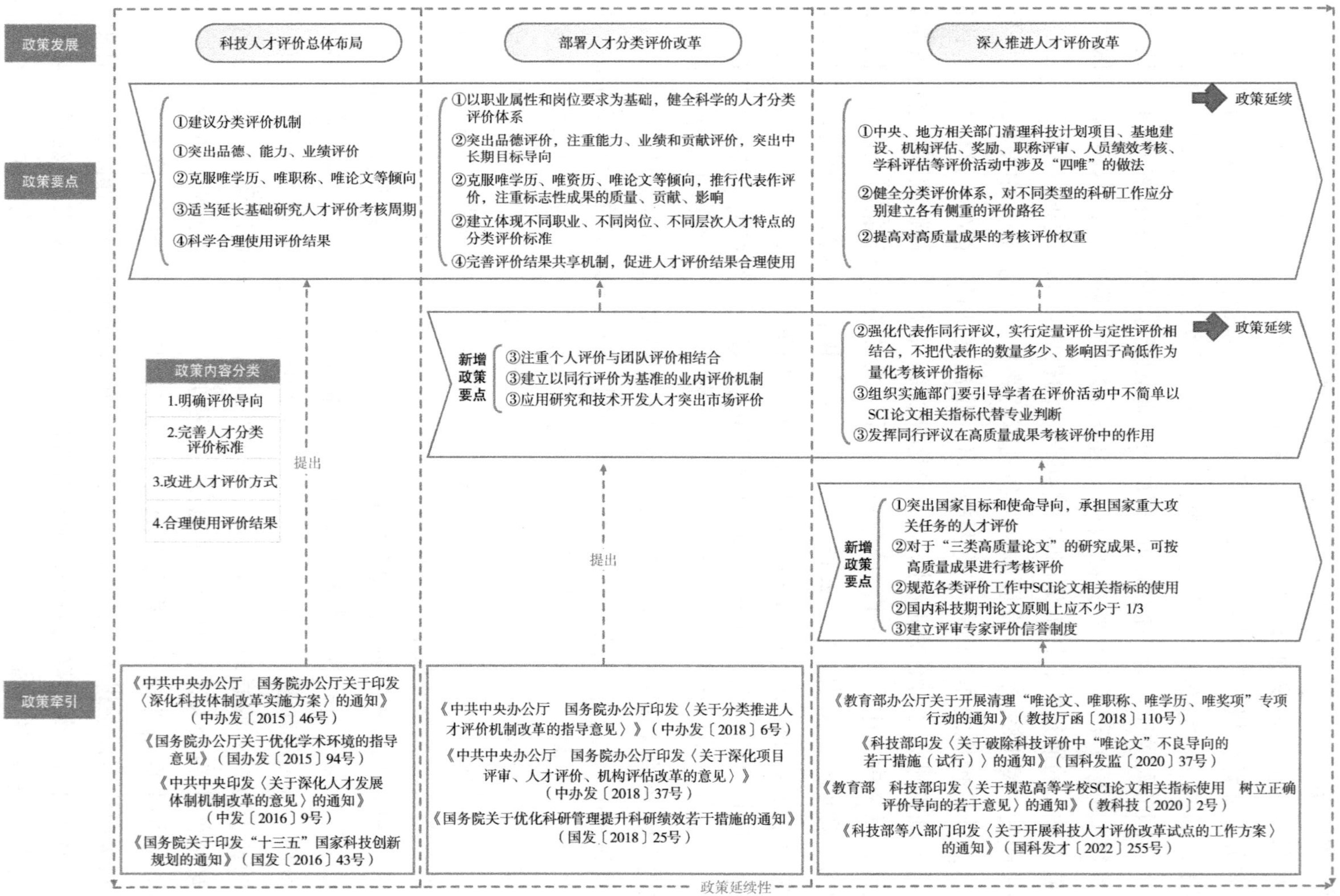

图 5-1-2 科技人才评价机制改革政策发展过程

*图中政策内容分类序号与正文政策要点序号相对应。例如，1.对应①。

创新价值、能力、贡献为导向的科技人才评价体系。

通过对科技人才评价机制改革相关政策发展过程的系统梳理，其表现为以下特点：一是坚持问题导向，聚焦科研人员反映强烈的人才"帽子"多，标准"一刀切"，评用脱节，"唯论文、唯职称、唯学历、唯奖项"等突出问题，从可操作的角度出发，提出了有针对性的改革举措。二是改革目标明确。深化科技人才评价分类改革，遵循科技创新规律和人才成长规律，以改革试点为抓手，坚持以创新价值、能力、贡献为导向，充分释放人才创新活力。三是强化政策衔接配套。针对评价主体、评价方式、评价标准均提出了政策措施，注重项目评审、人才评价、机构评估的联动，深化院士制度改革，以科技人才评价为基础，协同推进科技人才培养、激励、使用等机制改革。

（二）当前进展

实行科技人才分类评价。建立体现不同职业、不同岗位、不同层次人才特点的分类评价标准和评价机制，引导鼓励科研人员潜心研究、教师上讲台、医生到临床、工程师到实验室和厂房工地、农技人员到田间地头，让各类专业技术人才在不同岗位上建功立业、做出贡献。在科技领域，建立健全以科研诚信为基础，以创新能力、质量、贡献、绩效为导向的科技人才评价体系。对主要从事基础研究的人才，着重评价其提出和解决重大科学问题的原创能力、成果的科学价值、学术水平和影响等；对主要从事应用研究和技术开发的人才，着重评价其技术创新与集成能力、取得的自主知识产权和重大技术突破、成果转化、对产业发展的实际贡献等；对从事社会公益研究、科技管理服务和实验技术的人才，重在评价考核工作绩效，引导其提高服务水平和技术支持能力。在教育领域，坚持立德树人，把教书育人作为教育人才评价的核心内容。坚持思想政治素质和业务能力双重考察，全面考核和突出重点相结合，注重对师德师风、教育教学、科学研究、社会服务、专业发展的综合评价；坚持分类指导和分层次评价相结合，根据不同类型高校、不同岗位教师的职责特点，分类分层次分学科设置评价内容和评价方式；突出教育教学业绩评价，将人才培养中心任务落到实处。适应现代职业教育发展需要，完善职业院校（含技工院校）"双师型"教师评价标准；适应中小学素质教育和课程改革新要求，建立充分体现中小学教师岗位特点的评价标准。在医疗卫生领域，合理确定不同医疗卫生机构、不同专业岗位人才评价重点。对主要从事临床工作的人才，重点考察其临床医疗医技水平、实践操作能力和工作业绩，引入临床病历、诊治方案等作为评价依据；对主要从事科研工作的人才，重点考察其创新能力业绩，突出创新成果的转化应用能力；对主要从事疾病预防控制等工作的公共卫生人才，重点考察其流行病学调查、传染病疫情和突发公共卫生事件处置、疾病及危害因素监测与评价等能力。建立符合全科医生岗位特点的评价机制，考核其掌握全科医学基本理论知识、常见病多发病诊疗、预防保健和提供基本公共卫生服务的能力，将签约居民数量、接诊量、服务质量、群众满意度作为重要评价因素。

完善评价标准。一是突出品德评价。坚持德才兼备，加强对科学精神、职业道德和从业操守等的评价考核，对科研不端行为零容忍，完善调查核实、公开公示、惩戒处理等制度。二是注重能力、业绩和贡献评价。克服唯学历、唯资历、唯论文等倾向，把学科领域活跃度和影响力、重要学术组织或期刊任职、研发成果原创性、成果转化效益、科技服务满意度等作为重要评价指标；推行代表作评价，注重标志性成果的质量、贡献、影响；在对社会公益性研究、应用技术开发等类型科研人才的评价中，SCI（科学引文索引）和核心期刊论文发表数量、论文引用榜单和影响因子排名仅作为评价参考；反对"唯论文"和论文"SCI至上"等不良倾向，引导重大原创性科研成果更多在国内期刊发表。三是注重个人评价与团队评价相结合。实行以合作解决重大科技问题为重点的整体性评价；对创新团队负责人以把握研究发展方向、学术造诣水平、组织协调和团队建设等为评价重点；尊重认可团队所有参与者的实际贡献，杜绝无实质贡献的虚假挂名。四是完善海外及特殊科技人才评价标准。对引进的海外人才，不把教育、工作背景简单等同于科研水平，对特殊人才探索采取特殊评价标准和评价方式。

改进科技人才评价方式。针对人才评价主体单一、评价专业性不强、评价手段趋同、非公领域人才评价渠道不畅、评价评估活动过多过繁等突出问题，聚焦在4个方面对科技人才评价方式进行改革：一是创新多元评价方式。建立以同行评价为基础的业内评价机制，发挥市场、社会等多元主体在基础研究、应用研究等人才评价中的作用。二是科学设置人才评价周期。适当延长基础研究人才、青年人才评价考核周期，以国家使命为导向的科研基地建立中长期绩效评价体系。三是畅通人才评价渠道。打破户籍、地域、所有制、身份、人事关系等限制，畅通非公有制经济组织、社会组织、新兴职业等领域人才申报评价渠道。四是健全社会化市场化人才评价服务体系。充分发挥政府、市场、专业组织等多元评价主体作用，注重培育发展人才评价社会组织和专业机构,有序承接政府人才评价职能。

规范和引导评价结果使用。改变以静态评价结果给人才贴上"永久牌"标签的做法,切断人才荣誉称号与相关利益的直接联系,推动形成合理的人才评价结果使用导向。一是科学合理使用评价结果。不能以各类学术排名代替学术评价,避免学术评价结果与利益分配过度关联,加强评价结果共享,避免多头、频繁、重复评价人才。二是切断人才荣誉称号与相关利益的直接联系。在科技人才计划评选、科技计划项目评审、科技奖励评选、职称评定、岗位聘用、薪酬待遇确定等过程中,避免将人才荣誉称号及各种人才"帽子"作为前置条件或评定指标。三是促进人才评价与项目评审、机构评估有机衔接。完善人才评价、项目评审和机构评估的评价结果共享机制,通过优化项目评审机制和建立科研机构分类绩效评价制度,以及规范项目评审全流程和科研机构管理,减轻科研人员的负担,进一步优化科研生态环境。

深化院士制度改革。近年来,针对院士终身制、老龄化、利益化等社会反映突出的问题,我国通过改进和完善院士遴选机制、优化学科布局和年龄结构、实行院士退出和退休制度等不断完善院士增选和管理制度,充分发挥院士制度凝才聚智、引领示范的导向性作用。2013年,党的十八届三中全会提出了改进完善院士制度的任务。2014年,国务院办公厅印发《关于改进完善院士制度的方案》(国办函〔2014〕86号),对遴选制度、优化学科布局和年龄结构、兼职与待遇、退休退出、发挥决策咨询作用等制度进行了改革。党的十九届五中全会提出深化院士制度改革的要求,让院士称号进一步回归荣誉性、学术性。通过改革,在院士评选中要打破论资排辈,杜绝非学术性因素的影响,加强社会监督,维护院士称号的纯洁性。发挥院士群体"四个表率"的作用。2022年9月6日,中央全面深化改革委员会第二十七次会议审议通过了《关于深化院士制度改革的若干意见》,明确院士是我国科学技术方面和工程科技领域的最高荣誉称号,两院院士是推进高水平科技自立自强的重要力量,部署深化院士制度改革的有关要求。院士制度将围绕院士选拔、引导规范、监督管理和发挥表率作用等方面进行优化改革。要注重在重大科学研究和国家重大工程中选拔院士,以重大贡献、学术水平、道德操守为准绳,防止增选中的不正之风。要加强引导规范,鼓励和支持院士专心致志开展科研工作,强化作风学风建设,排除非学术性因素干扰。要严格监督管理,强化院士科研伦理和学术规范责任,营造良好学术和科研环境。广大院士要提高政治站位,增强责任意识,在主动承担国家急难险重科研任务、解决重大原创科学问题、以身作则净化学术环境、培养青年科研人才等方面发挥好表率作用。

二、深化职称制度改革

职称制度是专业技术人才评价和管理的基本制度，对于党和政府团结凝聚专业技术人才、激励专业技术人才职业发展、加强专业技术人才队伍建设具有重要意义。针对专业技术职务聘任制实行以来暴露一些问题，如制度体系不够健全、评价标准不够科学、评价机制不够完善、用人主体自主权落实不够到位等，国家层面、各部门、各地方出台了一系列有针对性的深化改革措施。

（一）政策发展过程及特点

党的十八大以来，我国深化职称制度改革政策发展过程主要体现在：一是完成对职称制度改革的总体布局和顶层设计。以《中共中央印发〈关于深化人才发展体制机制改革的意见〉的通知》（中发〔2016〕9号）和《中共中央办公厅　国务院办公厅印发〈关于深化职称制度改革的意见〉》（中办发〔2016〕77号）为指导，把握职业特点，以职业分类为基础，以科学评价为核心，以促进人才开发使用为目的，建立科学化、规范化、社会化的职称制度。重点解决制度体系不够健全、评价标准不够科学、评价机制不够完善、管理服务不够规范配套等问题。二是重点推进职称政策的完善与落地。以《职称评审管理暂行规定》（中华人民共和国人力资源和社会保障部令第40号）及人力资源社会保障部会同有关部门出台的行业人才职称制度改革政策为指导，制定配套措施及组织实施方案，分系列推进职称制度改革。人力资源社会保障部已经针对工程技术人才、民用航空飞行技术人员、自然科学研究人员、农业技术人员、卫生专业技术人员、实验技术人才等行业领域专业技术人才分别发布了相应的职称评审改革文件和评审标准（图5-1-3）。

深化职称制度改革政策发展过程呈现以下特点：一是职称制度在稳定的基础上不断补充完善。在保持职称系列稳定的基础上，适应社会经济发展新需求，进行相应调整，同时补齐层级设置。二是体现分类评价的要求。突出品德、业绩、贡献，破除"四唯"倾向，打破"一刀切"限制，突出对基层人才、急需紧缺人才的倾斜支持。三是可操作性强。政策配套措施详细阐明了职称评审操作流程，多部门齐抓共管制定了职称评审标准等文件，可操作、可监督。

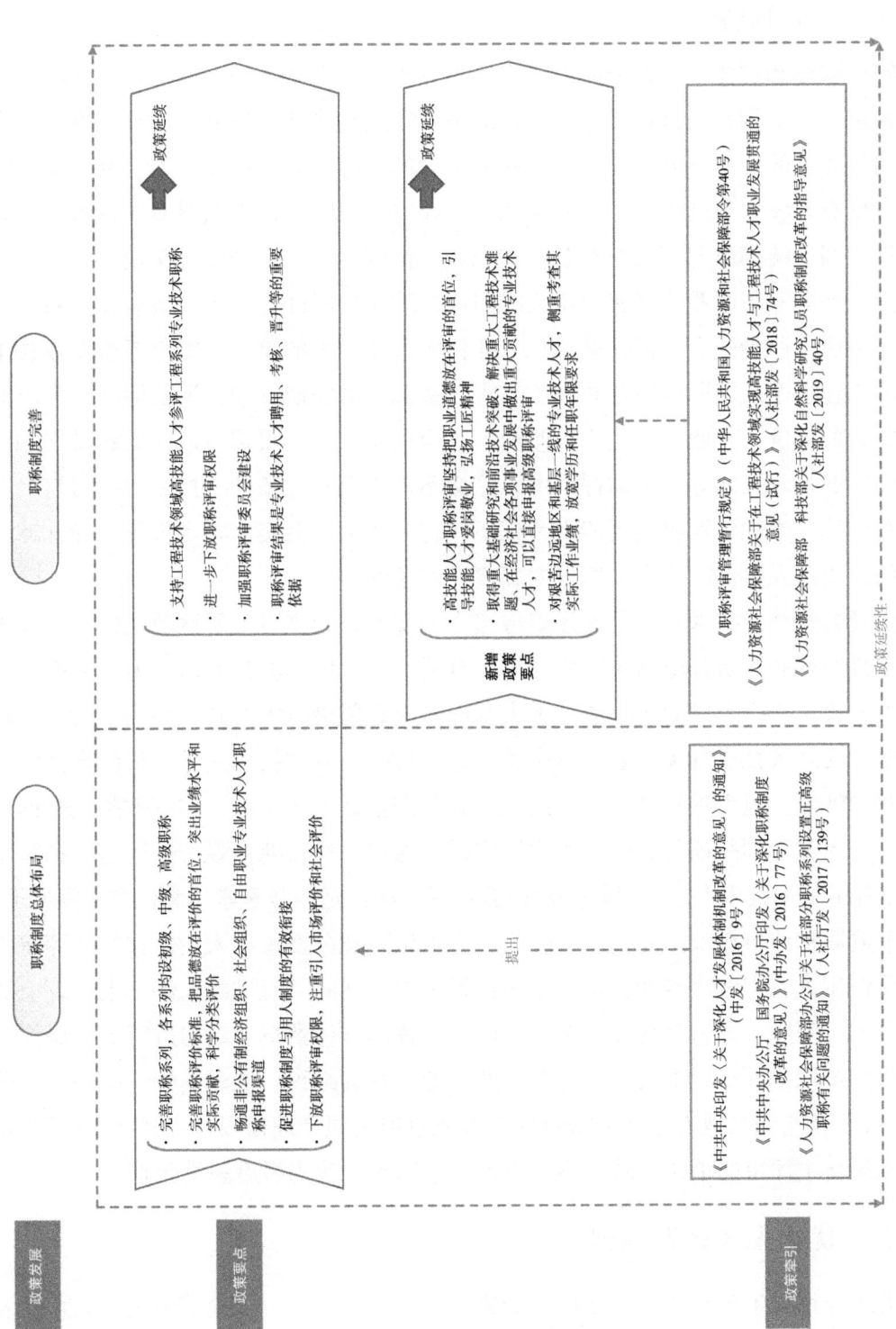

图 5-1-3 深化职称制度改革政策发展过程

（二）当前进展

健全职称制度体系。在横向上，进一步完善职称框架体系，保持现有职称系列总体稳定。对个别系列进行相应调整，取消不适应经济社会发展的职称系列，整合职业属性相近的职称系列，增设新兴职业领域的职称系列。在纵向上，补齐层级设置，对现有未设置正高级职称的职称系列均设置到正高级，以拓展专业技术人才职业发展空间。统筹研究规划职称制度和职业资格制度框架，避免交叉设置，减少重复评价，在职称与职业资格密切相关的职业领域建立职称与职业资格对应关系。

完善职称评价标准。把品德放在专业技术人才评价的首位，重点考察专业技术人才的职业道德。以职业属性和岗位需求为基础，分类修订职称评价标准，突出对创新能力的评价。克服"唯论文"倾向，对应用型人才、艰苦边远地区和基层一线工作的专业技术人才等的职称评审中，论文不作为限制性条件。打破"一刀切"限制，对职称外语和计算机应用能力考试不作统一要求，确实需要评价外语和计算机水平的，由用人单位或评审机构自主确定评审条件。

畅通各类专业技术人才职称评审通道。一方面，让来自各属性单位的专业技术人才和自由职业人员都能参加职称评审，打通职业发展和上升通道；另一方面，为特殊人才设定特殊评审通道。取得重大基础研究和前沿技术突破、解决重大工程技术难题、在经济社会各项事业发展中做出重大贡献的专业技术人才，可以直接申报高级职称评审。对引进的海外高层次人才和急需紧缺人才，进一步打破条条框框的限制，引入国际同行评价，建立职称评审绿色通道。对长期在艰苦边远地区和基层一线工作的专业技术人才，侧重考查其实际工作业绩，适当放宽学历和任职年限要求。

下放职称评审权限。职称制度改革突出强调要充分发挥用人主体在职称评审中的主导作用，着力解决专业技术人才职称评审中存在的"想用的人评不上，评上的人用不上"问题。人力资源社会保障部门对职称的整体数量、结构进行宏观调控，逐步将高级职称评审权下放到符合条件的市地或社会组织，推动高校、医院、科研院所、大型企业和其他人才智力密集的企事业单位按照管理权限自主开展职称评审。对于开展自主评审的单位，政府不再审批评审结果，改为事后备案管理。

三、优化人才计划遴选

人才计划与工程是培养、支持和凝聚人才的重要抓手。《国家中长期人才发展规划纲要（2010—2020年）》（中发〔2010〕6号）发布实施以来，面向国际国内两种人才资源,以高层次人才、高技能人才为重点,形成了中央、部门和地方上下联动的人才计划体系。新形势下,科技人才计划要贯彻落实党中央、国务院关于科技体制改革的要求,聚焦国家重大需求,加大改革力度,优化整合科技人才计划体系布局,强化培养和使用导向,优化对计划入选对象的管理服务,更大力度、更高质量地集聚和培养造就一大批国家紧缺人才。

(一)政策发展过程及特点

党的十八大以来,优化人才计划遴选政策发展过程主要体现为(图5-1-4):一是以《国务院印发关于深化中央财政科技计划(专项、基金等)管理改革方案的通知》(国发〔2014〕64号)为指导,进行人才计划的优化与整合。二是以《中共中央办公厅 国务院办公厅印发〈关于深化项目评审、人才评价、机构评估改革的意见〉》(中办发〔2018〕37号)为指导,进一步规范科技人才称号的使用,破除"唯帽子"倾向。

优化人才计划遴选政策发展过程呈现以下特点:一是加强顶层设计。优化整合人才计划,构建统筹协调、衔接有序、分类支持的科技人才计划体系。二是强化支持引导。发挥人才计划在人才支撑和智力支持中的作用,培养支持一批急需紧缺人才,增强原始创新能力。三是规范人才称号使用。明确支持周期,使人才称号回归学术性、荣誉性本质。

(二)当前进展

统筹优化科技人才计划。在中央人才工作协调小组的领导下,加强顶层设计,对中央财政支持的国家级科技人才计划(工程、项目)按功能定位进行归类,通过撤、并、转等方式进行优化整合。紧紧围绕科技发展前沿方向和国家重大战略需求,优化科技人才专项结构,加快形成目标清晰、布局合理、有效衔接的科技人才计划体系。加强部门、地方的协调,建立人才项目申报查重及处理机制,防止人才申报违规行为,避免多个类似人才项目同时支持同一人才。

突出科技人才计划的支持和培养功能。突出以德为先的选拔标准,科技人才计划重点支持人才发展,更加突出对人才的品德、能力、业绩和贡献的综合评价和长期跟踪。进一步规范科技人才称号的使用范围和时限,明确支持周期。建立完善入选者退出机制,对弄虚作假骗取入选资格的,违反职业道德、学术不端造成不良社会影响的,或者触犯国家法律法规的应当予以退出。

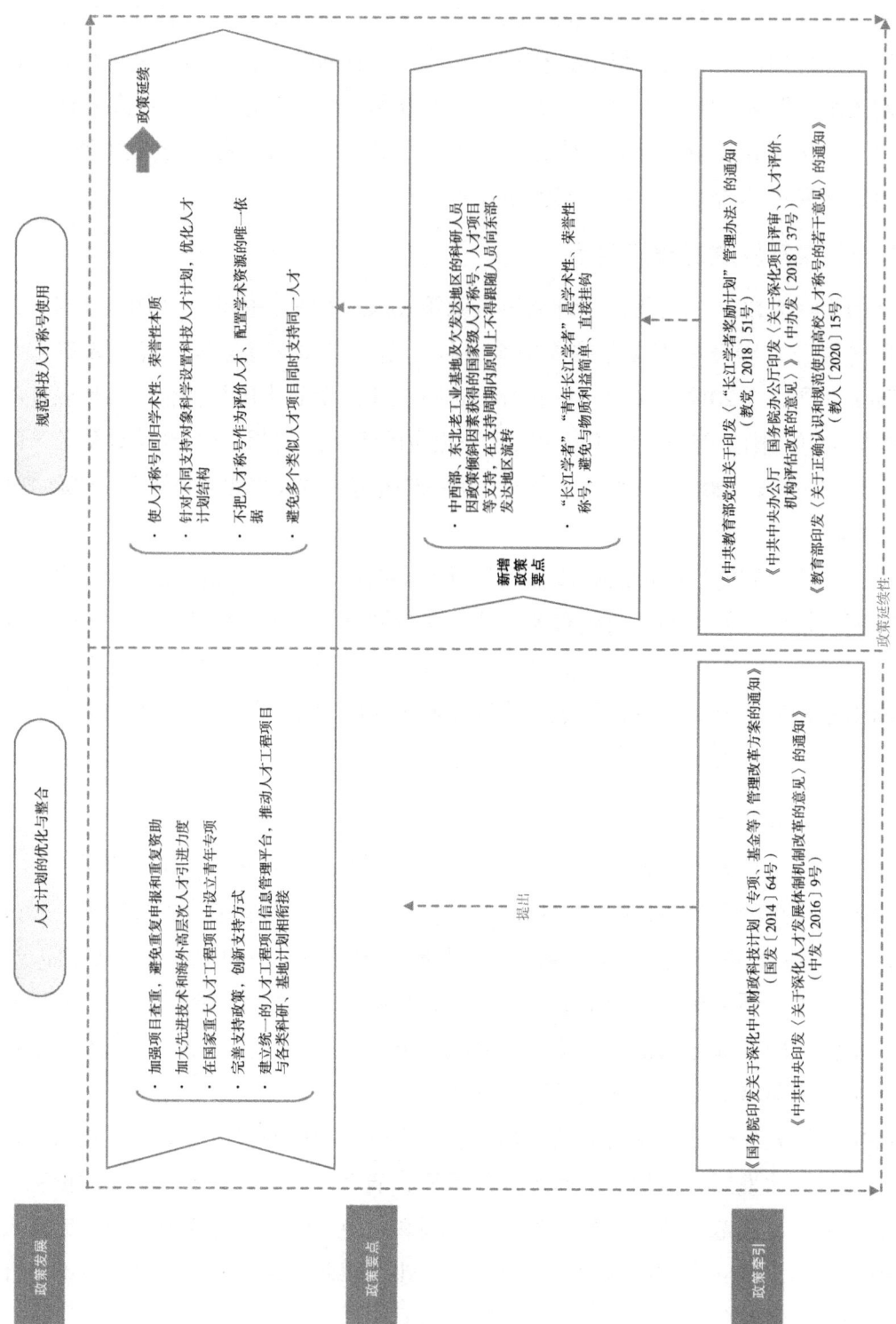

图 5-1-4 优化人才计划遴选政策发展过程

注重科技人才计划与项目、基地建设结合。科技人才计划遵循科技人才成长规律和科技创新规律，坚持在使用中培养人才，积极为各类优秀科技人才干事创业、实现价值提供机会条件。继续加大科技人才计划与科技计划（项目）实施、重点创新基地建设结合力度，在科研项目立项、项目滚动持续支持、建设创新基地等方面给予优先支持和简化程序，进一步突出对青年人才和团队的培养。

为人才和团队创新创业提供优质服务。完善以人为本的管理服务机制，围绕科技人才的创新创业活动，以满足科技人才的需求为目标创造性地开展服务工作。积极推荐科技人才参加重大决策咨询服务活动，推荐科技领军人才到国际科技组织任职，组织开展科技人才创新创业培训交流活动等。人才所在单位要在科研项目、事业平台、人事制度、经费使用、激励保障等方面对入选人才给予特殊支持，大胆探索有利于激发人才创新创业活力的体制机制。

四、完善人才多元化发现机制

人才多元化发现机制主要通过人力资源市场及各类人才发现方式的完善来推动，其中人才市场、人才猎头等人力资源专业服务机构是人才发现的重要补充，创新创业大赛是人才发现的重要方式。

（一）政策发展过程及特点

从完善人才多元发现机制政策来看，经历了一个从部署到法制化发展的过程，具体如图5-1-5所示。一是进行政策整体部署。2014年，《人力资源社会保障部　国家发展改革委　财政部关于加快发展人力资源服务业的意见》（人社部发〔2014〕104号）首次对发展人力资源服务业做出全面部署。2015年，《国务院办公厅关于深化高等学校创新创业教育改革的实施意见》（国办发〔2015〕36号）支持举办各类科技创新、创意设计、创业计划等专题竞赛。2016年，《中共中央印发〈关于深化人才发展体制机制改革的意见〉的通知》（中发〔2016〕9号）进一步突出了人力资源服务业在人才市场化配置中的地位和作用。二是政策完善和逐渐法制化。2017年的《人力资源社会保障部关于印发人力资源服务业发展行动计划的通知》（人社部发〔2017〕74号）和2018年的《人力资源市场暂行条例》（中华人民共和国国务院令第700号）相继颁布实施，进一步放宽人力资源市场准入，鼓励社会力量参与，制定出台相关扶持政策，增强了行业内生发展动力。

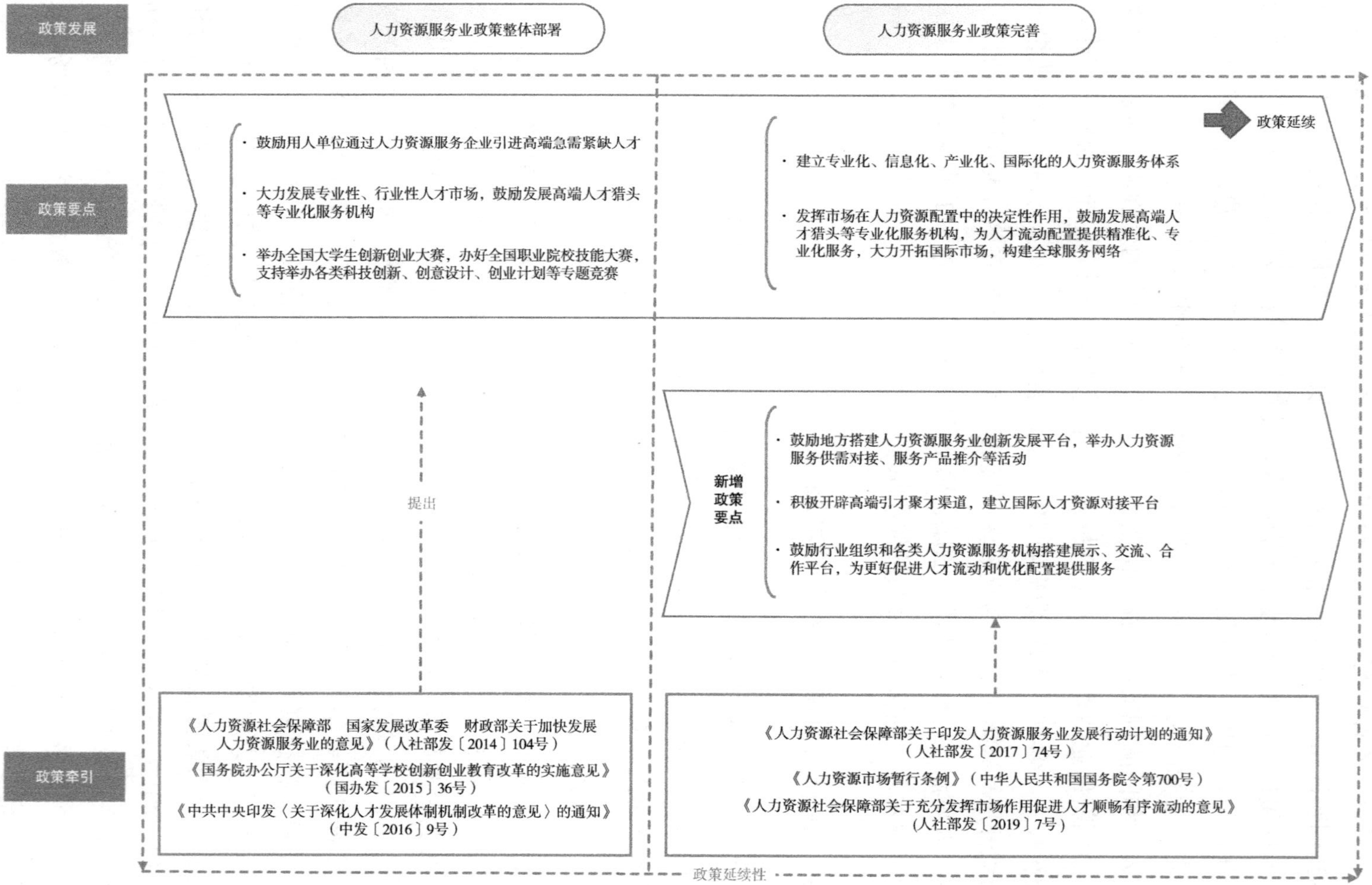

图 5-1-5 完善人才多元化发现机制政策发展过程

（二）当前进展

完善人力资源市场。突出人力资源服务业在人才市场化配置中的地位和作用，进一步放宽人力资源市场准入，鼓励社会力量参与，制定出台相关扶持政策，增强了行业内生发展动力。全面贯彻实施《人力资源市场暂行条例》（中华人民共和国国务院令第700号），进一步健全人力资源市场体系，充分发挥市场在实现人才流动中的主渠道作用。打破城乡、地区、行业分割，消除身份、性别歧视，统一市场运行规则。持续深化政府人才公共服务管理体制改革，进一步理顺政府与市场的关系，推动公共服务与经营性服务分离。结合国家战略新兴产业布局和国家重点行业发展需要，大力发展专业性、行业性人才市场，建设一批国家级人才市场。随着制度日趋完善，产业集聚规模、功能多元健全、运行有序规范的人力资源市场体系基本形成。

大力发展人力资源服务业。积极培育各类专业社会组织和人才中介服务机构，有序承接政府转移的人才培养、评价、流动、激励等职能。实施人力资源服务业发展行动计划，重点实施骨干企业培育计划、领军人才培养计划、产业园区建设计划和"互联网+"人力资源服务行动、"一带一路"人力资源服务行动。支持各地设立人力资源服务业发展专项资金。积极培育各类专业社会组织和人力资源服务机构，有序承接政府转移的人才培养、评价、流动、激励等职能。鼓励行业组织和各类人力资源服务机构搭建展示、交流、合作平台，为更好促进人才流动和优化配置提供服务。按照内外资一致的原则，取消人力资源服务业外资准入限制。

积极发挥猎头作用。鼓励发展高端人才猎头等专业化服务机构，为人才流动配置提供精准化、专业化服务。北京、上海等地制定实施促进猎头机构发展的优惠政策，激励猎头机构发挥引才融智作用。

创新创业大赛发现人才。党中央出台意见支持举办各类科技创新、创意设计、创业计划等专题竞赛。各部门积极探索，将技能大赛作为发现和选拔人才的重要方式。人力资源社会保障部提出加大竞争择优选拔技能人才工作力度，广泛开展职业技能竞赛活动，健全以世界技能大赛为龙头、以中国技能大赛等国内技能竞赛为主体、以企业岗位练兵技术比武为基础的技能竞赛选拔体系。

第二节 政策落实成效

科技人才发现与遴选是人才管理和开发的关键环节，是人才培养、使用、激励的基础，影响着人才培养和队伍建设的质量和水平。"十三五"以来，有关部门、地方、行业围绕国家经济社会发展需要，从人才评价机制、职称和岗位评聘、人才计划遴选、人才发现机制、科技奖励评选等方面，不断进行创新、发展与完善。政策亮点主要有：一是坚决破除"四唯"，实行代表性成果评价，树立以品德、能力、业绩和贡献为主的正确评价导向，基于职业属性和岗位要求实行科技人才分类评价。二是稳步推进职称制度改革，细化形成各行业职称制度改革要求，下放职称评审权限。结合科技人才政策落实情况调查结果[①]，相关政策成效分析具体如下。

一、科技人才评价改革稳步推进

科技人才评价是科技人才管理的重要手段。当前，我国人才评价政策在改进人才评价方式、完善评价标准、规范和引导评价结果使用、推进院士制度改革等方面都取得了显著成效。

改进人才评价方式。一是实行科技人才分类评价。高校、科研院所积极推进落实科技人才分类评价的要求。中国科学院制定了分类设岗、分类评价具体举措。引导各研究所结合科技创新活动需要和科研组织模式差异分类设置岗位，分别设置科技、支撑和管理3类岗位，畅通不同系列科技岗位发展通道；允许研究所设置从事技术项目开发或科技成果推广、转移转化等相关工作的岗位，激发科技人员开展科技成果研发和转化活动。建立基于不同类型岗位、突出工作绩效的岗位评价制度。对科技领军人才重点评价战略眼光、策划与组织实施能力；对拔尖人才重点评价影响力和科研业绩；对青年人才注重发展潜力和创新贡献；对技术支撑人才重点评价其执行操作规程、解决技术难题、参与技术改造革新、传技带徒等方面的能力和贡献；对管理类人才注重综合能力，实行多维度评价；对做出重大创新贡献的专业技术人员在竞聘高等级岗位时，可按照规定要求适当放宽岗位任职年限及学历学位要

---

① 科技人才政策落实情况调查是指科技部政策法规与创新体系建设司、人才与科学普及司和科技人才交流开发服务中心针对重点科技人才政策落实情况，面向科研人员群体开展的问卷调查，具体调查结果分析详见第三章。以下章节同此情况。

求。问卷调查结果显示，45.4%的科技人才认为该政策含金量最高，并且有36.8%的人认为该政策已在本单位进行了有效落实。二是适当延长评价周期。用人单位进行了积极探索，如湖南农业科学院坚持遵循农业科技人才成长发展规律，科学合理设置评价考核周期，推动评价周期由短周期评价向长周期评价转变。在调查中，27.0%的科技人才认为该政策含金量最高，并且有10.9%的人认为该政策已在本单位进行了有效落实。

完善评价标准。一是评价破除"四唯"。《科技部印发〈关于破除科技评价中"唯论文"不良导向的若干措施（试行）〉的通知》（国科发监〔2020〕37号）明确提出，破除国家科技计划项目、国家科技创新基地、中央级科研事业单位、国家科技奖励、创新人才推进计划等科技评价中过度看重论文数量多少、影响因子高低等问题，鼓励根据科技活动特点，深化分类评价，实行代表作评价，不"唯论文"，以质量代替数量。二是实行代表性成果评价。53.9%的科技人才认为该政策含金量最高，并且有44.1%的人认为该政策已在本单位进行了有效落实。科技部牵头组织实施的创新人才推进计划，对于中青年科技创新领军人才，要求代表作数量原则上不超过5篇；对于重点领域创新团队，代表作数量原则上不超过10篇。国家实验室、国家重点实验室等科学与工程研究类科技创新基地评估，基础研究类项目（课题）评审和基础研究类科研机构绩效评价，对论文评价均实行代表作制度，每个评价周期代表作数量原则上分别不超过20篇、5篇和40篇。自2020年起，国家自然科学基金在创新研究群体、国家杰出青年科学基金和优秀青年科学基金的申请书中不再列出论文收录与被引用情况，同时将代表性论著由10篇改为5篇，加强了代表作评价制度，引导科技人才更加注重标志性成果的质量、贡献和影响。问卷调查结果显示，48.1%的科技人才认为该政策含金量最高，并且有35.7%的人认为该政策已在本单位进行了有效落实。

规范和引导评价结果使用，不把学术头衔、人才称号等作为各类评价和资源配置的限制性条件。同济大学制定《同济大学高层次人才考核评价管理办法（暂行）》，建立以贡献为导向的人才评价机制，避免简单以学术头衔、人才称号确定薪酬待遇、配置学术资源的倾向，推动人才"帽子"、人才称号回归学术性、荣誉性本质，真正使广大学者能够专心致志、心无旁骛开展教学科研工作。中国工程物理研究院研究生院注重人才政策创新，不"唯帽子"论，按需求引进人才。问卷调查结果显示，50.3%的科技人才认为该政策含金量最高，有16.6%的人认为该政策已在本单位进行了有效落实。

院士制度不断完善，持续深化推进院士制度改革。党的十八大以来，院士制度改革围绕遴选评审机制、优化学科布局、实行退休退出制度、加强学风作风建设等方面持续完善，体现中国特色的院士制度逐步形成。经过改革，中国科学院、中国工程院不断完善院士相关管理制度。中国科学院完善院士增选机制，严格院士标准，严把院士队伍"入口关"；强化政策引导，进一步优化院士队伍结构；严肃增选纪律，努力营造风清气正的增选环境。中国工程院提出严肃院士增选纪律的"八不准"，加大执行和宣传力度，成为端正增选风气的制度保障。

二、职称制度改革不断深化

科学化、规范化、社会化的职称制度是客观科学公正评价专业技术人才的制度保障。近年来，有关部门、地方和用人单位积极推进落实职称评审制度改革要求，在健全职称制度体系、下放职称评审权限和畅通职称评审通道等方面取得积极成效。

健全职称制度体系。截至2020年年底，人力资源社会保障部针对工程技术人才、民用航空飞行技术人员、自然科学研究人员、农业技术人员等18个行业、领域的专业技术人才，分别发布了相应的职称评审改革文件和评价标准。2021年，《人力资源社会保障部　国家卫生健康委　国家中医药局关于深化卫生专业技术人员职称制度改革的指导意见》（人社部发〔2021〕51号）明确提出要科学合理对待论文，取消职称申报时对论文篇数的要求，将论文作为代表作的一种。在职称评审和岗位聘任各个环节，不得把论文篇数和SCI（科学引文索引）相关指标作为前置条件和判断的直接依据。实行成果代表作制度，手术视频、护理案例、流行病学调查报告、应急处置情况报告、卫生标准、技术规范、技术专利等均可作为业绩成果参加评审。针对"唯学历"问题，本次职称改革将临床中级职称与住院医师规范化培训制度相衔接，对不同学历人员一视同仁，鼓励医学生"早临床、多临床、反复临床"，进一步巩固住院医师规范化培训制度，不断提升医生临床工作水平[①]。

---

① 人力资源社会保障部专技司、国家卫生健康委人事司、国家中医药局人事教育司有关负责同志就印发《关于深化卫生专业技术人员职称制度改革的指导意见》答记者问[EB/OL].（2021-08-04）[2022-07-08]. http://www.mohrss.gov.cn/SYrlzyhshbzb/zcfg/SYzhengcejiedu/202108/t20210804_420070.html.

2020年多地发布通告，对于在抗击新冠疫情一线的医护人员，在职称评审上进一步倾斜，以治病能力和临床实际贡献为主进行评价。《安徽省科学技术厅 安徽省人力资源和社会保障厅关于印发安徽省自然科研系列专业技术职务评审条件的通知》（皖科智〔2019〕21号）在基层专业技术人员职称评审中对外语、计算机、论文等不作硬性要求，科研评审条件可用取得的自主知识产权、成果转化等实际贡献替代，新修订的标准条件克服"四唯"现象，让科研人员以多种形式展示工作业绩，充分肯定其科研成果，激励其创新活力。《福建省人民政府办公厅关于进一步深化科技人员职称评价改革的若干意见》（闽政办〔2016〕1号）树立重科技成果转化、科技创新和知识产权转化运用的职称评审导向，鼓励科技人员参与制定标准、发表精品论文，高层次人才可直接认定正高职称资格，支持博士后、流动科技人员申报职称，进一步向科研创新单位下放职称评审权。

下放职称评审权限，推动社会化评审。为了推动专业技术人才"评用结合"和"以用促评"，职称评审权逐步下放到用人单位。浙江省出台《浙江省加快落实赋予科研机构和人员更大自主权有关文件工作要点》（浙政办发〔2019〕13号）等政策，在9家科研单位开展自然科研系列职称自主评聘改革试点。广东省支持省中医院、华大基因、广汽集团等单位自主实施职称评审，其中，华大基因已评出广东省基因组学专业首批高级职称22人。天津市推进职称评审模式创新，依托专业化人才服务机构、行业协会和科技团体等社会组织组建了社会化评审机构，对专业性强、社会通用范围广、标准化程度高的职称系列及不具备评审能力的单位，组织开展职称评审，形成权责清晰、管理科学、协调高效的人才评价机制。

畅通各类专业技术人才职称评审通道。为特殊人才设定特殊评审通道。在信息、制造、能源、材料等领域突破关键核心技术、做出重大贡献的工程技术人才，可直接申报评审正高级工程师职称；对引进的海外高层次人才和急需紧缺人才，建立职称评审绿色通道。深圳市2019年在"科创12条"中提出，强化企业家在科技创新中的重要作用，实施企业家职称评审直通车制度，科技型企业家可直接申报高级（含正高级）职称资格。2019年，上海面向海外留学和非公企业专业技术人员首次开展了人工智能领域高级职称认定，21名正高级职称获得者中，11人未曾具有职称，直接破格申报获得，开辟了非公企业人才职称晋升新通道。

三、人才计划遴选持续优化

实施人才计划是统筹各类人才队伍建设的重要抓手,有利于围绕目标任务,发挥人才示范引领作用,服务国家重大战略任务和经济社会发展。当前,人才计划遴选在集聚人才、发挥作用等方面取得了积极成效。

深入实施重要人才工程。各部门、各地方按照《国家中长期人才发展规划纲要(2010—2020年)》(中发〔2010〕6号)的部署,面向国内、国际两种人才资源,形成了中央、部门和地方上下联动的人才计划体系。部门层面,科技部推动实施的创新人才推进计划遴选和培养了一批科技创新领军人才、重点领域创新团队和科技创业人才。入选的创新人才均来自科研一线,都是承担国家、行业、区域科技创新任务的骨干,承担着各类重大科技计划项目或课题,学术水平较高,创新业绩较突出。科技创业入选人才既有引领行业发展的领军型企业创始人,也有高成长性的创新型企业创业者,他们拥有核心技术和自主知识产权,具有较高的科研水平,较强的创新创业精神、市场开拓和经营管理能力。交通运输部聚焦加快建设交通强国,持续实施交通运输行业科技创新人才推进计划,"十三五"以来,共遴选行业中青年科技创新领军人才56名、重点领域创新团队28个、创新人才培养示范基地10个。生态环境部2013—2020年每3年为一个周期,从全国生态环境系统、高等院校、科研院所和环保企业中选拔培养100名左右领军人才和200名左右青年拔尖人才,通过遴选一批高层次专业技术人才,为生态环境事业发展提供人才支撑和保障。2019年4月,水利部党组印发《新时代水利人才发展创新行动方案(2019—2021年)》(水党〔2019〕41号),明确通过3年时间,培养50名水利领军人才、200名青年拔尖人才、200名高技能人才,打造20个人才创新团队,创建30个人才培养基地,并以此为引领,带动行业培养和集聚一大批高素质专业化人才。2019年,水利部与国家留学基金委签订《国际化人才培养备忘录》,启动水利国际化人才合作培养项目,明确每年合作培养30名水利人才出国研修。

稳步升级人才计划体系。2018年以来,国家自然科学基金委持续推进科学基金系统性改革,加大人才项目部署力度,稳定支持青年人才成长。国家杰出青年科学基金项目由200项增加到315项,优秀青年科学基金项目由400项增加到630项。取消国家杰出青年科学基金项目、优秀青年科学基金项目对非华裔外籍申请人限制。设立优秀青年科学基金项目(港澳)、优秀青年科学基金项目(海外)。优化创新研究群体项目、基础科学中心项目资助模式，增强对基础研究人才的全方位培养。优化人才资助体系，自 2020 年起，自然科学基金取消海外及港澳学者合作研究基金项目[①]。在 2020 年度项目指南中加强了优秀青年科学基金和国家杰出青年科学基金与其他同层次国家科技人才计划的统筹衔接，避免了重复资助和逆向申请[②]。

规范人才称号使用。2020 年，《教育部印发〈关于正确认识和规范使用高校人才称号的若干意见〉的通知》（教人〔2020〕15 号）提出要正确理解人才称号内涵，人才称号是在人才计划或项目实施过程中给予人才的入选标识，是对人才阶段性学术成就、贡献和影响力的充分肯定，不是给人才贴上"永久牌"标签，也不是划分人才等级的标准，获得者不享有学术特权。授予和使用人才称号的目的是赋予人才荣誉、使命和责任，为广大人才树立成长标杆，激励和引导人才强化使命担当。《中共教育部党组关于印发〈"长江学者奖励计划"管理办法〉的通知》（教党〔2018〕51 号）明确，"长江学者""青年长江学者"是学术性、荣誉性称号，避免与物质利益简单、直接挂钩，聘期结束后，不得再使用称号。教育部要求高校不得将论文、奖项、项目简单量化为高层次人才的工作任务，聘期结束后在各类评奖、评估中不得再使用人才称号。自然科学基金委员会也一再明确，国家自然科学基金人才项目不是"永久"标签，有关部门和依托单位要设置科学合理的评价标准，让人才项目回归研究项目本质，避免与物质待遇挂钩，为广大科研人员潜心研究创造良好氛围。

四、人才多元化发现机制逐步形成

人力资源服务机构在人才发现方面的作用不断凸显。2019 年，全国各类人力资源服务机构为 349 万家用人单位提供人力资源管理咨询服务，通过高级人才寻访（猎头）服务成功推荐选聘各类高级人才 205 万人，有效促进了人才创新创业[③]。

北京、上海等地制定实施促进猎头机构发展的优惠政策，激励猎头机构发挥引

---

① 2019 年度国家自然科学基金改革举措 [EB/OL]. （2018-12-14）[2021-07-08]. https：//www.nsfc.gov.cn/nsfc/cen/xmzn/2019xmzn/ggjc.html.
② 2020 年度国家自然科学基金项目指南 [EB/OL]. （2020-01-10）[2020-09-30]. https：//www.nsfc.gov.cn/publish/portal0/xmzn/2020/.
③ 2019 年度人力资源服务业发展统计报告 [EB/OL]. （2020-06-05）[2020-07-30]. https://baijiahao.baidu.com/s?id=1668672296727475345&wfr=spider&for=pc.

才融智作用。2018 年 12 月,《北京市人才工作领导小组办公室　北京市财政局　北京市科学技术委员会　中关村科技园区管理委员会　北京市人力资源和社会保障局印发〈关于进一步发挥猎头机构引才融智作用建设专业化和国际化人力资源市场的若干措施(试行)〉的通知》(京人社市场发〔2018〕266 号)引导猎头机构为政府机关、事业单位、企业和社会组织等各类用人单位提供精准服务,给予精准化引才奖励。猎头机构依照清单为用人单位选聘人才后,给予资金奖励。2020 年,上海市人力资源社会保障局、财政局《关于印发〈上海市人力资源服务"伯乐"奖励计划实施办法(试行)〉的通知》(沪人社规〔2020〕10 号)激励和引导人力资源服务机构为用人单位选聘优秀人才,人力资源服务机构推荐选聘高层次和紧缺急需人才,按照符合条件、自主申报、专业评价、择优确定的方式进行奖励。

创新创业大赛作为新的人才发现机制不断探索完善。中国创新创业大赛是由科技部、财政部、教育部、国家网信办和中华全国工商业联合会共同指导举办的全国性创业比赛。2016—2019 年,中央财政通过"以奖代补"的形式共支持 2103 家大赛优秀企业。参赛企业群体拥有一大批科技成果和科技创业人才。以 2019 年第八届大赛为例,参赛企业拥有知识产权 18 万件,其中专利 10 万件(包括发明专利 2.99 万件)。参赛企业研发人员占 35%,核心团队中本科以上学历人员占 80%、归国留学人员占 11%。

2020 年 12 月,人力资源社会保障部主办中华人民共和国第一届职业技能大赛,习近平总书记向大赛致贺信。习近平总书记在贺信中指出,职业技能竞赛为广大技能人才提供了展示精湛技能、相互切磋技艺的平台,对壮大技术工人队伍、推动经济社会发展具有积极作用,要高度重视技能人才工作,大力弘扬劳模精神、劳动精神、工匠精神,激励更多劳动者特别是青年一代走技能成才、技能报国之路,培养更多高技能人才和大国工匠,为全面建设社会主义现代化国家提供有力人才保障。

第三节　政策发展主要方向

中央人才工作会议对深化科技人才评价改革提出了新要求,要求加快建立以创新价值、能力、贡献为导向的人才评价体系。新阶段,科技人才发现与遴选政策将着力于推进科技人才评价改革试点工作,以试点工作为抓手,按照承担国家重大攻关任务的人才评价及基础研究类、应用研究和技术开发类、社会公益研究类的人才评价，从构建符合科研活动特点的评价指标、创新评价方式、完善用人单位内部制度建设等方面提出试点任务，推动人才评价体系更加完善，形成可操作可复制可推广的有效做法。

一是制定科技人才分类评价标准。推动各部门各行业各单位制定与岗位特点、学科特色、研究性质等相适应的科技人才分类评价标准。基础前沿研究突出原创导向，社会公益性研究突出需求导向，应用技术开发和成果转化评价突出市场导向，形成并实施有利于科技人才潜心研究和创新的评价体系。

二是探索完善多元化人才发展机制。把科技人才发现作为人才培养、引进、使用、评价等科技人才工作的先导性、基础性制度。针对世界顶尖科技人才、优秀青年科技人才等建立科学的人才发现制度。运用大数据、云计算、人工智能等先进技术手段完善人才发现机制，探索建立重大创新创业赛事活动发现人才机制，建立重大科技创新成果发现人才机制。鼓励地方政府设立人才伯乐奖，发挥市场、社会团体和组织人才发现作用，让举才荐才成为社会风尚。

三是加强科技人才评价改革的协同性。深化"项目评审、人才评价、机构评估"改革的联动。以机构管理改革推动科技人才评价自主权落地见效，发挥用人单位选人评人的主体作用，进一步扩大用人单位选人评人的自主权。推动用人单位完善与人才评价相关的激励、使用等制度建设。破除"唯帽子"，避免简单以学术头衔、人才称号确定薪酬待遇、配置学术资源的倾向。

第六章

科技人才教育与培养政策

科技创新能力是一国的核心竞争力，科技人才则是推动科技创新的重要力量。科技人才工作，基础在培养，难点也在培养。习近平总书记在中央人才工作会议上强调"要深入实施新时代人才强国战略，全方位培养、引进、用好人才，加快建设世界重要人才中心和创新高地"，同时指出"应当增强忧患意识，更加重视人才自主培养，加快建立人才资源竞争优势"。其中，教育是科技人才的基本培养方式之一，亦是建设科技人才队伍的重要保障。党的十八大以来，党中央高度重视科技人才的教育与培养，稳步推进创新创业人才教育培养体系建设，培养造就了一大批勇于创新、善于创业、乐于奉献、充满活力的人才。

第一节　政策发展过程和进展

科技人才的教育和培养是指教育机构或相关组织通过系统化、规范化的教学体系，培养具有完善知识体系结构、掌握前沿科技知识和技能、具备实践创新能力的高素质人才。科技人才教育与培养政策主要是遵循科技发展和人才成长规律，充分发挥教育、实践、环境等在科技人才培养中的重要作用，提升科技人才素质和能力，为创新型国家建设提供强大的科技人才队伍保障。本部分政策内容主要涉及科技人才培养体系、制度、机制和模式，学科专业、实践平台和师资队伍建设等方面，为科技人才教育与培养提供保障。

科技人才教育与培养政策框架涵盖六大类政策：一是创新型教育政策，包括研究生培养模式改革、学科建设、教学管理等。二是创业教育政策，包括创新创业实践、教学管理、师资队伍建设等。三是产学研融合人才培养政策,包括产学研协同育人机制、产学研联合实践基地建设、合作办学等。四是职业和技能教育政策,包括现代职业技术教育体系、职业技能教育平台、职业资格与职业准入等。五是继续教育政策,包括继续教育培养体系、人才知识更新工程等。六是交流与培养政策,包括科技人才的学习交流、岗位交流和锻炼等(图6-1-1)。

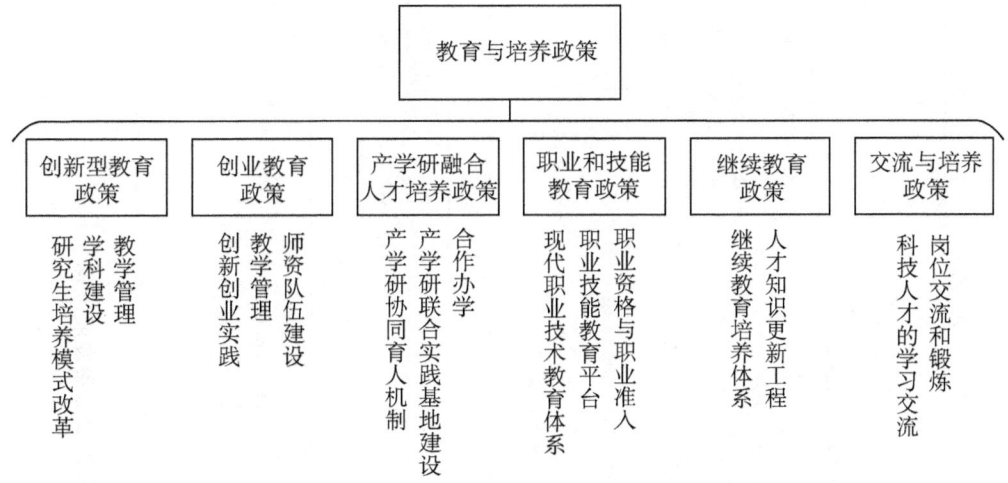

图 6-1-1 科技人才教育与培养政策框架

一、创新型教育政策

创新型教育是以培养创新精神和创新能力为基本价值取向的教育模式,是培养创新型科技人才、增强科技创新人才后备力量的重要一环,对科技进步和国家发展有重要意义。随着科技革命和知识经济的迅速崛起,创新型教育已成为时代的焦点。

（一）政策发展过程及特点

党的十八大以来,我国科技人才创新型教育相关政策发展过程大致如下(图6-1-2):一是完成对创新型教育政策框架的整体布局。2015年,在《中共中央办公厅 国务院办公厅关于印发〈深化科技体制改革实施方案〉的通知》(中办发〔2015〕46号)的指导下,相关政策强调完善学科专业设置,支持建设各类创新人才培养示范基地,建立多方合作的协同育人机制。二是对创新型人才培养模式进行有效探索。以《国务院办公厅关于深化产教融合的若干意见》(国办发〔2017〕

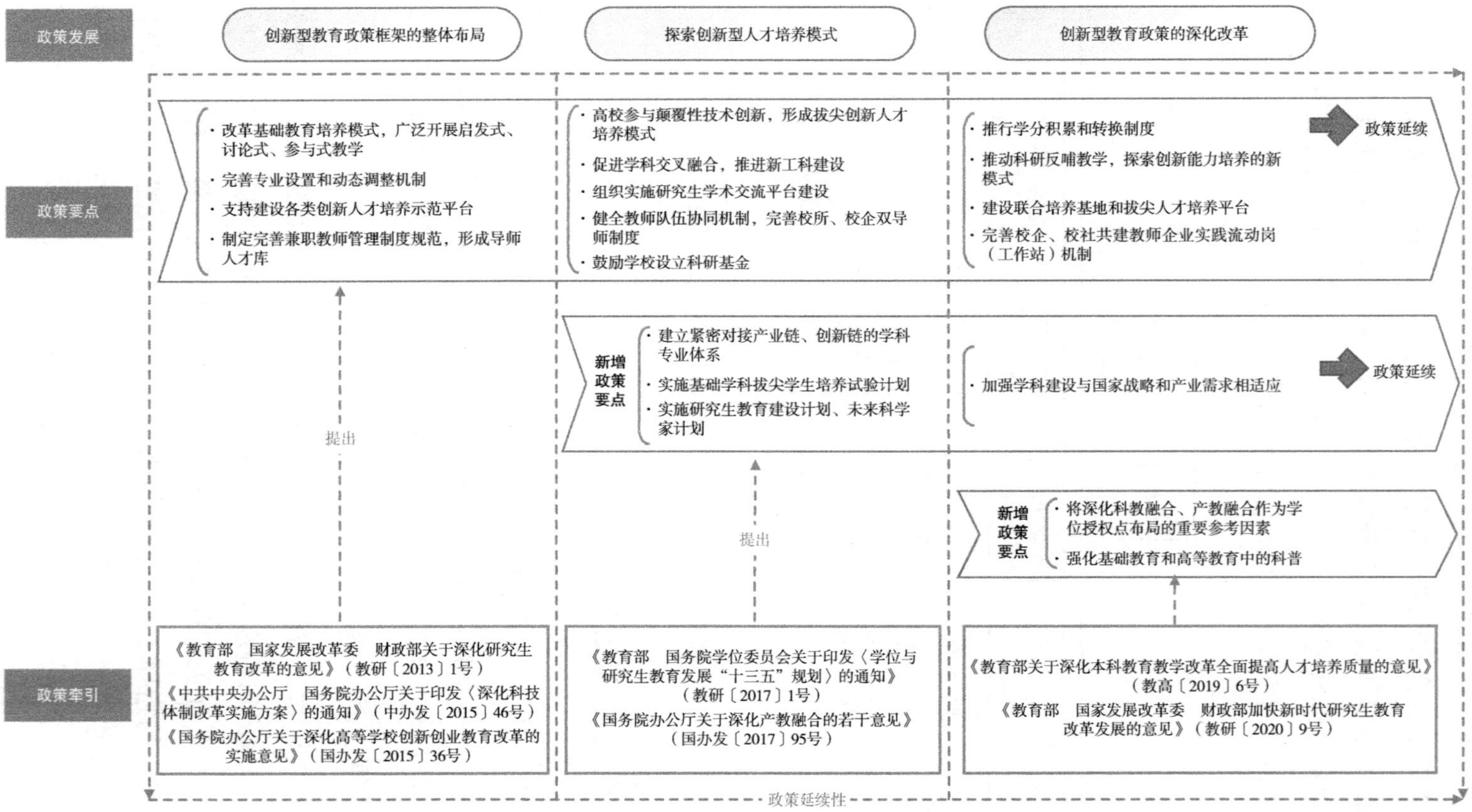

图 6-1-2 创新型教育政策发展过程

95号)为指导,相关政策强调促进学科专业交叉融合,推进多方协同育人及双导师机制,形成拔尖创新人才培养模式。三是进一步实现对创新型教育政策的深化改革。以《教育部关于深化本科教育教学改革全面提高人才培养质量的意见》(教高〔2019〕6号)为指导,相关政策强调学科建设与国家战略、产业需求相适应,推动科研反哺教学,探索创新能力培养的新模式。

创新型教育政策发展呈现以下特点:一是学科建设更加对标国家及产业重大需求。在这一进程中,强调学科体系建设与产业相结合,通过聚焦国家重大战略需求来优化学科专业结构。二是更加关注教育质量,积极探索提高教育质量的新模式。持续推进教育模式改革,建设联合培养基地,不断提升学生创新实践能力。三是不断加强建立交叉融合的教学管理模式,支持创新学分积累和转换制度,推动科研反哺教学,全面提升创新型人才培养质量。

(二)当前进展

当前,我国创新型教育政策的关注焦点在于改进人才培养模式、创新人才培养机制、加快学科专业结构调整、改革教学管理和加强教学能力建设等5个方面。

改进人才培养模式。一是开展启发式、探究式、研究式教学方法改革试点。改革基础教育培养模式,在基础教育中加强对学生科学兴趣的培养,强化高等教育资源配置与科学技术领域创新人才培养的结合,突出高校在战略性科学技术人才储备中的重要作用。二是建立以科学与工程技术研究为主导的导师责任制和导师项目资助制,增进教学与实践的融合。三是鼓励研究生参与颠覆性技术创新和国家实验室、国家技术创新中心建设,形成拔尖创新人才培养模式。

创新人才培养机制。一是实施系列"卓越计划"、科教结合协同育人行动计划等,举办多种形式的创新创业教育实验班,探索建立校校、校企、校地、校所及国际合作的协同育人新机制。二是开设跨学科专业的交叉课程,探索建立跨院系、跨学科、跨专业交叉培养新机制。三是紧密结合国家重大科研任务,加强对科技创新和工程技术领域领军人才的培养。

加快学科专业结构调整。一是建立基础学科、应用学科、交叉学科分类发展新机制,优化学科专业结构。完善学科布局和知识体系建设,推进学科交叉融合,促进基础研究与应用研究协调发展。二是聚焦国家重大战略需求优化学科专业结构。支持高校设置新兴产业及传统产业改造相关专业,设立新兴交叉学科门类,大力发展新工科。加大战略型新兴产业相关专业人才培养力度，建立紧密对接产业链、创新链的学科专业体系。三是加强培养国计民生急需紧缺的科技人才。推进医科教育相关的人才培养模式改革和专业结构优化，规划和系统部署新农科建设。

改革教学管理。一是推行学分积累和转换制度，扩大学生学习自主权、选择权。支持高校建立与学分制改革和弹性学习相适应的管理制度，加强校际学分互认与转化实践，以学分积累作为学生毕业标准。二是推动科研反哺教学。加强对学生科研活动的指导，加大科研实践平台建设力度，支持学生早进课题、早进实验室、早进团队，以高水平科学研究提高学生创新和实践能力。三是鼓励学校设立科研基金和创新奖学金。动员学生积极参加科研研究、专业竞赛及创业实践活动，提升创新能力。

加强教学能力建设。一是允许高等学校、科研院所设立一定比例的流动岗位，吸引企业家、科技人才兼职，分享创新实践经验，提高教学能力建设水平。二是实施高等学校青年骨干教师国内访问学者项目，提高青年骨干教师的教学能力、科研水平、学术素养和创新能力。三是大力推进中小学教师信息技术应用能力提升工程，全面促进信息化技术与教育教学融合创新发展的目标。

二、创业教育政策

创业教育是培养具有创业基本素质和开创型个性人才的重要方式。国家出台的多项政策促进了我国创业教育体系建设的稳步推进，为培养创业人才、推动经济社会发展做出了重要贡献。

（一）政策发展过程及特点

党的十八大以来，我国创业教育相关政策发展过程如下（图6-1-3）：一是完成对创业教育政策框架的顶层设计。以《国务院办公厅关于深化高等学校创新创业教育改革的实施意见》（国办发〔2015〕36号）为指导，以提升学生的创业实践能力为导向，针对创业教学方式、学籍管理制度及师资队伍建设等方面进行系统部署。二是推进创业教育政策的完善与落地。以《教育部关于加快建设高水平本科教育全面提高人才培养能力的意见》（教高〔2018〕2号）和《教育部关于深化本科教育教学改革全面提高人才培养质量的意见》（教高〔2019〕6号）为指导，相关政策强调创新基地和创新平台的建设，鼓励学生参加职业资格考试，并注重对创业成果的有效激励。

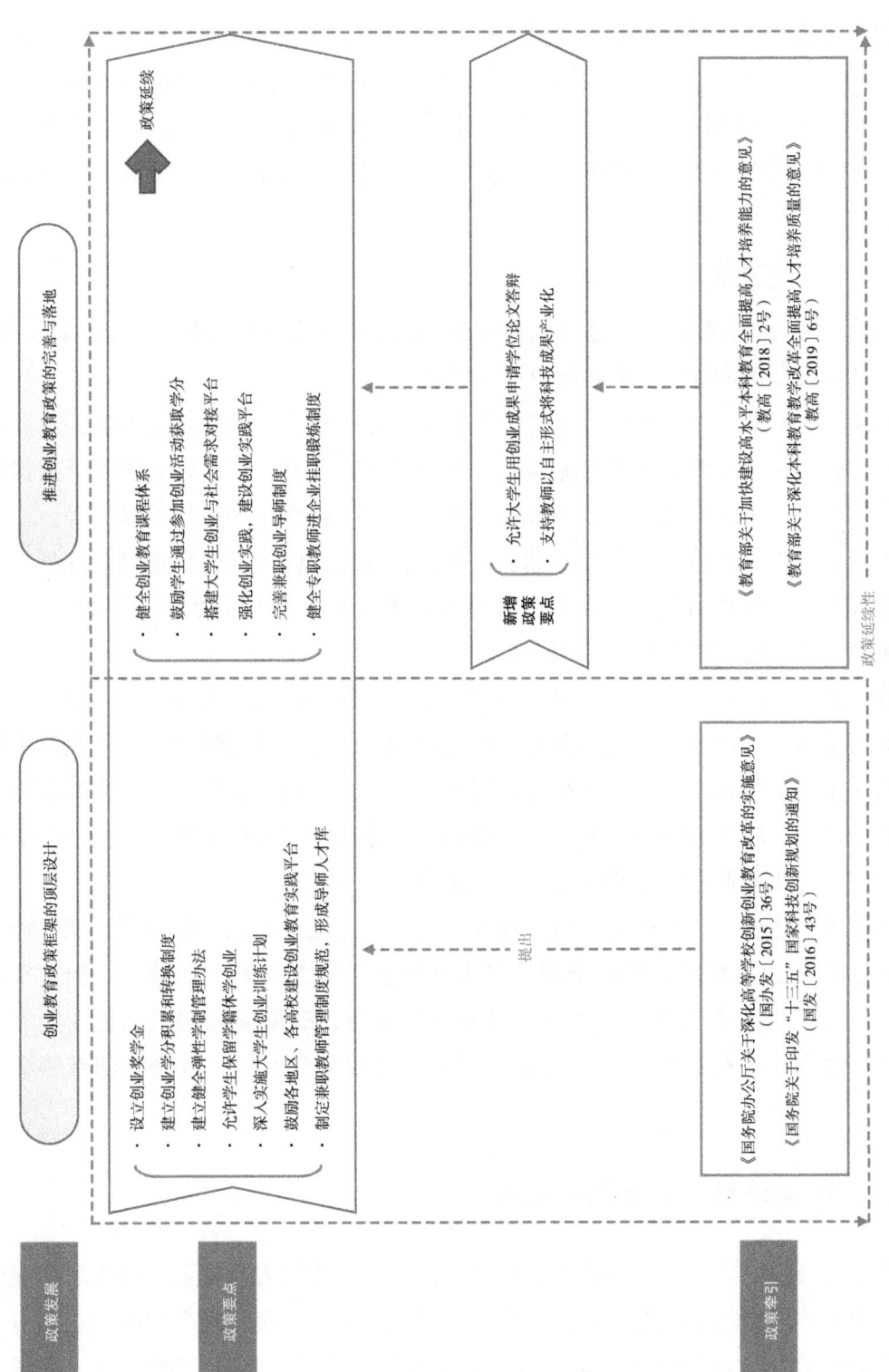

图 6-1-3 创业教育政策发展过程

创业教育政策的发展呈现以下特点：一是在创业实践平台的建设上更加强调与社会需求、社会投资的有效对接，并推动优秀双创项目落地。二是在教学管理方面不断完善弹性学制的管理办法，鼓励对创业成果进行有效激励。三是在师资队伍建设方面，强调逐步完善兼职创业导师制度，鼓励教师以自主形式将科技成果产业化。

（二）当前进展

当前，我国创业教育政策已完成整体布局，政策的关注焦点在于强化创业实践、改革教学管理制度和加强师资建设3个方面。

强化创业实践。一是加强高校专业实验室、虚拟仿真实验室、创业实验室和训练中心建设，促进实验教学平台共享，并将各地区、各高校科技创新资源开放情况纳入评估标准。加快建设科技创业实习基地、基础学科拔尖学生培养基地等。二是完善国家、地方、高校三级创业实训教学体系，深入实施大学生创业训练计划。三是搭建大学生创业项目与社会需求、社会投资对接平台，积极为中国"互联网+"大学生创业大赛选拔培育优秀双创项目。

改革教学管理制度。一是建立创业学分积累和转换制度，实施弹性学制，允许学生保留学籍休学创业；重视对创业成果的激励，设立创业奖学金，允许大学生用创业成果申请学位答辩。二是调整专业课程设置，深化创业课程体系、实践训练等关键领域改革，将创业能力培养融入课程体系；建立在线开放课程学习认证和学分认定制度，加快创业教育优质课程信息化建设。

加强师资建设。一是聘请各行各业优秀人才，担任专业课、创业课授课教师；制定兼职教师管理规范，形成全国万名优秀创业导师人才库。二是建立相关专业教师、创业教育专职教师到行业企业挂职锻炼制度，锻炼导师实践和创业能力。三是支持教师、科研人员以自主创业形式将科技成果产业化，鼓励教师带领学生创业。

三、产学研融合人才培养政策

产学研合作协同育人是推进产学研结合、提高人才能力与就业市场需求匹配程度的重要方式。党的十八大以来，为全面提高人才培养质量、提高创新创业能力，以产学研融合的方法进行人才培养成为国家关注的焦点。2021年修订的《中华人民共和国科学技术进步法》中明确提出"鼓励科学技术研究开发与高等教育、产业发展相结合，鼓励学科交叉融合和相互促进"的基本发展方针。

（一）政策发展过程及特点

我国产学研融合人才培养政策发展过程如下（图6-1-4）：一是完成产学研融合人才培养政策的整体布局，多元融合促进高等教育发展。以《中共中央办公厅 国务院办公厅关于印发〈深化科技体制改革实施方案〉的通知》（中办发〔2015〕46号）和《国务院办公厅关于深化高等学校创新创业教育改革的实施意见》（国办发〔2015〕36号）为指导，强调推进校所、校企合作，加强高等学校与科研院所、行业企业的战略合作，通过共建拔尖创新人才培养平台、研究生培养模式等方式完善校所、校企协同创新和联合培养机制。二是深入推进产学研融合人才培养机制。以《国务院办公厅关于深化产教融合的若干意见》（国办发〔2017〕95号）为指导，强调深化"引企入教"改革，推动行业企业全方位参与人才培养建设，探索高校和企业课程学分转换互认制度，鼓励校企组建产教融合集团（联盟），开展新型学徒制及科研人员的校企、院企双聘机制。除此之外，本阶段政策高度重视高技能领军人才在产学研实践平台建设中的作用，聚焦基础学科，实施高层次人才培养专项，加速实现关键领域核心技术紧缺博士人才的自主培养。

通过对产学研融合人才培养政策的系统梳理可知，本领域的政策发展过程呈现以下几个特点：一是更加强调科教融合、产教融合的协同育人机制。二是更加面向国家需求，强调建立国家产教融合创新平台，并实施高层次人才培养专项，培养关键领域核心技术人才。三是逐步建立、健全行业企业参与办学机制，鼓励企业以多种形式全面参与合作办学。

（二）当前进展

当前，该领域的政策重点集中在以下3个方面：探索建立产学研融合育人新机制、建设产学研联合实践基地和推进产学研合作办学模式。

探索建立产学研融合育人新机制。一是完善科教融合育人机制，以大团队、大平台、大项目为支撑，加强学术学位研究生知识创新能力培养。二是强化产教融合育人机制，加强研究生联合培养基地、专业学位研究生双导师队伍建设，推动行业企业全方位参与人才培养，着力提升专业学位研究生实践创新能力。三是建立跨学科、跨机构的协同培养机制。健全学生到企业实习实训制度，推动探索高校和行业

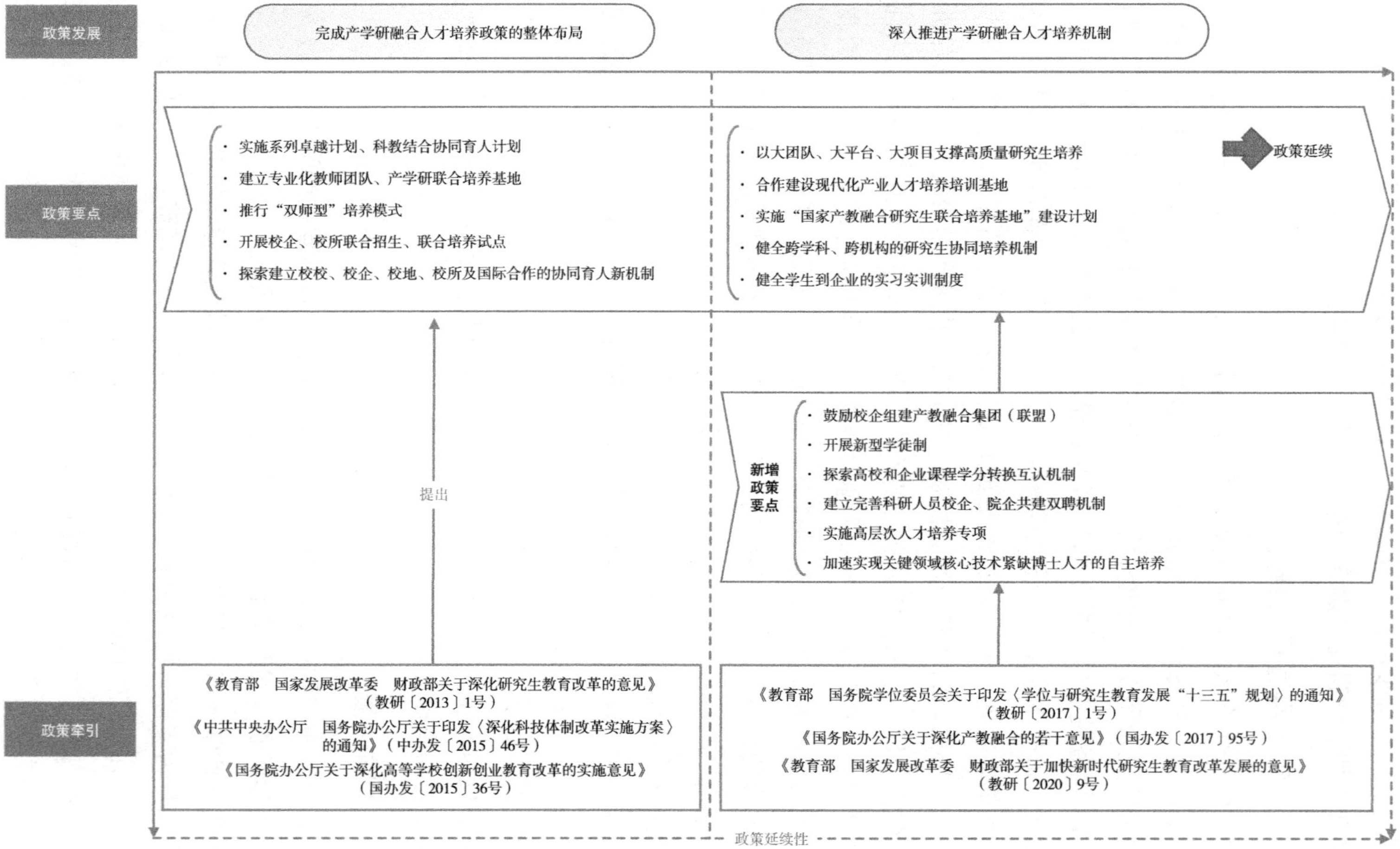

图 6-1-4 产学研融合人才培养政策发展过程

企业课程学分转换互认。设置产教融合项目，建立创新学院。

建设产学研联合实践基地。一是实施"国家产教融合研究生联合培养基地"建设计划，合作建设现代化产业人才培养培训基地（中心）、创业教育实践平台。二是科学规划布局国家产教融合创新平台，实现关键领域核心技术紧缺博士人才的自主培养。三是加强重点领域项目、人才、基地、资金一体化配置，推动产学研紧密合作，推动关键核心技术自主可控。

推进产学研合作办学模式。一是开展校企、校所联合招生、联合培养试点。二是支持企业参与公办职业学校办学，鼓励校企组建产教融合集团（联盟），广泛开展订单培养、校中厂、厂中校、现代学徒制和企业新型学徒制。三是推行产学研联合培养研究生的"双导师制"，支持企业技术和管理人才到学校任教，探索产业教师（导师）特设岗位计划，建立完善科研人员校企、院企共建双聘机制。四是将深化科教融合、产教融合作为学位授权点布局的重要参考因素，聚焦基础学科，实施高层次人才培养专项。

四、职业和技能教育政策

职业和技能教育包括职业学校教育和职业培训，可以让受教育者获得相应职业或生产劳动所需要的职业知识、技能和职业道德。随着经济发展方式的转变、产业升级和经济结构的不断调整，职业教育的地位及作用日益凸显。

（一）政策发展过程及特点

党的十八大以来，我国职业和技能教育政策发展过程如下（图6-1-5）：一是全面建设职业和技能教育体系。以《国务院关于加快发展现代职业教育的决定》（国发〔2014〕19号）和《高等职业教育创新发展行动计划（2015—2018年）》（教职成〔2015〕9号）为指导，强调构建现代职业技术教育体系，扩大职业技能教育规模，积极推行"双证书"制度，推进职业资格与相应职称、学历可比照认定。二是重点关注对高技术人才的培养。以《人力资源社会保障部关于印发人力资源和社会保障事业发展"十三五"规划纲要的通知》（人社部发〔2016〕63号）为指导，通过实施高技能人才振兴计划、推行终身职业技能培训制度来完善高技能人才培养体系。三是要求增强职业技术教育与产业需求的适应性，加速推动产教融合。以2019年发布的《国务院关于印发国家职业教育改革实施方案的通知》（国发

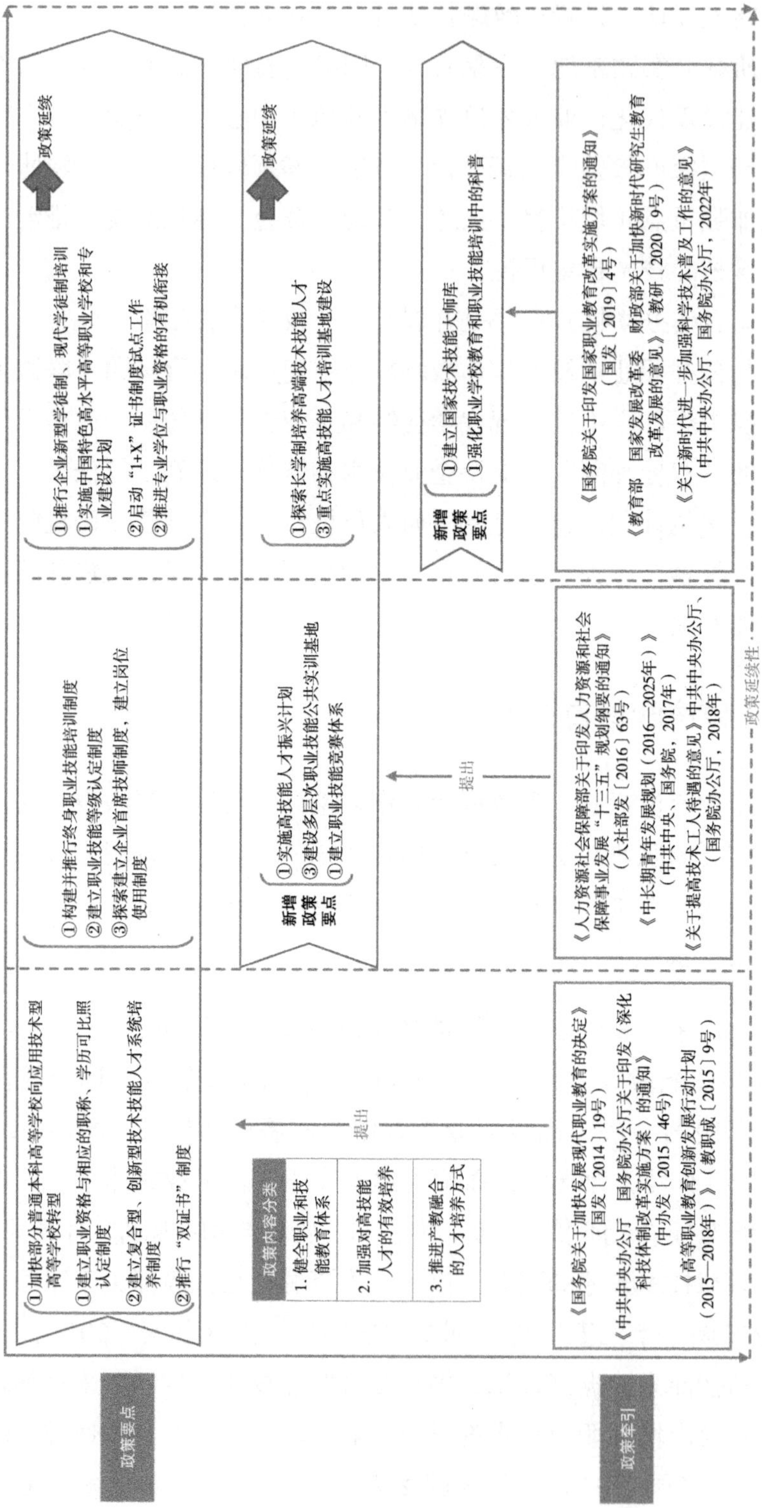

图 6-1-5 职业科技技能教育政策发展过程

〔2019〕4号）和《国务院办公厅关于印发职业技能提升行动方案（2019—2021年）的通知》（国办发〔2019〕24号）为指导，强调完善高层次应用型人才培养体系，推行企业新型学徒制，加强建设具有中国特色的高水平院校和专业，增进产教融合的深度与广度。除此之外，强化职业学校教育和职业技能培训中的科普工作、弘扬工匠精神、提升技能素质也是现阶段的工作重点。

通过对职业和技能教育政策发展过程的系统梳理可知，本领域的政策发展过程有以下3个特点：一是在职业技能教育培育体系的建设上，强调以企业实际需求为导向，推行企业新型学徒制、现代学徒制，建立复合型、创新型的技术技能培养制度。二是在职业技能教育的支撑环境方面，强调面向国家和产业需求，建立多层次职业技能公共实训基地。三是在职业资格与职业准入的认定上，强调建立"1+X"证书制度，实现技能学习成果的认定、积累和转换。

（二）当前进展

当前，我国职业和技能教育相关政策已经从整体布局阶段转为完善提升阶段，目前我国相关政策的关注焦点集中在引导职业院校培养急需紧缺人才和完善高层次应用型人才培养支持体系两个方面。

引导职业院校培养急需紧缺人才。一是完善培养机制。实施中国特色高水平高等职业学校和专业建设计划，重点关注高等职业教育体系发展，对院校建设、师资队伍建设、教育结构、教学管理制度和办学方式等方面进行改革和完善。鼓励校企合作构建创新人才培养模式，推进专业学位与职业资格的有机衔接，实施现代学徒制人才培养模式。健全专业教学资源库，完善"互联网＋职业教育"人才培养体系。二是打造高水平实训基地。紧密结合先进制造业、战略性新兴产业、现代服务业发展需要，重点实施高技能人才培训基地建设。建设若干具有辐射引领作用的高水平专业化产教融合实训基地，鼓励职业院校建设或校企共建一批校内实训基地。三是建设"双师型"教师队伍。实施职业院校教师素质提高计划，建立健全职业院校自主聘任兼职教师的办法，推动企业工程技术人员、高技能人才和职业院校教师双向流动。

完善高层次应用型人才培养支持体系。一是健全人才培养体系。完善以企业行业为主体、职业院校（含技工院校）为基础、学校教育与企业培养紧密结合的技术技能人才培养体系。推动具备条件的普通本科高校向应用型高校转变，开展本科层次职业教育试点。二是改革培养机制。深入实施高技能人才振兴计划，探索长学制培养高端技术技能人才，建立职业技能竞赛体系。推行企业新型学徒制、现代学徒制培训，形成政府激励推动、企业加大投入、培训机构积极参与、劳动者踊跃参加的职业技能培训新格局。三是拓宽和畅通技术技能人才职业发展通道。大力推进专业学位与职业资格的有机衔接，推行"双证书"制度。深化复合型技术技能人才培养培训模式改革，建立职业技能等级认定制度，开展"1+X"证书制度试点，实现学习成果的认定、积累和转换。建立国家技术技能大师库，支持技术技能大师到职业院校担任兼职教师，参与国家重大工程项目联合攻关。

五、继续教育政策

继续教育是面向学校教育之后所有社会成员的教育活动，特别是成人教育活动，是终身教育体系的重要组成部分，也是提高国民科技文化素质和就业、创业、创新能力的重要途径。新修订的《中华人民共和国科学技术进步法》中也进一步强调"各级人民政府和企业事业单位应当保障科学技术人员接受继续教育的权利，并为科学技术人员的合理、畅通、有序流动创造环境和条件，发挥其专长"。

（一）政策发展过程及特点

党的十八大以来，我国继续教育相关政策发展过程如下（图6-1-6）：一是推动继续教育的规范化发展。通过实施《专业技术人员继续教育规定》（中华人民共和国人力资源和社会保障部令第25号），推动继续教育规范化、制度化建设。组织实施专业技术人才知识更新工程高级研修项目，探索专业技术人才队伍建设的新模式。二是对继续教育的普及和推广。以《"十三五"国家科技人才发展规划》（国科发政〔2017〕86号）为指导，大力实施国家重大科技人才工程，培训大批高层次、急需紧缺的骨干专业技术人才。重点推行终身教育培训制度，构建和实施覆盖城乡全体劳动者、贯穿劳动者学习工作终身、适应市场需求的培训体系。

通过对继续教育政策发展过程的系统梳理可知，本领域的政策发展过程呈现以下两个特征：一是在教育体系构建方面，强调继续教育的规范化和制度化发展，重点推行终身教育培训制度，强化对老龄人群的科普力度。二是在人才知识更新方面，通过实施国家级的重大科技人才知识更新工程、建设国家级继续教育基地培训高层次、急需紧缺和骨干专业技术人才。

第六章 科技人才教育与培养政策

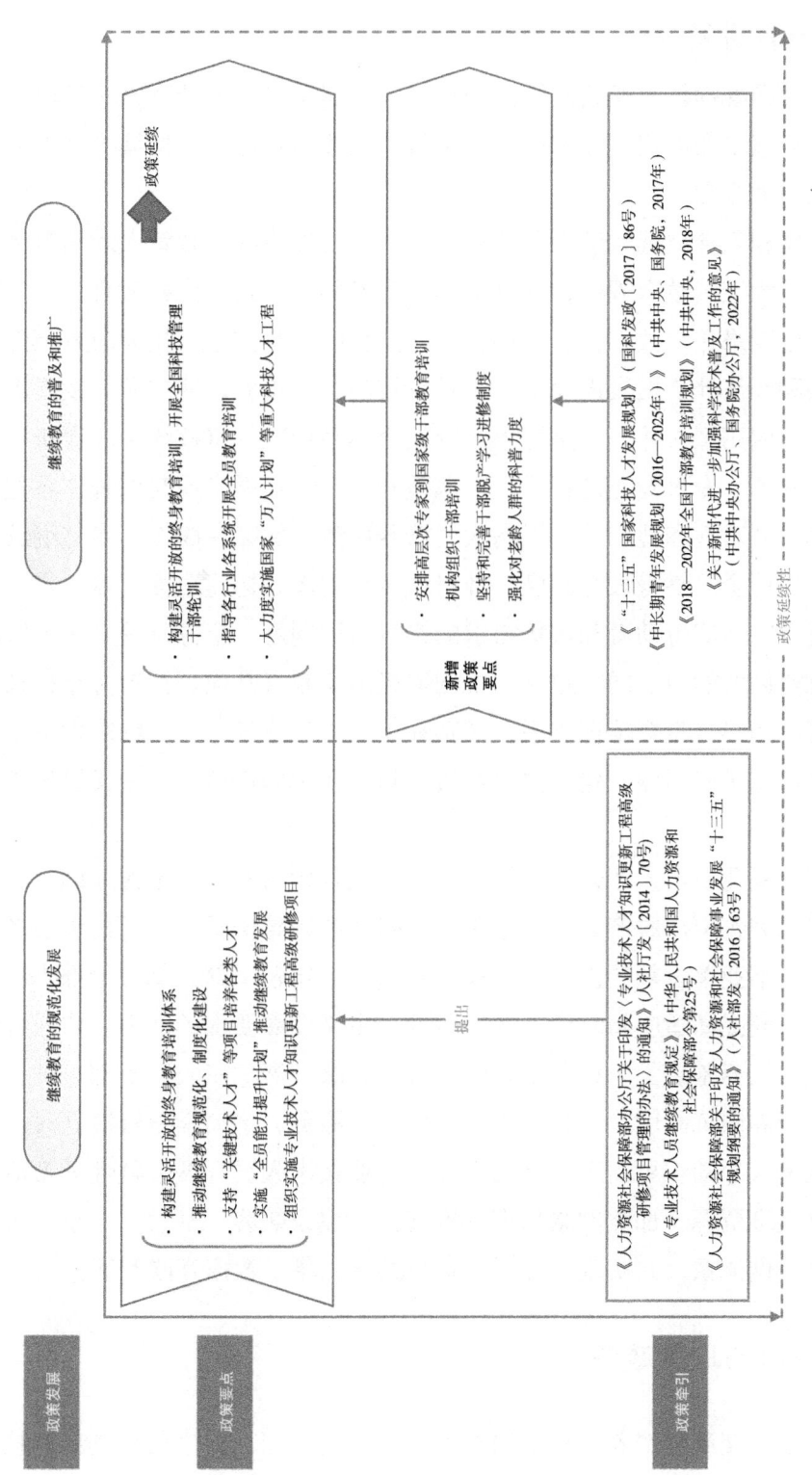

图 6-1-6 继续教育政策发展过程

（二）当前进展

当前，我国继续教育相关政策已经从加速发展阶段转为转型升级阶段，相关政策的关注焦点集中在加快构建和完善继续教育人才培养体系及持续推动专业技术人才知识更新两个方面。

加快构建和完善继续教育人才培养体系。一是加快继续教育人才培养体系的构建。进一步扩大继续教育规模，提升继续教育参与率。发展民办教育，创新教育供给方式，构建网络化、数字化、个性化、终身化的教育体系，拓展教育新形态。服务国家战略和经济社会发展需要，培养具有较高综合素养、适应职业发展需要、具有创新意识的应用型人才。二是完善继续教育体系标准。审核继续教育机构办学资格，对现设的本、专科专业进行梳理、调整和规范。加强专业与课程体系建设，增强人才培养的针对性和适用性，提高人才培养质量，保障在职人员参与继续教育的权利。三是推行全民终身教育制度。针对城乡劳动者，构建全面覆盖、贯穿劳动者学习工作终身、适应劳动者和市场需求的终身培训制度，全方位提升人力资本质量和劳动者就业创业能力，同时建立一批国家级继续教育基地。针对青年科技人才，构建灵活开放的终身教育培训体系，鼓励和支持青年终身学习。针对党员干部，完善干部脱产学习进修制度，建立健全习近平新时代中国特色社会主义思想学习教育长效机制。

持续推动专业技术人才知识更新。一是建立各领域专业技术人才继续教育培训机制。坚持和完善干部脱产学习进修制度，对党政领导班子成员、机关公务员、企业领导人员、事业单位领导人员、专业技术人员、年轻干部、基层干部进行专业化能力培训，不断提高适应新时代中国特色社会主义发展要求的能力。依托各级党校（行政学院）培养基层党组织干部队伍，分类分级开展"三农"干部培训，健全农村工作干部培养锻炼制度。二是提供多样化教育服务，推动学习资源开放共享。在国家专业技术人才知识更新工程网站上面向专业技术人员开展公益性学习活动。统筹整合网络培训资源，加强网络培训标准建设，建设兼容、开放、共享、规范的全国干部网络培训体系，并实现各类平台资源共建共享、数据互联互通。

六、交流与培养政策

科技人才的交流与培养有利于构建良好的科研氛围，促进科技创新和技术成果转化。近年来，促进"开放包容、互惠共享的国际科学技术合作与交流"更是被提升至法律高度。

（一）政策发展过程及特点

党的十八大以来，我国科技人才交流与培养相关政策发展过程如下（图6-1-7）：一是对人才交流培养机制的完善。以《"十三五"国家科技人才发展规划》（国科发政〔2017〕86号）为指导思想，强调建立健全交流锻炼制度，畅通交流锻炼渠道，鼓励科技人才到基层一线锻炼，加强青年干部岗位交流。关注科技人才学习交流平台的搭建，支持国内外科研机构、高等院校和企业建立国际研究合作网络，加强国际人才间的交流合作。二是以《人力资源和社会保障部关于充分发挥市场作用促进人才顺畅有序流动的意见》（人社部发〔2019〕7号）为指导，要求深化区域人才交流开发合作，扩大人才交流任职范围。构建区域人才交流开发合作信息网络平台，鼓励和支持事业单位专业技术人员到企业挂职、兼职和离岗创新创业。

通过对交流与培养相关政策发展过程的系统梳理可知，本领域的政策发展过程呈现以下两个特点：一是在加强科技人才的岗位交流方面，逐步建立健全交流锻炼制度，畅通交流锻炼渠道，扩大人才交流任职范围。二是在促进科技人才的学习交流方面，重点关注平台环境的搭建，支持建立国际研究合作网络，并进一步深化区域人才交流合作。

（二）当前进展

当前，我国交流与培养相关政策的关注焦点集中在建立健全交流锻炼制度、搭建科技人才交流平台、促进科技人才国际交流3个方面。

建立健全交流锻炼制度。一是高校毕业生的交流锻炼。选派基层高校毕业生中的业务骨干到上级单位或发达地区挂职锻炼、跟班式学习等。实施能力素质培育计划、岗位锻炼成才计划与职业发展支持计划，加强高校毕业生国内外交流锻炼。二是关注教师群体的交流锻炼，强调完善校企、校社共建教师企业实践流动岗（工作站）机制，建立高校中青年教师国内外访学、挂职锻炼、社会实践制度，破除人才流动的体制机制障碍。三是完善党政人才、企业经营管理人才交流制度。扩大党政机关和国有企事业单位领导人员跨地区跨部门交流任职范围。支持和鼓励事业单位专业技术人员到企业挂职、兼职和离岗创新创业。四是推进东西部干部人才交流，持续选派优秀年轻干部援藏援疆援青，到扶贫攻坚的重点县、老少边穷的艰苦地区

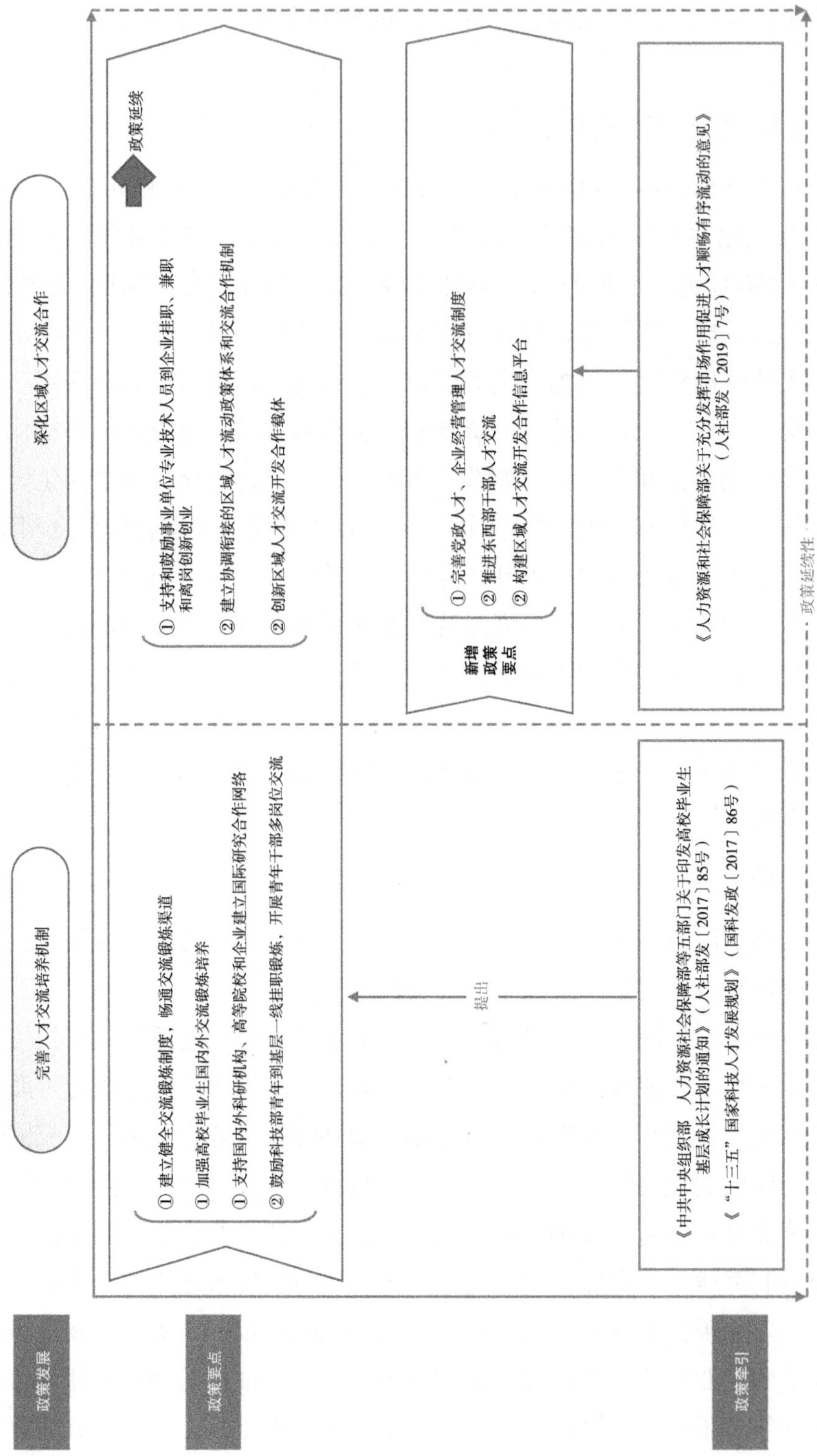

图 6-1-7 交流与培养政策发展过程

工作。完善人才到西部地区、边远地区、民族地区创业的后补偿机制和奖励政策。

搭建科技人才交流平台。一是组织学术会议或论坛。成立学会联合会。推动成立地方创客协会。实施"青年创新促进会"项目，支持青年科技人才开展学术交流与合作。放宽对学术性会议规模、数量等方面的限制，为科技工作者参加更多的国际学术交流提供政策保障和往返便利。二是优化区域人才交流环境。创新区域人才交流开发合作载体，开展人才公共服务机构、人力资源服务企业和行业协会等多种形式的区域人才交流开发合作，促进与项目、资金、技术有效结合。构建区域人才交流开发合作信息网络平台，实现人才供求信息、薪酬信息、政策信息、培训信息等各类信息资源的互联互通。三是构建更加开放的国际人才交流合作机制。支持科研机构和高等学校设立海外研发机构，加强国际研究网络，构建打造"一带一路"科技人才智库，搭建创新创业人才跨界平台，促进科技人才学术交流。

促进科技人才国际交流。一是实施国际科技人员交流计划。举办青年科学论坛，促进各国政府间科技人才交流。完善访问学者制度，扩大科研机构和高等学校短期流动岗位数量，推动跨地区人才开展合作研究、学术交流或讲学。二是推动科技人才到国际组织任职。建立国际科技组织人才培养和推送机制，实施"一带一路"国际科技组织合作平台建设项目。完善国际组织人才培养推送机制，支持我国科学家牵头组织或参与国际大科学工程，在国际学术组织担任职务。三是鼓励多种形式的国际学术交流。对科研机构和高等学校的教学科研人员出国开展学术交流合作实行导向明确的区别管理，鼓励科技人才开展多种形式的学术交流和合作。

第二节 政策落实成效

科技人才的教育与培养是构建高素质人才队伍的重要基础与核心内容之一，人才培养的成效在很大程度上取决于所处的政策环境。"十三五"以来，有关部门、地方、行业围绕国家经济社会发展需求，系统推进教育体制改革，实施创新型人才培养模式，加强产学研融合培养人才，深入实施重大人才工程，发挥科技人才在支撑国家重大任务实施中的作用。当前，政策亮点主要集中在以下3点：一是改革基础教育培养模式，筹建启发式、探索式、研究式等新型教学方法改革试点，强化兴趣爱好和创造性思维培养。二是探索建立跨学科、跨专业交叉培养创新创业人才的新机制。强调开设跨学科专业的交叉课程，促进人才培养由学科专业单一型向多学科融合型转变。三是初步构建服务全民终身学习的教育培训体系，推动继续教育规范化、制度化发展，并建设一大批国家级继续教育基地。针对科技人才教育与培养涉及的6个方面的政策，结合科技人才政策落实情况调查结果，相关政策成效分析具体如下。

一、创新型教育改革不断深化

创新型教育涵盖基础教育和高等教育两个阶段，是培养创新型科技人才、增强科技创新人才后备力量的重要一环。当前，我国创新型教育政策在创新型人才培养模式、培养机制、学科调整、师资建设等方面均取得了显著成效。

改进创新型人才培养模式。一是加强对创新性思维的引导与培养。据问卷调查结果显示，60.9%的科技人才认为该政策含金量最高，并且有21.1%的人认为该政策已在本单位进行了有效落实。二是改进创新人才培养机制，实现对拔尖人才的有效培育。2018年，教育部等六部门启动"六卓越一拔尖"计划2.0，提出对基础学科拔尖人才的培养使命、创新教育模式、培养范围等具体要求。2019年8月，《教育部关于2019—2021年基础学科拔尖学生培养基地建设工作的通知》（教高函〔2019〕14号）中，进一步计划在2019—2021年建设17个专业类的260个基础学科拔尖学生培养基地。三是全方位谋划基础学科人才培养。2022年2月，习近平总书记主持召开中央全面深化改革委员会第二十四次会议，审议通过了《关于加强基础学科人才培养的意见》等文件，会议强调要全方位谋划基础学科人才培养，科学确定人才培养规模，优化结构布局，在选拔、培养、评价、使用、保障等方面进行体系化、链条式设计，大力培养造就一大批国家创新发展急需的基础研究人才。

加快学科专业结构调整，适应产业升级转型需要。一是建立学科分类发展新机制。目前，教育部正在大力发展新工科、新医科、新农科、新文科，并努力推动形成覆盖全部学科门类的一流本科专业集群。二是建立健全一流专业及一流课程体系，助力建设国际一流专业。在政策的具体落实方面，我国正在实施一流课程及一流专业的"双万计划"。《教育部办公厅关于实施一流本科专业建设"双万计划"的通知》（教高厅函〔2019〕18号）中，计划2019—2021年建设10 000个左右国家级一流本科专业点和10 000个左右省级一流本科专业点。随后，《教育部关于一流本科课程建设的实施意见》（教高〔2019〕8号）及《"双万计划"国家级一流本科课程推荐认定办法》进一步细化"双万计划"落实方案，认定4073个国家级一流本科专业建设点。三是聚焦国家重大战略需求，优化学科专业结构。在政策的具体落实上，教育部通过深入开展新工科研究与实践，持续推进新工科理论、方法和实践创新，启动两批新工科建设研究与实践项目，建设示范性微电子学院和一流网络安全学院，探索新型组织模式。四是加强国计民生急需紧缺科技人才的培养，具体包括医科教育的改革与优化、新农科建设的规划和部署等。当前，我国已全面部署医科教育人才培养模式改革和专业结构优化方案，批准了74家高校附属医院为首批国家临床教学培训示范中心。除此之外，在新农科方面，通过深入开展涉农人才培养使用情况的调查研究，安吉研讨会议发布《安吉共识——中国新农科建设宣言》，全面规划和系统部署新农科建设，提出培养新型农林人才等8项新举措。

加强教师教学能力建设。一是实施中西部高校教师国家级培训项目。"十三五"期间组织8200名中西部高校新入职教师参加国家级示范培训，帮助新入职教师树立正确的专业理念，培养良好的师德修养、学术规范与心理素质，掌握基本的教育教学技能。二是实施高等学校青年骨干教师国内访问学者项目。"十三五"期间资助约4500名中西部高等学校青年骨干教师作为访问学者到国内重点高校优势学科进行研修，提高青年骨干教师的教学能力、科研水平、学术素养和创新能力。三是继续推进中小学教师信息技术应用能力提升工程。2017年年底启动能力提升工程创新培训平台项目，对口"三区三州"[①]深度贫困地区开展为期3年的中小学教师信息化教学能力提升培训。2019年3月，《教育部关于实施全国中小学教师信息技术应用能力提升工程2.0的意见》（教师〔2019〕1号）提出，到2022年，校长信息化领导力、教师信息化教学能力、培训团队信息化指导能力显著提升，全面促进信息化技术与教育教学融合创新发展的目标。

二、创业教育得到快速发展

当前，我国创业教育政策在构建实训体系和推行双创教育方面取得了一定成效。

---

① "三区三州"是国家层面的深度贫困地区，其中"三区"是指西藏自治区，青海、四川、甘肃、云南四省藏区，南疆的和田地区、阿克苏地区、喀什地区、克孜勒苏柯尔克孜自治州四地区；"三州"是指四川凉山州、云南怒江州、甘肃临夏州。

提升学生创业能力，强化创业实践。从问卷调查的结果来看，本部分政策在提升学生创业实践能力方面有较好的执行效果。对"开展大学生创新创业教育，将创业能力培养融入课程体系"政策条目的投票显示，近三成的单位（29.6%）对政策进行了有效落实。

稳步推进双创教育。我国连续5年举办"互联网+"大学生创新创业大赛，切实发挥大学生创新实践平台的关键载体和带动引领作用，推进创业教育贯穿人才培养全过程。2019年的中国"互联网+"大学生创新创业大赛共有来自全球五大洲124个国家和地区、4093所院校的457万名大学生、109万个团队报名参赛。大赛线上线下投融资对接服务累计达成406个投资意向，金额超过17亿元。

三、产学研融合人才培养机制不断深化

当前，我国产学研融合人才培养政策在协同育人机制、产学研联合实践基地及产学研合作办学等方面均取得了丰硕成果。

建设产学研协同育人新机制。鼓励加强产学研战略合作，推进人才一体化培养。各地政府、大学、企业探索了多种产教融合的新机制，并取得了一大批可分享、可复制的成果与经验。一是构建产学研一体化培养体系。北京邮电大学与济南、青岛等地方政府及华为、中国移动等知名企业建立协同创新合作机制，推进重点科研项目合作，构建面向未来的创新型科技领军人才培养体系。大连理工大学与中国商飞、中交建、中船重工、中船工业、中海油等大型骨干企业签署战略合作协议，从科学研究、成果转化和人才培养等方面进行全链条设计、一体化部署，完善产学研深度融合体系，通过校企专家互聘、科研实践一体化等方式联手做实人才联合培养任务，并注重创新思维、创新能力和实践教学的一体化培养。甘肃农业大学依托承担国家和省级科研项目，与基层推广部门、草业企业、牧户合作，坚持产学研结合，全力推进"以科学问题为导向的论文选题，以高质量论文发表为导向的试验设计"的研究生培养方式。二是推动产学研科技转化机制的创新。中国科学院过程工程研究所在河北、山东和江苏3个制造业大省设立产业化平台，就地发挥过程工程所的人才、技术优势，依靠科技创新，突破资源环境瓶颈，探索院地合作机制与运作模式，加强成果孵化和公共服务，将科技资源优势直接向产业优势转移转化。

建设产学研融合实践平台。鼓励建设联合实践基地，为人才培养提供创新实践

能力训练空间。目前，众多高校、科研院所联合企业建立了一批有巨大影响的产学研联合培养基地。其中，北京科技大学建立了120多个校外实习基地，并为学生实习配备经验丰富的专门技术人员进行指导，培养锻炼学生的实践能力。北京林业大学在北京大栅栏投资有限责任公司建立国家级园林实验教学示范中心、大栅栏胡同绿色微更新示范基地，与北京市大东流苗圃合作建立落叶树种研发团队，执行增彩延绿项目。

推进产学研合作办学。支持高校设置产教融合项目，联合企业培养复合型人才。目前，部分地区已成功开展校企、校所联合招生、联合培养试点的建设。例如，华中科技大学与中国科学院联合，在"生物科学""物理学"等专业创办了基础学科拔尖人才培养实验班，在机械、电气、光电、生物医学工程等15个专业创建了卓越工程师人才培养实验班，建成了启明学院、创新研究院、光电信息试点学院、工程科学学院、国家示范性微电子示范学院及中欧能源学院等一批人才培养特区。吉林大学与一汽集团和华为技术有限公司联合建立"红旗学院"和"华为ICT学院"，为企业定制培养专业人才。华南农业大学动物科学学院与广东温氏食品集团股份有限公司协同开办"动物科学专业温氏班"，实行独立招生、独立教学计划、独立教学大纲、独立授课的培养模式，为畜牧业发展培养复合型人才。2022年4月，《教育部关于印发〈加强碳达峰碳中和高等教育人才培养体系建设工作方案〉的通知》（教高函〔2022〕3号）鼓励高校实施碳中和交叉学科人才培养专项计划，大力支持跨学院、跨学科组建科研和人才培养团队。加快紧缺人才培养，加快碳捕集、利用与封存相关人才培养，深化产教融合协同育人。

四、职业和技能教育不断强化

当前，我国职业和技能教育在完善人才培育机制、开展职业技能竞赛、健全专业教学资源库、开展"1+X"证书制度试点等方面均取得较好成效。

完善职业技术人才培养机制。一是加强职业技能院校和专业建设。2019年，教育部启动实施中国特色高水平高等职业学校和专业建设计划（以下简称"双高计划"），建设一批引领改革、支撑发展、具有中国特色和世界水平的高等职业学校和骨干专业（群），遴选确定197所"双高计划"建设单位，鼓励以职教集团等实体运行模式吸引、鼓励、支持企业参与职业教育，进入专业教学改革和推广领域，实施现代学徒制人才培养模式。建设单位覆盖了29个省份，申报的389个专业群覆盖了18个高职专业大类，其中，面向战略性新兴产业的113个，面向现代服务业的112个，面向先进制造业的100个，面向现代农业的32个，其他32个①。二是调整专业结构，引导优化制造业相关专业设置。截至2019年9月，设置与制造业相关的高职专业点19 326个，增补包括集成电路技术应用、人工智能技术服务等专业在内的9个制造业相关高职专业。

促进产业需求与人才培养的深度融合。通过职业技能大赛等形式推动职业教育面向市场、服务发展、促进就业，造就源源不断的高素质产业大军。"全国职业院校技能大赛"由教育部发起，每年一届，办赛宗旨是德技并重、教产结合和开放参与，由校企双方共同制定参赛方案和师生实训方案，赛场环境按照企业的真实生产场景和生产流程设置。"全国职业院校技能大赛"现已成为校企交流合作的重要平台和教育教学改革的有力"助推器"，实现了职业教育专业与产业、行业、岗位的对接。2016—2019年，有近6万名选手参加了中、高职组346个项目的比赛。

健全专业教学资源库，完善"互联网+职业教育"人才培养体系。一是校企协同建立更加完善的教学资源库。教育部指导职业院校和行业企业共同开发教育教学资源，扩大共建共享联盟，持续优化专业课程体系，更新优质专业教学和职业培训资源，建立资源库"建用结合"的长效机制。目前立项的203个国家专业教学资源库中，覆盖了全部高职专业大类，并建设了23个民族文化传承与创新类资源库和4个中等职业教育专业教学资源库。二是校企对接，根据行业、企业需求调整专业结构，引导优化"互联网+制造业"相关专业的设置。截至2019年9月，设置制造业重点领域相关本科专业全国布点12 844个，开展本科层次教育试点工作，首批试点专业中设置了新能源汽车工程、物联网工程、大数据技术与应用等制造业相关专业。

开展"1+X"证书制度试点。2019年，《教育部等四部门印发〈关于在院校实施"学历证书+若干职业技能等级证书"制度试点方案〉的通知》（教职成〔2019〕6号）面向先进制造业、战略性新兴产业等20个技能人才紧缺领域，实施"毕业证书+若干职业技能等级证书"制度，深化复合型技术技能人才培养培训和评价模式改革。

---

① 高靓. 扶优扶强打造一批高职"样板房"[N]. 中国教育报，2019-10-25（1）.

目前，试点已完成3批遴选工作，共产生73个培训评价组织的92个证书，涵盖智能制造、高端装备、数字媒体、新一代信息技术、能源动力与材料等16个重点领域。其中，前两批16个证书全面实施，覆盖1800余所院校的54万名学生，完成2万多名教师的师资培训和15.88万人次的证书考核。

五、继续教育政策持续完善

当前，我国继续教育在针对专业技术人才的知识更新工程和高级研修、岗位培训方面取得较好成效。

持续推动专业技术人才知识更新。人力资源社会保障部聚焦装备制造、生物技术等重点领域，广泛开展高级研修、岗位培训等活动，着力缓解经济社会发展重点领域人才短缺，颁布实施《专业技术人员继续教育规定》（中华人民共和国人力资源和社会保障部令第25号），推动继续教育规范化、制度化建设。工业和信息化部围绕新材料、工业强基、应急通信、工业互联网等专题，组织实施工业通信业知识更新工程，每年培训行业专业技术人才30万人。卫生健康委进一步提高医务人员继续教育水平，2016—2019年，实施国家级继续医学教育项目6.2万余项，实施国家级远程继续医学教育项目7100余项，累计培训卫生专业技术人员3000余万人次，基本实现继续医学教育全覆盖。

六、交流与培养政策不断深化

我国科技人才交流与培养政策在构建良好科研氛围、促进国际合作交流、培养一流创新人才方面起到了积极作用。据问卷调查结果统计，有30.5%的科技人才认为"建立健全专业技术人才和青年科技人才多岗位交流和锻炼制度"最具含金量。当前，我国在国际科技合作与交流培养上取得了一些进展。2016年，《教育部关于印发〈国际合作联合实验室立项建设与验收标准〉的通知》（教技函〔2016〕34号）建立了国际合作联合实验室立项建设与验收标准体系，为开展高水平国际科技合作和交流搭建平台。基于该政策，目前我国建立了"一带一路"国际合作高峰论坛等国际交流合作平台，围绕粮食安全、气候变化、资源短缺、生命健康等全球性问题开展高水平的国际合作研究和学术交流，培养具有国际视野及杰出创新能力的科学家。

第三节　政策发展主要方向

党的二十大将教育、科技、人才进行一体化部署，习近平总书记在中央人才工作会议上的重要讲话中强调"加快建设世界重要人才中心和创新高地，必须把握战略主动，做好顶层设计和战略谋划"。"十四五"时期，我国国民经济和社会发展的战略目标发生了转变，对科技人才的需求从"有没有""多不多"转向"优不优""强不强"。因此，未来我国人才发展和人才工作创新需要融入新时期国家大战略、大格局、大态势，对科技人才的教育和培养应当面向高质量发展布局，有力统筹教育、科技、人才工作，提高人才自主培养质量和能力。根据2021年中央人才工作会议的重要部署，到2025年，科技创新主力军队伍建设取得重要进展，人才自主培养能力不断增强；到2030年，我国应基本形成适应高质量发展的人才制度体系，显著提升创新人才自主培养能力；到2035年，我国在诸多领域的人才竞争中形成比较优势，国家战略科技力量和高水平人才队伍位居世界前列。面向这一要求，结合当前政策亮点及落实成效，未来科技人才教育和培养政策将重点关注以下几个方面。

一是改革基础教育体制，加强创新思维教育，培养新时代创新型人才。第一，改革基础教育培养模式，重点加强对创新思维的教育与培养，加强对人才培养模式的改革创新。第二，提倡个性化教育，尊重人才个性发展，强化兴趣爱好和批判性、创造性思维培养。倡导以学生为中心的教育教学理念，从培养学生的发散思维、逻辑思维能力、创意思维等方面对学生进行创新训练，有效激发学生创造力。第三，鼓励高校不断健全创新创业教育系列课程体系，成立创新创业学院，通过翻转课堂等多样的课程形式及创新创业大赛等实践活动来提高学生的创新思维和实践能力。

二是赋予高校学科调整自主权，强化面向基础研究、前沿交叉和关键领域的学科和专业设置。第一，着眼于战略支撑和高端引领，建设具有国际影响力和服务于国家重大战略需求的世界一流学科。第二，加强STEM（科学、技术、工程、数学）教育政策的顶层设计。加快对STEM人才培养计划、STEM课程标准及评价体系等方面的政策出台与落实。第三，赋予高校学科调整的自主权，加强基础研究，注重原始创新，优化学科布局和研发布局，推进学科交叉融合，完善共性基础技术供给体系，强化国家战略科技力量。第四，在科教资源优势突出、产业基础雄厚的地区，布局一批国家未来产业技术研究院，加强前沿技术多路径探索、交叉融合和颠覆性技术供给。

三是加强基础学科拔尖学生培养，建设一批数理化生等基础学科拔尖学生培养基地和前沿科学中心。第一，建设完善面向基础研究的拔尖学生培养体系。加快实施基础学科拔尖学生培养计划，完善拔尖学生选拔、培养模式，健全培养机制，形成具有中国特色、世界水平的基础学科拔尖人才培养体系，培养一批勇攀科学高峰、推动科学文化发展的优秀拔尖人才。第二，依托高等院校优质资源，打造基础学科拔尖人才孵化器和国家一流人才培养高地。着力建设"英才汇聚、名师引领、交叉融合、国际一流"的基础学科拔尖学生培养基地，为拔尖学生开通绿色通道，提供能够保障拔尖学生成长成才的平台环境。第三，制定实施战略性科学计划和科学工程，推进科研院所、高校、企业科研力量优化配置和资源共享。推进国家实验室建设，重组国家重点实验室体系。布局建设综合性国家科学中心和区域性创新高地，支持北京、上海、粤港澳大湾区形成国际科技创新中心。构建国家科研论文和科技信息高端交流平台。

四是建设一体化终身学习和技能培养机制，培养服务于国家产业需求的高技能人才。第一，构建和完善灵活开放的终身教育培训体系，以国家和产业发展需求为导向，创新人才培养方案；实施一系列国家级专业人才知识更新工程，健全国家资历框架和成果认证机制，建立学历教育和非学历教育间的顺畅衔接。第二，加大力度推行终身职业技能培训制度。进一步完善继续教育培训的体系标准，制定实施企业参与技能培训、改进技能评价的激励政策，引导企业根据行业发展规划和技术创新需要，制定和落实本企业技术工人培训规划，依法保障技术劳动者接受技能培训的权利。推进职业技能培训市场化、社会化、多元化改革，让各类社会力量共同参与培训体系建设。

第七章

科技人才使用与集聚政策

科技人才使用与集聚是实现创新驱动的重要一环，深入研究相关政策有助于更好地组织动员科技人才开展创新活动，服务国家科技创新事业，促进区域行业发展。近年来，"科技人才的合理使用"及"发挥人才聚集的规模效应"逐渐成为我国科技人才工作的重点。科技人才使用与集聚政策深化落实人才发展"以用为本"的指导方针，取得了显著成效。

第一节　政策发展过程和进展

科技人才的使用与集聚是优化调整人才内部结构及区域布局的重点。从科技人才集聚理论来看，人才总是向经济社会环境良好、科技创新资源丰富、科技创新基础平台聚集、科技高层次人才众多的地方流动聚集，并产生正向叠加效应，吸引越来越多的高端人才聚集。科技人才的合理使用及有效集聚能够整体提升创新人才资源的供给水平，形成有利于创新型科技人才成长的良好环境，从而为创新型国家建设提供强大的科技人才队伍保障。其相关内容主要涉及科技人才组织动员、集聚使用、资源高效配置等方面。

科技人才使用与集聚政策主要包括以下方面。一是新型举国体制与重大关键技术核心攻关机制的建设，包括国家创新体系建设、国家科技计划导向机制、科技成果转化机制等。二是前沿基础研究组织实施机制的探索，包括基础研究组织形式、目标导向作用、支持与投入机制等。三是科技计划管理改革，包括科技计划项目组织实施、科技计划松绑减负、科研经费管理等内容。四是各类科技人才使用机制的建设，包括科技领军人才和创新团队、青年科技人才、实验技术人才和工程技术人才的使用机制等。五是科技人才合理有序流动机制的建设，包括畅通各方面人才流动渠道、规范区域和重点领域科技人才流动秩序、破除科技人才流动的制度性障碍等。六是科研人员离岗创业、兼职兼薪机制的创新，涵盖科技人才的岗位和人事制度改革、科技成果向企业转移等。七是引导科技人才服务艰苦边远地区和基层一线，包括科技计划和人才工程倾斜、提高基层一线收入待遇与保障、基层人才创业支持政策等。八是引导科技人才服务企业，包括企业技术与科技人才精准对接及引导高校及科研院所科技人员服务企业等（图7-1-1）。

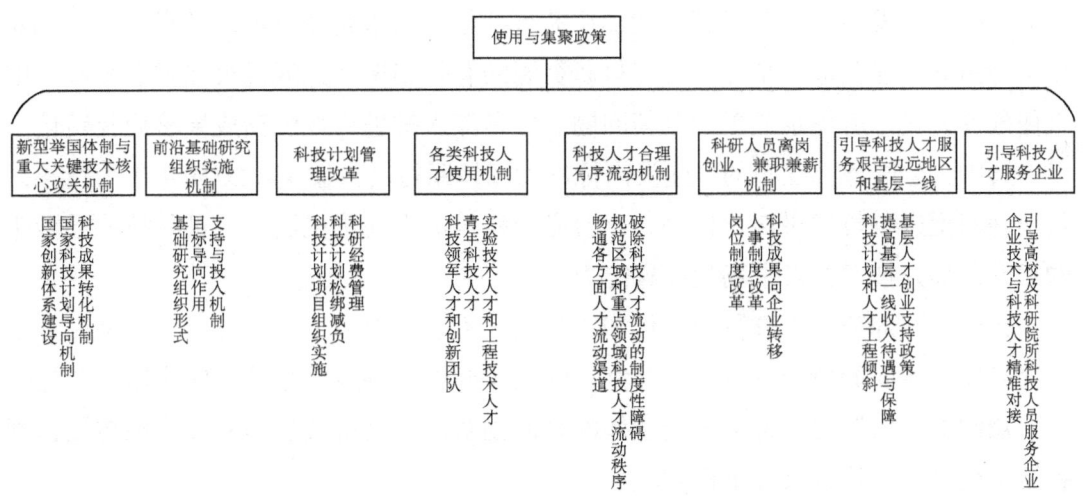

图 7-1-1 科技人才使用与集聚政策框架

一、新型举国体制与重大关键技术核心攻关机制

新型举国体制与重大关键技术核心攻关机制是通过科学统筹、集中力量、优化机制、协同攻关等方式，在国家重大科技项目组织实施过程中集中协调配置资源、有效发挥资源效益，从而为建设创新型国家和世界科技强国提供更加有力的制度保障。党的十八大以来，我国的新型举国体制与重大关键技术核心攻关机制在党中央的统一部署下逐步落实。在2021年修订的《中华人民共和国科学技术进步法》中提出并完善了关键核心技术攻关举国体制，全面保障面向国家战略需求的科学技术重大任务的组织实施。2022年9月6日，中央全面深化改革委员会第二十七次会议审议通过了《关于健全社会主义市场经济条件下关键核心技术攻关新型举国体制

的意见》，对健全关键核心技术攻关新型举国体制进行了全面部署，强调要把政府、市场、社会有机结合起来，科学统筹、集中力量、优化机制、协同攻关。

（一）政策发展过程及特点

从时间维度来看，新型举国体制与重大关键技术核心攻关机制政策发展过程如下（图7-1-2）：一是布局新型举国体制，促进多元创新主体融通，以2018年的《国务院关于全面加强基础科学研究的若干意见》（国发〔2018〕4号）为指导，强调要针对国家、行业、企业技术创新需求，促进科研院所、高校、企业、创客等各类创新主体协作融通。二是探索构建国家目标导向的关键核心技术攻关机制，以中共中央、国务院发布的《关于新时代加快完善社会主义市场经济体制的意见》（2020年）为指导，强调进一步加强国家科研资源的有效集聚，并通过聚焦重点领域、重点任务等方式，解决企业重大创新问题。三是深入推进科技创新成果落地及转化，以中共中央、国务院发布的《建设高标准市场体系行动方案》（2021年）为指导，强调创新促进科技成果转化机制，出台完善科技成果评价机制、促进科技成果转化的意见，提升技术要素市场化配置能力。

通过对本部分政策进行梳理可知，相关政策表现出以下几个特点：一是完善以国家目标为导向的新型举国攻关体制，强调发挥国家科技计划的导向作用。二是鼓励大众创新，强调促进各类创新主体的融通创新。三是持续加强科技成果转化，创新转化机制与科技成果评价机制。

（二）当前进展

当前，我国相关政策的关注焦点在于健全关键核心技术攻关新型举国体制、促进各类创新主体融通创新、发挥国家科技计划的导向作用和创新促进科技成果转化机制等4个方面。

健全关键核心技术攻关新型举国体制。把政府、市场、社会有机结合起来，科学统筹、集中力量、优化机制、协同攻关。加强战略谋划和系统布局，坚持国家战略目标导向，瞄准事关我国产业、经济和国家安全的若干重点领域及重大任务，明确主攻方向和核心技术突破口，重点研发具有先发优势的关键技术和引领未来发展的基础前沿技术。加强党中央集中统一领导，建立权威的决策指挥体系。要构建协同攻关的组织运行机制，高效配置科技力量和创新资源，强化跨领域跨学科协同攻关，形成关键核心技术攻关强大合力。推动有效市场和有为政府更好结合，强化企

第七章 科技人才使用与集聚政策

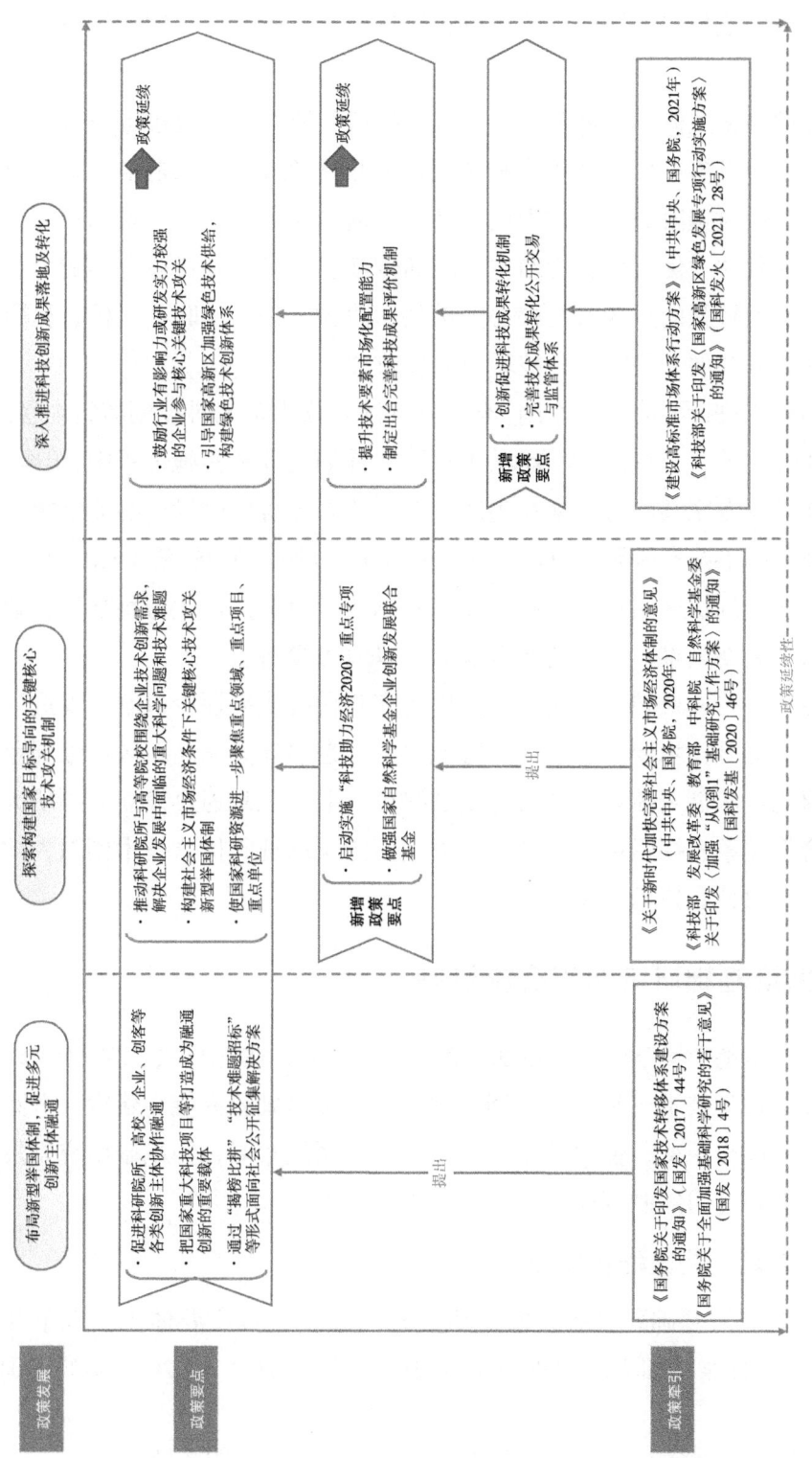

图 7-1-2 新型举国体制与重大关键技术核心攻关机制政策发展过程

业技术创新主体地位,加快转变政府科技管理职能,营造良好创新生态,激发创新主体活力。

促进各类创新主体融通创新。一是推动科研院所与高等院校围绕企业技术创新需求,解决企业发展中面临的重大科学问题和技术难题[①]。二是推动基础研究、应用研究与产业化对接融通,通过面向社会的"揭榜比拼""技术难题招标"和以重大科技项目为载体,促进各类创新主体融通创新。三是鼓励行业有影响力的领军企业或者研发实力较强的企业参与核心关键技术攻关,进一步联合高校、科研院所、企业技术中心等共同开展重大科技项目研发攻关。

发挥国家科技计划的导向作用。充分发挥国家作为重大科技创新组织者的作用,推动技术联合攻关。一是在重大专项、重点研发计划论证和实施过程中,组织企业家、产业专家和科技专家共同凝练来自生产一线、关系经济社会发展的关键重大科学问题,支持企业承担国家科研项目。二是启动实施"科技助力经济2020"重点专项,通过重点研发计划快速启动、实施一批技术创新项目,支持优秀科技型企业克服新冠疫情带来的短期困难,对疫情严重地区予以适当倾斜。

创新促进科技成果转化机制。一是出台完善科技成果评价机制、促进科技成果转化的意见,提升技术要素市场化配置能力。二是引导国家高新区加强绿色技术供给,构建绿色技术创新体系,并大力发展绿色产业。三是通过设立海外研究机构、建设战略合作关系、探索项目经理制等方式面向全球选聘优秀技术创新人才和成果转化人才,助力核心技术攻关。

二、前沿基础研究组织实施机制

基础研究是整个科学体系的源头,是所有技术问题的总机关。2021年修订的《中华人民共和国科学技术进步法》强调,国家应加强基础研究能力建设,尊重科学发展规律和人才成长规律,强化项目、人才、基地系统布局,为基础研究发展提供良好的物质条件和有力的制度保障。

(一)政策发展过程及特点

我国有关前沿基础研究组织实施机制政策发展过程主要体现在以下几点(图7-1-3):一是探索"加大基础研究支持力度"整体布局,以2016年的《国务院关

---

① 习近平. 加快建设科技强国,实现高水平科技自立自强 [J]. 求是,2022(9):2.

于印发"十三五"国家科技创新规划的通知》（国发〔2016〕43号）为指导，强调建立包容和支持"非共识"基础研究项目制度，完善针对基础研究稳定支持和竞争性支持相协调的机制。二是加强基础研究前瞻部署，创新基础研究组织形式，以2018年的《国务院关于全面加强基础科学研究的若干意见》（国发〔2018〕4号）为指导，强调加强基础研究与应用的对接，从基础前沿、重大关键共性技术到应用示范进行全链条创新设计、一体化组织实施，尝试应用众包众筹、集群思、汇众智的基础研究组织形式。三是进一步完善基础研究投入机制，强化对科研人员的长期稳定支持，以2020年的《科技部办公厅　财政部办公厅　教育部办公厅　中科院办公厅　工程院办公厅　自然科学基金委办公室关于印发〈新形势下加强基础研究若干重点举措〉的通知》（国科办基〔2020〕38号）为指导，完善基础研究投入机制，加大对长期重点基础研究项目、重点团队和科研基地的稳定支持。

前沿基础研究组织实施机制相关政策的发展呈现以下特点：一是鼓励对科学研究的自由探索，加大对好奇心驱动基础研究的支持力度，引导科学家将学术兴趣与国家目标相结合，切实加大对"非共识"、变革性创新研究的支持力度。二是更加注重通过平台载体，如国家实验室，整合创新资源，集聚人才，开展具有重大引领作用的跨学科、大协同的创新攻关。三是进一步完善基础研究投入机制，强化长期稳定支持，鼓励多元化投入。

（二）当前进展

当前，我国相关政策关注的焦点集中在创新基础研究组织形式、强化目标导向的基础研究和前沿技术研究、加大对基础研究的稳定支持与投入等3个方面。

创新基础研究组织形式。一是支持科技项目开展众包众筹，充分发挥政策性银行作用，在业务范围内加大对基础研究创新活动的支持力度。二是鼓励高校和科研院所的科研人员与创业者开展合作和互动交流，建立集群思、汇众智、解难题的众创空间。三是加强知识产权保护，完善有利于科技成果转移转化的分配政策，探索建立多种分配办法，保障技术成果在分配中的应得份额。

强化目标导向的基础研究和前沿技术研究。一是重构国家实验室和国家重点实验室体系，形成以重大问题为导向、跨学科领域协同开展重大基础研究的稳定机制。二是支持新型研发机构建设创新平台，承担国家科研任务。三是推动产学研协作融通，形成基础研究、应用研究和技术创新贯通发展的科技创新生态。

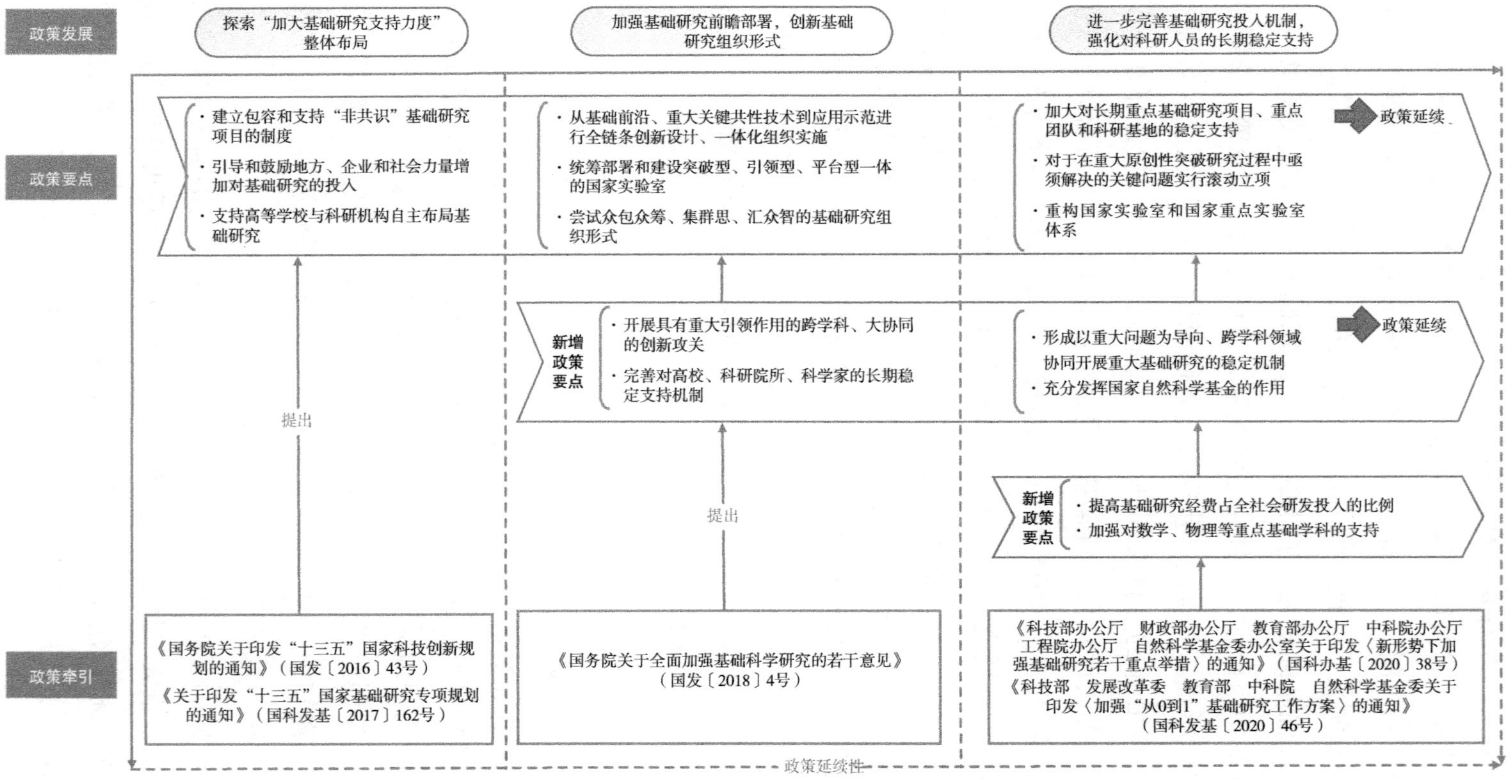

图 7-1-3 前沿基础研究组织实施机制政策发展过程

加大对基础研究的稳定支持与投入。一是完善基础研究投入机制，加大对长期重点基础研究项目、重点团队和科研基地的稳定支持。二是加强对数学、物理等重点基础学科的支撑，稳定支持基础研究领域科研人员围绕学科前沿问题开展基础理论研究。三是完善基础研究多元化投入体系。拓宽基础研究经费投入渠道，逐步提高基础研究经费占全社会研发投入的比例。

三、科技计划管理改革

科技计划管理改革始终围绕"以人为本"的原则不断优化，按照能放尽放的要求赋予科研人员更大的人财物自主支配权，减轻科研人员负担，从而充分释放创新活力，调动科研人员积极性，激励科研人员敬业报国、潜心研究、攻坚克难。2021年修订的《中华人民共和国科学技术进步法》中明确了科学技术行政等有关部门和企业事业单位应当完善科学技术人员管理制度，增强服务意识和保障能力，简化管理流程，避免重复性检查和评估，减轻科学技术人员项目申报、材料报送、经费报销等方面的负担，保障科学技术人员科研时间。

（一）政策发展过程及特点

从时间维度来看，我国科技计划管理改革政策发展过程如下（图7-1-4）：一是优化科技计划布局与组织实施，以《国务院印发关于深化中央财政科技计划（专项、基金等）管理改革方案的通知》（国发〔2014〕64号）为指导，强调以国家总体需求为牵引的科技计划整合优化，通过实行分类管理、分类支持，完善科技计划项目产生、立项、评审、支持机制，推动人才、项目与基地结合。二是落实科研人员松绑减负，扩大科研人员自主权，以《国务院关于优化科研管理提升科研绩效若干措施的通知》（国发〔2018〕25号）为指导，强调减少科研项目实施周期内的各类评估、检查、抽查、审计等活动，赋予科研人员在技术路线决策、科研团队组建、科研经费使用等方面的科研自主权。三是完善科研经费管理办法，推进项目经费包干制，具体以《国家自然科学基金委员会　科学技术部　财政部关于在国家杰出青年科学基金中试点项目经费使用"包干制"的通知》（国科金发计〔2019〕71号）、《国务院办公厅关于改革完善中央财政科研经费管理的若干意见》（国办发〔2021〕32号）及《科技部　财政部　教育部　中科院　自然科学基金委关于开展减轻青年科研人员负担专项行动的通知》（国科发政〔2022〕214号）为指导，强调以信任为

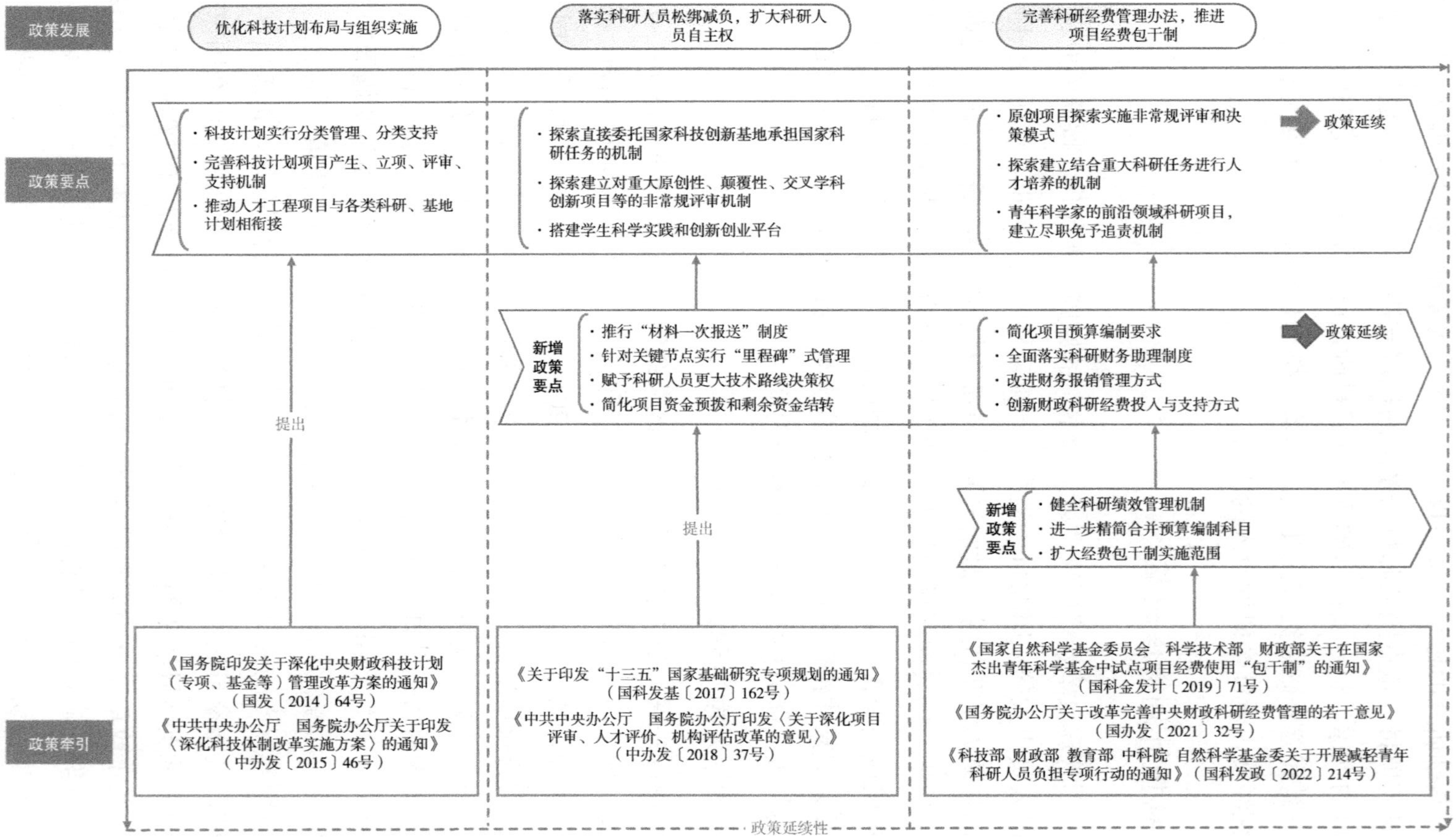

图 7-1-4 科技计划管理改革政策发展过程

前提试行项目经费包干制,统筹使用经费,不区分直接和间接用途,无须编制项目经费预算,绩效支出费用没有限制。

科技计划管理改革政策的发展呈现以下几个特点:一是更加强调"以人为本",着力营造有利于优秀人才大量涌现、健康成长的良好氛围。二是赋予科研人员更大的人财物自主支配权,充分释放创新活力。三是推进项目经费使用"包干制",营造健康有序的科研氛围。

(二)当前进展

当前,该政策重点集中在以下3个方面:优化科技计划项目组织实施形式、科技计划松绑减负和扩大自主权、优化科研经费管理。

优化科技计划项目组织实施形式。一是从"人找项目"转向"项目找人",部分国家科研任务探索实行直接委托、定向择优和定向委托方式,在一定范围内集中科技优势资源和优势力量。二是动员企业研发力量支撑国家科技任务,国家科技计划项目征集和指南编制广泛凝练企业技术创新的科学问题,充分吸纳企业家的意见,由有条件的企业牵头组织实施产业化目标明确的重大科技项目。三是推动人才工程与各类科研、基地计划相衔接,建立结合科技创新基地和重大科研任务培养人才的机制。四是建立自由探索和颠覆性技术创新活动免责机制,建立相关部门为高校和科研院所分担责任机制,鼓励科研人员自由探索、勇于创新。

科技计划松绑减负和扩大自主权。一是精简信息填报和材料报送,科技管理和计划管理推行"材料一次报送"制度,减轻科研人员的非学术性负担。二是减少检查评估,自由探索类基础研究项目和实施周期3年以下的项目以承担单位自我管理为主,一般不开展过程检查,合并财务验收和技术验收,推进检查结果共享。三是扩大科研人员在技术路线决策、科研团队组建、科研经费使用等方面的自主权。四是减少青年科学家项目考核。完善国家重点研发计划青年科学家项目、自然科学基金优秀青年科学基金项目、国家杰出青年科学基金项目和"科技创新2030—重大项目"青年科学家项目的考核评价方式,对探索性强、研发风险高的前沿领域科研项目建立尽职免予追责机制。

优化科研经费管理。一是扩大科研项目经费管理自主权,进一步精简合并预算编制科目,将除设备费外的其他费用调剂权全部由项目承担单位下放给项目负责人,由项目负责人根据科研活动实际需要自主安排。二是加大科研人员激励力度,提高间接费用比例,扩大劳务费开支范围,同时坚持精神激励和物质激励相结合,重点奖励那些从国家急迫需要和长远需求出发，为科学技术进步、经济社会发展、国家战略安全等做出重大贡献的科技团队和人员[①]。三是增强项目经费使用和报销的灵活性，全面落实科研财务助理制度，改进财务报销管理方式，推进科研经费无纸化报销试点。四是扩大经费包干制实施范围，在人才类和基础研究类科研项目中推行经费包干制，不再编制项目预算。五是拓展财政科研经费投入渠道，发挥财政经费的杠杆效应和导向作用，引导企业参与，发挥金融资金作用。

四、各类科技人才使用机制

我国科技人才队伍规模庞大，各类科技人才均发挥着重要作用。近年来，针对不同层次、不同类型的科技人才，我国深入实施人才优先发展战略，强调把人才资源开发放在科技创新最优先的位置，为培养造就规模宏大、结构合理、素质优良的创新型科技人才队伍打下坚实基础。

（一）政策发展过程及特点

党的十八大以来，我国各类科技人才使用机制政策发展过程主要体现为（图7-1-5）：一是强调合理赋予重要学术职务与科研角色，充分发挥科技领军人才的引领带动作用。以人力资源社会保障部出台的《国家百千万人才工程实施方案》（2013年）和《国务院关于印发"十三五"国家科技创新规划的通知》（国发〔2016〕43号）为指导，通过给予重要学术职务和赋予重要科研角色，发挥领军人才的引领带动作用。二是建立多元化支持体系，助力青年科技人才高效成长。以《科技部办公厅关于印发〈落实《中长期青年发展规划（2016—2025年）》实施方案〉的通知》（国科办党委〔2017〕53号）、《科技部等十三部门印发〈关于支持女性科技人才在科技创新中发挥更大作用的若干措施〉的通知》（国科发才〔2021〕172号）、《科技部 财政部 教育部 中科院 自然科学基金委关于开展减轻青年科研人员负担专项行动的通知》（国科发政〔2022〕214号）为指导，通过科技计划专项支持、科研经费倾斜等方式，着力激发青年科技人才投身科技事业的热情，优化青年科技人才成长环境，促进青年科技人才全面发展。

---

① 习近平主持召开中央全面深化改革委员会第二十五次会议[EB/OL].（2022-04-19）[2022-08-20]. http://www.gov.cn/xinwen/2022-04/19/content_5686128.htm.

第七章 科技人才使用与集聚政策

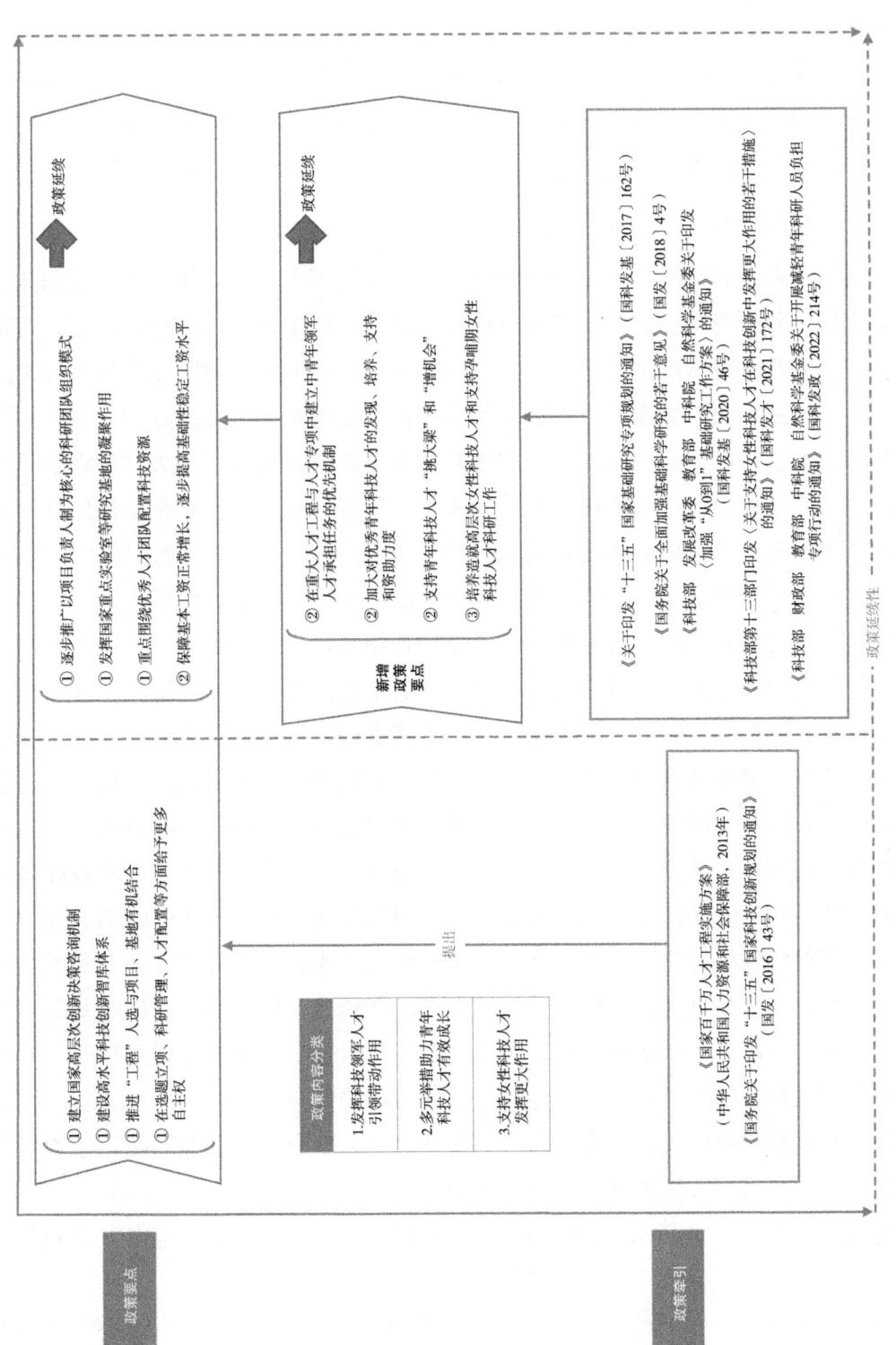

图 7-1-5 各类科技人才使用机制政策发展过程

各类科技人才使用机制政策的发展呈现以下特点：一是充分发挥科技领军人才在引领学科或领域科技发展、带动团队成长等方面的引领带动作用。二是青年科技人才的支持举措走向系统化、多元化、长期化，保障青年科研人员将主要精力用于科研工作，充分激发青年创新潜能与活力。

（二）当前进展

创新领军人才和创新团队的使用机制。一是以领军人才为主体组建创新团队，在选题立项、科研管理、人才配置等方面给予其更多自主权。二是建立以项目负责人制为核心的科研团队组织模式，赋予创新领军人才更大的人财物支配权、技术路线决策权。三是加大对领军人才和创新团队的稳定支持。国家实验室中的全职科研人员及团队不参与申请除国家人才计划之外的竞争性科研经费，中央财政将给予其持续稳定经费支持。四是围绕优秀科技人才团队配置科技资源，研究生招生计划分配向承担国家重大科研项目的优秀团队和导师倾斜。五是大力培养使用战略科学家，完善人才引育留用全链条，壮大高技能人才队伍，发挥"头雁"作用[1]。

完善青年科技人才的使用机制。一是支持青年科技人才"挑大梁"。提高国家科技计划项目中青年人担任负责人的比例，开展基础研究人才专项试点工作，长期稳定支持在自然科学领域取得突出成绩且具有明显创新潜力的青年科技人才。通过加大职业生涯早期支持及国际化交流培养等多种举措助力青年科技人才成长。二是完善青年科技人才激励评价机制，减少考核频次，实行聘期考核、项目周期考核等中长周期考核评价，简化、淡化平时考核。避免仅以有署名的成果作为考核评价依据，避免简单强调成果转化数量、金额。加大对优秀青年科技人才的资助力度，对青年人才开辟特殊支持渠道，建立适合青年科技人才成长的用人制度。三是通过扩大博士后科研工作站自主权、提高博士后日常经费标准、加大博士后创业基金支持等方式培养博士后成为科研重要补充力量。四是保障青年科技人才科研时间，不要求青年科研人员参加应景性、应酬性活动，列席接待性会议，加大科研助理岗位开发力度，解决青年科研人员多头、临时、重复提交科研成果信息等问题，让青年科技人才把主要精力投入科技创新和研发活动。

支持女性科技人才发挥更大作用。在国家科技计划项目组织实施中，要创造条

---

[1] 中共中央政治局办公室发展会议审议《国家"十四五"期间人才发展规划》[EB/OL].（2022-04-30）[2022-08-20]. https://m.gmw.cn/baijia/2022-04-30/35702252.html.

件吸纳更多女性科技人才参与，国家重点研发计划青年科学家项目、相关人才项目等适当放宽女性申请人年龄限制。国家重大科技战略咨询、科技政策制定、科技伦理治理和科技计划项目指南编制等相关活动提高高层次女性科技人才参与度。支持女性科技人才参与国际科技交流合作，扩展女性科技人才科研学术网络。为孕哺期女性科技人才营造良好科研环境和创造生育友好型工作环境，适当放宽期限要求，延长评聘考核期限。

五、科技人才合理有序流动机制

人才合理有序流动，是知识传播和技术扩散的重要途径，也是优化资源配置、实现人才价值和效用增值的关键进程。科技人才的合理有序流动机制有助于激发我国人才创新创业创造活力，深化人才发展体制改革，助推人才强国战略实施。

（一）政策发展过程及特点

党的十八大以来，我国科技人才合理有序流动机制政策发展过程主要体现为以下几个方面（图7-1-6）：一是鼓励科技人才在高校、院所与企业之间双向流动，以《国务院办公厅关于强化企业技术创新主体地位 全面提升企业创新能力的意见》（国办发〔2013〕8号）为指导，强调鼓励科研院所、高等学校和企业创新人才双向流动和兼职，完善科研人员校企、院企共建双聘机制。二是健全人才顺畅流动机制，着力清除人才流动障碍，以《中共中央印发〈关于深化人才发展体制机制改革的意见〉的通知》（中发〔2016〕9号）为指导，强调以促进人才顺畅有序流动、激发人才创新活力为目标，健全人才流动配置机制，充分发挥市场决定性作用和政府引导性作用。三是进一步完善人才流动机制，推动重点区域和领域人才流动，以中共中央办公厅、国务院办公厅印发的《关于促进劳动力和人才社会性流动体制机制改革的意见》（2019年）为指导，根据国家主体功能区布局，加大重点领域人才调配工作力度，建立协调衔接的区域人才流动政策体系和交流合作机制。

本部分政策的发展呈现以下几个特点：一是强调对人才流动和发展机制的顶层设计，加大鼓励科技人才在高校、院所与企业之间双向流动的力度，促进产学研深度融合。二是落实多渠道、多方式的人才流动方案，不断健全人才顺畅流动机制，建立协调衔接的区域人才流动政策体系和交流合作机制，引导区域间科技人才的合理流动。

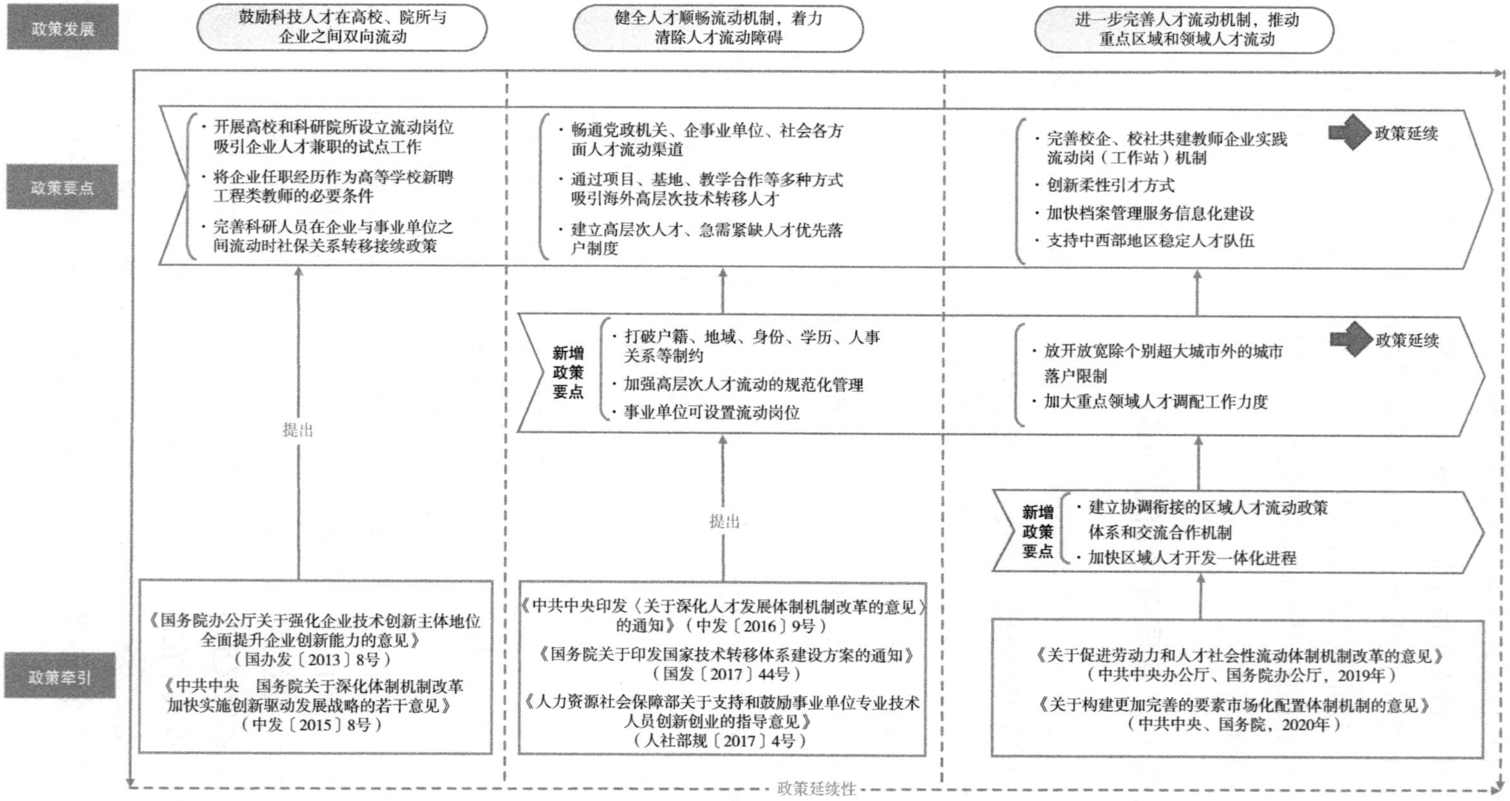

图 7-1-6 科技人才合理有序流动机制政策发展过程

（二）当前进展

促进科技人才双向流动机制。一是灵活运用编制配额，建立持久良性的"旋转门"机制，推动优秀科研人员到党政机关、事业单位、国有企业等机构任职。二是鼓励党政机关、国有企事业单位人才向非公有制经济组织和社会组织流动。三是允许高校和科研院所通过设置创新型岗位和流动性岗位，引进优秀人才从事创新活动。

破除科技人才跨区域跨体制流动的制度性障碍。一是完善与科技人才跨区域流动相关的社保制度，落实机关事业单位与企业之间社会保险关系转移接续办法。二是放宽落户政策。积极推动放宽大城市落户限制，建立健全超大城市、特大城市积分落户制度，全面放开建制镇和小城市落户限制，简化优化落户审批流程。三是各级人民政府和企业事业单位应当保障科学技术人员接受继续教育的权利，并为科学技术人员的合理、畅通、有序流动创造环境和条件，发挥其专长。

规范区域和重点领域科技人才流动秩序。一是限制部分高层次科技人才流动。国家科技人才计划入选者和重大科研项目负责人，聘期内或项目执行期内原则上不得变更工作单位；西部地区因政策倾斜获得人才计划支持的科研人员，在支持期内离开相关岗位，会被取消相应支持。二是加大重点领域人才调配力度。对从事涉及国家安全或掌握国家核心技术的人才，以及承担国家重点项目、重大工程的人才，建立国家重点领域人才库，并实行动态管理机制。三是完善流动人员人事档案管理，加快档案管理服务信息化建设。

六、科研人员离岗创业、兼职兼薪机制

引导科研人员离岗创业、兼职兼薪，有助于发挥事业单位在科技创新和大众创业中的示范引导作用，激发高校、科研院所等事业单位专业技术人员科技创新活力和工作创业热情，促进人才在事业单位和企业间合理流动，营造出有利于创新创业的政策和制度环境。

（一）政策发展过程及特点

我国引导科研人员离岗创业、兼职兼薪政策发展过程主要体现为（图7-1-7）：一是科研人员岗位和人事制度改革，以《国务院关于进一步做好新形势下就业创业工作的意见》（国发〔2015〕23号）、《关于实行以增加知识价值为导向分配政

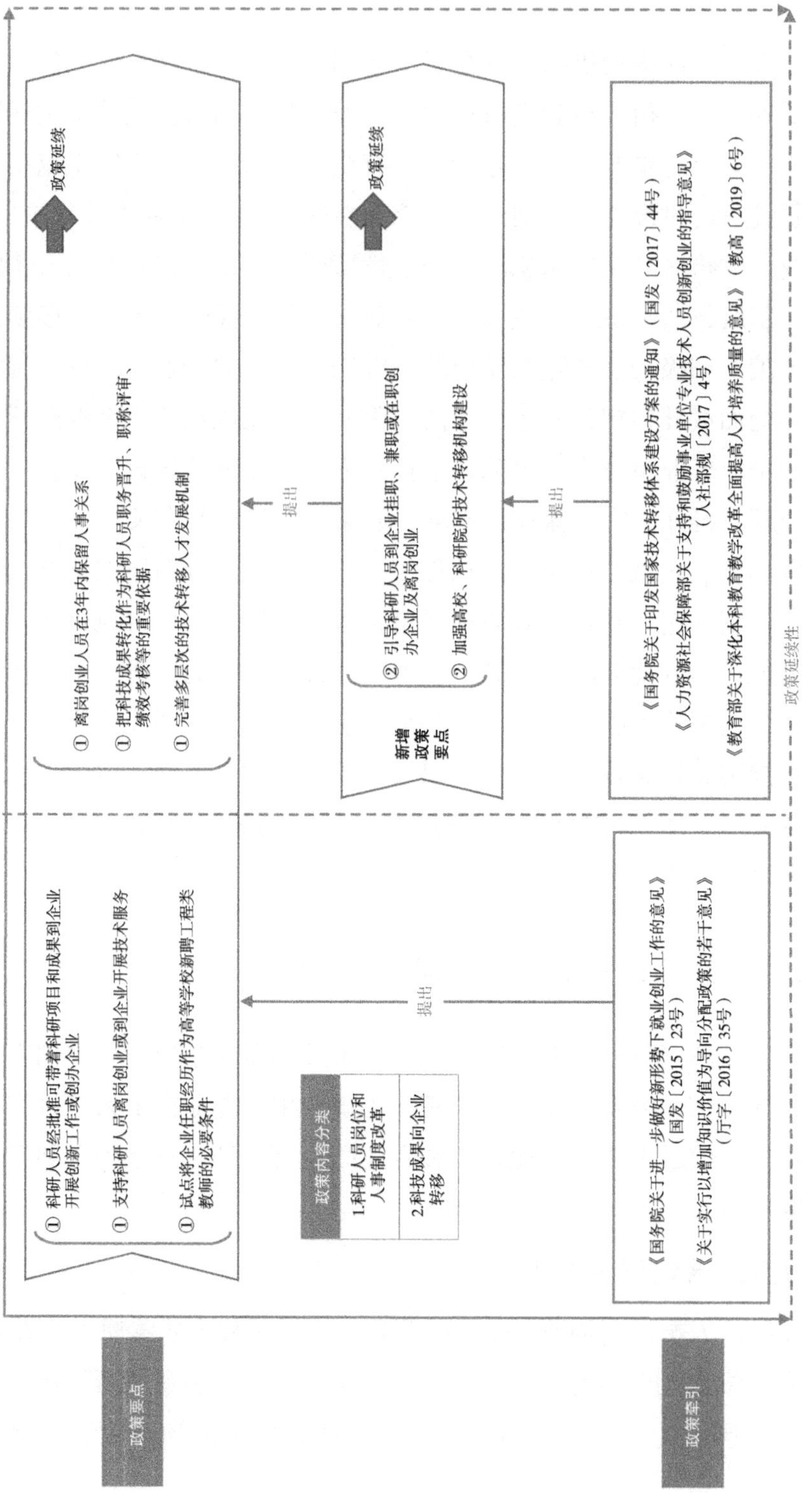

图 7-1-7 科研人员离岗创业、兼职兼薪政策发展过程

策的若干意见》（厅字〔2016〕35号）为指导，强调支持和鼓励科研人员离岗创新创业，加强科研人员岗位职责和考核、工资待遇等各方面的保障。二是完善离岗创业和兼职兼薪的保障制度，以《人力资源社会保障部关于支持和鼓励事业单位专业技术人员创新创业的指导意见》（人社部规〔2017〕4号）、《国务院关于印发国家技术转移体系建设方案的通知》（国发〔2017〕44号）为指导，强调细化落实科研人员离岗创业和兼职兼薪相关的人事制度，并强调促进科技成果转化。

本部分的政策发展过程呈现以下特点：一是通过岗位制度改革打通体制内外人才的双向流动通道，以人事制度改革引导科技人才向企业集聚。二是引导科研人员带着科研项目和成果离岗创办科技型企业或者到企业开展创新工作，推动科技成果向现实生产力转化。

（二）当前进展

岗位制度改革。一是允许高校设置一定比例流动岗、创新岗，吸引企业家和企业科技人才兼职，并在工资发放、岗位设置和机构比例等方面增强保障。二是离岗创业人员在3年内保留人事关系，返回原单位时如无相应岗位空缺，可暂时突破岗位总量聘用，并逐步消化。三是建立持久良性的"旋转门"机制，促进优秀科研人员到党政机关、事业单位、国有企业等机构任职。

人事制度改革。一是科研人员可以到企业和其他科研机构、高校、社会组织等兼职并取得合法报酬。支持科研人员离岗创业或到企业开展技术服务，试点将企业任职经历作为高等学校新聘工程类教师的必要条件。二是高校、科研院所的离岗创业人员与原单位其他在岗人员享有同等参加职称评聘、岗位等级晋升和社会保险等方面的权利。

科技成果向现实生产力转化。一是引导科研人员通过到企业挂职、兼职或在职创办企业及离岗创业等多种形式，推动科技成果向中小微企业转移。二是鼓励高校和院所科研人员到企业兼职兼薪，或带着科技成果离岗创业。三是引导高校建立兼职教师资源库。高校教师经所在单位批准，可开展多点教学。

七、引导科技人才服务艰苦边远地区和基层一线

解决艰苦边远地区和基层一线人才匮乏问题是促进区域协调发展、打赢脱贫攻坚战、决胜全面建成小康社会、基本实现社会主义现代化的目标要求。

（一）政策发展过程及特点

从时间维度来看，我国有关引导科技人才服务艰苦边远地区和基层一线政策发展过程如下（图7-1-8）：一是引导科技计划和人才工程向艰苦边远地区倾斜，以《科技部 中组部 财政部 人力资源社会保障部 国务院扶贫办关于印发〈边远贫困地区、边疆民族地区和革命老区人才支持计划科技人员专项计划实施方案〉的通知》（国科发农〔2014〕105号）为指导，强调突出重大人才项目政策导向作用，引导人才向艰苦边远地区和基层一线流动，促进人才规模、质量和结构与基层经济社会发展相适应、相协调。二是鼓励科技人才到基层创新创业，以《人力资源和社会保障部关于加强基层专业技术人才队伍建设的意见》（人社部发〔2016〕57号）为指导，强调提高基层科技人才收入待遇、保障与支持，加快推进培养、使用、评价、流动、激励保障等体制机制改革和政策创新，最大限度激发基层人才创新创业活力，让人才价值得到充分尊重和实现。三是加紧培养专业技术人才，以《人力资源社会保障部关于充分发挥市场作用促进人才顺畅有序流动的意见》（人社部发〔2019〕7号）为指导，强调创新基层专业技术人才培养模式，健全基层专业技术人才继续教育制度。

在对政策进行系统梳理后发现，本部分政策发展呈现以下3个特点：一是科技计划和人才工程向艰苦边远地区倾斜，通过设立专项计划、加大支持力度等方式对中西部地区进行定向支持。二是提高基层一线收入待遇与保障，加大基层一线岗位和职称晋升政策倾斜，加强基层人才创业支持。三是建设基层服务基地和平台，培养造就一支具有一定规模、符合基层需要、立足基层发展的专业技术人才队伍。

（二）当前进展

积极引导各类人才向基层一线流动。一是实施好艰苦边远地区和基层一线人才支持项目，健全人才帮扶协作机制，重点围绕产业优势和民生项目加大人才支持力度，进一步吸引和补充当地经济社会发展急需紧缺人才。二是在脱贫攻坚中做出突出贡献的专家，同等条件下优先纳入地方人才选拔培养项目。三是在享受国务院政府特殊津贴专家选拔、国家百千万人才工程选拔培训等项目中，向服务贫困地区的专家倾斜。四是引导城市人才入乡发展，建立科研人员入乡兼职兼薪和离岗创业制度，为乡村建设行动提供技术支撑。

加大基层科技人才激励力度。一是提高基层一线收入待遇与保障，健全鼓励人

第七章 科技人才使用与集聚政策

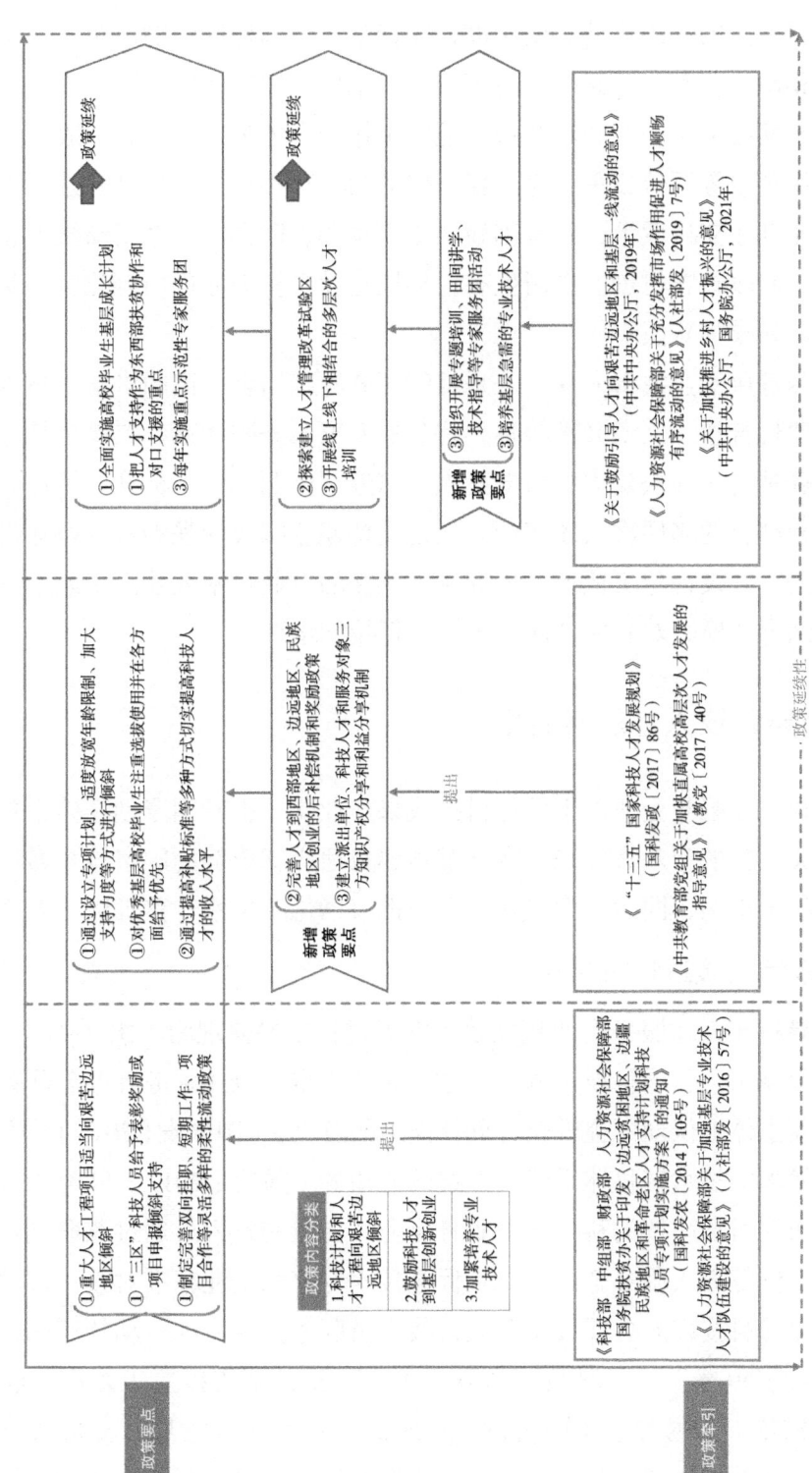

图 7-1-8 引导科技人才服务艰苦边远地区和基层一线政策发展过程

才向艰苦地区和基层一线流动激励制度，完善艰苦边远地区津贴政策。二是落实基层一线岗位和职称晋升政策倾斜，适当放宽在基层一线工作的专业技术人才职称评审条件，对长期在基层一线和艰苦边远地区工作的人才加大爱岗敬业表现、实际工作业绩、工作年限等评价权重，完善新时代劳动模范和先进工作者评选办法。三是健全基层人才创业支持政策，对贫困地区专家领办、联办、协办高新技术企业给予重点扶持，不断改善农村创业创新生态，加快建设农村创业创新孵化实训基地，组建农村创业创新导师队伍。

积极培养基层专业技术人才。一是组织开展专题培训、田间讲学、技术指导、决策咨询、项目合作、义演义诊等各具特色的专家服务团活动。二是依托全国电子商务公共服务平台，加快建立农村电商人才培养载体及师资、标准、认证体系，开展线上线下相结合的多层次人才培训。三是支持职业院校加强涉农专业建设，开发技术研发平台，开设特色工艺班，培养基层急需的专业技术人才。采取学制教育和专业培训相结合的模式对农村"两后生"进行技能培训。

八、引导科技人才服务企业

引导科技人才服务企业对于促进科技成果产业化、提升国家创新体系整体效能具有重要意义。党的十八大以来，我国基本建成适应新形势的国家技术转移体系及互联互通的技术市场，同时，发展壮大了一批市场化的技术转移机构与人才队伍。

（一）政策发展过程及特点

我国引导科技人才服务企业相关政策发展过程主要体现为（图7-1-9）：一是面向企业实际需求，引导科技资源与人才向企业集聚，以《国务院办公厅关于强化企业技术创新主体地位全面提升企业创新能力的意见》（国办发〔2013〕8号）、《国务院关于印发国家技术转移体系建设方案的通知》（国发〔2017〕44号）为指导，强调引导科研院所、高校的科技人员服务企业，支持科技人员通过兼职创新、长期派驻、短期合作等方式服务企业。二是促进技术专家和企业精准对接，推动产学研深度融合，以《科技部办公厅关于开展科技人员服务企业专项行动的通知》（国科办函智〔2020〕59号）、《科技部印发〈关于科技创新支撑复工复产和经济平稳运行的若干措施〉的通知》（国科发区〔2020〕67号）为指导，支持科研院所和高校面向企业选派"科技专员"，强调打通企业技术需求与科技人才的对接通道，

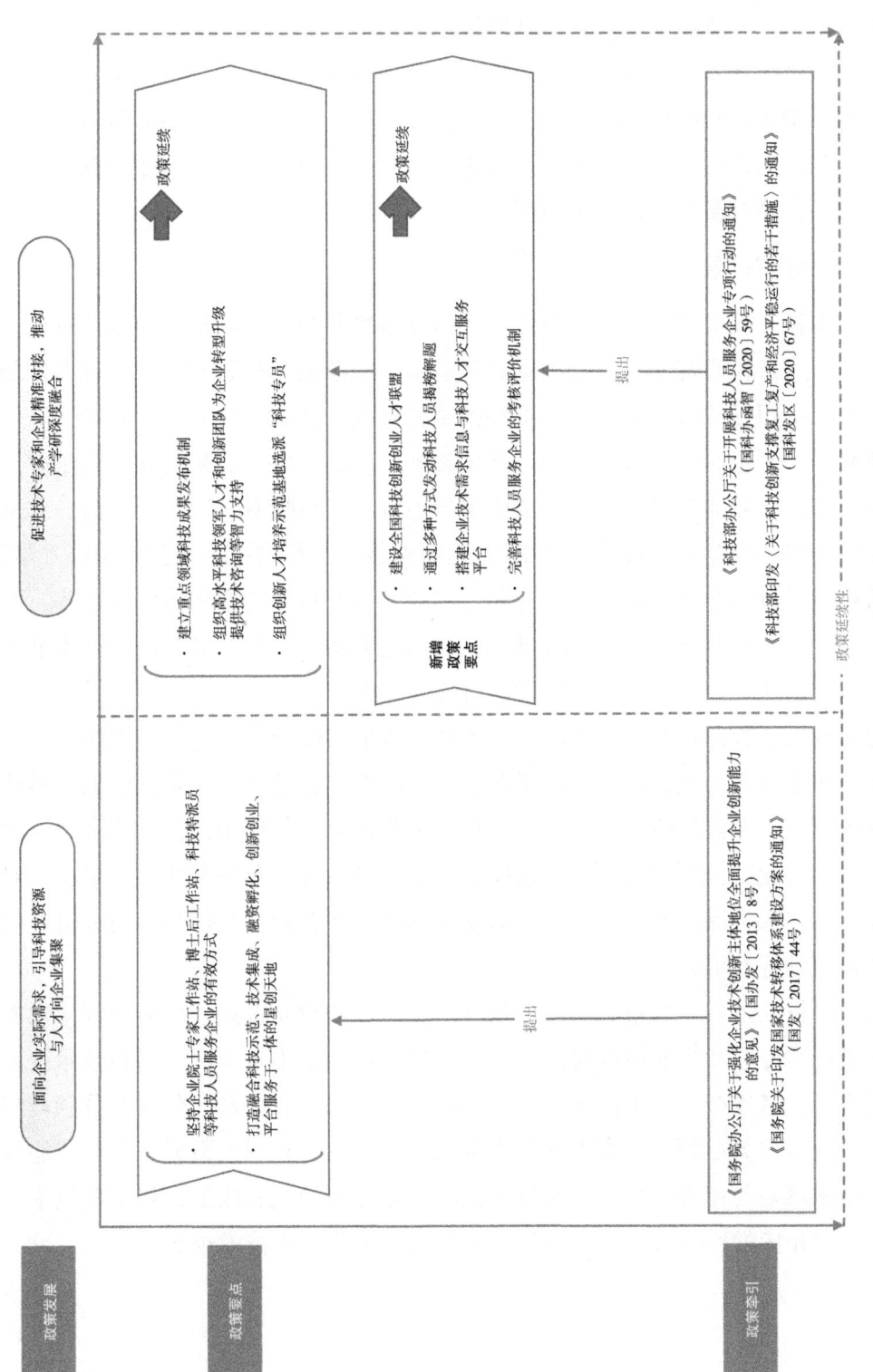

图 7-1-9 引导科技人才服务企业政策发展过程

做好科技人才与企业技术需求的精准对接。

根据系统梳理发现，我国引导科技人才服务企业政策发展呈现以下几个特点：一是支持科研院所和高校面向企业选派"科技专员"，到企业开展科技咨询、成果转化等服务。二是进一步促进人才、技术、资金、政策、管理等与企业深度对接，开发新产品，培育新产业，创造新需求。

（二）当前进展

采取多种方式推动人才服务企业。一是支持科研院所和高校面向企业选派"科技专员"。支持科研院所、高校根据企业需求，积极选派科研能力强、拥有创新成果的科技人员担任"科技专员"，推动国家科技人才计划入选人才及科研团队等率先服务企业，到企业开展科技咨询、技术诊断、产品开发、成果转化、科学普及等服务。在中央引导地方科技发展资金中引导地方对"科技专员"给予支持。二是探索建立服务中小企业的科技特派员制度，选派科技人员帮助中小企业解决技术难题。支持科技特派员创办、领办、协办专业合作社、专业技术协会和涉农企业等，围绕农业全产业链开展服务。三是通过举办创新创业大赛、项目路演、高新技术展示、政策宣讲、创业辅导培训等活动，发动科技人员揭榜解题。

为科技人员服务企业提供保障。一是结合本地实际，加强科技资源统筹，支持科技人员服务企业的项目研发、成果转化、技术咨询服务等。二是探索拓宽科技创新券支持范围，允许科研院所、高校科技人员个人申领与使用，促进服务企业的科技成果转移转化工作顺利展开。三是完善科技人员服务企业的考核评价机制。对服务企业的科技人员保留原单位岗位、编制等，将服务企业情况作为科技人员业绩评价、考核奖励等的重要内容。

做好科技人才与企业技术需求的精准对接。一是建立重点领域科技成果发布机制，促进技术专家和企业精准对接。二是依托科技型中小企业库、高新技术企业信息数据库等，搭建企业技术需求信息与科技人才交互服务平台，分行业分领域实时征集企业技术攻关难题，挖掘凝练技术需求清单。三是利用大数据、人工智能等开展企业技术难题与相关科技人才和创新团队专业方向的关联匹配，将企业技术需求清单推送给相应的科技人才，引导科技人员帮助企业解决技术难题。

第二节 政策落实成效

科技人才的使用与集聚是为创新型国家建设提供强大科技人才队伍的重要基础与核心内容之一，其相关的政策环境对"科技人才的合理使用"及"发挥人才聚集的规模效应"起决定性作用。"十三五"以来，有关部门、地方、行业围绕国家经济社会发展需求，系统推进科技计划管理改革，优化科研项目组织实施方式，深入实施重大人才工程，在组织动员各类科技人才开展科技创新创业活动、服务国家科技创新事业、推动区域及行业发展等方面取得了众多积极成效。政策亮点主要有：一是建立面向国家目标导向和行业关键核心技术攻关的新型举国体制。二是创新基础研究组织形式，积极探索众包众筹、集群思、汇众智的众创研究模式。三是以人为本，深化科技计划管理改革。四是创新柔性引才方式，支持通过规划咨询、项目合作、成果转化等方式实现人才智力资源共享。我国科技人才使用与集聚涉及的8个方面的政策已取得了较显著的成效，结合科技人才政策落实情况调查结果，具体政策成效分析如下。

一、新型举国体制与重大关键技术核心攻关机制逐步形成

新型举国体制与重大关键技术核心攻关是牢牢掌握创新主动权和发展主动权、实现科技自立自强的现实需要。当前，我国新型举国体制与重大关键技术核心攻关机制政策进行初步探索。

探索新型项目组织方式。一是对具有明确国家目标、技术路线清晰、组织程度较高、优势承担单位集中的重大科技项目采取定向择优或定向委托方式。科技人才政策落实情况调查报告结果显示，31.9%的科技人才认为该政策含金量最高，并且有16.2%的人认为该政策已在本单位进行了有效落实。二是面对突破"卡脖子"瓶颈的迫切需求，通过"企业出榜、全球揭榜""需求张榜、在线揭榜""任务定榜、挂帅揭榜"等项目组织方式实行重大关键技术核心攻关。三是产业化目标明确的重大科技项目由有条件的企业牵头。2019年，安徽省科技重大专项项目启动申报实施，省在市（县）先行投入的基础上对由企业牵头承担的项目予以资助，项目总投入中企业投入不低于60%，省和市（县）分别按20%给予资助。重大科技成果工程化研发项目，按照300万元/项予以支持（由企业牵头申报）；重大"卡脖子"技术

攻关项目，按照最高 1000 万元 / 项予以支持①。

二、前沿基础研究组织实施机制稳步推进

当前，我国前沿基础研究组织实施机制政策在组织实施重大基础研究任务、完善支持基础研究的政策体系、强化对基础研究的长期稳定支持、加强基础研究科研基地建设方面取得了一定成效。

组织实施重大基础研究任务。近年来，在党中央的坚强领导下，在全国科技界和社会各界的共同努力下，我国成功组织了一批重大基础研究任务。"嫦娥五号"实现地外天体采样返回，"天问一号"开启火星探测，"怀柔一号"引力波暴高能电磁对应体全天监测器卫星成功发射，"慧眼号"直接测量到迄今宇宙最强磁场，500 米口径球面射电望远镜首次发现毫秒脉冲星，新一代"人造太阳"首次放电，"雪龙 2"号首航南极，76 个光子的量子计算原型机"九章"、62 比特可编程超导量子计算原型机"祖冲之号"成功问世。

完善支持基础研究的政策体系。一是加强统筹布局和重点支持。"十三五"期间，通过实施重大科学计划和国际科技合作计划、支持"非共识"创新研究等方式，我国在物质科学、量子科学、纳米科学、生命科学等基础研究方面都取得了一批重大原创成果。二是推进科学基金深化改革。2021 年，为扎实推动科学基金资助布局改革，自然科学基金委将现有的 9 个科学部整合为"基础科学、技术科学、生命与医学、交叉融合"4 个板块②。基础科学板块主要由数学、力学、天文、物理、化学、地学等组成，技术科学板块主要由信息、工程、材料等组成，生命与医学板块主要由生物学、医学、农业科学等组成，交叉融合板块主要由交叉、管理等组成。

强化对基础研究的长期稳定支持。我国基础研究投入从 2015 年的 716 亿元增长到 2019 年的 1335.6 亿元，年均增幅达到 16.9%，高于全社会研发投入的增幅。2020 年，我国基础研究经费占全社会研发总经费的比重首次超过 6%，"十三五"

---

① 安徽省科学技术厅. 关于组织申报 2019 年省科技重大专项项目的通知 [EB/OL]. （2019-08-16）[2022-08-20]. http://kjt.ah.gov.cn/kjzx/ztzl/kjjhxmjz/109232921.html.

② 坚持四个面向　深化科学基金改革——国家自然科学基金委员会八届四次全委会在京召开 [EB/OL]. （2021-03-24）[2022-08-20]. https://www.nsfc.gov.cn/publish/portal0/tab440/info80716.htm.

期间，中央财政对基础研究经费投入增长了1倍[①]。2021年的政府工作报告提出，基础研究是科技创新的源头，要健全稳定支持机制，大幅增加投入，中央本级基础研究支出增长10.6%[②]。中共中央政治局2022年4月29日召开会议审议《国家"十四五"期间人才发展规划》，强调要把人才培养的着力点放在基础研究人才的支持培养上，为他们提供长期稳定的支持和保障。

加快基础研究科研基地建设。我国部署建设了一批国家重大科技基础设施，建设了500米口径球面射电望远镜、散裂中子源等一批"国之重器"，支持建设了20个国家科学数据中心、31个国家生物种质和实验材料资源库、98个国家野外科学观测研究站，推动科研设施和仪器开放共享。4000余家单位、10.1万余套大型科学仪器和80多个重大科研基础设施纳入了开放共享的网络[③]。

三、科技计划管理改革持续深化

当前，我国科技计划管理改革政策在国家重点研发计划支持人才队伍建设、科技计划松绑减负及经费使用灵活化等方面均取得了丰硕成果。

国家重点研发计划支持人才队伍建设。推进国家重点研发计划。一是立足于国家重大战略需求，大力推进国家重点研发计划的立项与实施。国家重点研发计划整合了原来的国家重点基础研究发展计划（973计划）、国家高技术研究发展计划（863计划）、国家科技支撑计划等科研专项，以提升国家整体自主创新能力，解决面向国家安全的重大战略性、基础性、前瞻性科学问题为目标，为国民经济和社会发展主要领域提供持续性的支撑和引领。截至2021年5月，已批准实施的国家重点研发计划"十三五"重点专项有69个，总立项项目达3500多项，中央财政经费投入近760亿元，项目牵头申报单位基本覆盖全国所有省、自治区和直辖市。二是以实施国家重点研发计划为契机，培养大批高端科技人才和青年拔尖人才。例如，2016—2019年"量子调控与量子信息"重点专项共支持青年科学家项目31项；"蛋

[①] 岳靓.五年来基础研究经费增长近一倍！科技部：加大对冷门学科的长期稳定支持[N].科技日报，2020-10-24.

[②] 2021年政府工作报告[EB/OL].（2021-03-05）[2022-08-20].http://www.gov.cn/zhuanti/2021lhzfgzbg/index.htm.

[③] 勇闯创新"无人区"我国基础研究世界级成果"多点开花"[EB/OL].（2020-10-21）[2022-08-20]. http://www.gov.cn/xinwen/2020-10/21/content_5553102.htm.

白质机器与生命过程调控"重点专项 2016—2019 年共资助青年科学家项目 25 项；"纳米科技"重点专项 2016—2019 年共设立青年项目 26 项[1]。国家重点研发计划实施以来，通过系统部署和长期支持，支持了一大批优秀科研团队，培养了一批高端科技人才和青年拔尖人才。

科技计划松绑减负及项目经费使用灵活化。上海在国内率先试点经费"包干制"，在基础研究领域选择科研管理规范、科研成效显著、科研信用较好的高校、科研院所和医院的多个项目开展"包干制"试点，使科研人员经费使用更加灵活。浙江省在省自然科学基金重大项目、省杰出青年科学基金项目中全面推行"负面清单 + 包干制"改革，在项目实施、资金使用、项目管理方面给予科研单位更多自主权，赋予科学家更大技术路线决定权和经费使用权。问卷调查结果显示，29.5% 的科技人才认为"包干制"政策含金量最高，并且有 11.6% 的人认为该政策已在本单位进行了有效落实。

四、各类科技人才使用机制不断完善

本部分政策在培养科技领军人才和创新团队建设、多措并举加强青年人才培养、外国专家引入服务等方面均取得较好成效。

培养科技领军人才和创新团队建设。习近平总书记在 2021 年中央人才工作会议上强调，要打造大批一流科技领军人才和创新团队，发挥国家实验室、国家科研机构、高水平研究型大学、科技领军企业的国家队作用，围绕国家重点领域、重点产业，组织产学研协同攻关。近年来，多个地区均开展了以培养领军科技人才为目的的专项行动。例如，2021 年，辽宁组织实施"带土移植"科技人才专项行动，以招商引资的方式进行招才引智，吸引一批科技领军人才带团队、带技术、带项目来辽创新创业，解决辽宁科技创新对人才的需求问题[2]。2010—2018 年，广西启动国家现代农业产业技术体系广西创新团队建设工作，先后启动了 19 个创新团队建设。目前，团队专家总数达 1539 名。创新团队成立以来，共育成新品种（组合、

---

[1] "十四五"国家重点研发计划开启 52 个重点专项指南征求意见 [EB/OL].（2021-05-31）[2022-08-20]. http://www.gov.cn/xinwen/2021-05/31/content_5614060.htm.

[2] 辽宁省科技厅. 辽宁省科技厅党组成员、副厅长王学来讲话 [EB/OL].（2021-03-16）[2022-08-20]. http://www.ln.gov.cn/spzb/lnssmjxy_148876/wuranfont/index.html.

品系)超过 530 个，获得科技成果奖 141 个，其中国家级奖项 3 个、省部级奖项 75 个[①]。

多措并举加强青年人才培养。一是国家重点研发计划向青年科技人才倾斜。我国各地区、各单位通过多种途径优化青年科技人才成长环境，促进青年科技人才全面发展。国家重点研发计划通过设立青年项目促进青年科研人才培养，从整个重点研发计划实施情况看，参研人员中 45 岁以下的科研人员占比 80% 以上，中青年科研人员挑大梁的局面已经形成。同时，国家重点研发计划在纳米科技、合成生物学、量子调控与量子信息、干细胞及转化研究等基础前沿类重点专项中专门设立青年科学家项目，支持 35 岁以下青年科学家承担国家科研任务，不受研究内容和考核指标限制。2021 年召开的中央人才工作会议也进一步强调"要造就规模宏大的青年科技人才队伍，把培育国家战略人才力量的政策重心放在青年科技人才上，支持青年人才挑大梁、当主角"。二是加大基础前沿领域青年科技人才的支持力度。2019 年，在"前沿科学重点研究计划"的基础上，组织实施"基础前沿科学研究计划"科研项目，重点支持"从 0 到 1"的原始创新项目，侧重于支持 40 岁以下的优秀青年科学家和优秀博士毕业生。

五、促进科技人才实现合理有序流动

积极探索柔性引才，促进区域人才流动。为了打破体制机制障碍、公共服务分割、人才信息壁垒等问题带来的人才流动障碍，降低人才流动的制度性成本，各地结合区域发展战略，积极探索柔性引才机制，以市场机制为主要配置资源方式，提升人才资源的配置效率和发展绩效。2020 年 1 月，《浙江省推进长江三角洲区域一体化发展行动方案》支持民营企业在上海等地设立"飞地孵化器"，柔性引进高端创新人才。同年 4 月，江苏省发布了《长三角一体化江苏实施方案》，提出实行人才评价标准互认制度，制定相对统一的人才流动、创业等政策，推动人才资源互认共享，完善人才柔性流动机制。这些举措有助于积极消除人才流动障碍，打破户籍、身份、档案、人事关系等刚性制约，实现智力资源合理流动。

---

① 陈静. 科技创新成为广西农业强大引擎 [N]. 广西日报, 2017-03-21.

六、科研人员离岗创业、兼职兼薪政策不断完善

在落实科研人员离岗创业、兼职兼薪相关政策过程中,各地在积极落实支持科研人员创新创业、改革人才薪酬激励政策及开展科技人才创业培训辅导等方面取得较好成效。

支持科研人员创新创业。鼓励事业单位专业技术人员离岗创业,3年内保留其人事关系,创办科技类企业还有机会获得最高1000万元的资金支持。2018年,山东省出台了《中共山东省委组织部 山东省人力资源和社会保障厅 山东省财政厅 山东省科技厅 山东省教育厅关于支持和鼓励事业单位专业技术人员创新创业的实施意见》(鲁人社规〔2018〕1号),截至2019年6月底,山东省共有1735名事业单位专业技术人员以不同形式开展创新创业工作①。2022年,上海市科学技术委员会等九部门发布的《关于印发〈关于支持上海长三角技术创新研究院建设和发展的若干政策措施〉的通知》(沪科规〔2022〕3号)支持上海长三角技术创新研究院引进、培育高水平创新创业人才,享受相关人才政策;对在上海长三角技术创新研究院及其研发载体工作的人才,积极落实国家及上海市相关人才税收优惠政策。

七、积极引导科技人才服务艰苦边远地区和基层一线

在落实本领域相关政策时,我国在开展人才扶贫行动、推行科技特派员制度、培养基层科技人才等方面取得较好成效。

深入开展人才扶贫行动。党的十八大以来,科技部、人力资源社会保障部等部门积极实施科技扶贫行动、专家人才服务基层行动等,动员全社会科技力量汇聚脱贫攻坚主战场。2019年3月,《人力资源社会保障部办公厅关于动员组织各类专家助力脱贫攻坚活动的通知》(人社厅函〔2019〕69号)提出,每年组织实施不少于60个重点示范性专家服务团,组织2000名左右专家赴贫困地区助力脱贫攻坚,并给予示范性服务团专项经费支持。2016年以来,通过"四川科技扶贫在线"平台,四川科技扶贫共投入财政资金5.97亿元,组织实施省级科技扶贫项目1295项,建

---

① 省政府新闻办举行新闻发布会,解读《山东省科技型企业梯次培育三年行动计划(2019—2021)》[EB/OL].(2019-11-06)[2022-08-20].http://www.shandong.gov.cn/art/2019/11/6/art_98258_319903.html.

设科技扶贫产业示范基地 171 个[①]。

大力推行科技特派员制度。一是加速科技成果在农村基层的转移转化。科技特派员把技术、信息等创新要素注入农村基层，为科技和"三农"有效结合提供了重要载体。二是有力推动科技扶贫精准脱贫。20 年来，广大科技特派员深入农村一线，与全国 80% 的建档立卡贫困村建立结对关系，覆盖了"三区三州"各深度贫困县[②]，在特色种养、农产品精深加工、乡村文旅等方面培育了一大批乡村产业，有效带动了农民增收致富。三是为农村基层输送大批科技人才。通过政府选派技术骨干等多种方式，强化了科研院所、高校和各类科技服务机构与农业的连接，畅通了科研人员深入基层一线的"毛细血管"，构建了一支稳定服务"三农"的科技人才队伍。2022 年 7 月，《国家发展改革委关于印发"十四五"新型城镇化实施方案的通知》（发改规划〔2022〕960 号）提出，要深入推行科技特派员制度，推动规划设计师、建筑师、工程师"三师入乡"，建立科研人员入乡兼职兼薪和离岗创业制度，为乡村建设行动提供技术支撑。

八、大力引导科技人才服务企业

本部分政策在具体实施时，在选派科技专员及举办创新创业大赛等方面取得较好成效。

支持科研院所和高校面向企业选派科技专员。一是创新服务企业组织形式。通过现场交流、专家会诊、在线直播等方式为企业开展科技资源对接、技术咨询诊断、专题辅导等服务提供支持。二是各地方结合实际大力推动科技人员服务企业科技创新。广东省按照"企业为主体，市场主导，政府引导"的工作思路，在全国率先探索"以企业技术需求为导向"的企业科技特派员"精准特派"新模式，采用"揭榜制"破解企业科技特派员任务不明确、对接不精准、积极性不高等难题，采取健全工作机制、给予省级科研项目立项等办法实现企业精准发布技术需求、全球精准招募创新人才、供需双方精准匹配、入驻企业精准解决问题、精准达到企业预期效果，

---

① 2016 年以来，四川科技扶贫共投入财政资金 5.97 亿元 [EB/OL].（2020-05-13）[2022-08-20]. https://www.sc.gov.cn/10462/10464/10465/10574/2020/5/13/77c9c56f2bf549d5829d7754fe620b17.shtml.
② 沈慧. 中国科技特派员制度推行 20 年 直接服务 6500 万农民 [N]. 经济日报，2019-11-19.

吸引全球优秀科技人才为广东企业创新发展服务，推动技术研发国内大循环①。

举办创新创业大赛吸引培养人才。中国创新创业大赛由科技部、财政部、教育部等部门共同举办，科技部火炬中心等单位承办。大赛采用"政府引导、公益支持、市场机制"的模式，自2012年首次举办以来，已成为国内规模最大、规格最高的双创赛事，超过20万家企业和团队参赛，覆盖全国所有省、自治区、直辖市。中国创新创业大赛已成为各级政府推动大众创新创业的一项有力措施。中央财政2016年以来通过以奖代补形式支持超过2000家参赛企业，带动地方投入超50亿元，引导社会资本投资额数百亿元②。

第三节　政策发展主要方向

中央人才工作会议对深化科技人才使用提出了新要求，要求建立以信任为基础的人才使用机制，完善人才管理制度，深化科研经费管理改革，加快建设世界重要人才中心和创新高地。贯彻落实党的二十大提出的"健全新型举国体制""集聚力量进行原创性引领性科技攻关，坚决打赢关键核心技术攻坚战"等要求，需要创新科技人才组织动员机制。针对现阶段科技人才使用与集聚等政策落实中存在的基础研究投入不足、青年科技人才支持力度不够、科研经费支配受限、科技人才流动困难等问题，未来科技人才使用与集聚政策将重点关注以下几个方面。

一是促进人才、项目、基地的有机结合，建立有效的协同联动机制和实施路径。推动人才工程项目与各类科研、基地计划相衔接。鼓励国家实验室、国家重点实验室、前沿科学中心、集成攻关大平台和协同创新中心等吸纳学生参与项目研究，探索建立结合重大科研任务进行人才培养的机制。深入推进科技体制改革，完善国家科技治理体系，优化国家科技计划体系和运行机制，推动重点领域项目、基地、人才、资金一体化配置。

二是创新科技人才合理流动机制，优化高层次人才流动管理。创新柔性引才方式，支持通过规划咨询、项目合作、成果转化、联合研发、技术引进、人才培养等

---

① 廖晓东. 从广东实践看"揭榜挂帅、赛马比才"模式 [J]. 科技中国，2021（9）：15-19.
② 中国创新创业大赛引导社会资本投入数百亿元 [EB/OL].（2020-10-18）[2022-08-20]. http://www.gov.cn/xinwen/2020-10/18/content_5552133.htm.

方式实现人才智力资源共享。关注具有核心技术或承担国家重大工程项目的技术人才，探索建立国家重点领域人才信息库，完善高层次人才动态管理工作机制。清除高层次科技人才进入科研事业单位时在户口、编制等方面的障碍。推动超大、特大城市调整完善积分落户政策，探索推动在长三角、珠三角等城市群率先实现户籍准入年限同城化累计互认。

三是探索以需求为导向的人才使用机制，推动产学研深度融合。促进企业科技人才参与科技计划项目立项和组织实施，建立便捷有效的通道。突出企业技术创新需求导向，通过搭建信息平台、发掘关联匹配等方式建立有效的对接渠道，引导科技人才科研选题与企业技术创新需求相结合。进一步提升实验技术人才和工程技术人才的地位与作用，完善实验、工程技术人才职称评价标准。

四是建立政策落实的督导机制，改革重大科技项目立项和组织管理方式，给予科研单位和科研人员更大自主权。要赋予科学家更大技术路线决定权、更大经费支配权、更大资源调度权，同时要建立健全责任制和军令状制度，确保科研项目取得成效。要优化领军人才发现机制和项目团队遴选机制，对领军人才实行人才梯队配套、科研条件配套、管理机制配套的特殊政策。促进青年科技人才脱颖而出，要把培育国家战略人才力量的政策重心放在青年科技人才上，为青年科技人才发挥作用搭建平台和创造条件，支持青年人才挑大梁、当主角。

第八章

科技人才激励与引导政策

完善科技人才激励与引导机制是党和国家激励自主创新、激发人才活力、营造良好创新环境的一项重要举措，对促进科技支撑引领经济社会发展、加快建设创新型国家和世界科技强国具有重要意义。近年来，我国通过优化工资收入结构、加大科技计划项目经费支持、提高科技成果转化收益、加大科技奖励力度等多种方式，不断加大对科技人才的激励，科技人才的创新创造活力和获得感有了明显提升。

第一节 政策发展过程和进展

加大科技人才激励是增强科技人才获得感、充分释放人才活力的重要途径。科技队伍蕴藏着巨大创新潜能，人才激励与引导政策的目标是激发科技人才的创新活力，释放创新潜能。政府和用人单位等激励主体将法律、条例、措施、办法等政策应用于激励客体，通过建立合理的激励机制，从物质激励和精神激励两个方面充分调动科研人员的主动性、能动性和激发工作热情，从而能最大限度地为解决国家需求和问题发挥作用。在激励理论方面，国内外有很多学者系统地研究了薪酬、绩效、荣誉奖励等因素对科技人才激励和成长的影响，从心理需求和动机分析等多种角度提出了需求层次理论、双因素理论和期望理论等。在实践中，科研人员的诉求主要集中在生活保障、获得尊重和认可、给予信任、自主权及松绑减负等方面。

当前，我国科技人才激励与引导政策共涵盖八大类（图8-1-1）：一是完善薪酬激励制度，包括建立工资稳定增长机制、加大绩效工资激励力度、鼓励多种薪酬模式等。二是加大科研经费激励，包括提高间接费用比例、加大科研经费稳定支持力度、列支科研辅助支撑人员费用等。三是科技成果三权下放，包括收益权下放、使用权和处置权下放、简化审批程序等。四是提高科技成果转化收益，包括提高成果转让收益比例、税收优惠、提高股权奖励等。五是知识产权保护和专利评估，包括创新人才维权援助机制、完善产权保护制度、专利申请前评估制度等。六是科技成果转化服务，包括创新促进成果转化机制、建设创新成果转化基地、培育技术转移人才队伍等。七是科技荣誉奖励，包括完善人才评选表彰制度、建立国家荣誉制度、鼓励社会力量设立科技奖项等。八是约束机制，包括强化制度约束、加强对领导人员监管等。

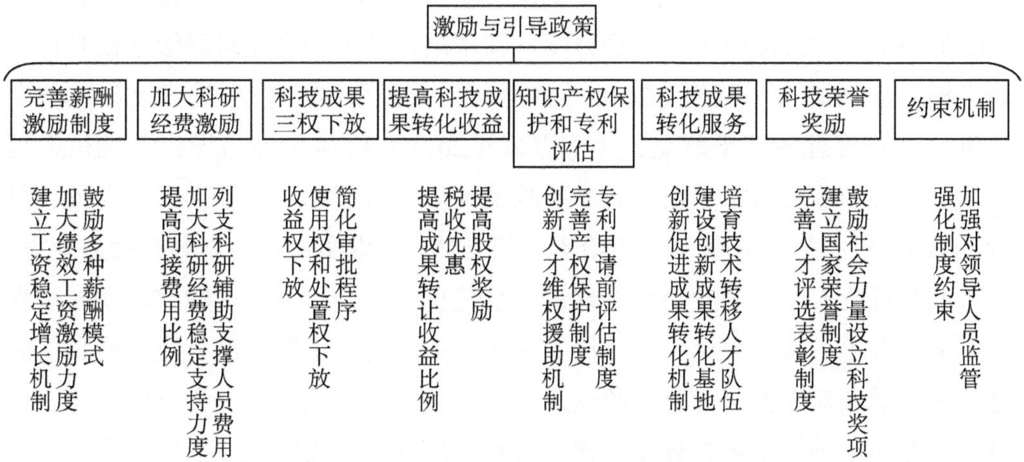

图 8-1-1 科技人才激励与引导政策框架

一、完善薪酬激励制度

薪酬收入对于科技人才来说是最直接、最有效的激励方式。构建合理的工资结构，有利于吸引和保留高素质人才。近两年，人力资源社会保障部、财政部、科技部等部门积极推动中央有关事业单位全面实施绩效工资，加强分类管理，积极研究体现科研事业单位行业特点的薪酬制度。2021年修订的《中华人民共和国科学技术进步法》中也明确指出要优化收入结构，建立工资稳定增长机制，提高科学技术人员的工资水平。

(一)政策发展过程及特点

党的十八大以来,我国科技人才薪酬激励制度政策发展过程如下(图8-1-2):一是明确工资改革的方向,以《国务院批转发展改革委等部门关于深化收入分配制度改革若干意见的通知》(国发〔2013〕6号)为指导,强调建立分类分级管理的工资分配制度和稳定增长的机制,充分发挥收入分配政策的激励导向作用。二是系统布局实行以增加知识价值为导向的分配政策,以《关于实行以增加知识价值为导向分配政策的若干意见》(厅字〔2016〕35号)为指导,从稳定提高基本工资、加大绩效工资的分配力度、落实科技成果转化的奖励激励措施3个方面对收入分配的机制进行系统设计。赋予科研事业单位绩效工资分配自主权。三是深化收入分配相关改革举措,加大绩效工资激励力度。以《国务院关于优化科研管理提升科研绩效若干措施的通知》(国发〔2018〕25号)、《国务院办公厅关于改革完善中央财政科研经费管理的若干意见》(国办发〔2021〕32号)为指导,合理核定绩效工资总量,对于落实国家科技体制改革政策到位、科技创新绩效突出的高校、科研院所,在核定绩效工资总量等方面给予倾斜支持。探索实行年薪制等多种分配方式。

通过对科技人才薪酬激励制度政策的系统梳理可知,本领域的政策发展过程有以下3个特点:一是重视对工资结构的优化,提高基本工资标准,建立增长机制。二是落实以增加知识价值为导向的收入分配政策,加大绩效工资激励力度。三是在薪酬形式方面鼓励探索多种分配方式,特别是探索对急需紧缺、业内认可、业绩突出的极少数高层次人才实行年薪制。

(二)当前进展

当前,我国科技人才的薪酬激励政策已从"试点探索"转向"推广普及"。相关政策的关注点集中在加大绩效工资激励力度、扩大科研单位自主权、鼓励多种分配方式等3个方面。

加大绩效工资激励力度,建立稳定增长机制。一是调整基本工资标准,在保障基本工资水平正常增长的基础上,逐步提高体现科研人员履行岗位职责、承担政府和社会委托任务等的基础性绩效工资水平,并建立绩效工资稳定增长机制。二是对知识技术密集、高层次人才集中、国家战略发展重点扶持、工作任务繁重等的科研单位予以适当倾斜,与体现科研行业特点的薪酬制度相衔接。三是对从事基础性研究、农业和社会公益研究等研发周期较长的科研任务的人员,收入分配实行分类调

第八章 科技人才激励与引导政策

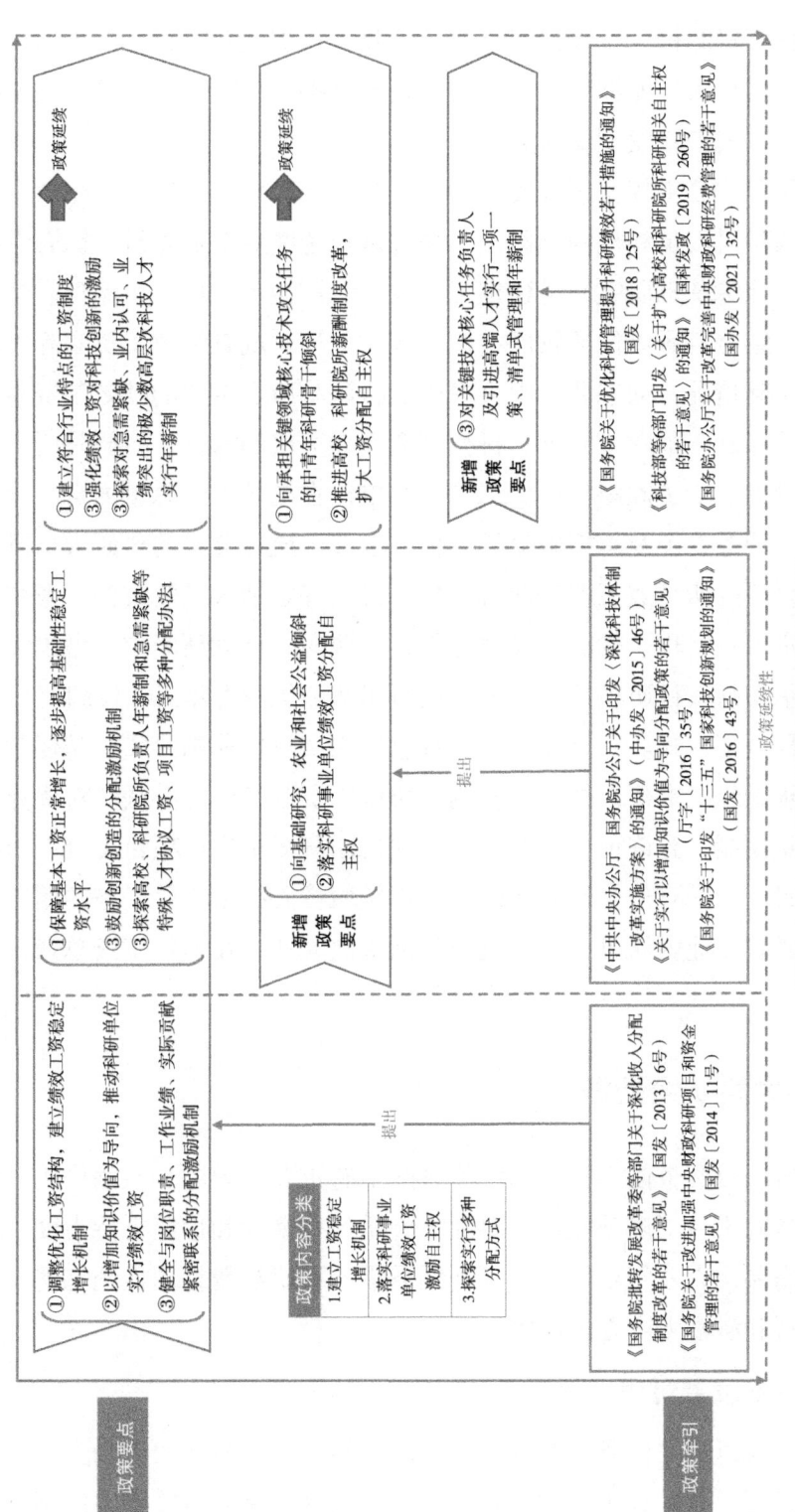

图 8-1-2 薪酬激励制度政策发展过程

节，通过优化工资结构，稳步提高基本工资收入，加大对重大科技创新成果的绩效奖励力度，使科研人员能够潜心研究。四是通过提高津贴补助标准、核定工资总量时给予倾斜等方式来激发创新活力。

扩大科研单位自主权，充分发挥绩效工资的激励作用，给予单位自主权并向做出突出贡献的科研人员和机构倾斜。一是合理核定绩效工资总量。综合考虑激发科技创新活力、保障基础研究人员稳定工资收入、调控不同单位（岗位、学科）收入差距等因素，结合科研单位的发展定位、人才结构、现有绩效工资实际发放水平、财务状况等实际情况，动态调整中央高校、科研院所、企业的绩效工资总量。对于落实国家科技体制改革政策到位、科技创新绩效突出的高校、科研院所，在核定绩效工资总量等方面给予倾斜支持。二是事业单位在绩效工资总量内自主分配时，要向关键岗位、业务骨干及承担国家科研任务较多、成效突出的科研人员倾斜。三是赋予高校和科研院所绩效工资分配自主权，自主确定绩效工资结构、考核办法、分配方式、工资项目名称、标准和发放范围，强调向关键创新岗位、做出突出贡献的科研人员、承担财政科研项目的人员、创新团队和优秀青年人才倾斜。

鼓励多种分配方式。一是在绩效工资总量内实行年薪制，实行聘任制的领导人员按照有关规定经批准可以试行年薪制、协议工资制等分配办法。对优秀青年科学家探索实施年薪制，允许项目承担单位对项目团队成员实行项目工资、协议工资等灵活分配方式。二是对于全时承担国家关键领域核心技术攻关任务的团队负责人和引进的急需紧缺、业内认可、业绩突出的高层次人才，在绩效工资总量外单列年薪或协议工资。

二、加大科研经费激励

财政科研项目资金使用在知识价值分配中有重要的导向和激励作用。近年来，党中央、国务院出台了多项政策，对加大科研经费激励和稳定支持力度、允许项目经费中列支高层次人才年薪等出台了详细举措。科研经费管理得到完善，对科研人员的直接支持和激励力度逐步加大。

（一）政策发展过程及特点

党的十八大以来，科研经费激励相关政策经历了不断加大激励力度和完善保障举措的发展过程，具体如下（图8-1-3）：一是首次提高间接费用比例，扩大人员

第八章 科技人才激励与引导政策

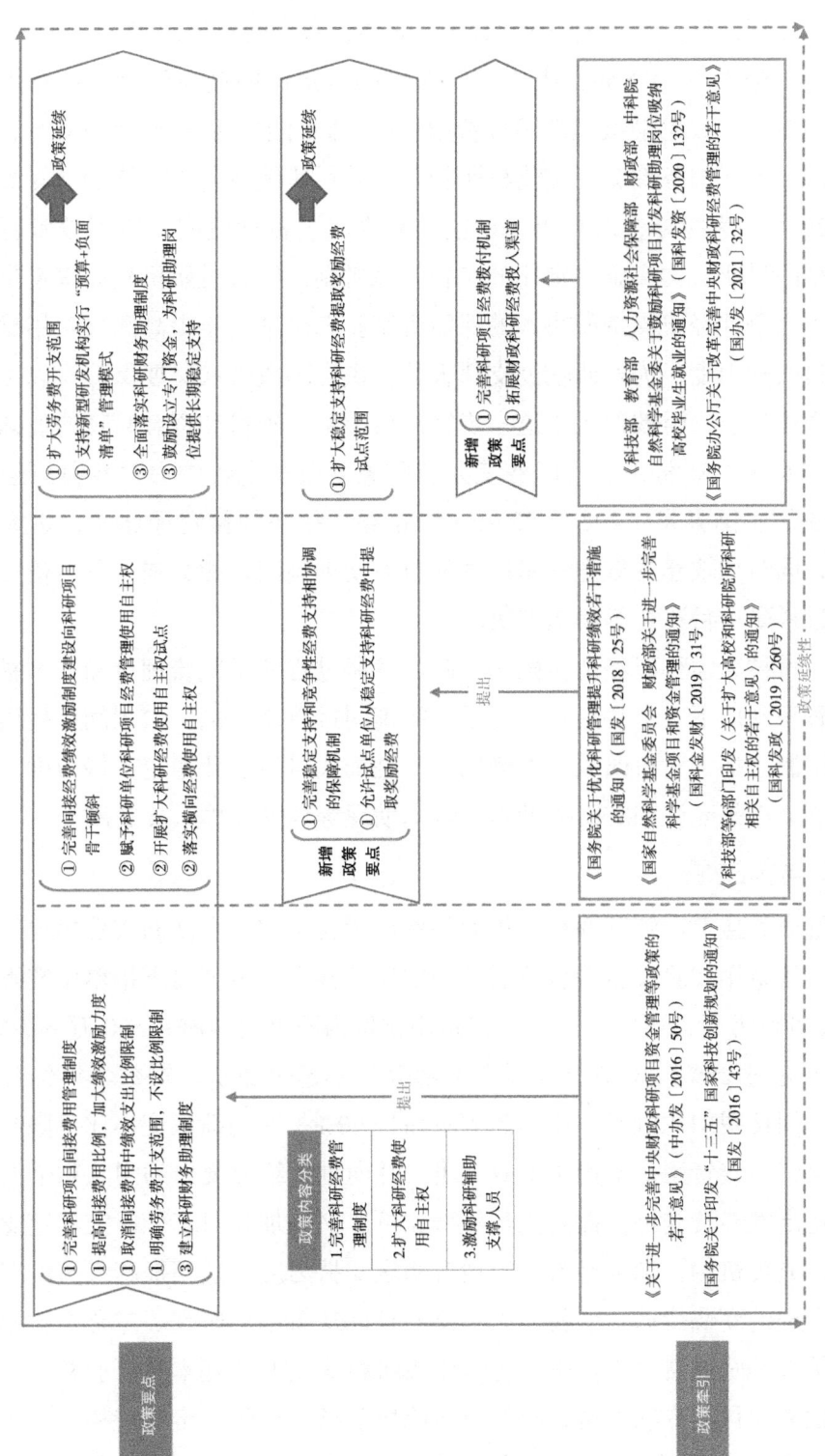

图 8-1-3 科研经费激励政策发展过程

绩效支出。以《关于进一步完善中央财政科研项目资金管理等政策的若干意见》（中办发〔2016〕50号）为指导，提出间接费用的核定比例最高可达直接费用扣除设备购置费的20%。二是继续提高间接费用比例，同时加大稳定性经费支持，提高人员经费比例，以《国务院关于优化科研管理提升科研绩效若干措施的通知》（国发〔2018〕25号）为指导，对从事基础前沿研究、公益性研究、应用技术研究开发等不同类型的科研机构实施差别化的经费保障机制，结合科研机构职责定位，完善稳定支持和竞争性经费支持相协调的保障机制。三是进一步提高间接费用比例，加大科研项目激励力度，为科研辅助支撑人员提供合理激励和必要保障。以《国家自然科学基金委员会 财政部关于进一步完善科学基金项目和资金管理的通知》（国科金发财〔2019〕31号）、《国务院办公厅关于改革完善中央财政科研经费管理的若干意见》（国办发〔2021〕32号）为指导，提高间接费用比例，扩大劳务费开支范围，同时加快建立健全学术助理和财务助理制度，相关费用可由依托单位根据情况通过科研项目资金等渠道解决。

通过对科技人才科研经费激励相关政策发展过程的系统梳理可知，本领域的政策发展过程呈现以下3个特点：一是不断提高间接费用比例，取消间接费用中绩效支出比例限制，加大对科研人员的激励。二是加大科研经费稳定支持力度，建立协调保障机制。三是允许列支财务助理、学术助理等辅助支撑人员费用。

（二）当前进展

建立健全间接费用管理办法，扩大经费使用自主权。提高间接费用比例，间接费用按照直接费用扣除设备购置费后的一定比例核定，由项目承担单位统筹安排使用。其中，500万元以下的部分，间接费用比例为不超过30%；500万~1000万元的部分为不超过25%；1000万元以上的部分为不超过20%。对数学等纯理论基础研究项目，间接费用比例进一步提高到不超过60%。取消绩效支出比例限制，项目承担单位可将间接费用全部用于绩效支出，并向创新绩效突出的团队和个人倾斜。

加大稳定性经费支持，提高人员经费比例。一是加强对基础研究稳定支持。对基础前沿研究类机构，加大经常性经费等稳定支持力度，适当提高人员经费补助标准，保障合理的薪酬待遇，使科研人员潜心长期从事基础研究。二是扩大稳定支持科研经费提取奖励经费试点范围。允许中央级科研院所从基本科研业务费、中国科学院战略性先导科技专项经费、有关科研院所创新工程等稳定支持科研经费中提取不超过20%作为奖励经费，由单位探索完善科研项目资金激励引导机制，激发科研人员创新活力。奖励经费的使用范围和标准由试点单位自主决定,在单位内部公示。

允许列支财务助理、学术助理等辅助支撑人员费用。一是加快建立健全学术助理和财务助理制度,为科研人员在预算编制、经费报销等方面提供专业化服务。科研财务助理所需人力成本费用(含社会保险补助、住房公积金)可由依托单位根据情况通过科研项目经费等渠道统筹解决。二是积极开发科研助理岗位,从科研项目经费等渠道开支科研助理的相关经费支出。科研项目经费中,"劳务费"科目及结余资金均可按照有关规定用于科研助理的劳务性报酬和社会保险补助等支出,并鼓励项目承担单位统筹现有经费渠道,配套专门资金为科研助理岗位提供长期稳定支持。

三、科技成果三权下放

近年来,高校和科研机构科技成果转化活动日趋活跃,党中央、国务院高度重视科技成果转化工作,出台了一系列促进科技成果转移转化的政策文件,新修订的《中华人民共和国科学技术进步法》中也提出要探索赋予科学技术人员职务科技成果所有权或者长期使用权制度的有效方式。

(一)政策发展过程及特点

党的十八大以来,我国科技成果三权下放政策发展过程如下(图8-1-4):一是对科技成果三权下放制度的探索,初步建立改革试点。以《财政部 科技部 国家知识产权局关于开展深化中央级事业单位科技成果使用、处置和收益管理改革试点的通知》(财教〔2014〕233号)为指导,提出了科技成果收益分段按比例留归单位,简化单位主管部门和财政部门对科技成果的审批程序。二是进一步深化科技成果权属改革,以《国务院关于优化科研管理提升科研绩效若干措施的通知》(国发〔2018〕25号)为指导,探索赋予科研人员职务科技成果所有权或长期使用权,并建立试点。取消职务科技成果资产评估、备案管理程序。

通过对科技成果三权下放政策发展过程的系统梳理可知,本领域的政策发展过程有以下3个特点:一是收益权下放,试点单位科技成果转移转化所获得的全部收入全部留归单位,纳入单位预算,处置收入不上缴国库。二是使用权和处置权下放,国家设立的研究开发机构、高等院校对其持有的科技成果可以自主决定转让、许可或者作价投资。三是简化审批程序,通过公示等方式简化备案程序,优化资产评估管理流程,取消职务科技成果资产评估、备案管理程序。

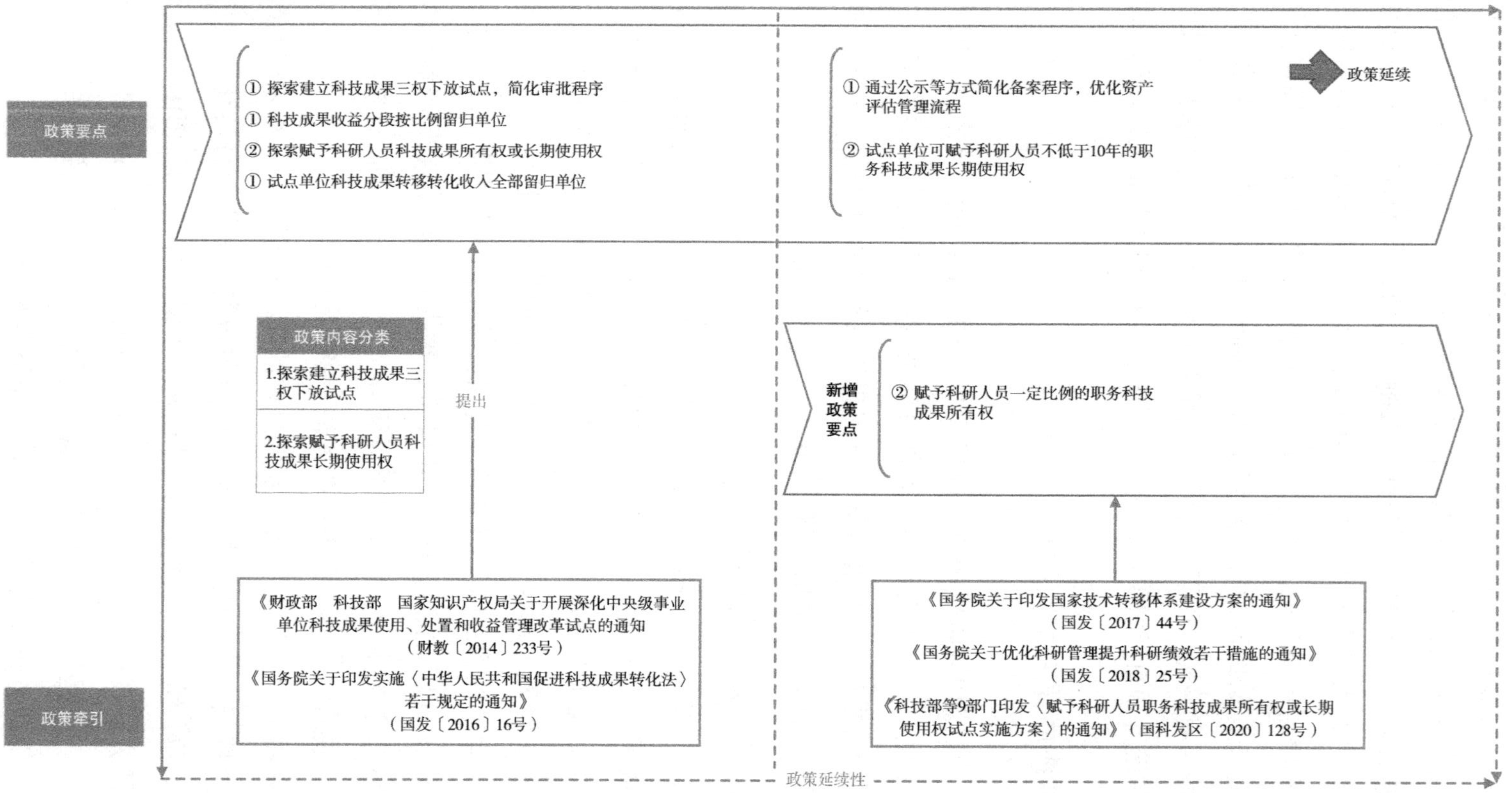

图 8-1-4 科技成果三权下放政策发展过程

（二）当前进展

当前，我国科技成果三权下放政策已从初步探索期进入深化改革期，目前相关政策的关注点集中在深化科技成果权属改革、开展赋予科研人员科技成果所有权或长期使用权试点和建立科技成果转化决策人员免责机制等3个方面。

深化科技成果权属改革。一是深入推进科技成果使用、处置和收益"三权"改革。国家设立的研究开发机构、高等院校科技成果资产评估备案工作原由财政部负责，现调整为由研究开发机构、高等院校的主管部门负责。二是简化备案审批程序。取消国家设立的高等院校等事业单位处置科技成果的审批备案程序，允许单位通过协议定价、在技术交易市场挂牌交易、拍卖等方式确定价格，并自主决定是否进行评估，同时，科技成果所获得的收入全部留归本单位。

开展赋予科研人员科技成果所有权或长期使用权试点。赋权的范围逐渐扩大，从赋予科研人员一定比例的职务科技成果所有权逐步扩大到"利用财政资金形成的职务科技成果，由单位按照权利与责任对等、贡献与回报匹配的原则，在不影响国家安全、国家利益、社会公共利益的前提下，探索赋予科研人员所有权或长期使用权"。深入推进职务科技成果所有权或长期使用权改革，支持职务发明人带着科技成果创办企业。

建立科技成果转化决策人员免责机制。规定试点单位领导人员履行勤勉尽职义务，严格执行决策、公示等管理制度，在没有牟取非法利益的前提下，可以免除追究其在科技成果定价、自主决定资产评估及成果赋权中的相关决策失误责任。制定科技成果转化尽职免责负面清单和容错机制。

四、提高科技成果转化收益

提高科技成果转化收益是进一步完善科技成果转化机制的重要措施，可以激发和保障高等学校、科研院所创新活力。通过提高高等学校、科研院所科技成果转化给予科技人才的奖励比例，让科研人员更多地参与收益分配，能够进一步调动科研人员开展创新研发、参与科技成果转化的积极性。

（一）政策发展过程及特点

《中华人民共和国促进科技成果转化法》（2015年修订）实施后，从法律层面明确了科技成果转化激励的相关要求，我国有关提高科技成果转化收益的政策不断完善，具体的发展阶段如下（图 8-1-5）：一是明确提高科技成果转化收益的总体要求，《中华人民共和国促进科技成果转化法》（2015 年修订）、《关于印发实施〈中华人民共和国促进科技成果转化法〉若干规定》（国发〔2016〕16 号）明确了科技成果转化收益的比例要求，鼓励加大科技成果转化比例。二是进一步完善科技成果转化收益激励机制，《国务院关于优化科研管理提升科研绩效若干措施的通知》（国发〔2018〕25 号）明确科技成果转化奖励收入不纳入工资总额基数，即不受单位工资总额限制，提高对科研负责人、骨干技术人员等重要贡献人员和团队的奖励比例。

通过对本部分政策发展过程的系统梳理可知，本领域的政策发展过程有以下两个特点：一是进一步提高科技成果转化的收益比例。二是不断完善科技成果转化收益的相关配套举措，如调整绩效工资总额范围、完善税收优惠政策、调整专利资助政策。

（二）当前进展

当前，我国科技成果转化相关政策的关注点集中在提高科技成果转化收益、强化科技成果转化的质量导向、对工资制度进行协同和配套改革、加大科技人员成果转化收入税收优惠力度等 4 个方面。

提高科技成果转化收益。一是随着科技成果转化"三部曲"的深入实施，科技成果、知识产权归属和利益分享机制不断完善，骨干团队和主要发明人的收益比例持续提高，对职务科技成果完成人和为成果转化做出重要贡献的其他人员给予的奖励不低于转化净收入的 50%，对科技成果转化做出主要贡献的人员获得的奖励不低于奖励总额的 50%，奖励的剩余部分留归项目承担单位用于科技研发与成果转化等相关工作，科技成果转化收益具体分配方式和比例在充分听取本单位科研人员意见的基础上进行约定。二是对科技人员在科技成果转化工作中开展技术开发、技术咨询、技术服务等活动给予的奖励，可按照《促进科技成果转化法》执行。

强化科技成果转化的质量导向。为了进一步鼓励和引导科研人员积极进行科技成果转化和专利应用实践，提出停止对专利申请的资助奖励，大幅减少并逐步取消对专利授权的奖励，可通过提高转化收益比例等"后补助"方式对发明人或团队予以奖励。

对工资制度进行协同和配套改革。一是国有企业事业单位对职务发明完成人、

第八章 科技人才激励与引导政策

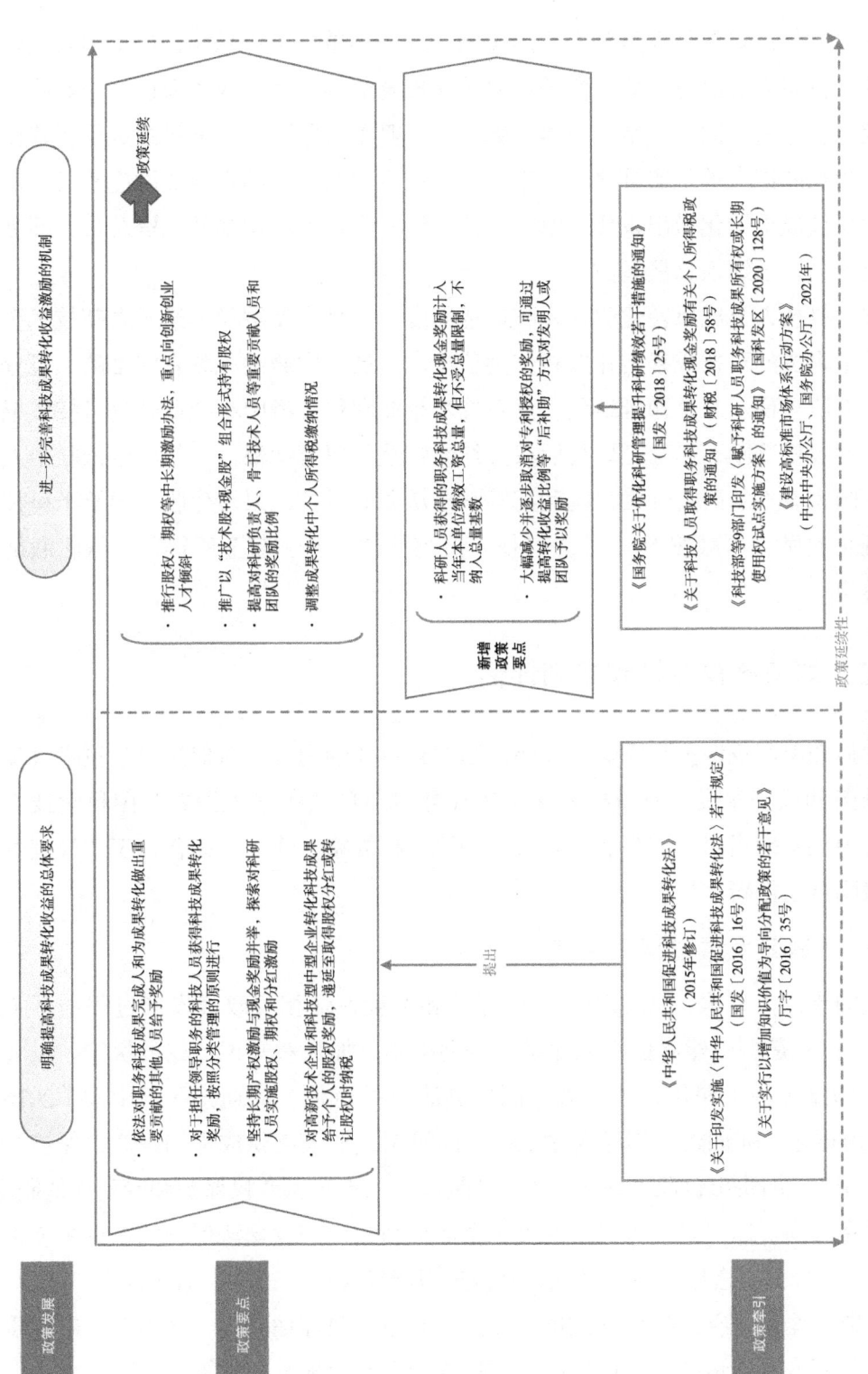

图 8-1-5 提高科技成果转化收益政策发展过程

科技成果转化重要贡献人员和团队的奖励计入当年单位工资总额，但不纳入工资总额基数。科研人员获得的职务科技成果转化现金奖励、兼职或离岗创办企业收入不受绩效工资总量限制，不纳入总量基数。二是赋予科研人员职务科技成果所有权或长期使用权的试点单位实施科技成果转化，按规定给个人的现金奖励应及时足额发放给对科技成果转化做出重要贡献的人员，计入当年本单位绩效工资总量，不受单位总量限制，不纳入总量基数。

加大科技人员成果转化收入税收优惠力度。一是分期纳税，给予高新技术企业相关技术人员的科技成果转化股权奖励，技术人员一次缴纳税款有困难的，可分期缴纳个人所得税。二是递延纳税，高新技术企业和科技型中小企业转化科技成果给予个人的股权奖励，递延至取得股权分红或转让股权时纳税。三是减半征收个人所得税，国家设立的研究开发机构和高等学校从职务科技成果转化收入中给予科技人员的现金奖励，可减按 50% 计入科技人员当月"工资、薪金所得"，依法缴纳个人所得税。

五、知识产权保护和专利评估

加强知识产权保护是完善产权保护制度最重要的内容，对促进科学技术进步、文化繁荣和经济发展具有重要意义。2021 年修订的《中华人民共和国科学技术进步法》中也明确指出，应当制定和实施知识产权战略，建立和完善知识产权制度，有效激励自主创新。

（一）政策发展过程及特点

党的十八大以来，我国知识产权保护和专利评估相关政策发展过程如下（图 8-1-6）：一是探索建立创新人才维权援助机制，加强对知识产权的保护。以《中共中央印发〈关于深化人才发展体制机制改革的意见〉的通知》（中发〔2016〕9 号）为指导，强调建立创新人才维权援助机制，加强创新成果知识产权保护，完善相关制度，加快出台职务发明条例。二是重点完善知识产权保护和专利评估制度，突出质量导向。以《最高人民法院关于全面加强知识产权司法保护的意见》（法发〔2020〕11 号）为指导，强调建立和完善知识产权民事、行政、刑事诉讼"三合一"审判机制，全面完善产权保护制度。建立专利申请前评估制度，突出专利申请质量导向，加强专利申请领域信用监管，加强专利交易的规范与监管。

第八章 科技人才激励与引导政策

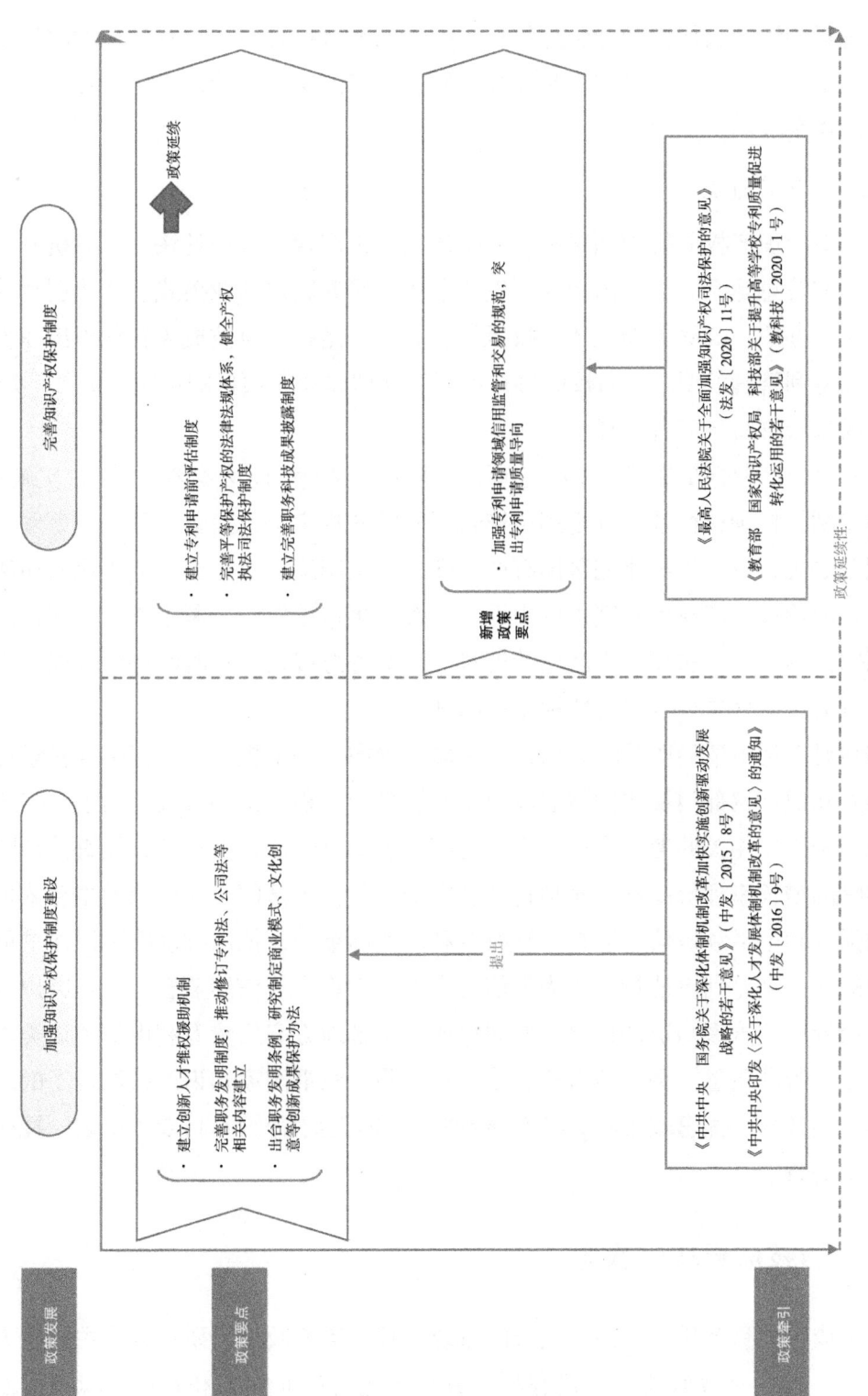

图 8-1-6 知识产权保护和专利评估政策发展过程

通过对知识产权保护和专利评估相关政策的系统梳理可知，本领域的政策发展过程有以下两个特点：一是进一步加强对知识产权的保护和管理。二是强调突出专利申请的质量导向。

（二）当前进展

加强对知识产权的管理和保护。一是建立知识产权侵权查处快速反应机制，建立知识产权信息体系。二是出台职务发明条例，研究制定商业模式、文化创意等创新成果保护办法，建立创新人才维权援助机制。三是针对科技成果转化提出完善知识产权和专利管理的要求，高校应将知识产权管理体现在项目的选题、立项、实施、结题、成果转移转化等各个环节。

全面完善产权保护制度。一是完善平等保护产权的法律法规体系。出台实施《关于审理专利授权确权行政案件适用法律若干问题的规定》，完善专利法、著作权法相关配套法规，进一步细化完善国有产权交易各项制度。二是健全产权执法司法保护制度，完善涉企产权保护案件的申诉、复查、再审等机制，制定出台《知识产权侵权惩罚性赔偿适用法律若干问题的解释》，对恶意侵权、长时间持续侵权、商标侵权等行为，严格执行侵权惩罚性赔偿制度。

加强对专利申请的监管和评估，突出质量导向。一是提高考核指标的科学性。各级地方知识产权部门要牢固树立高质量发展理念，积极协调有关部门进一步改进完善与专利工作相关的考核指标体系，提高考核的科学性、有效性，核查并剔除不符合实际的增长率评价指标，避免将专利申请数量作为部门工作考核的主要依据。二是加强专利申请领域信用监管。修改专利法实施细则，依法推动将不以保护创新为目的的非正常专利申请行为作为失信行为纳入知识产权信用监管。三是突出专利申请质量导向。国家知识产权局定期通报或公布各地方高质量专利申请和该类申请占比数据。若高质量专利申请占比连续一年下降，取消国家知识产权局授予的示范城市等各类称号、优惠政策等。各类涉及专利的奖励不得简单将专利申请、授权数量作为主要条件。

六、科技成果转化服务

科技成果转移转化作为一项复杂的系统工程，需要政产学研用各个主体全方位协同参与。特别是政府要在构建有利于成果转化的产业生态和政策环境方面发挥职能,加强服务和引导,弥补市场失灵。2021年修订的《中华人民共和国科学技术进步法》中也进一步提出"要促进科技成果向现实生产力转化,鼓励创办从事技术评估、技术经纪和创新创业服务等活动的中介服务机构,推动科技成果的应用和推广"。

(一)政策发展过程及特点

党的十八大以来,我国科技成果转化服务政策发展过程如下(图8-1-7):一是鼓励和支持科技成果转化服务,同时加强引导和规范。以《国务院办公厅关于强化企业技术创新主体地位 全面提升企业创新能力的意见》(国办发〔2013〕8号)为指导,支持企业与高等学校、科研院所联合设立研发机构或技术转移机构,建立科技创新项目贷款的推荐机制,促进国家科技项目的成果转化和产业化。二是通过建立技术转移人才培养基地,大力培养科技成果转化人才。以《国务院办公厅关于印发促进科技成果转移转化行动方案的通知》(国办发〔2016〕28号)为指导,重点建设技术转移人才培养基地,加强技术转移转化人才队伍建设。三是强调完善科技成果转化机制,提升成果转化能力,以《科技部 教育部印发〈关于进一步推进高等学校专业化技术转移机构建设发展的实施意见〉的通知》(国科发区〔2020〕133号)为指导,强调创新促进科技成果转化机制,完善国家技术转移体系,将科技成果转化成效纳入一流高校考核指标。

通过对科技成果转化服务政策发展过程的系统梳理,本领域的政策发展过程有以下两个特点:一是在加强政府服务能力方面,创新促进科技成果转化机制,制定出台完善科技成果评价机制,提升技术要素市场化配置能力。二是在科技成果转化人才队伍建设方面,建立国家技术转移人才培养体系,加强技术转移管理人员、技术经纪人、技术经理人等人才队伍建设,培育发展国家技术转移机构。

(二)当前进展

当前我国科技成果转化服务相关政策已经从体制机制的初步建立到人才培养、基地建设和服务体系的全方位完善。目前相关政策的主要关注点在建设技术转移专业机构、壮大技术转移专业人才队伍及建立订单式研发和成果转化机制等3个方面。

建设技术转移专业机构。在高校、科研院所和企业中大力发展技术转移机构,同时培育一批社会化的技术市场服务机构,改进完善"四技服务"(技术开发、技术转让、技术咨询和技术服务)。开展高校专业化国家技术转移机构建设试点工作,

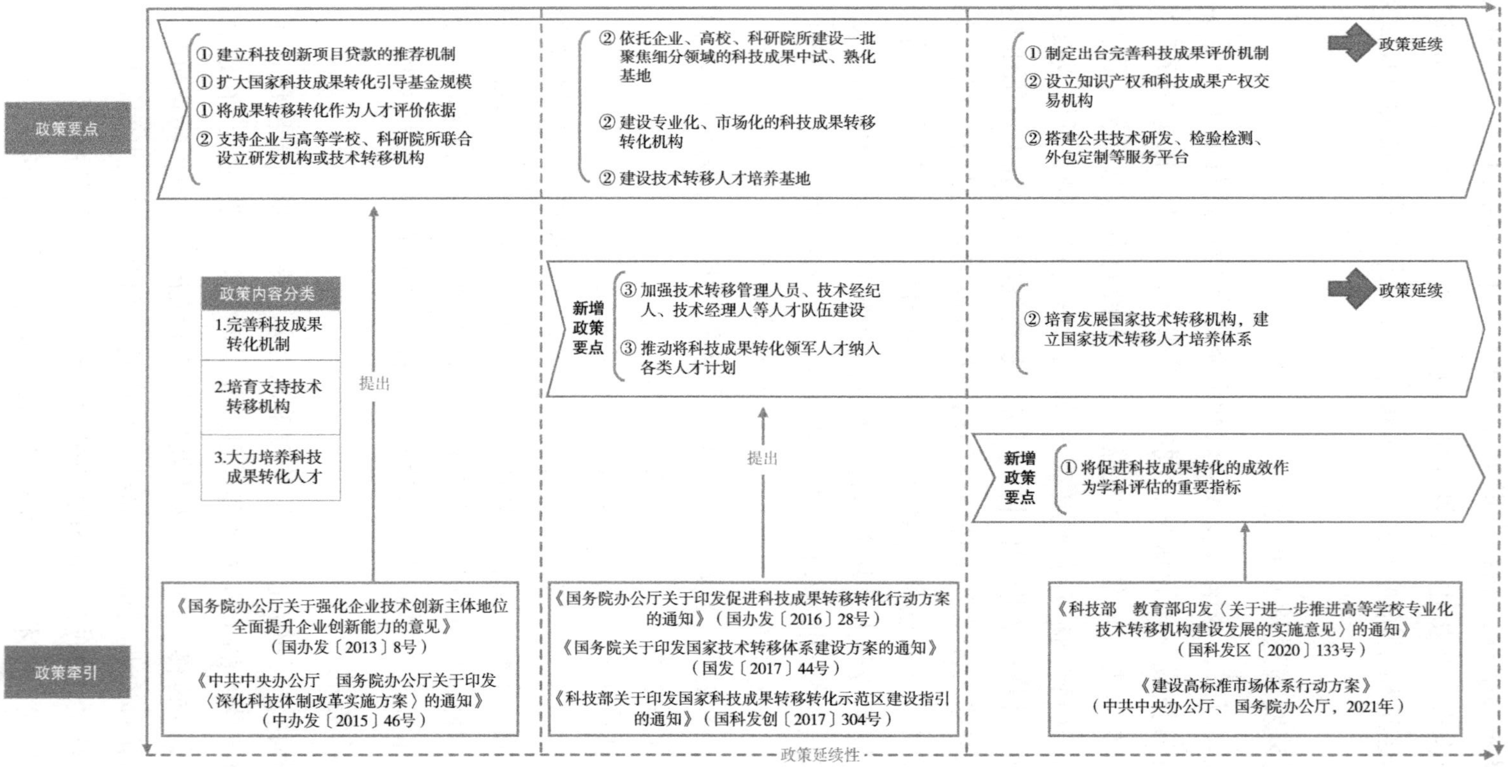

图 8-1-7　科技成果转化服务政策发展过程

提升高校技术转移机构专业化服务能力及管理能力,促进科技成果高水平创造和高效率转化。

壮大技术转移专业人才队伍。一是设立技术转移相关专业,加大专业人才队伍培养力度,支持成果转化职业经理人队伍建设。加强技术转移管理人员、技术经纪人、技术经理人等人才队伍建设,畅通职业发展和职称晋升通道,支持和鼓励高校、科研院所设置专职从事技术转移工作的创新型岗位。二是完善国家技术转移人才培养体系,提高国家技术转移人才培养基地对初中高级技术转移专业人员培养的规范化和制度化水平,壮大我国技术转移人才队伍。此外,鼓励高校引入国外先进的技术经理人培训课程体系,培养一批具有国际视野、通晓国际规则的技术经理人队伍。三是加大人才计划对技术转移转化人才的支持,将高层次技术转移人才纳入国家和地方高层次人才特殊支持计划。

建立订单式研发和成果转化机制。为了提高科技成果源头供给质量,更好地服务对接企业技术和产品研发需求,建立并推广"定向研发、定向转化、定向服务"的订单式研发和成果转化机制。

七、科技荣誉奖励

经过多年发展,科技荣誉奖励已经成为我国人才政策、科技政策的重要组成部分,是党和国家激励自主创新、激发人才活力、营造良好创新环境的一项重要举措。《中华人民共和国科学技术进步法》中更是将"建立和完善科学技术奖励制度,设立国家最高科学技术奖等奖项,对在科学技术进步活动中做出重要贡献的组织和个人给予奖励"等举措提升至法律高度。

(一)政策发展过程及特点

党的十八大以来,我国科技荣誉奖励政策发展过程如图8-1-8所示。一是对科技荣誉奖励制度的建设和完善。以《国家中长期人才发展规划纲要(2010—2020年)》(中发〔2020〕6号)为指导,要求建立国家荣誉制度并完善国家高技能人才评选表彰制度。表彰为国家做出突出贡献的杰出人才,提升人才经济社会地位,同时鼓励社会力量参与设立科学技术奖项。二是进一步深化科技奖励制度改革,加大对杰出人才的奖励力度。以《国务院办公厅印发关于深化科技奖励制度改革方案的通知》(国办函〔2017〕55号)为指导,强调建立以政府奖励为导向、高校和社会力量

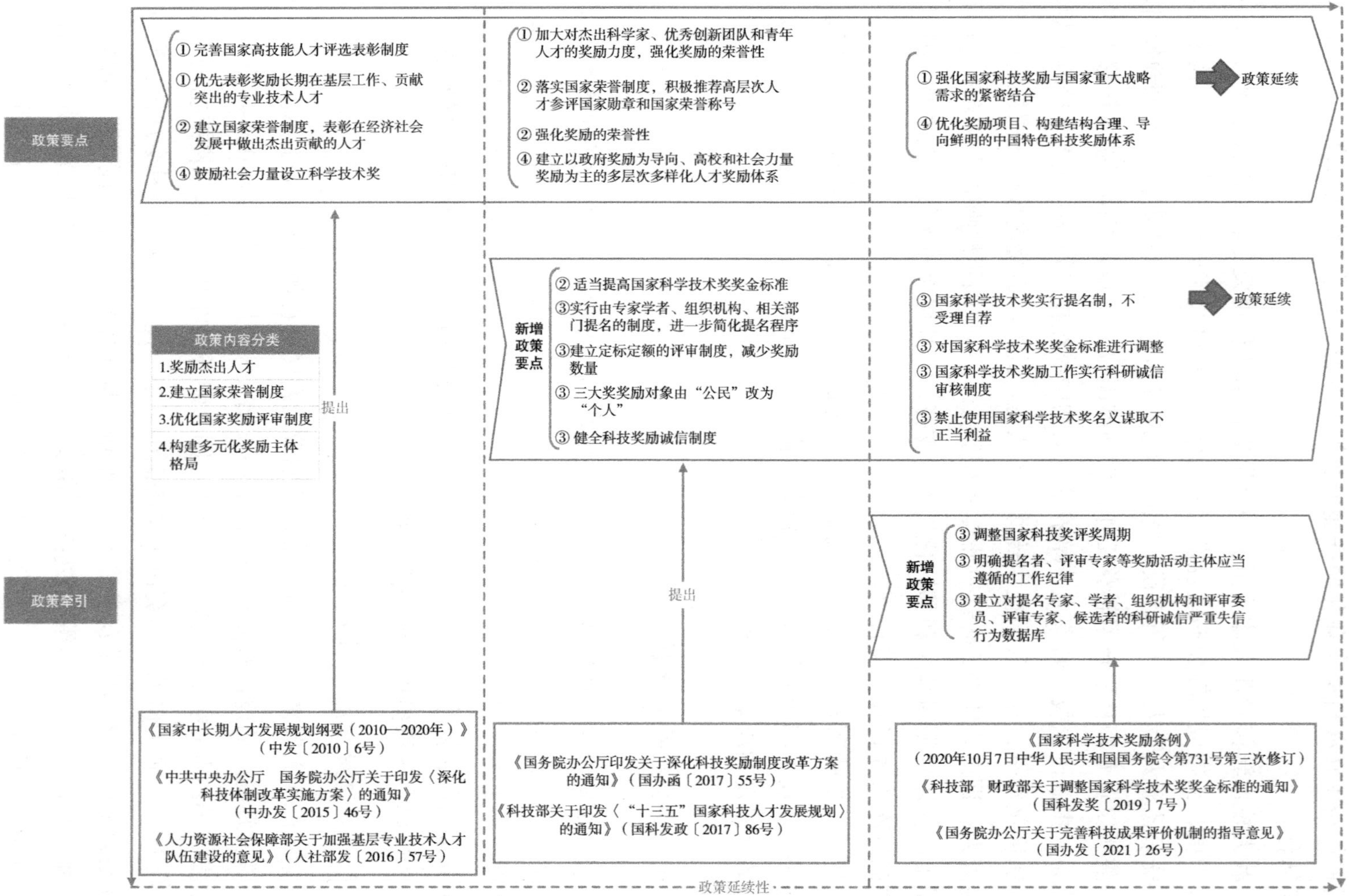

图 8-1-8 科技荣誉奖励政策发展过程

奖励为主的分层次多样化人才奖励体系，提高对从事基础研究、服务基层、贡献突出的优秀人才和团队的奖励力度，提高奖金标准，强化责任和诚信要求等举措，进一步强化了科技奖励的学术性、公信力和荣誉性。三是以《国家科学技术奖励条例》（第三次修订版）为指导，将深化科技奖励制度改革的有关举措上升为法律规范，进一步完善科技奖励制度，调动广大科技工作者的积极性和创造性。

通过对科技荣誉奖励政策发展过程的系统梳理可知，本领域的政策发展过程有以下3个特点：一是服务国家发展需要，强化科技奖励导向。贯彻落实党中央、国务院关于科技奖励制度改革的决策部署和相关要求，将科技奖励与国家重大战略需要和中长期科技发展规划紧密结合。二是持续推进深化奖励制度改革，进一步健全评审标准，规范评审程序，鼓励奖励形式的多样化，提高奖励金额，强化奖励的荣誉性，进一步加强诚信体系建设，加大监督惩戒力度，激发科技工作者创新活力，促进科技奖励健康发展。三是在设立荣誉奖励的主体方面，强调设奖主体向多元化发展，鼓励社会力量设立科技奖项。

（二）当前进展

我国科技荣誉奖励的形式逐渐多样化，设奖主体也向多元化发展。科技人才激励引导政策不断发展完善，目前正处于深化改革期，相关政策的关注焦点集中在改革完善国家科技奖励制度、加强对杰出科技人才的表彰和奖励、推动设奖主体多元化发展和扩大稳定支持科研经费提取奖励经费试点范围4个方面。

改革完善国家科技奖励制度。一是实行提名制。自2018年起，国家科技奖励工作由推荐制改为提名制，实行由专家学者、组织机构、相关部门提名的制度，提名者承担推荐、答辩、异议答复等责任，并对相关材料的真实性和准确性负责。规范提名制度、机制、流程，坚决排除人情、关系、利益等小圈子干扰，减轻科研人员负担。二是建立定标定额的评审制度。国家自然科学奖、国家技术发明奖、国家科学技术进步奖（统称"三大奖"）一、二等奖项目实行按等级标准提名、独立评审表决的机制。评审专家严格遵照评价标准评审，分别对一等奖、二等奖独立投票表决。根据我国科研投入产出、科技发展水平等实际状况分别限定三大奖一、二等奖的授奖数量，进一步优化奖励结构。三是健全科技奖励诚信制度。在科技活动中违反伦理道德或有科研不端行为的个人和组织，不得被提名或授奖。对通过剽窃、侵占他人科学技术成果，或者以其他不正当手段骗取国家科学技术奖的单位和个人，做出相应处理。充分发挥科学技术奖励监督委员会作用,全程监督科技奖励活动。完善异议处理制度,公开异议举报渠道,规范异议处理流程。建立提名专家、学者、组织机构和评审委员、评审专家、候选者的科研诚信严重失信行为数据库。

加强对杰出科技人才的表彰和奖励。一是丰富奖励形式,提高奖励金额。通过适当提高奖励金额,优化国家科技奖励大会授奖仪式及奖章、证书,推荐国家科技奖获奖者作为国家勋章和国家荣誉称号授予人选。二是强化国家使命导向。强化国家科技奖励与国家重大需求紧密结合,重点奖励那些从国家急迫需要和长远需求出发,为科学技术进步、经济社会发展、国家战略安全等做出重大贡献的科技团队和人员,加大对基础研究和应用基础研究成果的奖励力度。加大对扎根基层、贡献突出的杰出科技人才和组织的奖励力度。三是加强科技表彰奖励的宣传和引导作用,高度重视对为国为民做出突出贡献科学家的宣传和表彰,通过榜样的示范带动作用,引导科研人员树立正确的价值观。四是完善科普奖励激励机制。对在科普工作中做出突出贡献的组织和个人按照国家有关规定给予表彰,鼓励相关单位把科普工作成效作为职工职称评聘、业绩考核的重要参考。

推动设奖主体多元化发展。一是科学定位国家科技奖和省部级科技奖,完善以国家奖励为导向、用人单位奖励为主体、社会奖励为补充的科技人才表彰奖励制度。二是鼓励学术团体、行业协会、企业、基金会及个人等各种社会力量设立科技奖,鼓励民间资金支持科技奖励活动。培育高水平的社会力量科技奖励品牌,政府加强事中事后监督,提高科技奖励整体水平。

扩大稳定支持科研经费提取奖励经费试点范围。一是允许试点单位从基本科研业务费、中国科学院战略性先导科技专项经费等稳定支持科研经费中提取不超过20%作为奖励经费,由单位探索完善科研项目资金的激励引导机制。二是将稳定支持科研经费提取奖励经费试点范围扩大到所有中央级科研院所。奖励经费的使用范围和标准由试点单位自主决定,在单位内部公示。

八、约束机制

激励和约束机制是现代经济学和管理学的重要内容,其核心要义就是通过各种方式,激发人的积极性、主动性和创造性。同时,规范人的行为,使其朝着激励主体所期望的目标前进。建立科学有效的约束机制,有利于营造良好的创新生态环境。

（一）政策发展过程及特点

党的十八大以来，我国科技人才约束机制政策发展过程如图8-1-9所示。一是加强科技人才的公平保障，建立科技人才荣誉奖励的约束机制。以《中共中央办公厅　国务院办公厅印发〈关于深化项目评审、人才评价、机构评估改革的意见〉》（中办发〔2018〕37号）为指导，通过限制人才奖励和荣誉称号的使用，实行领导职务的科研人员获得成果转化奖励公示制度，提高知识产权监管力度等措施来加强对科技人才行为的约束和规范。二是重点完善科技成果的管理评估制度，制定相关细则规范，以《国务院关于印发实施〈中华人民共和国促进科技成果转化法〉若干规定的通知》（国发〔2016〕16号）为指导，要求探索科技成果限时转化制度，建立专利申请前评估制度，同时规定正职领导在任期间不得获取股权激励。

通过对科技人才约束机制政策发展过程的系统梳理可知，本领域的政策发展过程有以下两个特点：一是持续加强对职务领导的监管和约束。二是强调要推动人才"帽子"、人才称号回归学术性、荣誉性本质。

（二）当前进展

当前我国科技人才的约束机制已完成初步探索，取得了一定效果，还需继续推进和深化。目前相关政策的关注点主要集中在加强对职务领导的监管；限制和规范人才称号的使用，强化对人才称号获得者的岗位管理；强化制度约束，确立知识产权严格保护政策导向等3个方面。

加强对职务领导的监管。一是探索领导干部股权代持制度，对单位正职领导科技成果转化奖励划定适用范围。法人单位的正职领导，是科技成果主要完成人或者对科技成果做出重要贡献的，可按照规定获得现金奖励，原则上不得获取股权激励。在担任现职前因科技成果转化所得股权，任职后应及时予以转让；逾期未转让的，任期内限制交易，限制股权交易的，在本人不担任上述职务一年后解除限制。二是对担任领导职务科技人员的科技成果转化收益分配实行公开公示制度，不得利用职权侵占他人科技成果转化收益。

限制和规范人才称号的使用，强化对人才称号获得者的岗位管理。一是加强对人才称号获得者的合同管理，建立健全中期履职报告、聘期考核制度和重要事项报告制度。二是提出要健全兼职兼薪管理制度，加大对人才"双聘""多聘"情况的

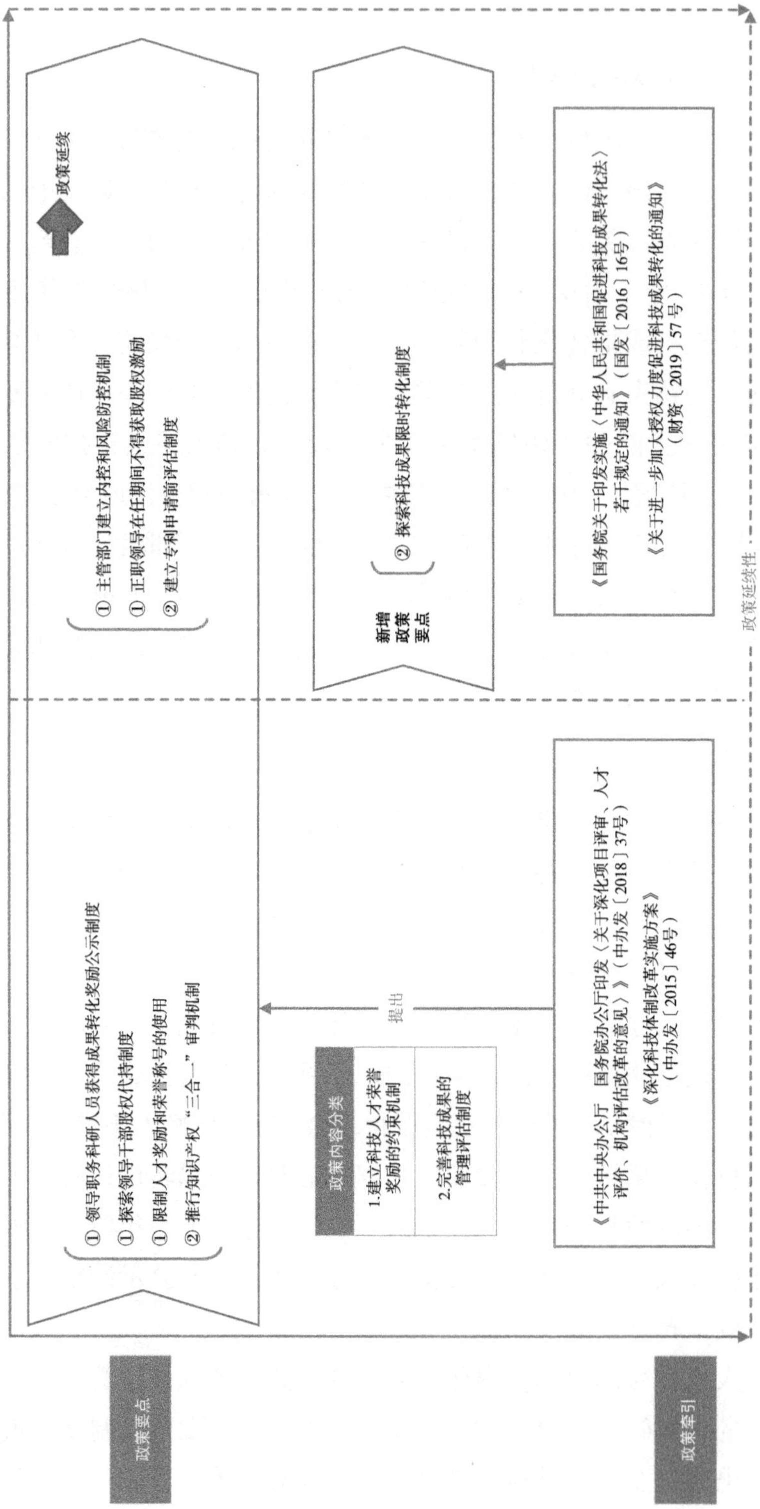

图 8-1-9 约束机制政策发展过程

监管力度。三是完善人才称号退出机制，实现人才计划能进能出。四是强化支持期概念，提出对支持期已结束的，原则上不再使用相应人才称号，确实需要使用的应当明确标注支持期。

强化制度约束，确立知识产权严格保护政策导向。一是加大侵权假冒行为惩戒力度。加快在专利、著作权等领域引入侵权惩罚性赔偿制度。强化打击侵权假冒犯罪制度建设，探索完善数据化打假情报导侦工作机制，开展常态化专项打击行动，持续保持高压严打态势。二是严格规范证据标准。深入推进知识产权民事、刑事、行政案件"三合一"审判机制改革，完善知识产权案件上诉机制，统一审判标准。

第二节 政策落实成效

近年来，党中央、国务院高度重视加大科技人才激励、增强科技人才获得感，我国人才发展体制机制改革始终以激发人才活力为根本出发点。合理的激励机制和有效的激励政策，是充分激发科技人才积极性和创造性、引导和组织科技人才服务创新驱动发展实践的根本途径。政策亮点主要有：一是提高基本工资比例，建立科研人员基本工资稳定增长机制，保障科研人员能够潜心研究。二是实行年薪制、协议工资制、项目工资等多种分配方式。三是提高项目间接经费比例，加大绩效激励。四是深化科研人员科技成果权属改革，推进科技成果使用、处置和收益"三权"下放。科研人员收入与岗位职责、工作业绩、实际贡献的联系越来越紧密，知识创造价值、价值创造者获得合理回报的良性循环正在形成，激励科技人才成长和发展的政策环境逐渐改善。针对科技人才激励与引导涉及的八方面政策，结合科技人才政策落实情况调查结果，相关政策成效分析具体如下。

一、薪酬激励制度改革持续深化

近年来，中共中央和国务院高度重视对科技人才薪酬激励制度的完善，各地也积极探索可行的薪酬激励改革方案，开展了多个试点，在激发科技人才创新活力和促进科技成果转化方面取得初步成效。

实行"三元"薪酬结构。在以增加知识价值为导向的收入分配政策导向下，科研事业单位逐步形成了"三元"工资制度，其中"三元"具体为"基本工资＋津贴补贴＋岗位绩效"三部分。近两年，人力资源社会保障部、财政部、科技部等部门积极推动中央有关事业单位全面实施绩效工资，加强分类管理，积极研究体现科研事业单位行业特点的薪酬制度。各省市也积极响应号召，出台一系列含金量高、可操作性强的政策，同时开展了先行试点。2017 年，黑龙江省设立 4 家实行以增加知识价值为导向分配政策的试点单位[①]，省科学院率先开展收入分配全面改革，统筹兼顾基础研究、应用研究、技术开发、成果转化全创新链条，让有为者有位、有利益、多受益。2018 年，甘肃省在保障基本工资水平正常增长的基础上，逐步提高科研人员绩效工资水平[②]，基础性绩效工资主要体现地区经济发展水平、物价水平、岗位职责和社会公益目标任务完成情况等因素，应占绩效工资总量的 50%～70%，具体比例由主管部门根据所属其他事业单位的实际情况分别确定，一般按月发放；奖励性绩效工资主要体现工作量和实际贡献等因素，应占绩效工资总量的 30%～50%，根据考核结果发放，奖励性绩效工资由单位根据考核结果适当拉开档次，体现优绩优酬。

实现工资收入稳步增长。国家在 2014 年、2016 年和 2018 年先后 3 次调整了基本工资标准，科技领域实行"放管服"改革，且针对科研人员的收入分配政策逐渐生效，调动了科研人员的积极性，科技创新成果丰硕，科技成果转化率显著，为科研领域平均工资增长创造了条件。科学研究和技术服务业平均工资显著超过全国平均水平，且保持较高增速。其中，2018 年城镇非私营单位科学研究和技术服务业就业人员年平均工资达到 123 343 元，为全国所有行业平均水平的 1.5 倍；增长 14.4%，增幅比上年提高 2.8 个百分点，高于全国平均工资增幅 3.4 个百分点[③]。

允许合理申报调整绩效工资总量。2022 年 3 月，《科技部办公厅　教育部办公厅　财政部办公厅　人力资源社会保障部办公厅印发〈关于扩大高校和科研院所科研相关自主权的若干意见〉问答手册的通知》（国科办政〔2022〕5 号），并明确指出财政科研项目可用于支出人员绩效的间接费用等实际情况，向主管部门申报动态调整绩效工资水平，主管部门综合考虑激发科技创新活力、保障基础研究人员稳定工资收入、调控不同单位（岗位、学科）收入差距等因素，审批后报人力资源

---

① 刘颖. 构建"三元"工资薪酬体系 [N]. 黑龙江日报，2017-09-10（2）.
② 吕霞. 我省将构建科研人员"三元"薪酬体系 [N]. 甘肃经济日报，2018-10-10（1）.
③ 中华人民共和国统计局. 中国统计年鉴 [M]. 北京：中国统计出版社，2018.

社会保障、财政部门备案。

探索年薪制、项目工资、协议工资等多种薪酬制度。一些地方探索高层次人才年薪制。2018 年，《山东省人力资源和社会保障厅　山东省财政厅关于山东省事业单位高层次人才收入分配激励机制的意见（试行）》（鲁人社发〔2018〕59 号），其中明确高层次人才协议工资、年薪、绩效工资倾斜所需经费单列，不作为本单位绩效工资调控基数，避免了因实施高层次人才激励，导致其他人员待遇降低的弊端。海南大学也采用年薪制方式面向全球招聘教学科研人员，生物医学工程、信息与通信工程学院、国家级杰出人才等学科带头人等均实行年薪制，薪酬待遇在 100 万元以上[①]。

二、加强科研经费对科研人员的激励力度

近年来，中共中央和国务院制定了多项针对科研经费管理"松绑＋激励"的指导性文件，各地积极响应号召，通过制定可实施的方针政策、建立先行试点等方式，不断完善科研经费管理，逐步加大对人的直接支持和激励力度。

建立健全符合自身特点的间接经费管理方式，提高间接经费比例，逐步取消限制。《河北省人民政府关于深化"放管服"改革优化科研管理若干政策措施》（冀政字〔2019〕4 号）、《海南省人民政府关于印发海南省优化科研管理提升科研绩效若干措施的通知》（琼府〔2019〕22 号）等政策，提出对省级科技计划项目中试验设备依赖程度低和实验材料耗费少的基础研究、软件开发、集成电路设计、软科学研究等智力密集型项目，提高间接经费比例，拓宽使用范围。同时根据本省特点，明确了不同区间科研经费可提取的间接经费比例。其中，河北省规定，经费总额在 100 万元以下的项目，间接经费比例不超过 30%，100 万~300 万元的项目不超过 25%，300 万元以上的项目不超过 20%。海南省规定，经费总额在 500 万元以下的项目，间接经费比例不超过 30%，500 万~1000 万元的项目不超过 25%，1000 万元以上的项目不超过 20%，同时针对数学等纯理论研究项目和哲学社会科学项目，

---

① "海南自贸港面向全球招聘人才活动"海南大学面向全球招聘教学科研人员公告 [EB/OL].（2020-04-14）[2022-12-26]. http：//hrss.hainan.gov.cn/hrss/0400/202004/02e9fcffda084955b0665f4d37980fd3.shtml.

可根据实际情况将间接费用比例再提高 10% ~ 20%①②。

加大稳定性经费支持，提高人员经费比例。一是强化对基础性、公益性研究的稳定经费支持。《吉林省人民政府办公厅关于印发落实全国科技创新大会精神近期若干重点任务实施方案的通知》（吉政办明电〔2017〕49 号）中指出，要瞄准前沿科学问题，依托高校院所等基础研究实力雄厚的中省直高校与科研机构，引导鼓励企业和社会力量积极参与基础研究，通过拓展多元化资金投入渠道，形成全社会支持基础研究的合力。同时，《吉林省人民政府关于优化科研管理提升科研绩效的实施意见》（吉政发〔2018〕25 号）中允许试点单位从基本科研业务费等稳定支持的科研经费中提取不超过 20% 作为奖励经费，鼓励科研单位探索完善科研项目资金的激励引导机制。二是为高层次人才培养设立专项资金。财务部、教育部于 2008 年起设立中央高校基本科研业务费专项资金，资助高校超 100 所，年资助总额稳步增长，累计投入已达 387.18 亿元，有效缓解了高校科研长期以来缺乏稳定支持的困境，为高校教学科研人员和优秀学生开展自主科研工作提供了有力保障。

允许列支财务助理、学术助理等辅助支撑人员费用。为减轻科研人员非学术性负担，同时为科研辅助支撑人员提供合理激励和必要保障，近年来，有关部门积极出台细则推进落实财务助理和学术助理政策。青海省科技厅通过与高校科研管理、财务管理部门和项目科研团队深入对接，多角度深层次了解科研人员财务服务需求，明确科研财务助理的工作重点和角色定位，确定试点工作方案，广泛与第三方会计师事务所对接等，最终选取 10 项重点项目率先开展科研财务助理试点③。

三、科技成果三权下放激发创新活力

近年来，科技成果转化激励政策最大的突破是探索以事前产权激励为核心的职务科技成果权属改革，探索赋予科研人员一定比例的职务科技成果所有权，以产权形式激发职务发明人进行科技成果转化的强大动力。

---

① 关于深化"放管服"改革优化科研管理若干政策措施的通知 [EB/OL].（2021-10-11）[2022-12-16]. http: //info.hebei.gov.cn/hbszfxxgk/6806024/6807473/6807180/6855569/6855572/6855629/index.html.
② 海南省人民政府关于印发海南省优化科研管理提升科研绩效若干措施的通知 [EB/OL].（2019-04-22）[2021-12-16].https: //www.hainan.gov.cn/data/zfgb/2019/05/4383/.
③ 青海省落实科研财务助理制度试点工作进入实操阶段 [EB/OL]. (2021-10-28)[2022-12-16]. https://kjt.qinghai.gov.cn/content/show/id/8274.

赋予科研人员职务科技成果所有权和长期使用权试点稳步开展。2020年11月，科技部等试点工作协调机制组成部门共同召开赋予科研人员职务科技成果所有权或长期使用权试点工作推进会，部分试点单位分享了前期工作经验、取得成效及下一步赋权试点工作思路。浙江大学当前在制度建设、机构设立、人才培养、风险控制等方面取得了显著成效，下一步将深入探索赋予科研人员科技成果长期使用权、优化国资管理模式、将科技成果转化收益转为科研预研基金、鼓励科研人员成果转化。哈尔滨工业大学建立了"学科团队+区域研究院+技术转移中心"成果转化模式并在支持大学生创新创业方面取得较好成效，下一步将全面加强体制机制、人才队伍、服务能力建设，打造"赋权+赋能"全要素成果转化创新模式。中国科学院上海微系统所建立了"技术研发平台+中试转化平台+资本运作平台"三位一体协同创新体系，强调将根据市场化、开放性原则，对转化前景明朗和一般性质的科技成果分类转化，同时加强科技安全和科技伦理管理，建立完善尽职免责机制。

四、完善科技成果转化收益分配机制

近年来，随着科技成果转化"三部曲"的深入实施，科技成果、知识产权归属和利益分享机制不断完善，骨干团队和主要发明人的收益比例持续提高。

各地方积极制定促进科技成果转化的具体措施，全社会形成支持科技成果转化的良好氛围。各地区积极落实国家关于科技成果转化收益分配的有关政策，科技人员获得科技成果转化收益的比例基本都超过了50%，部分地区达到了70%~90%。2020年1月1日开始实施的《北京市促进科技成果转化条例》明确了政府设立的研发机构、高等院校对完成、转化科技成果做出重要贡献的人员给予奖励和报酬的标准，将职务科技成果转让、许可给他人实施的，从该项科技成果转让净收入或者许可净收入中提取不低于70%的比例；利用职务科技成果作价投资的，从该项科技成果形成的股份或者出资比例中提取不低于70%的比例。新疆生产建设兵团出台了《关于实行以增加知识价值为导向分配政策的实施意见》（新兵办发〔2019〕8号），明确科技人员科技成果转化收益比例可以按照科技成果转化收益用于奖励重要贡献人员和团队的比例不低于70%的标准执行。贵州省规定，以技术转让或者许可方式转化职务科技成果的，从取得的净收入中提取不低于70%的比例用于奖励科技人员；以科技成果作价投资实施转化的，从作价投资所取得的

股份或者出资比例中提取不低于70%的比例用于奖励科技人员。2017年9月，天津市委办公厅、市政府办公厅印发的《关于深化体制机制改革释放科技人员创新活力的意见》（津党办发〔2017〕44号）明确提出，高校和科研院所具有横向项目结余经费分配自主权，视为科技成果转化收入，与项目组约定分配比例，或提取一定比例管理费后用于对项目组成员的绩效奖励。数据显示，天津市高校院所和企业科研人员对创新激励政策整体满意度达到87.85%。

中央到地方出台多份政策文件，不断加大科技人员各类收入税收优惠力度。中共中央、国务院统筹研究国家自主创新示范区实行的科技人员股权奖励个人所得税试点政策推广工作，将试点政策推广至国家自主创新示范区、合芜蚌自主创新综合试验区和绵阳科技城。

五、知识产权保护工作迈上新台阶

近年来，我国知识产权法律制度不断完善，为科技人才积极开展自主创新、转化科技成果保驾护航，逐步形成有利于知识产权保护和科技成果转化的制度和法治环境。

建立知识产权侵权查处快速反应机制，建立知识产权信息体系。当前，我国已形成以2021年新修订的《中华人民共和国科学技术进步法》为核心，由《中华人民共和国促进科技成果转化法》《中华人民共和国科学技术普及法》《中华人民共和国专利法》等为配套的科技创新法律法规体系，为科技人才积极开展自主创新、转化科技成果保驾护航，逐步形成有利于知识产权保护和科技成果转化的制度和法治环境。

完善针对科技成果转化的知识产权和专利管理。高校加快建立专利申请前评估制度，明确评估机构与流程、费用分担与奖励等事项，对拟申请专利的技术进行评估，以决定是否申请专利，切实提升专利申请质量；专利申请评估后，对于高校决定不申请专利的职务科技成果，高校与发明人订立书面合同，依照法定程序转让专利申请权或者专利权，允许发明人自行申请专利，获得授权后专利权归发明人所有。

有效推进知识产权权益分配改革。为解决高校和科研院所的专利难以被发现和应用、中小企业难以获取所需的专利技术等问题，国家知识产权局研究起草了相应的"十四五"规划纲要,并按照部署和分工,重点优化专利资助奖励政策和考核评价机制,突出高质量发展主题,更好地保护和激励高价值专利,壮大专利密集型产业。同时,改革国有知识产权归属和权益分配机制,扩大高校和科研院所知识产权处置的自主权,完善无形资产评估,促进专利转化运用。通过这些措施,进一步突出高质量发展导向,推动知识产权保护迈上新台阶,运用实现新突破,服务达到新水平,更好地支撑国家经济社会发展[①]。

六、科技成果转化服务能力提升

近年来,我国探索多种途径与方式,逐步在科技成果的"供"与"求"、"研"与"用"之间搭建起畅通的桥梁。

建设技术转移专业机构,解决科技成果供需双方的信息不对称,促进科技成果落地转化。开展高校专业化国家技术转移机构建设试点工作,2018年5月,《教育部关于印发〈高等学校科技成果转化和技术转移基地认定暂行办法〉的通知》(教技〔2018〕7号)中,首批认定了清华大学等22所中央部门所属高校和山东理工大学等25所地方高校科技成果转化和技术转移基地,推动在高校院所建设专业化技术转移中心,加快高校院所科研成果向企业转化应用。中国科学院成立知识产权运营管理中心,设立科技成果转移转化基金,与地方政府、企业共建一批院级技术转移转化机构(非法人单位)和所级转移转化平台,不断提升专业化服务能力。

完善国家技术转移人才培养体系,壮大技术转移专业人才队伍。科技部于2020年印发了《国家技术转移专业人员能力等级培训大纲》(试行),指导国家技术转移人才培养基地规范化、制度化,开展初中高级技术转移专业人员培养,壮大我国技术转移人才队伍。同年,科技部结合国家技术转移体系建设布局,在11个国家技术转移区域中心人才培养基地的基础上,开展了第二批国家技术转移人才培养基地建设工作,着力培养一批懂科技、熟专业,具有知识产权、法律、财务、投资、金融等专业知识的复合型技术转移人才队伍。截至2020年年底,全国已布局36个国家技术转移人才培养基地,清华大学、上海交通大学等开展技术转移学

---

① 涂子怡."十四五"时期重点推动知识产权权益分配改革[N].光明日报,2021-04-30(1).

历教育，北京、上海等11个省市启动了技术经理人专业职称评定。①

提高科技成果源头供给质量，服务对接企业技术和产品研发需求。以校地产业研究院为平台，有针对性地为企业设计和实施研发项目，研发团队全程参与企业技术攻关和成果转化，帮助企业突破发展急需的关键技术，提高高校和科研院所科技成果供给的有效性。

七、科技荣誉奖励发挥激发效应

近年来，党中央、国务院高度重视对为国为民做出突出贡献科学家的宣传和表彰，通过完善科技奖励制度，加强榜样的示范带动作用，进一步强化了科技奖励的学术性、公信力和荣誉性，形成对科技人才的正向激励和引导。

科技奖励制度改革稳步推进。一是全面实施提名制。2019年，国家自然科学奖、国家技术发明奖、国家科学技术进步奖三大奖提名项目中由专家学者和学会、协会等机构提名的比例已占到17.4%，其中在自然科学奖中占比达到28.1%。三大奖提名对象面向外籍人士开放，鼓励海外高层次人才为我国科技创新服务。二是评审标准突出科技创新质量和贡献。对于国家自然科学奖，注重对成果的原创性、公认度和科学价值等进行评审，对论文评价实行代表作制度，代表作数量原则上不超过8篇，取消填写论文期刊影响因子、SCI他引次数等硬性规定；对于国家技术发明奖、国家科学技术进步奖，注重对成果的创新性、先进性、应用价值和经济社会效益等进行评审，不把论文作为主要的评审依据。

充分发挥国家科技奖励对科技工作者的激励作用，坚持精神激励和物质激励相结合，增强科技人员的获得感。一是提高国家科学技术奖的奖金标准。2019年，《科技部　财政部关于调整国家科学技术奖奖金标准的通知》（国科发奖〔2019〕7号）中对奖金标准进行了调整。国家最高科学技术奖的奖金标准由500万元/人调整为800万元/人，全部属获奖人个人所得；国家自然科学奖、国家技术发明奖、国家科学技术进步奖的特等奖奖金标准由100万元/项调整为150万元/项，一等奖奖金标准由20万元/项调整为30万元/项，二等奖奖金标准由10万元/项调整为15万元/项。二是优化国家科技奖励大会授奖仪式及奖章、证书。推荐国家科技奖获

---

① 促进科技成果转化：为经济社会高质量发展提供科技支撑[EB/OL].（2022–01–01）[2022–12–16]. https://m.gmw.cn/baijia/2022-06/07/35791700.html.

奖者作为国家勋章和国家荣誉称号授予人选，充分体现党和国家对科技工作的高度重视和对科技工作者的亲切关怀，进一步强化国家科技奖的荣誉性，极大地增强了科技界的荣誉感、责任感和使命感。

宣传和表彰为国为民做出突出贡献的科学家，发挥榜样的示范带动作用。一是授予科学家国家荣誉称号。通过颁发"人民科学家""共和国勋章"等国家荣誉称号，大力表彰科技界的民族英雄和国家脊梁。二是大力宣传科学家精神。科技部、中央宣传部等部门贯彻落实习近平总书记对部分优秀科技人才先进事迹的一系列重要指示，在全社会树立了以李保国、黄大年、钟扬、南仁东为代表的一大批先进典型人物，激励广大科技人才弘扬科学精神。三是充分发挥科技人物奖项的激励作用。中国科协联合相关部委开展全国创新争先奖、中国青年科技奖、中国青年女科学家奖等科技人物奖项，表彰为我国科技创新事业做出突出贡献的优秀科技工作者，激励广大科技工作者勇攀科技高峰，为实现科技自立自强做出新的更大贡献。全国创新争先奖于2017年、2020年评选两届，共表彰吴伟仁院士等568位先进个人和钟南山院士科研团队等20个先进集体，在科技界引起强烈反响。中国青年科技奖已评选16届共表彰1595位获奖者，获奖者大多已成为我国科技创新的中坚力量，其中171人当选两院院士。中国青年女科学家奖已评选表彰15届，共有134位女科学家获此殊荣，其中9位当选两院院士。

八、约束机制不断完善

近年来我国科技人才约束机制相关政策不断完善，在制度建设方面取得了较好成效。

对单位正职领导科技成果转化奖励划定适用范围。《国务院关于印发实施〈中华人民共和国促进科技成果转化法〉若干规定的通知》（国发〔2016〕16号）和《中共中央办公厅　国务院办公厅印发〈关于实行以增加知识价值为导向分配政策的若干意见〉》（厅字〔2016〕35号）中提出，法人单位的正职领导，是科技成果主要完成人或者对科技成果做出重要贡献的，可按照规定获得现金奖励，原则上不得获取股权激励。在担任现职前因科技成果转化所得股权，任职后应及时予以转让，逾期未转让的，任期内限制交易，在本人不担任上述职务一年后解除限制。《中国科学院、科学技术部关于印发〈中国科学院关于新时期加快促进科技成果转移转化指导意见〉的通知》（科发促字〔2016〕97号）提出，院属单位正职领导在担任现职前的股权可在任职后及时转让，原则上不超过3个月。

第三节　政策发展主要方向

从科技人才政策设计看，激励与引导方面的政策涵盖了物质激励和精神激励两个方面，不断加大激发科研人员进行创新的内生动力。"十四五"时期，我国国民经济和社会发展的战略目标发生了转变，进一步突出高质量发展导向，以更大力度、更实举措加快科技自立自强，这对科技人才的激励引导、提高科技成果转化能力提出了更高的要求。习近平总书记也在中央人才工作会议上强调"要为各类人才搭建干事创业的平台，构建充分体现知识、技术等创新要素价值的收益分配机制，让事业激励人才，让人才成就事业"。然而现阶段科技人才的激励引导相关政策依然存在奖励激励政策需要进一步加强、科技成果转化政策需要衔接和落实、专业化转移机构和人才仍需加强建设和培养、科技成果转化基地（平台）尚待系统性布局等需求。面向这些需求，结合当前政策亮点及落实成效，未来科技人才激励与引导政策将重点关注以下几个方面。

一是需要建立绩效工资总额的正常增长机制。加大对欠发达地区科研机构和基础性、公益性科研单位的经常性经费等稳定支持力度，适当提高绩效工资核定额度和人员经费。进一步扩大用人单位自主权，按人员编制规模给予用人单位一部分单列薪酬、不受绩效工资总额限制的高层次人才或特殊人才数量比例，让其自主决定这部分人才的适用条件和范围。

二是加强科研经费激励政策的协同和保障。制定具体的执行规范并强化监管，切实保障和落实科研单位的自主权。加强财政、审计、纪检、税收等部门的政策协同，建立高效统一的政策执行机制。赋予领军人才、拔尖人才和科研项目负责人更大技术路线决定权和经费使用权。

三是加快推广科技成果转化激励政策试点，扩大政策的受惠范围。进一步扩大成果转化激励试点范围，向非试点地区推广已经取得成效的成果转化激励政策。继续深化科技成果权属改革，完善细则和规范，建立相关约束机制。完善科研人员职务发明成果权益分享机制，加快推进赋予科研人员职务科技成果所有权或长期使用权，提高科研人员收益分享比例。

四是加快推进科研单位人才激励制度建设，实行基于职业生涯阶段需求的差异化激励方式。对于青年科技人员，主要是满足物质保障性需求和成长发展愿望，采取扩大自然科学基金项目资助规模、国家科技计划项目设立青年专项、提供更多学术交流和培训机会、用人单位设立青年基金和青年岗位津贴等方式，支持他们承担重点科研任务，明显改善收入待遇，解决子女入学、住房保障等方面的后顾之忧，使之潜心科研、早出成果、多出成果。对于高层次人才，更加注重自我价值的实现和体现，在采取年薪制、协议工资制等方式提高其物质待遇的同时，可运用荣誉性、表彰性等精神激励方式，提高他们的社会知名度和声望，既可产生显著的社会示范效应，也可激励他们以追求更高目标、做出更大贡献。

五是完善科技荣誉奖励制度，提高荣誉奖项的精神激励作用。进一步规范奖项的申报、评选、公示流程，使评奖流程透明化。在加大物质激励的同时，通过表彰先进、宣传典型等方式，进一步强化荣誉激励、精神激励的导向作用，激发他们潜心科研、服务国家目标的责任感和荣誉感。

六是加强科技人才的自律规范，树立底线思维。通过建立约束机制加强对科技人才的引导。科学研究需要鼓励探索、宽容失败，同样需要坚守科研底线、有所敬畏。完善科研人员监督约束机制，强化科研人员的科研伦理和职业操守约束，建立健全职责明确、高效协同的科研诚信管理体系。引导科研人员弘扬科学精神、恪守学术道德和职业操守，实现激励与约束并重。

第九章

科技人才开放与合作政策

科技人才开放合作政策是我国积极主动融入全球科技创新网络的重要举措，是吸引全球优秀人才参与我国经济社会建设和科技创新事业发展的重要保障。党的十八大以来，我国坚持实施更加积极、更加开放、更加有效的人才政策，稳步推进科技人才"引进来"和"走出去"，完善国际科技人才服务保障机制，积极营造近者悦、远者来的人才发展生态。

第一节 政策发展过程和进展

从人才流动理论来看，人才的跨国流动带来了知识的跨国流动和合作生产。人才作为知识的拥有者、传播者，通过跨国流动开展交流合作和开阔视野，引入了新知识、新技能，降低了流入国学习新知识的学习成本，并通过交流促进了深层次知识的传播，拓宽了流入国当地人才的知识量，从而使来自国外的人才迁移到流入国，并提升了流入国通过新知识成功升级的概率。因此，科技人才开放与合作政策主要是遵循科技创新和人才成长规律，充分发挥国家、社会、各类机构和个人等优势，利用多种渠道，鼓励科技人才到国外进行留学、访学、开会交流或吸引国际科技人才来到本国，并提供相关的政策支持，提升我国科技人才的国际化水平和能力，为创新型国家建设提供强大的科技人才队伍保障。

科技人才开放与合作政策主要包括以下方面：一是教育培训国际化，包括合作办学、来华留学生、双边学位认证等。二是推动科技计划对外开放，包括科技计划、大科学装置对外开放等。三是促进外国人来华交流合作和创业就业，包括支持外国专家来华交流，支持外国人来华创办企业、放宽外国留学生在华就业条件等。四是搭建科技人才国际交流合作平台，包括建设离岸创业基地、支持各类国际引才基地等。五是完善国际人才管理，包括提供市场化的薪酬、面向全球引进院所长、国际人才的职称评定等。六是国际人才服务与保障，包括完善工作许可和出入境政策、完善国际人才配套服务政策、完善国际技术资格认证等。

科技人才开放与合作政策框架如图 9-1-1 所示。

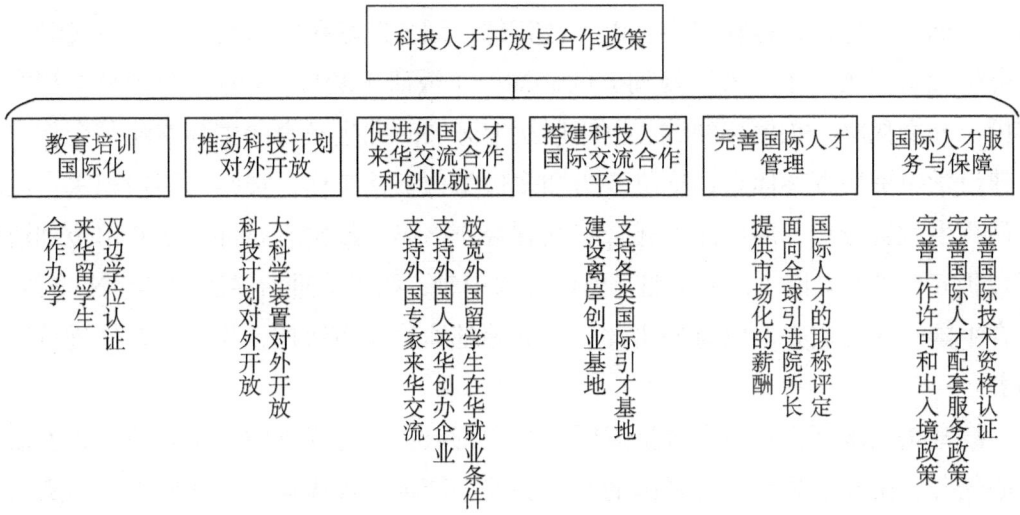

图 9-1-1 科技人才开放与合作政策框架

一、教育培训国际化

教育培训国际化是培养具有国际竞争力的创新型科技人才、增强科技创新人才后备力量的重要一环，对国家发展和科技进步有重要意义。随着科技革命和知识经济的迅速崛起，教育培训的国际化，特别是高等教育的国际化已成为时代的焦点。

（一）政策发展过程及特点

我国的科技人才教育培训国际化政策发展过程如图 9-1-2 所示。一是对教育培训的国际化体系进行整体布局，以 2010 年国家中长期教育改革和发展规划纲要工作小组办公室《国家中长期教育改革和发展规划纲要（2010—2020 年）》为指导，提出开展多层次、宽领域的教育交流与合作，提高我国教育国际化水平。借鉴国际上先进的教育理念和教育经验，促进我国教育改革发展，提升我国教育的国际地位、影响力和竞争力。适应国家经济社会对外开放的要求，培养大批具有国际视野、通晓国际规则、能够参与国际事务和国际竞争的国际化人才。二是以建设国际一流学科为基础推进高等学校国际化进程，以2015年《中共中央办公厅　国务院办公厅关于印发〈深化科技体制改革实施方案〉的通知》（中办发〔2015〕46号）为指导，鼓励高等学校以国际同类一流学科为参照，开展学科国际评估，扩大交流合作，稳步推进高等学校国际化进程，加大博士后国际交流计划实施力度。三是进一步明确教育培训国际化的进程和路径。以《教育部　国务院学位委员会关于印发〈学位与研究生教育发展"十三五"规划〉的通知》（教研〔2017〕1号）为指导，积极对接国家外交战略，在更宽领域、更深层次上开展研究生教育的国际交流与合作。加快建设学位资历框架体系，推进双边和多边学位互认工作，加强与周边国家、区域的研究生教育合作，形成深度融合、互利合作格局。鼓励有条件的培养单位到海外开展研究生教育。以"一带一路"倡议等为引领，积极推进沿线国家学生来华留学。配合中国企业走出去，以海外研发、培训等基地建设为依托，与企业合作进行定制培养。

教育培训国际化政策发展呈现以下几个特点：一是提高质量是高等教育发展的核心任务，是建设高等教育强国的基本要求。鼓励学校优势学科面向世界，支持参与和设立国际学术合作组织、国际科学计划，支持与境外高水平教育、科研机构建立联合研发基地。加快创建世界一流大学和高水平大学的步伐，培养一批拔尖创新人才，形成一批世界一流学科，产生一批国际领先的原创性成果，为提升我国综合国力贡献力量。二是更加关注研究生教育的国际化，积极探索提高研究生教育质量的新模式。鼓励多学科交叉培养，支持研究生更多参与学术交流和国际合作，拓宽学术视野，激发创新思维。吸引国外优秀人才来华培养研究生。进一步提高海外交流、访学的导师和研究生比例，开拓海外实践基地，加强研究生跨文化学习、交流和工作能力的培养。三是积极对接国家外交战略，在更宽领域、更深层次上开展研究生教育的国际交流与合作。深化开放合作，提升国际影响力。打造"留学中国"品牌，吸引优秀学生来华攻读硕士、博士学位，完善来华留学生招生、培养等管理体系，保障学位授予质量。

第九章 科技人才开放与合作政策

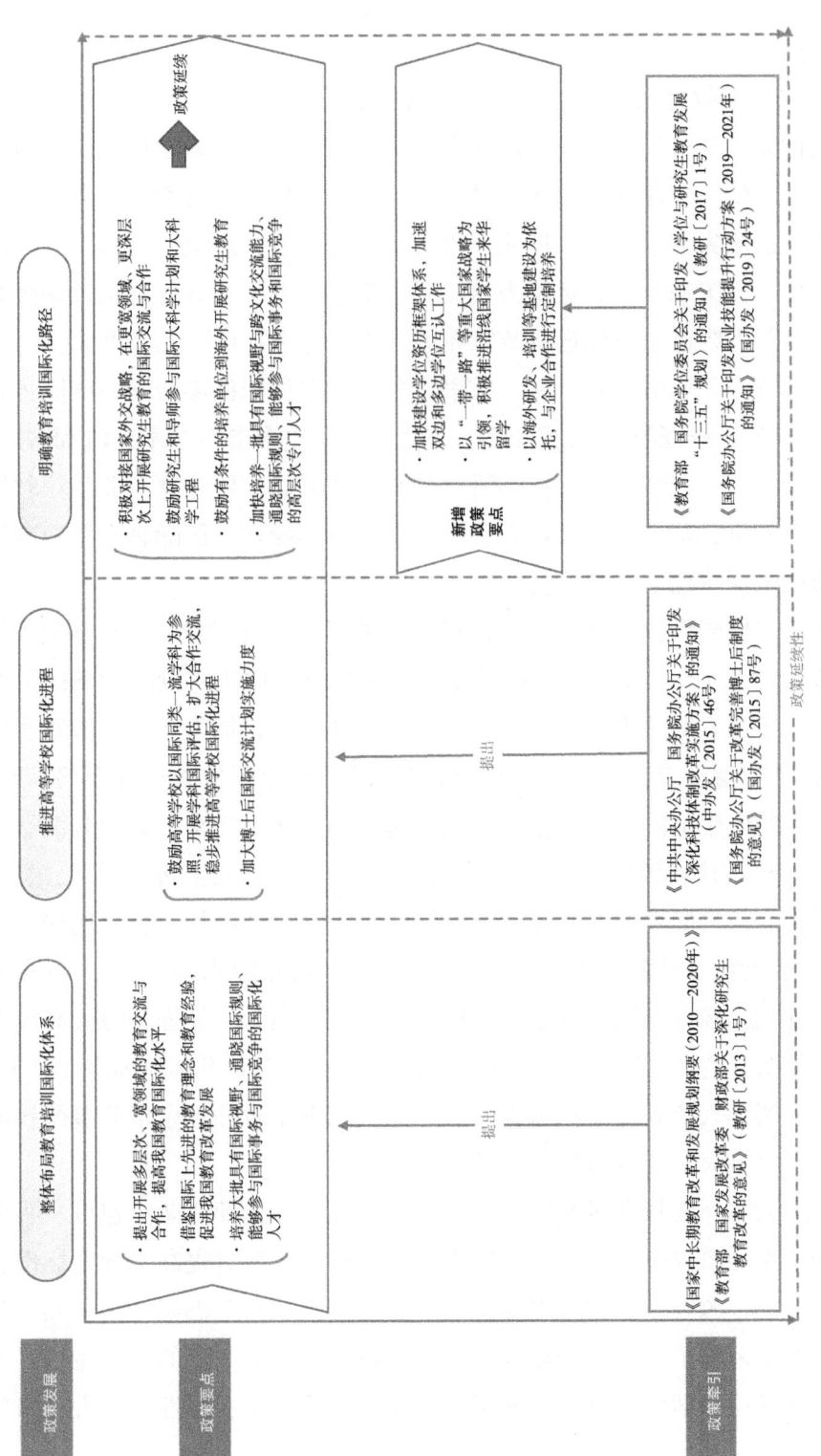

图 9-1-2 教育培训国际化政策发展过程

（二）当前进展

《国家中长期教育改革和发展规划纲要（2010—2020年）》提出鼓励学校优势学科面向世界，支持参与和设立国际学术合作组织、国际科学计划，支持与境外高水平教育、科研机构建立联合研发基地。加快创建世界一流大学和高水平大学的步伐，培养一批拔尖创新人才，形成一批世界一流学科，产生一批国际领先的原创性成果，为提升我国综合国力贡献力量。以上要求明确了我国教育培训国际化发展的整体目标，并围绕这个目标进行政策布局，主要体现在以下几个方面。

建立一批有国际竞争力的学科。鼓励有条件的单位积极参与学科国际评估和国际教育质量认证。鼓励多学科交叉培养，支持研究生更多参与学术交流和国际合作，拓宽学术视野，激发创新思维。在学科评价和认证方面，要建立专业学位教育质量认证体系，鼓励培养单位参与国际教育质量认证等，探索与国际高水平教育评价机构合作，形成中国特色学校评价模式。

统筹利用国内国际教育资源。《教育部 国家发展改革委 财政部关于深化研究生教育改革的意见》（教研〔2013〕1号）中提出，加快建设有利于国际互认的学位资历框架体系，继续推动双边和多边学位互认工作，加强与周边国家、区域的研究生教育合作，继续支持培养单位与国际高水平大学和研究机构联合培养研究生。扩大联合培养博士生出国留学规模，继续实施"国家建设高水平大学公派研究生"项目。支持有条件的学校建设海外教学实践基地。加大对研究生访学研究、短期交流、参加国际学术会议的资助力度，提高具有国际学术交流经历的研究生比例。逐步建立起具有中国特色、与国际接轨的案例教学体系，实现案例资源共享、师资共享、学术成果共享和国际合作资源共享。《教育部等六部门关于加强新时代高校教师队伍建设改革的指导意见》（教师〔2020〕10号）中提出，建立青年教师多元补充机制，大力吸引出国留学人员和外籍优秀青年人才。鼓励青年教师到企事业单位挂职锻炼和到国内外高水平大学、科研院所访学。

畅通优秀的海外教师和研究生来华渠道。加强国际化师资队伍建设，吸引国外优秀人才来华指导研究生。完善来华留学研究生政策，适时提高奖学金标准，扩大招生规模，提高生源质量，创新培养方式。以"一带一路"倡议等为引领，积极推进沿线国家学生来华留学。逐步建成一批中国特色、国际一流的研究生培养基地。扩大来华攻读学位留学生规模，提高留学生生源的质量和多样性。加大对来华攻读学位留学生的中国政府奖学金资助力度，完善以中国政府奖学金为主导，地方政府、教育机构、企业及社会组织等各方参与的多元化来华留学奖学金体系。

完善导师和研究生国际化流动机制。主要鼓励研究生和导师参与国际大科学计划和大科学工程。鼓励有条件的培养单位到海外开展研究生教育。配合中国企业走出去，以海外研发、培训等基地建设为依托，与企业合作进行定制培养。支持培养单位与境外高水平大学联合开展高层次人才培养，深化研究生课程建设、联合授课、学分互换和学位互认等领域的合作。建立国际科研合作长效机制，探索"政府—大学—企业"多边国际合作创新模式，与境外一流大学和研究机构合作建立一批国际合作研究中心、联合实验室或研发基地，搭建高水平的研究生培养平台。进一步提高海外交流、访学的导师和研究生比例，开拓海外实践基地，加强研究生跨文化学习、交流和工作能力的培养。提高对研究生海外学习、学术交流的资助力度。

二、推动科技计划对外开放

国家科技计划对外开放是指各国政府为充分利用并整合全球科技资源来促进本国发展，除制定专门的国际科技合作计划外，允许拥有外国国籍的科学家、非本国独立法人或外资研究机构及企业参与本国的主体科技计划项目工作。"十三五"国家科技创新规划实施后，国家出台多项政策促进我国科技计划对外开放。2021年修订的《中华人民共和国科学技术进步法》再次强调扩大科学技术计划对外开放合作，完善境外科学技术人员国家科学技术计划项目参与机制，推动形成高水平的科技开放合作格局。

（一）政策发展过程及特点

党的十八大以来，我国推动科技计划对外开放政策发展过程如图9-1-3所示。一是对科技计划对外开放进行顶层设计与整体布局。以《中共中央 国务院关于深化体制机制改革加快实施创新驱动发展战略的若干意见》（中发〔2015〕8号）为指导，以提升我国科技计划的整体实施水平为导向，对外籍科学家和外资研发机构牵头或参与的项目明确了原则和范围，提出按照对等开放、保障安全的原则，积极鼓励和引导外资研发机构参与承担国家科技计划项目。二是重点推进科技计划对外开放的完善与落地。以《财政部 科技部关于印发〈国家重点研发计划管理暂行办法〉的通知》（财教〔2021〕178号）、《科技部关于推进外籍科学家深入参与国家科技

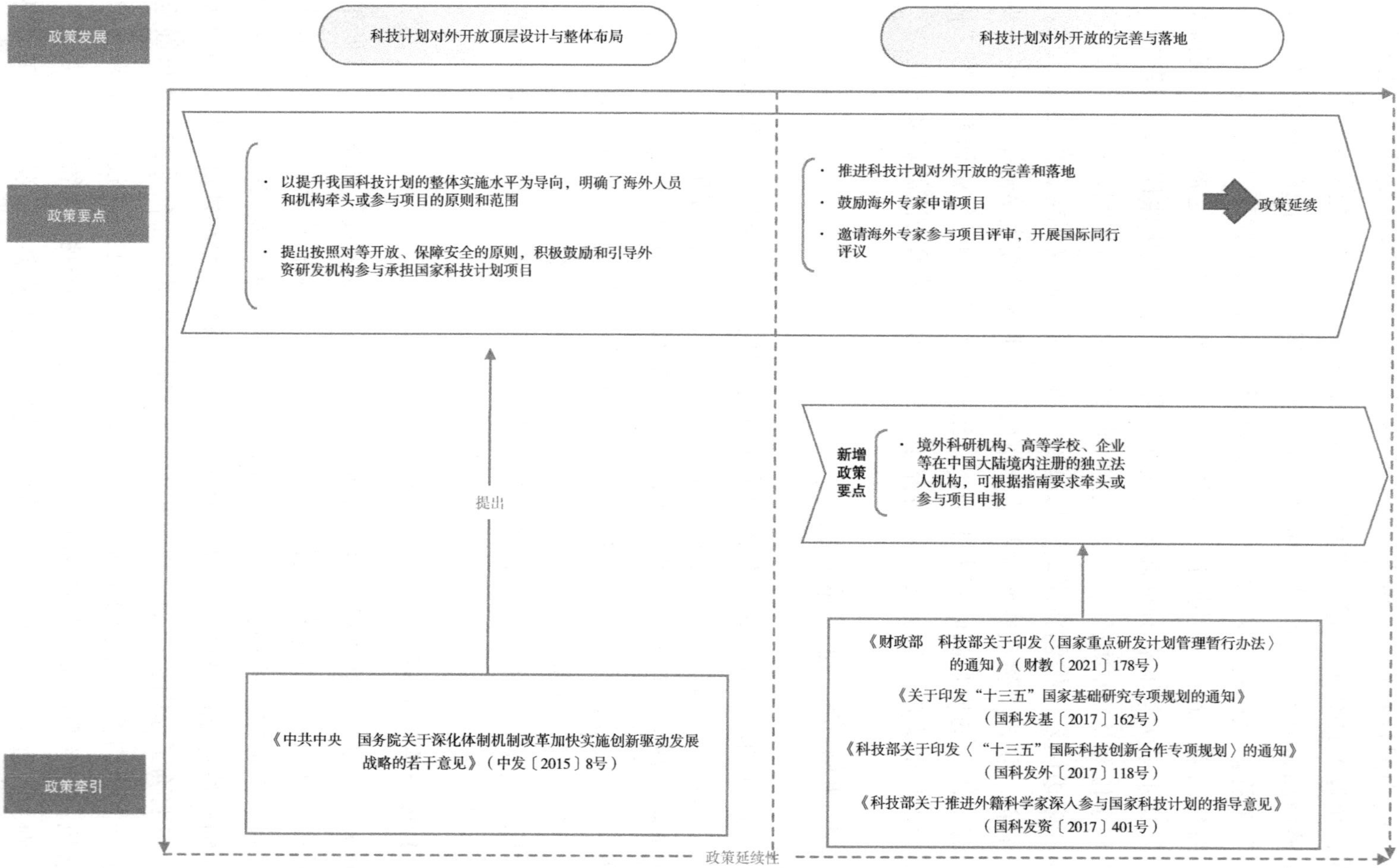

图 9-1-3 推动科技计划对外开放政策发展过程

计划的指导意见》（国科发资〔2017〕401号）和《关于印发"十三五"国家基础研究专项规划的通知》（国科发基〔2017〕162号）等文件为代表，进一步明确外籍科学家深入参与国家科技计划战略咨询、项目管理、研究开发、验收评价等相关工作，提出可以邀请高水平国际科学家参加我国各类科研项目的评审，开展国际同行评议。

（二）当前进展

科技创新活动的日益复杂需要国际同行能够参与到我国科技计划中，国家科技计划对外开放要按照对等开放、保障安全的原则，积极鼓励和引导外资研发机构参与承担国家科技计划项目。当前，我国科技计划对外开放政策已完成整体布局，政策着力点在推进外籍科学家深入参与国家科技计划项目、建立国际同行评审制度等方面。

鼓励境外科学家和外资研发机构参与国家科技计划项目。邀请外籍科学家参与国家科技计划战略研究和任务布局等顶层设计。除涉及国家安全等特殊情况外，鼓励外籍科学家依托在我国大陆境内注册的内、外资独立法人机构，领衔和参与申报国家科技计划项目，通过公平竞争承担研发任务。为外籍科学家深入参与国家科技计划做好服务。鼓励相关单位结合国家重大研发任务的实施，面向全球引进具有重大原始创新能力的科学家和能够推动重大技术革新的科技领军人才，支持其全职来华工作。

完善国家科技计划的国际合作机制。深化基础研究领域政府间合作，完善合作机制，加强双多边基础研究科技合作。加大对科技创新合作专项、大科学工程（计划）、对外科技援助、国家国际科技合作基地、建立与参与国际组织等工作的国拨经费投入。国家自然科学基金委面向海外设立了外国青年学者研究基金项目，而且在重大项目管理中提出要加强国际合作和交流，并将其纳入项目研究计划。

发挥国际大科学计划和工程集聚全球创新人才的作用。进一步提升我国参与国际大科学计划和大科学工程的广度和深度，积极推动大型研究基础设施和装置、科学数据等科技资源的国际开放、合作与共享。在我国有优势的重点领域，围绕全球性重大科学问题，谋划并牵头组织新的国际大科学计划和大科学工程，吸引国外顶尖科学家和团队参与，共同开展高水平科学研究。

建立国际同行评审制度。在项目指南阶段和项目评审阶段等引入国际同行作为战略咨询专家和评审专家。《关于印发"十三五"国家基础研究专项规划的通知》(国科发基〔2017〕162号)和《科技部办公厅 财政部办公厅 教育部办公厅 中科院办公厅 工程院办公厅 自然科学基金委办公室关于印发〈新形势下加强基础研究若干重点举措〉的通知》(国科办基〔2020〕38号)中都提出研究基础研究评审活动国际化,建立基础研究国际同行专家库,邀请国际高水平科学家参与项目评审,开展国际同行评议。2017年4月,《科技部办公厅关于印发〈国家科技专家库管理办法(试行)〉的通知》(国科办创〔2017〕25号)中提出专家库积极吸纳海外专家,采取专业机构邀请、专家自愿申报、国内专家联名推荐等多种形式增加库内海外专家数量。

三、促进外国人来华交流合作和创业就业

我国始终坚持开放有效的对外政策,大力吸引全球优秀高层次人才来华交流合作和创业就业,特别是针对吸引留学回国人员创业就业出台了一系列政策。

(一)政策发展过程及特点

党的十八大以来,我国鼓励国际人才来华交流和创业就业政策发展过程如图9-1-4所示。一是初步构成总体政策布局,对外国专家来华交流和国际人才来华创业进行整体布局,完善外国专家项目支持方式,密集出台了鼓励支持海外留学生回国创业的相关政策,为留学人员回国创办企业提供优惠的政策支持、良好的生活保障和优良的服务环境。二是完善相关配套政策。国家外国专家项目不断拓展支持范围和优化支持方式。《国务院关于印发"十三五"促进就业规划的通知》(国发〔2017〕10号)和《国务院关于推动创新创业高质量发展 打造"双创"升级版的意见》(国发〔2018〕32号)等提出研究实施留学人员回国创业创新启动支持计划;进一步放宽外国人才申请签证、工作许可、居留许可和永久居留证的条件,简化开办企业审批流程,加大创业启动资金支持力度,完善子女入学、医疗、住房等配套政策,吸引更多境外高端人才来华创新创业。

(二)当前进展

当前,我国吸引海外人才交流合作和创业就业相关政策已经从加速发展阶段转为转型升级阶段,相关政策的关注焦点集中在支持外国专家来华交流、支持海外人

才创业就业、构建和完善海外人才创业服务保障体系等方面,吸引集聚全球高层次创新创业人才。

实施国家外国专家项目。根据国家总体战略需要,通过国家外国专家项目,支持用人单位引进高层次外国人才开展学科建设、科学研究、教学改革与人才培养等,充分发挥外国专家在推动国际创新合作等方面的重要作用。优化国家外国专家项目管理,重点支持三类人才来华开展短期工作,具体为国外著名高校、科研院所副教授及以上,知名企业高级技术人才及管理人才等高端外国专家;"一带一路"沿线国家法律政策、经济金融、人文历史、语言文字、对外传播、翻译人才等;优秀海外青年专家。

激励外国专家发挥作用。设立中国政府友谊奖,表彰在中国现代化建设和改革开放事业中做出突出贡献的外国专家。完善外国专家建言工作机制,畅通咨询渠道,积极利用国外智力资源,提高政府决策的科学化及国际社会对中国发展的认知度。积极发挥外国专家在国际交流中的优势,讲好中国故事。完善外国专家在华工作生活服务保障工作,加强人文关怀和关心慰问。

支持海外人才创业就业。一是为高端人才回国创业提供便利。发挥领军人才、高端人才的创业引领带动作用。进一步放宽外籍高端人才来华创业办理签证、永久居留证等条件,简化开办企业审批流程,探索由事前审批调整为事后备案。引导和鼓励地方对回国创业高端人才和境外高端人才来华创办高科技企业给予一次性创业启动资金,在配偶就业、子女入学、医疗、住房、社会保障等方面完善相关措施。对持有外国人永久居留证的外籍高层次人才创新创业活动给予中国籍公民同等待遇。二是支持留学生回国创业就业。鼓励支持留学人员回国创新创业,实施留学人员回国创业启动支持计划。在上海、海南等地做试点,为优秀来华留学生直接就业提供工作签证等。《国务院关于印发上海系统推进全面创新改革试验 加快建设具有全球影响力科技创新中心方案的通知》(国发〔2016〕23号)中提出开展在沪外国留学生毕业后直接留沪就业试点。

加快构建和完善海外人才创业服务保障体系。引入专业机构,完善配套服务。提供多样化国际化人才引进服务,支持海南自贸区试行人力资源市场外资准入试点,允许外商独资设立人才中介机构,允许外资直接入股中资人才中介机构。加强创业创新信息资源整合,面向创业者和小微企业需求,建立创业政策集中发布平台,完善专业化、网络化服务体系,增强创业创新信息透明度。

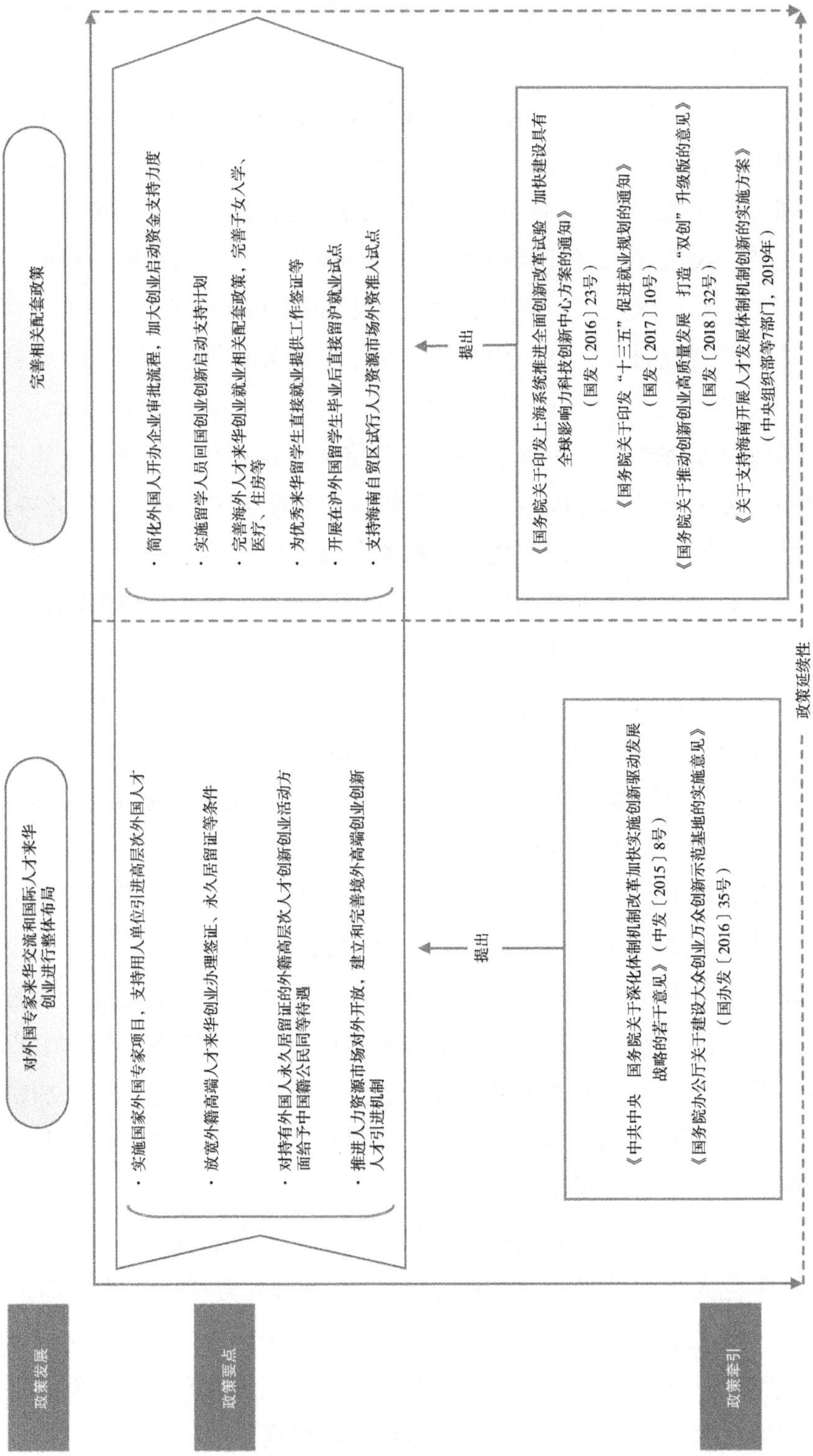

图 9-1-4 鼓励国际人才来华创业就业政策发展过程

四、搭建科技人才国际交流合作平台

搭建多种形式和多种层次的国际化科技交流平台不仅能为全球优秀科技人才提供施展才智的舞台，而且也将吸引更多的优秀人才来华从事科技相关的活动。国家更是将"鼓励企业事业单位、社会组织通过多种途径建设国际科技创新合作平台，深化国际创新合作服务的制度保障"等内容纳入2021年修订的《中华人民共和国科学技术进步法》的修订范围。

（一）政策发展过程及特点

党的十八大以来，我国搭建科技人才国际交流合作平台政策发展过程如图9-1-5所示。一是搭建科技人才国际交流合作平台的整体布局。该阶段以《中共中央 国务院关于深化体制机制改革加快实施创新驱动发展战略的若干意见》（中发〔2015〕8号）和中共中央、国务院印发的《国家创新驱动发展战略纲要》为指导，加强海外科技人才离岸创业基地建设，推动建立各类国际化的研发中心，把更多的国外创业创新资源引入国内。二是深化和发展各类交流合作平台，包括高标准建设留学人员创业园，加快国际技术转移中心建设，把新型研发机构、国家实验室等建成国际化平台，加快推进建设各类创新创业双向交流平台。

这些政策出台以来，在搭建科技人才国际交流合作平台方面取得了重大进展，其发展主要表现为以下特点：一是高度重视以国际化平台作为吸引海外人才来华的基础，建设各类海外人才创业基地，鼓励各类国际机构来华建立研发中心。二是鼓励国内各类科研平台的国际化，在国家技术创新中心建设中提出探索项目经理制方式面向全球招聘优秀技术创新和成果转化人才，鼓励新型研发机构开展国际化管理模式。北京和上海等地出台相关鼓励措施，鼓励国际化平台的建设。

（二）当前进展

各部门、各地方积极搭建形式多样的引才引智和国际科技合作交流基地平台，完善海外人才创业基地建设，以开放姿态来吸引、集聚、使用全球优秀科技人才。

建设引智引才基地。一是建设国家引智引才示范基地，充分发挥市场主体作用，通过政府引导和支持，突出"高精尖缺"导向，成为高层次外国人才的聚集平台。基地实行分类管理，在引才引智项目经费、国外引才引智渠道、关键人才绿色通道等方面对基地建设给予支持。二是建设高等学校学科创新引智基地，加大成建制引

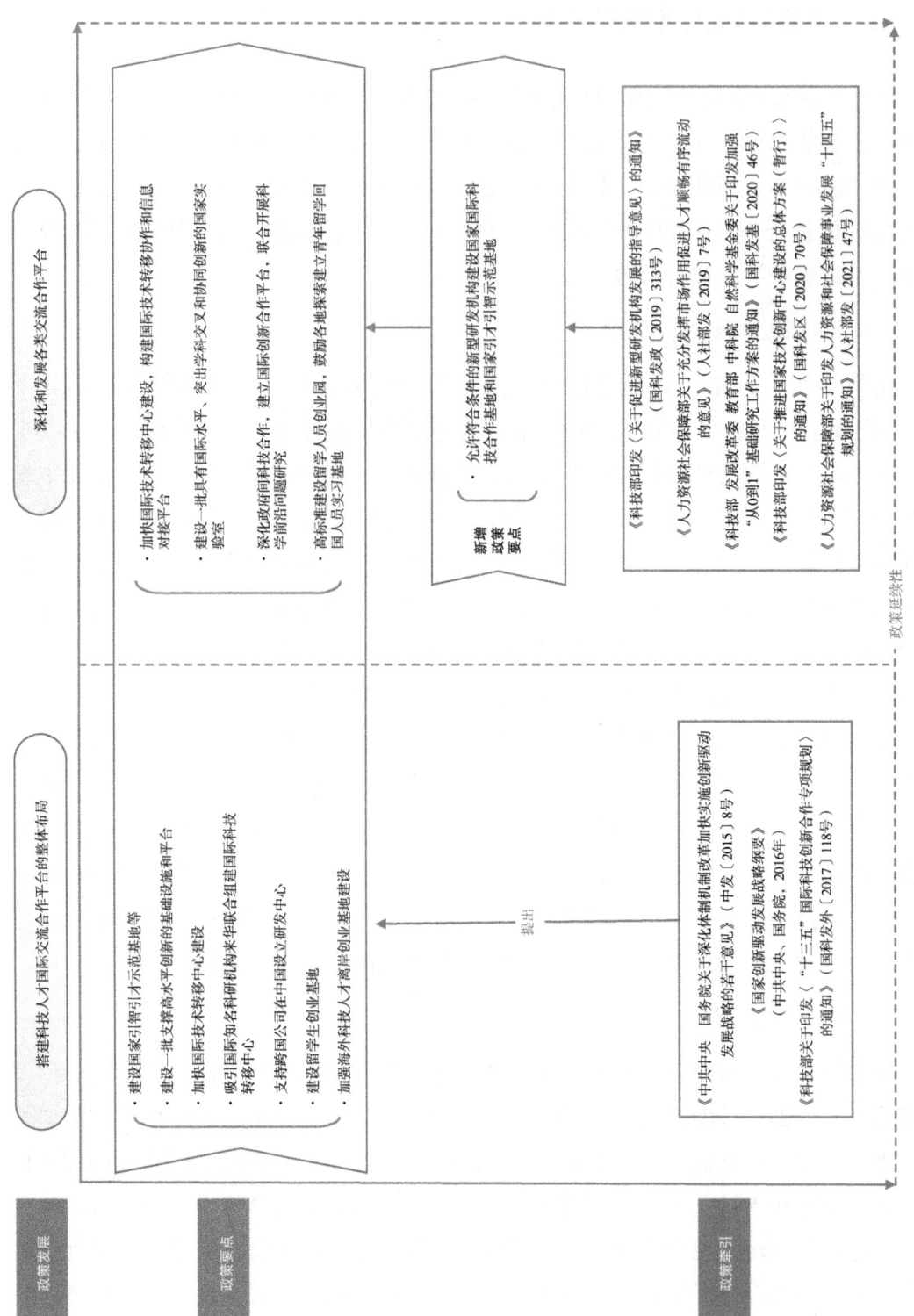

图 9-1-5 搭建科技人才国际交流合作平台政策发展过程

进海外人才的力度，促进海外人才与国内科研骨干的融合，开展高水平的合作研究和学术交流。支持引进聘用海外高层次人才，并支持国内优秀科研骨干赴国外一流大学、科研机构从事合作研究、短期访问及联合培养博士研究生。

完善海外人才创业基地建设。一是加强海外科技人才离岸创业基地建设，把更多的国外创业创新资源引入国内。推进张江国家自主创新示范区建设首个海外人才离岸创业基地。北京、南京、杭州、海南、湖南等地陆续建立海外人才离岸创新创业基地，打造多元化平台体系，汇聚更多的平台资源，推动项目资源节点的整合。二是建设留学生创业基地。积极吸引海外留学人员回国创新创业，高标准建设留学人员创业园，优化留学人员回国创新创业服务。鼓励各地探索建立青年留学回国人员实习基地，开展海外引才推介活动、引进创新资源、产业项目、金融资源。

建设一批国际科技创新合作的基础设施和平台。建设一批具有国际水平、突出学科交叉和协同创新的国家实验室，合作开展重大科学问题的研究。深化政府间科技合作，建立国际创新合作平台，联合开展科学前沿问题研究。允许符合条件的新型研发机构建设国家国际科技合作基地和国家引才引智示范基地。

鼓励建立各类国际研发中心和技术转移中心。吸引国际知名科研机构来华联合组建国际科技中心等。支持企业面向全球布局创新网络，鼓励建立海外研发中心，按照国际规则并购、合资、参股国外创新企业和研发机构，提高海外知识产权运营能力。允许符合条件的新型研发机构联合境外知名大学、科研机构、跨国公司等开展研发，设立研发、科技服务等机构。加快国际技术转移中心建设，构建国际技术转移协作和信息对接平台，在技术引进、技术孵化、消化吸收、技术输出和人才引进等方面加强国际合作，实现对全球技术资源的整合利用。

鼓励支持"走出去"建设交流合作基地。支持科研机构和高等学校设立海外研发机构，加强国际研究网络，构建打造"一带一路"科技人才智库，搭建创新创业人才跨界平台，促进科技人才学术交流。支持高校在海外建立办学机构、人才工作站。支持企业在海外建立研发机构，面向全球自主引才用才。

五、完善国际人才管理

做好国际科技人才的招聘、评价和使用等管理工作有利于促进国际人才的交流与合作，有利于构建良好的科研氛围，促进科技创新和技术成果转化。

（一）政策发展过程及特点

党的十八大以来，我国完善国际人才管理相关政策发展过程如图 9-1-6 所示。一是初步形成海外人才管理机制。本阶段以《中共中央办公厅　国务院办公厅关于印发〈深化科技体制改革实施方案〉的通知》（中办发〔2015〕46 号）、《中共中央办公厅　国务院办公厅印发〈关于实行以增加知识价值为导向分配政策的若干意见〉》（厅字〔2016〕35 号）、《科技部关于印发〈"十三五"国家科技人才发展规划〉的通知》（国科发政〔2017〕86 号）为指导，强调实行更加积极的人才引进政策，聚集全球创新人才。开展高等学校和科研院所非涉密部分岗位全球招聘试点，鼓励科研机构、高等学校聘用国际高层次科技人才开展合作研究，完善引进海外高层次人才的薪酬机制等。二是优化配套和升级相关制度，以《人力资源和社会保障部关于充分发挥市场作用促进人才顺畅有序流动的意见》（人社部发〔2019〕7 号）等为指导，实施更加开放的人才政策，进一步完善海外高层次人才聘用、薪酬和评价等机制。

本领域的政策发展呈现以下 3 个特点：一是加强国内科技岗位对外开放，扩大高校和科研院所面向海外招聘的岗位范围。二是探索按照市场化薪酬聘用国际高端人才，为更好地吸引海外高层次人才提供激励保障。三是解决海外人才的使用中面临评价问题，引入国际同行评价，针对海外人才探索支撑评审"绿色通道"。

（二）当前进展

当前，我国国际人才使用和管理相关政策的关注焦点集中在建立健全国际人才管理制度，鼓励海外高层次人才在参与专业决策、领衔重大项目、开展教育教学改革和扩大对外交流等方面发挥更大作用。

鼓励多种方式引进和使用海外高层次创新人才。开展高等学校和科研院所非涉密部分岗位全球招聘试点，提高科研院所所长全球招聘比例，支持高校面向全球公开招聘院系负责人、学科带头人。事业单位可面向全球公开招聘高层次急需紧缺人才，鼓励科研机构、高等学校设立短期流动岗位，聘用国际高层次科技人才开展合作研究。围绕国家重大需求，面向全球引进首席科学家等高层次创新人才。建立国家高层次科技人才及团队柔性引进机制，积极推行特聘教授、特聘专家、客座教授、兼职教师制度，柔性引进各类优秀人才，吸引海外人才以多种形式从事咨询、讲学、科研等活动。

第九章 科技人才开放与合作政策

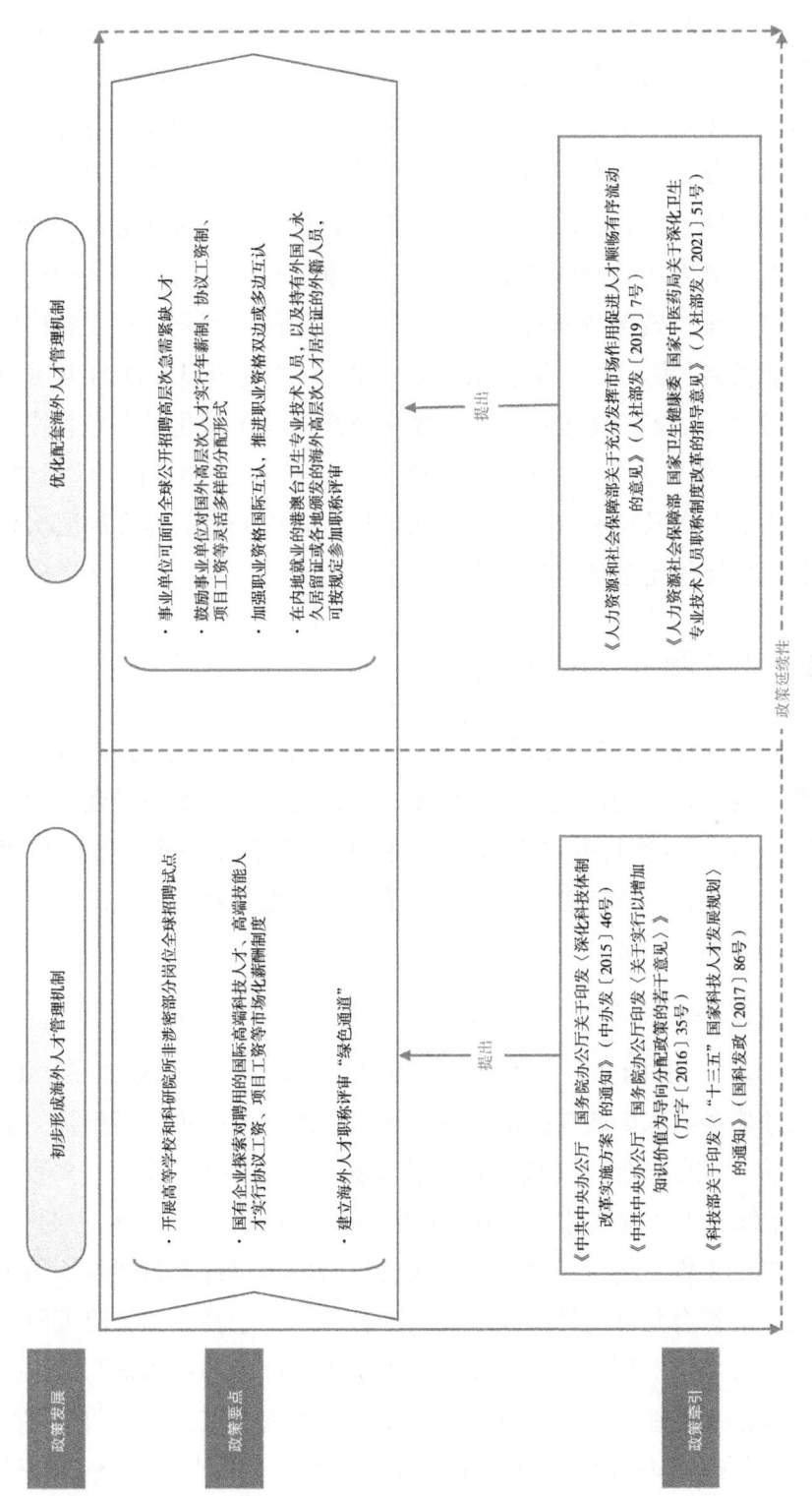

图 9-1-6 完善国际人才管理政策发展过程

完善海外人才薪酬机制。国家和地方重点引进国外高层次人才和紧缺人才，用人单位可以按照市场化的薪金标准支付。鼓励事业单位对国外高层次人才实行年薪制、协议工资制、项目工资等灵活多样的分配形式。国有企业探索对聘用的国际高端科技人才、高端技能人才实行协议工资、项目工资等市场化薪酬制度。

完善海外人才评价机制。逐步完善体现中国特色、符合国际通行标准的人才分类评价体系，对海外人才的评价采取更科学的标准。对引进的海外高层次人才和急需紧缺人才，进一步打破条条框框的限制，引入国际同行评价，建立职称评审绿色通道，加强职业资格国际互认，推进职业资格双边或多边互认。2021年8月，《人力资源社会保障部　国家卫生健康委　国家中医药局关于深化卫生专业技术人员职称制度改革的指导意见》（人社部发〔2021〕51号）中提出在内地就业的港澳台卫生专业技术人员，以及持有外国人永久居留证或各地颁发的海外高层次人才居住证的外籍人员，可按规定参加职称评审。

六、国际人才服务与保障

国际人才服务与保障是落实海外引才引智工作的重要组成，为海外人才提供工作和生活的服务与保障，使他们能够充分发挥自己的才能，潜心研究，为科技创新发挥最大作用。2021年修订的《中华人民共和国科学技术进步法》从法律层面提出完善国际人才相关社会服务和保障措施，为回国或来华从事科技研究工作的科技工作者提供更多便利化服务。

（一）政策发展过程及特点

党的十八大以来，我国国际人才服务与保障相关政策发展过程如图9-1-7所示。一是对国际人才服务与保障政策提出总体要求。以《中共中央　国务院关于深化体制机制改革加快实施创新驱动发展战略的若干意见》（中发〔2015〕8号）《中共中央印发〈关于深化人才发展体制机制改革的意见〉》（中发〔2016〕9号）为指导，完善外国人才来华工作、签证、居留和永久居留管理，对符合条件的外国人才给予工作许可便利，对符合条件的外国人才及其随行家属给予签证和居留等便利。对满足一定条件的国外高层次科技创新人才取消来华工作许可的年龄限制。二是推进各项服务保障政策落实落地。国家相继出台了《国家外国专家局关于印发外国人来华工作许可服务指南（暂行）的通知》（外专发〔2017〕36号）、《国家外国专家

第九章　科技人才开放与合作政策

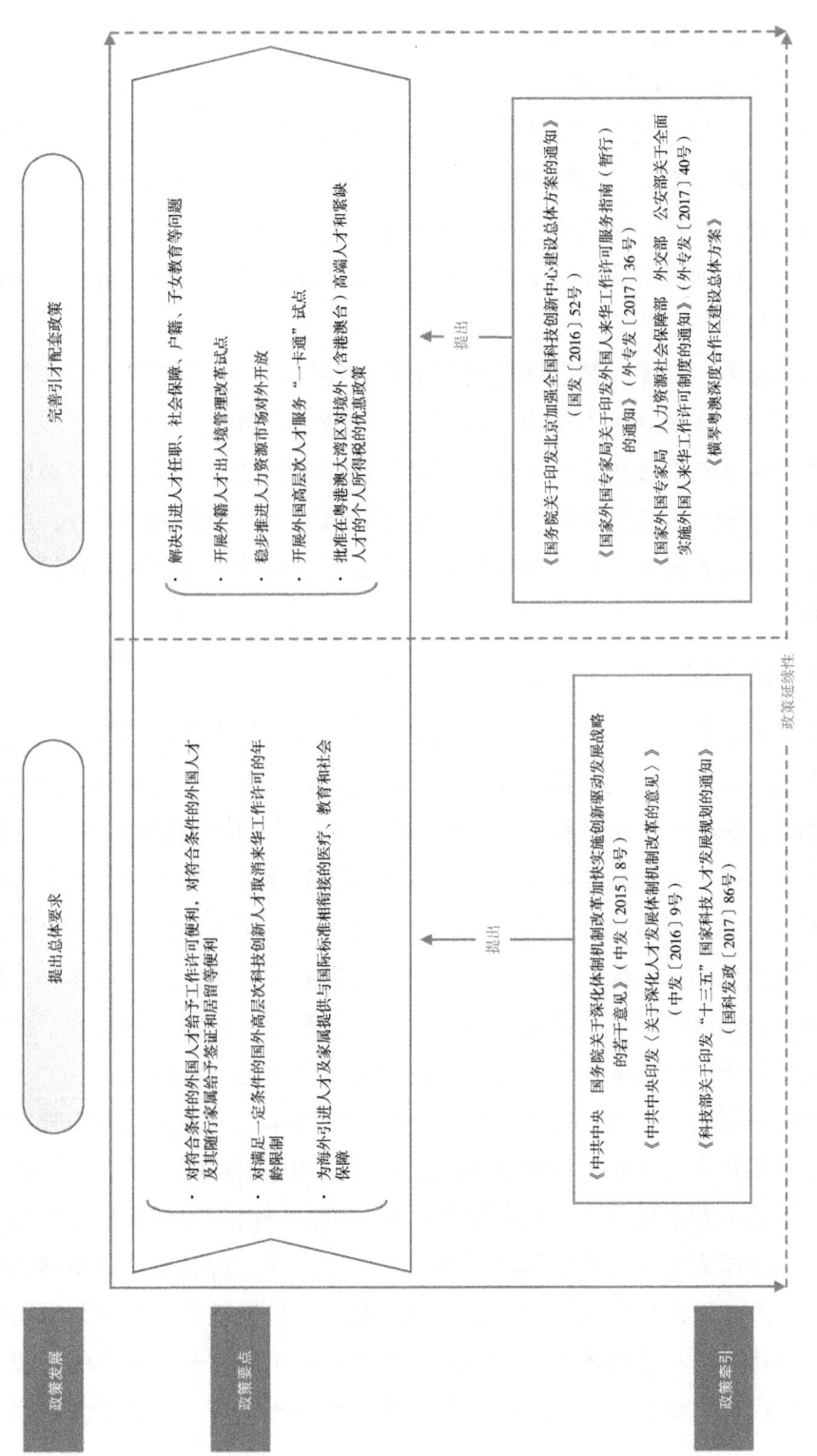

图 9-1-7　国际人才服务与保障政策发展过程

局　人力资源社会保障部　外交部　公安部关于全面实施外国人来华工作许可制度的通知》（外专发〔2017〕40号）、《国家外国专家局关于推进落实外国人才引进改革创新重要举措的通知》（外专发〔2017〕167号）等政策文件。完善引才配套政策，开展外籍人才出入境管理改革试点，解决引进人才任职、社会保障、户籍、子女教育等问题。稳步推进人力资源市场对外开放，鼓励有条件的国内人力资源服务机构走出去与国外人力资源服务机构开展合作，在境外设立分支机构，积极参与国际人才竞争与合作。

国际人才服务与保障政策发展呈现以下两个特征：一是为外国人才来华工作、出入境提供便利。实现外国人来华工作许可、签证、居留有机衔接，逐步形成具有国际竞争力的人才制度优势和平衡保护国内就业市场的制度环境，更好地服务于国家重大战略实施和经济社会发展。二是不断完善海外人才社会保障服务，逐步推进医保、社保、子女教育等服务与保障措施的落实，为海外人才提供更好的生活环境和文化环境等。

（二）当前进展

改革外国人来华工作管理制度。全面实施外国人来华工作许可制度，实行来华工作外国人统一管理，简化申请材料，优化审批流程，规范申请标准，完善高效合理、科学反映市场需求的外国人来华工作分类标准，提高服务保障水平。构建统一、规范、多级联动的"互联网＋政务服务"技术和服务体系，形成"前台综合受理、后台分类审批、统一窗口出件"模式。整合外国人才来华工作管理服务资源，理顺管理体制，优化机构和职能，建立统一、权威、高效的外国人才管理体制。外专、人社、外交、公安等部门加强信息共享、后台认证和业务协同，整合共享公共服务资源，实现政务服务的标准化、精准化、便捷化、平台化、协同化。

促进海外高层次人才出入境便利化。一是实行外国人才签证。突出外国高端人才导向，进一步扩大人才签证的发放范围、有效期和停留期限，建立人才签证与工作许可、工作居留和永久居留有机衔接的机制，为高层次人才开辟绿色通道。二是对符合条件的外国人才及随行家属给予签证和居留便利，对满足一定条件的国外高层次科技创新人才取消来华工作许可的年龄限制。三是推动外国人永久居留证件便利化改革。外籍杰出科学技术人员到中国从事科学技术研究开发工作的，按照国家有关规定，可以优先获得在华永久居留权或者取得中国国籍。围绕服务国家人才发展战略,在优化证件设计、改造信息系统等方面推进改革。

完善国际人才配套服务政策。开展外国高层次人才服务"一卡通"试点,为海外引进人才及家属提供与国际标准相衔接的医疗、教育和社会保障等。一是完善海外人才在华医疗保障和社保。将高校全职长期聘用的海外人才依法纳入社会保障范围。《中共教育部党组关于加快直属高校高层次人才发展的指导意见》(教党〔2017〕40号)中提出将高校全职长期聘用的海外人才依法纳入社会保障范围。《国务院关于印发上海系统推进全面创新改革试验 加快建设具有全球影响力科技创新中心方案的通知》(国发〔2016〕23号)中提出健全国际医疗保险境内使用机制,扩大国际医疗保险定点结算医院范围。二是探索在试点地区开展海外高层次人才的税收优惠。财政部、国家税务总局已经批准在粤港澳大湾区对境外高端人才和紧缺人才的个人所得税的优惠政策。2021年,中共中央、国务院印发《横琴粤澳深度合作区建设总体方案》明确对在合作区工作的境内外高端人才和紧缺人才,其个人所得税负超过15%的部分予以免征。三是外籍人才薪酬购付汇便利化试点。国家外汇管理局正式批准北京、青岛等4个地市在全国率先开展外籍人才薪酬便利化试点,简化了外籍人才购汇单证材料准备,大大缩短了办理等待时间。四是在子女入学教育、配偶就业等方面给予政策或补贴。依托社会公共服务体系,设立专门服务窗口,为外国人才及其配偶、未成年子女落实待遇等提供一站式高效便捷服务。加快建立健全事中事后监管机制,创建外国人来华工作管理服务社会信用体系。各地陆续出台为海外高层次人才的子女进入公立学校或国际学校、家用轿车指标、商业医保补贴等提供优惠政策。

第二节　政策落实成效

推进科技人才的国际化是构建高素质人才队伍的重要基础与核心内容之一,科技人才国际化的成效在很大程度上取决于所处的政策环境。"十三五"以来,有关部门、地方、行业围绕国家经济社会发展需求,系统推进科技人才的国际化,创新高层次人才的引进方式,加大科技计划项目的开放力度,建立国际人才交流合作的基地和平台,为国际人才提供更好的服务与保障,发挥海外科技人才在支撑国家重大任务实施中的作用,取得了积极成效。政策亮点主要包括:一是加大教育国际化的布局。建立一批有国际竞争力的学科，统筹利用国内国际两方面教育资源，吸引海外人才到高校任教。二是为海外人才提供更广阔的平台，各类科技计划、大科学装置和国家创新平台逐步开放，高校和研究院所等设立特聘岗位面向全球招聘，在海外建设离岸创业基地，使海外人才能够发挥更重要的作用。三是鼓励国际人才来华创业（就业），吸引中国的海外留学生回国创业，放宽外国人来华创办企业和外国留学生在华就业条件等。四是完善国际人才管理服务体系，包括提供市场化的薪酬、面向全球引进院所长、海外人才的职称评定、简化外籍人才来华工作和居留许可办理流程、规范和放宽技术型人才取得外国人永久居留证的条件等引才配套政策，改进服务与管理体制机制，确保各类国际人才引得来、留得住、用得好。

一、教育培训的国际化程度不断提升

随着中国发展和留学政策的变化，越来越多的中国学生负笈海外，汇成中国历史上一波又一波留学潮。同时，来华留学也成为各国青年的选择。

一是出国留学人员逐渐增加。2019年度我国出国留学人员总数为70.4万人，较上一年度增加4.1万人，增长6.3%；各类留学回国人员总数为58.0万人，较上一年度增加6.1万人，增长11.7%①。

二是来华留学吸引力不断增强。2018年10月，《教育部关于印发〈来华留学生高等教育质量规范（试行）〉的通知》（教外〔2018〕50号），作为国家标准为政府管理、学校办学、社会评价提供指导和依据。教育部官方数据统计，2018年，在华高校的海外留学生人数为307 401人，其中攻读博士学位人数达到201 177人。同时，我国进一步加大对优秀留学生的吸引力，设立"丝绸之路"奖学金项目，助力"一带一路"人才培养，不断优化留学环境，打造"留学中国"品牌，吸引了越来越多的国际学生来华求学，在华就读外国留学生近50万人次，学历生比例逐年提高，2019年已达54.6%。

三是中外合作办学力度不断增强。"十三五"期间，教育部共审批和备案中外合作办学机构和项目580个，其中本科以上356个。截至2020年年底，中外合作办学机构和项目达2332个，其中本科以上1230个，国内本科以上中外合作办学在

---

① 2019年度出国留学人员情况统计[EB/OL].（2020-02-14）[2021-07-08].http://www.moe.gov.cn/jyb_xwfb/gzdt_gzdt/s5987/202012/t20201214_505447.html.

读学生已超过30万人。我国还新签定11份高等教育学历学位互认协议，已与54个国家和地区签署了高等教育学历学位互认协议，与188个国家和地区、46个重要国际组织建立了教育合作与交流关系。同时，我国各级各类教育赴境外办学稳步推进，启动了中国特色海外国际学校建设试点[①]。

二、国家科技计划对外开放稳步推进

国家科技计划进一步对境外科技人才开放。2018年5月，《科技部 财政部关于印发〈关于鼓励香港特别行政区、澳门特别行政区高等院校和科研机构参与中央财政科技计划（专项、基金等）组织实施的若干规定（试行）〉的通知》（国科发资〔2018〕43号），做出了中央财政科技计划支持港澳科技发展的总体制度安排。截至2020年，国家重点研发计划基础前沿类10个重点专项已向港澳科学家和科研机构开放申报。

三、鼓励国际人才来华创业就业政策逐步完善

"十三五"以来，各部委和各地方在鼓励国际人才来华创业就业方面取得了显著成就。

一是建立了海归创业基地。中国科协等单位发挥桥梁纽带作用，"中国科协海归创业联盟""海外人才离岸创新创业基地""海智计划升级版""留学生创业园"等在全国范围内的普遍建立，促进海外优质创新资源集聚，动员和组织广大海外科技工作者和留学人员为国服务。重庆2017年启动实施"重庆市留学人员回国创业创新支持计划"。广东省积极推动粤港澳高校创新创业联盟建设，积极打造湾区人才创新创业优质环境。深圳采取香港挂靠、深圳工作模式实质性引进高端国际人才，与香港6所高校合作的研究院落地深圳高新区。

二是设立优秀海外留学生在华就业试点。《人力资源社会保障部 外交部 教育部关于允许优秀外籍高校毕业生在华就业有关事项的通知》（人社部发〔2017〕3号），逐步打通来华留学生实习就业渠道，提升来华留学吸引力。一些地方如北

---

① "十三五"教育国际影响力迈上新台阶[EB/OL].（2020-12-23）[2021-07-08]. http://www.moe.gov.cn/fbh/live/2020/52834/mtbd/202012/t20201223_507073.html.

京中关村、上海自贸区和张江高科技园区,已经开始在吸纳来华留学生就业方面进行有益尝试。

三是试点建立外国人来华创业工作许可。2020年9月1日,为支持外籍人才来沪创新创业,上海市科委(市外专局)在全国范围内率先出台了中英日三语版本的《关于支持外国人才及团队成员在创业期内办理工作许可的通知》,突破了原来外国人才因在创业期内没有聘请单位而无法办理工作许可的问题。

四、科技人才国际交流合作平台不断完善

结合我国面临的国际形势和人才需求情况,党的十八大以来,我国各部门和各机构开始在海外建立各种国际创新平台和基地并取得了一定成绩。

科技部、中国科协等有关部门为海内外科技人才搭建创新创业交流平台,支持地方引才引智载体建设,各领域、各层级国际人才交流活动蓬勃开展,促进海内外科技资源双向流动。科技部全力打造中国国际人才交流大会等重要平台,支持地方引才引智载体建设。中国科协在比利时建立首家"海外智力为国服务行动计划"工作基地,实现国内离岸创新创业与国外离岸创新创业相结合,打通桥梁,拓展渠道,建立更大的双创平台。中国科协从2016年启动实施"一带一路"国际科技组织合作平台建设项目(简称"平台建设项目")至2021年,105个项目的工作团队共有2306人参与项目,中外专家1293人,其中院士68人[①]。

中国科协积极推动海外人才离岸创新创业基地建设,截至2021年,全国批准建设21个国家海外人才离岸创新创业基地,已覆盖北京、上海、天津、青岛、成都、南京、南宁等多个城市[②]。其中,四川省成功创建中国科协(成都)海外人才离岸创新创业基地,建立离岸基地德阳市、遂宁市、广元市工作站,建成纽约、首尔等海外工作站21个,建成中国—克罗地亚生物多样性和生态系统服务"一带一路"联合实验室,推进中新猕猴桃联合实验室建设,中巴地球科学研究中心创建"一带

---

① "一带一路"国际科技组织合作平台建设项目[EB/OL].(2020-07-22)[2021-08-31].https://m.gmw.cn/baijia/2020-07/22/34018680.
② 山东省科协着眼人类命运共同体建设 推进国际交流与合作[EB/OL].(2021-05-28)[2022-03-21]. https://www.cast.org.cn/art/2021/5/28/art_193_157671.html.

一路"联合实验室①,这些平台成为聚集高层次外国人才,创新引才引智政策和体制机制,培育、转化和推广重大引才引智成果,带动激励国内人才素质提升的载体。

受新冠疫情影响,各部门在国际交流合作方面积极开拓网上大会、"云对接"等形式,继续推进相关工作。2020年,第十八届中国国际人才交流大会网上大会在北京、深圳、莫斯科三地以视频连线方式启动。2020年,中国科协主办的中国(青岛)海外人才创新创业项目大赛共有来自六大洲28个国家和地区的509个项目在线进行了海选初审、预赛、决赛及路演②。

五、海外人才得到更好使用

各企业、大学、研究机构等用人单位是海外人才的使用主体,是人才集聚的载体,也是大部分人才落地的归宿。企事业等用人单位积极地参与到海外人才引进的工作中,人才引进正在逐步由政府引人向让位于市场主导的方式转变。各类企业也为海外人才回国工作创造了条件,它们纷纷出台相应的政策,吸引海外人才,创新多元化的引才方式,如短期聘用、项目引才、就地引才等。领英、智联招聘和猎头公司等第三方机构也越来越关注海外人才的工作,并成为国内企业走出去和海外引才的重要合作伙伴。奇瑞公司先后从欧美日韩引进300多名汽车领域专家,引领了多款发动机自主研发工作。

六、国际人才服务和保障不断完善

"十三五"以来,各部门和各地方积极落实中央加强新形势加强海外人才工作意见,出台了一系列措施,取得了显著成效。

一是设立外国高端人才服务"一卡通"试点。2017年,《国家外国专家局 教育部 住房城乡和建设部 国家卫生计划和生育委员会关于开展外国高端人才服务"一卡通"试点工作的通知》(外专发〔2017〕223号),规定自2018年2月1日起,在天津、上海、宁夏、杭州、济南、深圳,以及广东、福建自由贸易区开展

---

① 四川省科学技术协会第八届委员会工作报告解读[EB/OL].(2019-04-17)[2021-07-08]. http://kjb.sckjw.com.cn/f149ec594e5b4efbb52d8fa4f4954e65.
② 山东 中国(青岛)海外人才创新创业项目大赛总决赛在青岛西海岸新区开幕[EB/OL].(2020-06-16)[2021-07-08]. https://www.cast.org.cn/art/2020/6/16/art_193_125217.html.

外国高端人才服务"一卡通"试点工作,为外国高端人才建立安居保障、子女入学和医疗保健服务通道,并在商品房购买资格、人才公寓建设和租售、公积金贷款买房、子女基础教育阶段的招生入学及手续办理、医疗绿色通道、国际化医疗服务等方面享受待遇或便利。

二是完善外国专家服务机制。加快开展外籍人才出入境管理和永久居留权等改革试点。北京深入落实中关村人才管理改革试验区各项政策,重点服务外籍高层次人才、创业团队外籍成员和外籍管理技术人才、外籍华人和外籍青年学生等 4 类群体,为外籍人才办理在华永久居留、长期签证和口岸签证,提供更为宽松便捷的出入境、停居留环境。赋予重点地区引进外国人才更大的自由度和便利度。上海探索在长三角 G60 科创走廊 9 个城市建立外国高端人才互认工作机制,推进浦东新区先行试点,实施外国人来华工作许可的差异化流程和用人单位信用管理制度,在重点区域探索更加开放的外国来华许可制度,使得引进外籍专家更为容易。

三是为海外人才在华提供更好的服务与保障。上海《关于进一步深化人才发展体制机制改革加快推进具有全球影响力的科技创新中心建设的实施意见》中提出持上海海外人才居住证人员可在本市缴存和使用住房公积金,离开本市时可办理提取或转移手续;工薪收入所得及创办企业(法人)合法利润所得可兑换成外汇汇至境外。天津市新引进并入选国家或省部级人才项目的高层次人才,其直系外籍子女就读国际学校可享受连续 3 年、每年最高不超过 15 万元的奖励资助。山西大力实施引进外国人才工程,对引进的高端科研人才,参照引进时各省引进同类人才的最高标准给予科研经费、安家费、生活津贴补助。2017 年,北京市人才工作领导小组出台了《关于推进首都国际人才社区建设的指导意见》,首次在全国提出国际人才社区概念,确定了有海外氛围、有多元文化、有创新事业、有宜居生活、有服务保障的建设目标,为国际人才在京发展营造拴心留人的环境,提供美好的生活,着力增强国际人才的认同感和归属感。

第三节 政策发展主要方向

当前,我国科技人才国际化已取得了显著成效,为建立高素质科技人才队伍、建设创新型国家提供了重要支撑。为实现党的十九届五中全会明确到 2035 年我国进入创新型国家前列、建成人才强国的战略目标和2021年中央人才工作提出加快建设世界重要人才中心和创新高地的要求,中央人才工作会议做出"人才是赢得国际竞争主动的战略资源"的重大判断,党的二十大明确了"实施更加积极、更加开放、更加有效的人才政策""着力形成人才国际竞争的比较优势"的要求。"十四五"期间,在强调人才自主培养的同时,还要继续坚持全球视野、世界一流水平,千方百计引进那些能为我所用的顶尖人才,加强人才国际交流,注重发起国际大科学计划,为人才提供国际一流的创新平台,加快形成战略支点和雁阵格局,使更多全球智慧资源、创新要素为我所用。

面向这一需求,结合当前政策亮点及落实成效,科技人才开放与国际化在未来将重点关注以下几个方面。

一是建设高水平人才高地,加大面向全球吸引集聚人才的力度。北京、上海、粤港澳大湾区要坚持高标准,努力打造成创新人才高地示范区。一些高层次人才集中的中心城市要采取有力措施,着力建设吸引和集聚人才的平台,加快形成战略支点和雁阵格局。加大引进急需紧缺高层次人才力度,探索多种引才新机制,鼓励高层次科技人才通过"朋友圈""校友圈"等方式"以才引才"。建立线上服务平台,实现在线政策推送、业务咨询等服务功能,供海外人才及时了解我国引才政策。支持国内猎头机构协助引才,发挥好国际猎头机构作用。

二是为人才提供国际一流的创新平台。探索设立面向全球的科学研究基金,扩大国家科技计划开放力度,鼓励外籍科学家领衔参与国家科技计划项目研究。加快论证启动我国牵头的国际大科学计划和大科学工程,吸引全球高层次科技人才参与实施国家重大科技任务和大科学工程。支持大型企业、新型研发机构、国家技术创新中心、国家实验室、国家重点实验室等各类研究机构建立开放合作机制,建设世界一流的科研设施平台,吸引外国高层次科技人才来华开展合作研究和学术交流。

三是拓宽海内外科技人才合作研究和学术交流渠道。发挥用人单位主体作用,支持科研机构、高等学校设立流动岗位,建立国际访问学者和国际博士后制度,拓宽海外高层次科技人才来华开展合作研究和学术交流渠道。支持各地高校院所、企业与海外优势单位联合创办实体性教学科研机构、研发中心或创新基地。实施科学家交流计划,加大资助科研人员出国参加重点领域国际学术会议。与国外优质大学和培训机构建立长期合作,加大公派人员的出国培训力度。

四是营造更好的国际化人才环境。系统推进教育、科技、人才管理体制综合改革，搭建引才聚才国际合作平台，为海外科技人才在华工作生活提供具有国际竞争力和吸引力的环境条件。在外国人来华工作、海外留学生回国等方面，提供更为便利的签证、社保、医保、子女教育等服务，创造更多的国际人才社区，鼓励各地和用人单位开展多样化的文化活动，促进海外人才更好地融入国内生活和工作，使海外人才不仅能够引进来，还能留得住、用得好。

第十章

科技人才学风与文化政策

科技人才学风与文化的建设是指通过树立科技界广泛认可、共同遵循的价值理念，在全社会营造尊重科学、尊重人才的良好氛围，形成崇尚创新、宽容失败的学术环境。加强学风与文化政策体系建设能增强我国科技文化软实力，提高民族的凝聚力和创造力，促进科技事业健康发展。党的十八大以来，党中央高度重视学风与文化建设，制定了一系列政策以激励和引导广大科技工作者追求真理、勇攀高峰。

第一节 政策发展过程和进展

科技人才学风与文化政策的着力点在于营造良好的学术环境，充分发挥科技创新文化建设和科研诚信管理在科技人才培养中的重要作用，为建设创新型国家提供强大的文化支撑。

近年来，国内外已有很多学者对相关理论进行了系统研究，阐明了良好的学风与文化对科技人才培养的重要意义。霍夫斯坦德提出了"6维文化模型"，首次实证分析了文化价值对人类行为的影响；组织文化学派提出了"7S理论"，指出了共有价值（组织文化）对于管理的重要性；威廉·大内提出了"Z理论"，强调组织管理的文化因素，突出管理中的软性因素，如信任、协作等，从组织层面创造积极工作环境。众多理论研究揭示了良好的文化环境对于个体和组织发展的重要性，为了更好地激发各类创新主体和科研人员的创新活力，我国始终坚持营造良好的学风与文化环境，并制定了一系列行之有效的政策。

学风与文化政策主要包括以下方面。一是创新文化建设。主要包括弘扬创新文化、增强创新意识、激发科技创新活力、发展创新型企业和打造全新的创新体系等。二是增强科研诚信管理。主要包括改善科技人才学术环境、增强科学共同体自律性和科研诚信管理等。三是激发科技创新精神。主要包括培育、引导、践行科技工作者的核心价值观，弘扬新时代科学家精神等。四是推进科普发展。主要包括建设科普事业、培育和壮大科普人才队伍等（图10-1-1）。

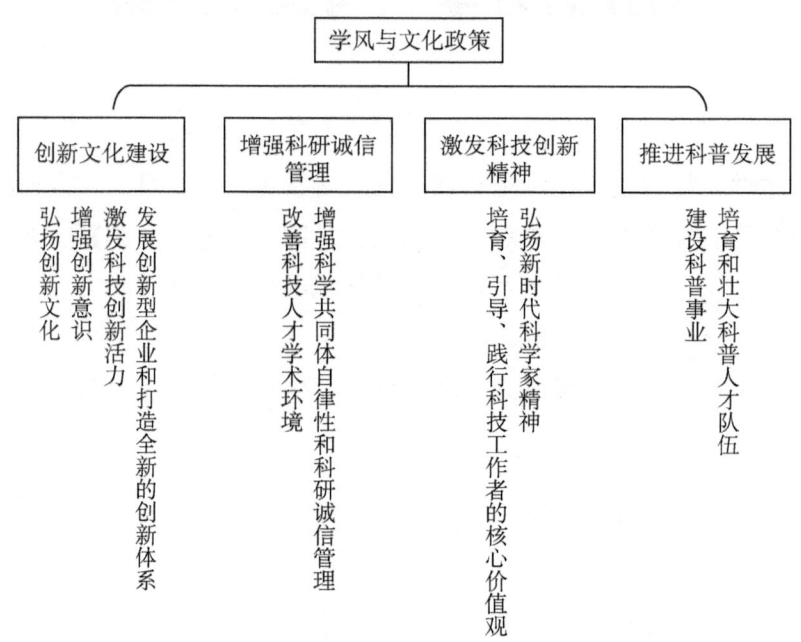

图 10-1-1　科技人才学风与文化政策框架

一、创新文化建设

创新文化建设是增强国家整体科技创新能力的重要保障，也是提升科技创新活力的有效方式。"十四五"时期，大力推动创新文化建设已经成为现阶段中国科技事业发展不可或缺的战略任务。2021年修订的《中华人民共和国科学技术进步法》中明确了要营造有利于科技创新的社会环境，鼓励机关、群团组织、企业事业单位、社会组织和公民参与和支持科学技术进步活动。

（一）政策发展过程及特点

从时间维度来看，我国创新文化建设政策发展过程如图10-1-2所示。一是以倡导创新文化和布局创新改革为主要任务，通过推进创新发展战略，厚植创新沃土。2012年,《中共中央 国务院关于深化科技体制改革加快国家创新体系建设的意见》(国发〔2012〕70号)中强调推进科技与经济的紧密结合,突出企业创新主体作用,倡导百家争鸣、尊重科学家个性的学术文化。2016年,《国家创新驱动发展战略纲要》出台,指出要破除一切制约创新的思想障碍和制度藩篱,构建支撑创新驱动发展的良好环境。二是继续推进创新文化生态环境建设,完善相关法规体系,释放创新驱动效能。以《科技部 中央宣传部关于印发〈"十三五"国家科普与创新文化建设规划〉的通知》(国科发政〔2017〕136号)、《中共中央办公厅 国务院办公厅印发〈关于进一步弘扬科学家精神加强作风和学风建设的意见〉的通知》(中办发〔2019〕35号)和《关于新时代进一步加强科学技术普及工作的意见》(中共中央办公厅、国务院办公厅,2022年)为指导,我国加快打造创新系统,改善科研条件,培育创新型企业,大力弘扬勇攀高峰、敢为人先的创新精神。同时,增强科普领域风险防控意识和国家安全观念。

通过对创新文化建设相关政策发展过程的系统梳理发现,本部分政策表现为以下两个特点:一是服务于创新型国家建设,全面提倡创新文化和创新精神,为贯彻落实创新发展战略营造良好的文化环境。二是坚持改革创新,强调逐步落实科技创新规划纲要,鼓励大众创业万众创新,倡导企业家精神,促进科技创新成果转化和应用。

(二)当前进展

大力弘扬创新文化。一是增强敢为人先、勇于冒尖、大胆质疑的创新自信,鼓励科技工作者打破定式思维和守成束缚,勇于提出新观点、创立新学说、开辟新途径、建立新学派。二是营造宽松包容的科研氛围,充分发挥学术共同体的作用,鼓励不同领域和组织的学者合作创新。三是以价值创造为本质内涵,大力倡导宽容失败、崇尚创新、创业致富的价值导向,推动创新创业成为生活方式和人生追求。四是加强科普领域舆论引导,增强科普领域风险防控意识和国家安全观念,建立科技创新领域舆论引导机制,掌握科技解释权。

培养创新意识。一是通过培养创新意识提高国家的创新能力,增强民族创新的精神力量。二是鼓励青少年和年轻科技人才树立科技报国的远大理想,通过举办创新成果展等活动,向全世界传递创新精神。三是发挥科技创新对科普工作的引领作

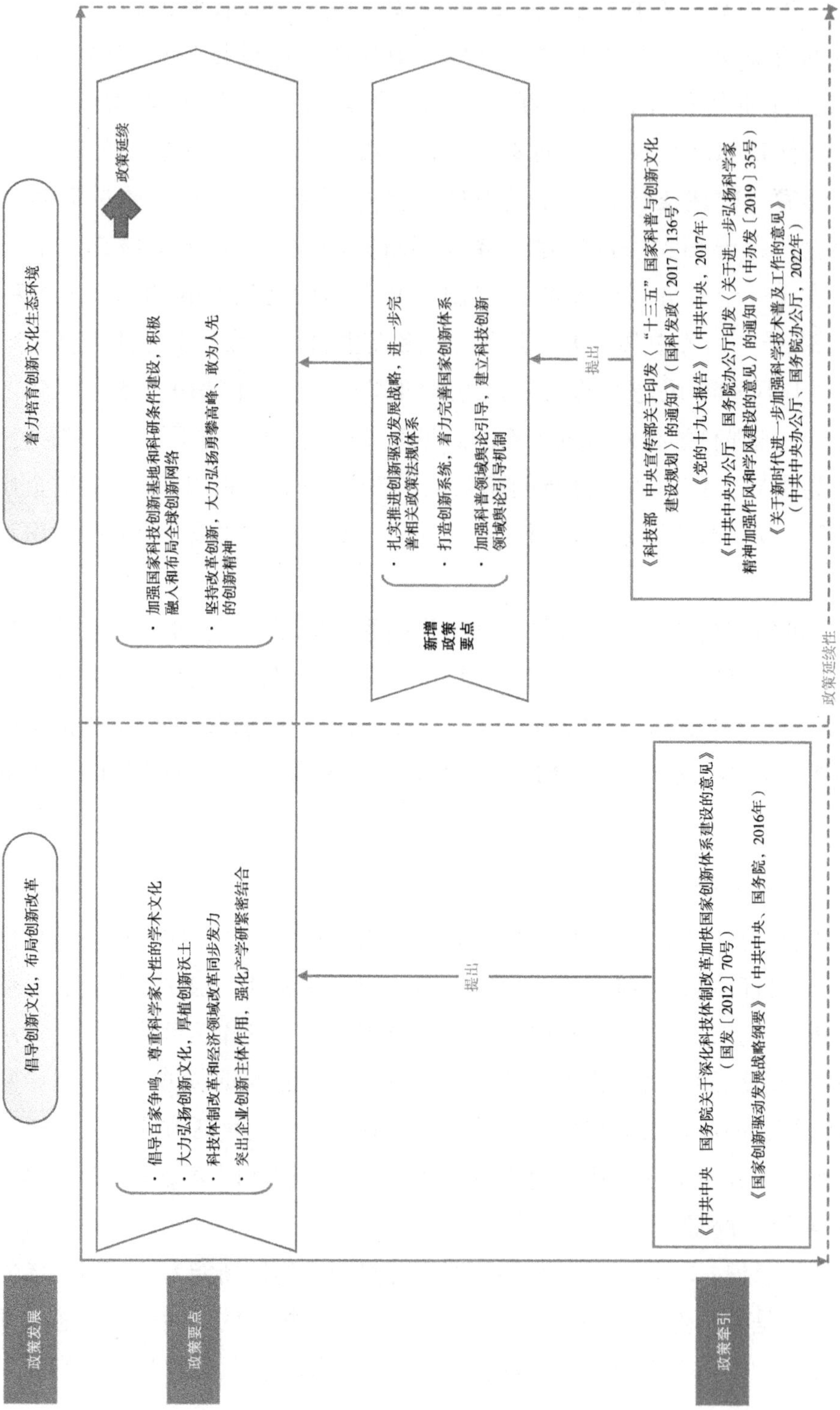

图 10-1-2 创新文化建设政策发展过程

用，注重宣传国家科技发展重点方向和科技创新政策，引导社会形成理解和支持科技创新的正确导向，为科学研究和技术应用创造良好氛围。

激发创新活力。一是通过深化改革激发创新活力，推动科技体制改革重大举措，加强创新驱动系统能力整合。二是打通科技和经济社会发展通道，不断释放创新潜能。三是加速聚集创新要素，提升国家创新体系整体效能。四是扩大高校和科研院所相关自主权，全面增强创新活力。五是坚持精神激励和物质激励相结合，激励科技人员坚定爱国之心，砥砺报国之志，自觉为加快建设科技强国、实现高水平科技自立自强担当作为、贡献力量。六是以激发科技人才创新活力为目标，按照创新活动类型，构建以创新价值、能力、贡献为导向的科技人才评价体系，引导人尽其才、才尽其用、用有所成。

培育创新企业。一是推动企业成为技术创新决策、研发投入、科研组织和成果转化的主体。二是培育一批核心技术能力突出、集成创新能力强的创新型领军企业。三是培育企业家精神与创新文化，依法保护企业家的创新收益和财产权，优化有利于创新的科研环境。

打造创新系统。一是关注基础研究建设，突破核心技术瓶颈，促进新兴产业发展，并在此基础上完善国家创新体系，建设国家技术创新中心，系统布局国家重点实验室等创新基地。二是在科技计划管理、成果转化、评价奖励等方面大胆改革，增强企业创新主体地位和主导作用，使科技创新人才加速集聚成长。三是科技体制改革和经济领域改革同步发力。以改革驱动创新，强化创新成果同产业对接、创新项目同现实生产力对接、研发人员创新劳动同其收入奖励对接，充分发挥市场作用，释放科技创新潜能，打造创新驱动发展新引擎。四是打造国家产教融合创新平台，完善产教融合平台建设运行机制，针对关键重大领域，加大建设投入力度，积极探索合作机制，提升人才培养质量，推动科技成果快速转化。

二、增强科研诚信管理

科研诚信是科技创新的基石，是科学家必须遵循的道德准则。"十三五"时期，国家及地方政府出台多项政策，加强对影响学术创新的科技体制改革关键环节和重点领域的治理，推动制度文化建设，强化对科研伦理、道德自律和科研诚信的管理，不断优化学术环境，加强作风学风建设，显著改善科技人员科技创新的学术氛围。

（一）政策发展过程及特点

党的十八大以来，我国增强科研诚信管理相关政策发展过程如下。一是以加强科研诚信管理为导向，构建良好的学术生态环境。以《国务院办公厅关于优化学术环境的指导意见》（国办发〔2015〕94号）和《中国科协关于印发〈科技工作者道德行为自律规范〉的通知》（科协发组字〔2017〕41号）为指导，引导科技人员加强自我约束，减少对学术活动的直接干预。二是着重建设一体化学术诚信管理体系。以《科技部关于印发〈"十三五"国家科技人才发展规划〉的通知》（国科发政〔2017〕86号）和国家发展改革委等41部委《印发〈关于对科研领域相关失信责任主体实施联合惩戒的责任备忘录〉的通知》（发改财金〔2018〕1600号）为指导，强调实行严格的科研信用制度，推进跨部门联合惩戒，建立惩戒效果定期通报机制。三是全面推进科研诚信制度化建设，加大对学术不端行为的惩处力度。以《中共中央办公厅 国务院办公厅印发〈关于进一步加强科研诚信建设的若干意见〉》（厅字〔2018〕23号）和《科技部 自然科学基金委关于进一步压实国家科技计划（专项、基金等）任务承担单位科研作风学风和科研诚信主体责任的通知》（国科发监〔2020〕203号）、《科技部等二十二部门关于印发〈科研失信行为调查处理规则〉的通知》（国科发监〔2022〕221号）为指导，强调健全学术不端行为预防和处置机制，实行重大科研诚信案件信息报送机制，通过完善科研诚信管理工作机制和责任体系保障学术自由（图10-1-3）。

增强科研诚信管理政策发展过程呈现以下特点：一是以学术自治理念为指导思想，强调学术自由的必要性，进一步扩大科研机构自主权。二是强调诚信制度的整体化设计，以党中央、国务院关于社会信用体系建设的总体要求为指导思想，着重加强科研诚信和伦理教育，逐步完善国家科技诚信制度建设。

（二）当前进展

健全以诚信为基础的科研管理机制。一是建立科研诚信建设部门联席会议制度，建立科技部集中受理和分工协作的内部工作机制，成立专家咨询委员会，建立与部门、地方共同实施的工作机制。二是科技部、中国社会科学院分别负责自然科学领域和哲学社会科学领域科研诚信工作的统筹协调和宏观指导。三是地方各级政府和相关行业主管部门要积极采取措施加强本地区本系统的科研诚信建设，充实工作力量，强化工作保障。四是科技计划管理部门要加强科技计划的科研诚信管理，建立

第十章 科技人才学风与文化政策

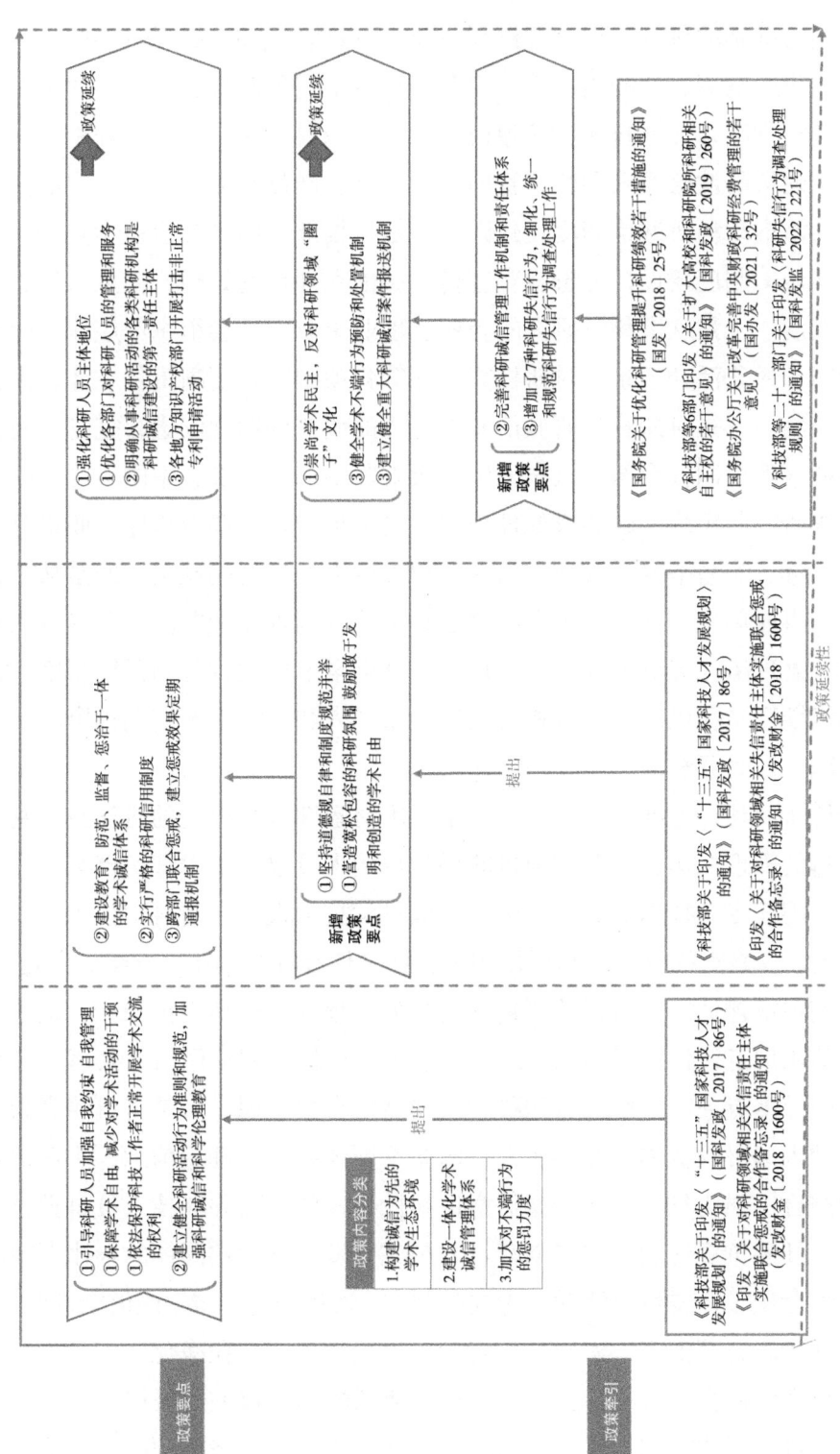

图 10-1-3 增强科研诚信管理政策发展过程

健全以诚信为基础的科技计划监管机制,将科研诚信要求融入科技计划管理全过程。五是教育、卫生健康、新闻出版等部门要明确要求完善教育、医疗、学术期刊出版等单位的内控制度,加强科研诚信建设。六是中国科学院、中国工程院、中国科协强化对院士的科研诚信要求和监督管理,加强院士推荐(提名)的诚信审核。

多元共治推动科研诚信制度化建设。一是科技部、中国社会科学院会同相关单位加强科研诚信制度建设,完善教育宣传、诚信案件调查处理、信息采集、分类评价等管理制度。二是从事科学研究的企业、事业单位、社会组织等应建立健全本单位教育预防、科研活动记录、科研档案保存等各项制度,明晰责任主体,完善内部监督约束机制。三是对违背科研诚信要求行为的调查处理规则进行完善。科技部、中国社会科学院会同教育部、国家卫生健康委、中国科学院、中国科协等部门和单位依法依规研究制定统一的调查处理规则,对举报受理、调查程序、职责分工、处理尺度、申诉、实名举报人及被举报人保护等行为做出明确规定。四是从事科学研究的企业、事业单位、社会组织等应制定本单位的调查处理办法,明确调查程序、处理规则、处理措施等具体要求。五是建立健全学术期刊管理和预警制度。科技部要建立学术期刊预警机制,支持相关机构发布国内和国际学术期刊预警名单,并实行动态跟踪、及时调整。

健全科研活动行为准则和规范。一是利用财政性资金设立的科学技术基金项目和计划项目的管理机构,为参与项目的科学技术人员建立学术诚信档案,作为对科学技术人员聘任专业技术职务或职称、审批科学技术人员申请科学技术研究开发项目等的依据。二是对科技计划和项目相关责任主体在项目申报、立项、实施、管理、验收和咨询评审评估等全过程的严重失信行为按程序进行客观记录。三是建立国家科技计划信用信息评价指标体系,逐步建成国家科技计划信用信息共享平台系统。

教育引导重点关注科研人员和科学共同体的自律意识。一是将自律意识和科技伦理培训纳入国民教育体系和科研人员职业培训体系,与理想信念、职业道德和法制教育相结合,强化科研人员的诚信意识和社会责任,引导科技人员自觉遵守科技伦理要求,开展负责任的研究与创新。二是充分发挥学术共同体的自律自净功能,引导各级学会积极开展科研活动行为规范制定、诚信教育引导、诚信案件调查认定、科研诚信理论研究等工作,实现自我规范、自我管理、自我净化。三是加强科研诚信和科学伦理的社会监督,扩大公众对科研活动的知情权和监督权。

完善监督和惩戒机制,联合遏制科研不端行为。一是坚持预防与惩治并举,坚持自律与监督并重,坚持无禁区、全覆盖、零容忍,严肃查处违背科研诚信要求的行为。二是将故意夸大研究基础、学术价值、科技成果的技术价值等行为认定为违规行为,特别将抄袭、剽窃、侵占、篡改他人科学技术成果,编造科学技术成果,侵犯他人知识产权等违背科研诚信及学术造假的行为明确列入违规行为行列。根据行为性质,相关部门会采取如撤销有关财政性资金支持、撤销奖励或荣誉称号、追回奖金等处理措施。

三、激发科技创新精神

科学成就离不开精神支撑。2021年修订的《中华人民共和国科学技术进步法》明确提出要加强科技工作者的精神文明建设。科学精神、创新精神及内涵更加丰富的新时代科学家精神是科技创新的动力源泉。社会主义核心价值观不仅承载着这些精神追求,还奠定了科技工作者认同组织目标开展协同创新的共同心理基础。

(一)政策发展过程及特点

党的十八大以来,我国激发科技创新精神相关政策发展过程如图10-1-4所示。一是完成对激发科技创新精神的整体布局,以《中共中央 国务院关于深化科技体制改革加快国家创新体系建设的意见》(国发〔2012〕70号)为指导,强调要培育和引导科技工作者自觉践行社会主义核心价值观,要大力宣传优秀科技工作者和团队的先进事迹。二是进一步丰富科技工作者的核心价值观和新时代科学家精神内涵,以《中共中央办公厅 国务院办公厅印发〈关于进一步弘扬科学家精神加强作风和学风建设的意见〉的通知》(中办发〔2019〕35号)为指导,要求全面贯彻党的十九大精神,将其融入科技工作者的核心价值观,同时赋予新时代科学家"爱国、创新、求实、奉献、协同、育人"的新精神内涵,加大宣传科学家精神的力度。

通过对相关政策的系统梳理与深入解读,本领域的政策发展过程呈现以下几个特点:一是更加注重精神文化的与时俱进,不断为科技工作者的核心价值观、新时代科学家精神赋予新的内涵。二是更加注重精神文化宣传方式的多样化与宣传阵地的系统建设。

(二)当前进展

2022年中央全面深化改革委员会第二十五次会议审议通过的《关于完善科技

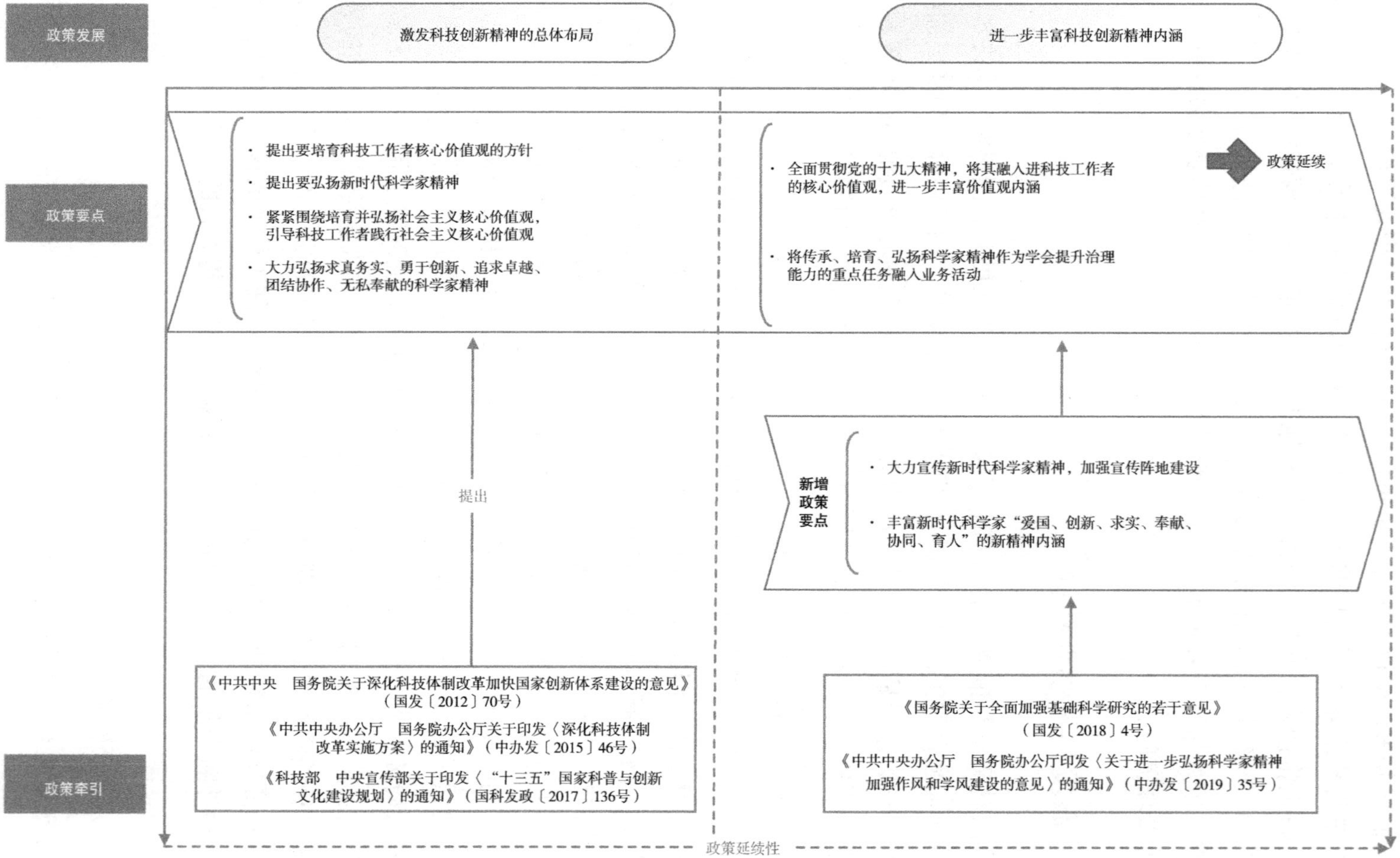

图 10-1-4　激发科技创新精神政策发展过程

激励机制的若干意见》指出,坚持对科研人员的精神激励,对于释放科技创新潜力、激发创新活力具有重要作用。在激发科技创新精神的相关政策上,我国的工作重心已从整体布局转变为提升完善。现阶段我国相关政策的关注点主要集中在践行社会主义核心价值观和弘扬科学家精神两个方面。

践行社会主义核心价值观。一是加强引导。引导科技界和科技工作者强化社会责任,报效祖国,造福人民,在践行社会主义核心价值观、引导社会良好风尚中率先垂范。二是加大宣传。大力宣传广大科技工作者爱国奉献、勇攀高峰的感人事迹和崇高精神,推动追求卓越成为民族精神的重要内涵。

弘扬科学家精神。一是大力弘扬爱国、创新、求实、奉献、协同、育人的科学家精神。鼓励广大科技人员树立胸怀祖国、服务人民的爱国精神,追求真理、严谨治学的求实精神,淡泊名利、潜心研究的奉献精神,集智攻关、团结协作的协同精神,甘为人梯、奖掖后学的育人精神。二是大力宣传科学家精神。高度重视"人民科学家"等功勋荣誉表彰奖励获得者的精神宣传,大力表彰科技界的民族英雄和国家脊梁。创新宣传方式,建立科技界与文艺界定期座谈会交流、调研采风机制。加强宣传阵地建设,主流媒体要在黄金时段和版面设立专栏专题,打造科技精品栏目。

四、推进科普发展

发展科普事业是我国的一项基本国策。2021年修订的《中华人民共和国科学技术进步法》中明确提出要"发展科学技术普及事业,普及科学技术知识,加强科学技术普及基础设施和能力建设,提高全体公民特别是青少年的科学文化素质"。科技创新和科学普及是科技工作的一体两翼。科学普及是国家和社会普及科学技术知识、弘扬科学精神、传播科学思想、倡导科学方法、提升国家整体创新能力的重要途径,是实现创新驱动发展的重要基础和制度保障,也是科技人才政策持续关注的重点之一。

(一)政策发展过程及特点

我国推进科普发展政策发展过程如图10-1-5所示。一是致力于全面建设科普事业,初步完成了对科普工作的顶层设计。该部分以《中华人民共和国科学技术普及法》为主要指导,强调要大力发展科普事业、积极开展多种形式的科普活动。该法规的落地实施标志着我国基本实现了科普政策制度化、法制化。二是重点推进科

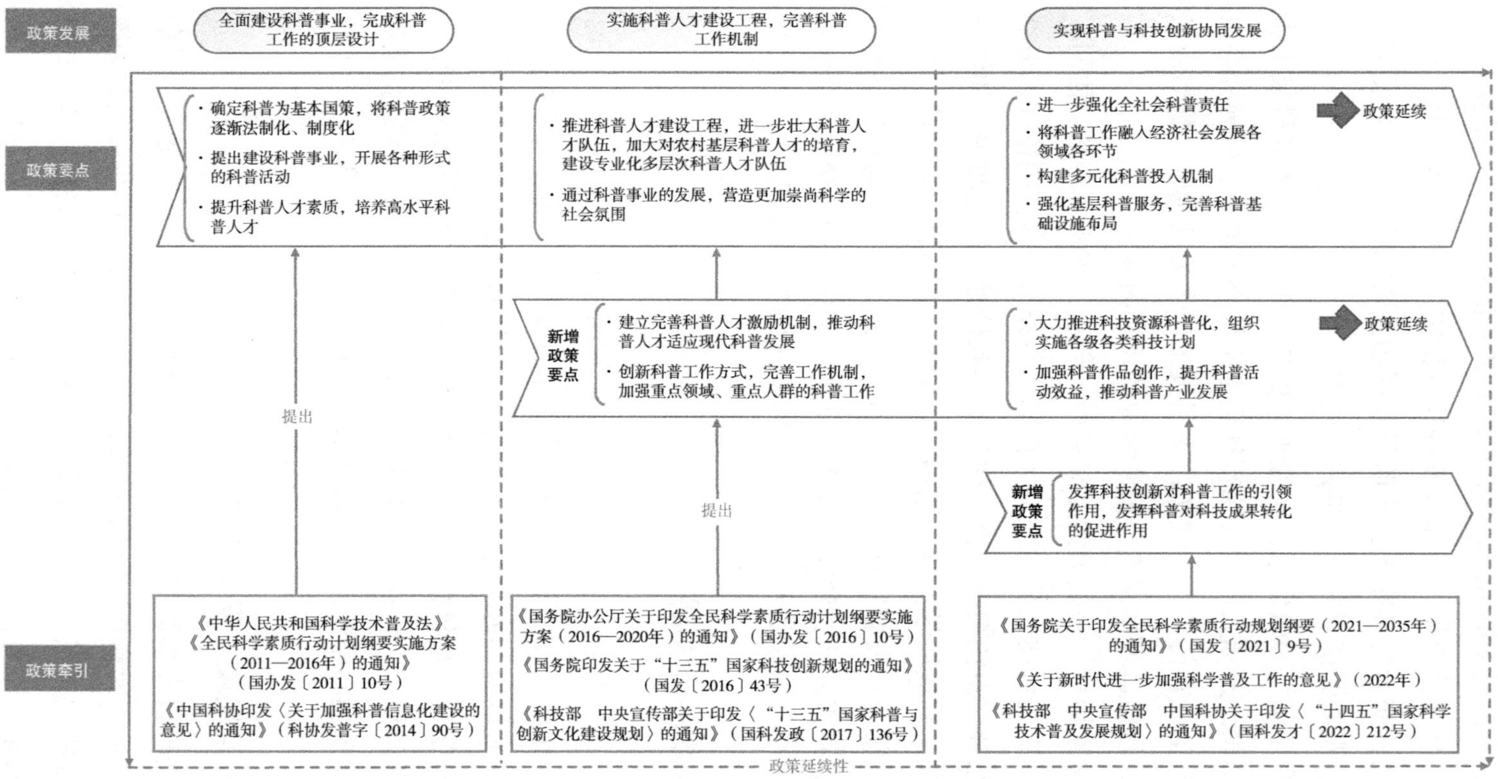

图10-1-5 推进科普发展政策发展过程

普人才建设工程,探索建立科普人才激励机制和激励措施。该部分以《国务院办公厅关于印发全民科学素质行动计划纲要实施方案(2016—2020年)的通知》(国办发〔2016〕10号)为指导,加大对农村基层科普人才、科普志愿者的培育力度,建立更专业化的多层次科普人才队伍,推动科普人才完成知识更新和工作能力培养。同时,创新科普工作方式,完善科普工作机制。三是进一步强化全社会科普责任,将科学普及与科技创新视为同等重要的基本制度。该部分以《国务院关于印发全民科学素质行动规划纲要(2021—2035年)的通知》(国发〔2021〕9号)和中共中央、国务院印发的《关于新时代进一步加强科学技术普及工作的意见》(2022年)为指导,推动全社会履行科普责任,将科普工作融入经济社会发展各领域各环节,探索构建多元化科普投入机制及奖励机制。同时,发挥科技创新对科普工作的引领作用,以及科普对科技成果转化的促进作用。

通过对相关政策的系统梳理与解读,本领域的政策发展过程呈现以下几个特点:一是强调完成科普工作的顶层设计,探索科普人才激励机制。二是注重发展科普事业和科普人才队伍的建设,进一步提升科普能力。三是注重科普与科技创新协同发展,为实现创新驱动发展提供有力支撑。

(二)当前进展

当前,我国对科普文化已基本实现法制化和制度化。科普文化相关政策的焦点集中在完善科普工作的顶层设计、加强科普能力建设、加强重点人群科普、创新科普工作方式、促进科普与科技创新的协同发展等方面。

完善科普工作的顶层设计。一是继续推进科普政策的法制化和制度化建设。科普政策的法制化对科普工作的各方面做出了相应规定,也明确了国家、各科研单位、科研工作者的科普义务。二是建立健全国家科学传播体系的评价机制与奖励制度,完善科普人才激励机制,推动科普人才适应现代科普发展。三是在科技规划中对科普工作进行部署,同时出台全民科学素质行动计划纲要,完善科普工作的顶层设计。

加强科普能力建设。一是壮大科普人才队伍,加强科普理论研究和多层次专业科普人才培养,同时探索建立有效机制和激励措施,构建多元化科普投入机制,充分调动社会各界人士从事科技传播和普及工作的积极性,建设专业化多层次科普人才队伍。二是强化全社会科普责任。落实科普相关法律法规,把科普工作纳入国民经济和社会发展规划、列入重要议事日程,为全社会开展科普工作创造良好环境和条件。三是强化基层科普服务，加快实施全民科学素质行动计划，建立并完善跨区域科普合作和共享机制，鼓励有条件的地区开展全领域行动、全地域覆盖、全媒体传播、全民参与共享的全域科普行动。四是加强科普交流合作。健全国际科普交流机制，拓宽科技人文交流渠道，实施国际科学传播行动。引进国外优秀科普成果。

加强重点人群科普。一是强化基础教育和高等教育中的科学普及工作。将激发青少年好奇心、想象力，增强科学兴趣和创新意识作为素质教育的重要内容。建立科学家有效参与基础教育机制，充分利用校外科技资源加强科学教育。二是强化对老龄人群的科普力度。依托老年大学（学校、学习点）、社区学院（学校、学习点）、养老服务机构等，在老年人群中广泛普及卫生健康、网络通信、智能技术、安全应急等老年人关心、需要又相对缺乏的知识技能，提升老年人信息获取、识别及应用能力。

创新科普工作方式。一是完善工作机制，将科技知识的普及化纳入科技项目和科技成果的考核评估指标，从源头保证科普知识的科学性和权威性。支持科普产学研联盟建设。开展科技传播技术创新研究。发挥科学家和专家在科普传播中的主力军作用，着力形成机构、专家和公众共同参与，各地方、各部门、各类机构协同联动的科普信息生产和分享的新机制。二是加强重点领域科普工作，建立起经常性与应急性相结合的科普工作机制，做好重点领域常态化科普工作，加强社会热点和突发事件的应急科普工作。打造科普中国品牌，积极宣传卫生与健康、环境保护、资源利用、气候变化、海洋等领域科技进展，聚焦公众关切的健康、环境、食品安全、防灾减灾、科学健身等问题，及时、准确、便捷地为公众答疑解惑。三是提高科普创作研发传播能力。实施科普创作研发提升工程，综合运用政府鼓励、市场激励等手段，激发创作研发活力，推出一批高水平、高品质、多元化的科普作品和产品。加大各类媒体的科普宣传力度，提升主流媒体的示范引领作用，增加科普内容，加强对科普作品等传播内容的科学性审核。四是推动科普产业发展，培育科普产品市场，开发科普旅游资源，促进创新创业与科普结合。五是完善国家科普基础设施体系。大力推进科普信息化，实施科普基础设施建设工程，依托现有资源，因地制宜建设一批国家科普示范基地和国家特色科普基地。加强科普场馆设施建设，推进国家科普基地建设，提升科普基本服务能力。科普基地享有依法开展科普活动的权利，享受国家给予公益性科普事业的相关优惠政策。

促进科普与科技创新的协同发展。一是发挥科技创新对科普工作的引领作用。

大力推进科技资源科普化,加大具备条件的科技基础设施和科技创新基地向公众开放的力度,因地制宜开展科普活动。同时,注重宣传国家科技发展重点方向和科技创新政策,引导社会形成理解和支持科技创新的正确导向,为科学研究和技术应用创造良好氛围。二是发挥科普对科技成果转化的促进作用。聚焦战略目标导向基础研究和前沿技术等科技创新重点领域开展针对性科普,在安全保密许可的前提下,及时向公众普及科学新发现和技术创新成果。鼓励在科普中率先应用新技术,营造新技术应用良好环境。推动建设科技成果转移转化示范区、高新技术产业开发区等,搭建科技成果科普宣介平台,促进科技成果转化。

第二节 政策落实成效

科技人才学风与文化政策是推进国家精神文化建设的重要基础与核心内容。学风与文化建设的成效在很大程度上取决于所处的政策环境。"十三五"以来,有关部门、地方、行业围绕国家经济社会发展需求,激励和引导广大科技工作者追求真理、勇攀高峰,树立科技界广泛认可共同遵循的价值理念,加快培育促进科技创新的强大精神动力,在全社会营造尊重科学、尊重人才、激发创新活力的良好氛围,在弘扬科学家精神、科研诚信建设、科技伦理治理、作风学风建设等方面采取积极举措。政策亮点主要有:一是逐步推进学风与文化建设的常态化、制度化,通过制定相关政策和优化舆论环境完成保障科研人员潜心研究的任务,成功营造崇尚创新、勇于担当的社会氛围。二是实行科研承诺制,建立学术诚信档案和联合惩戒机制,对严重失信行为实行"一票否决",对科研不端行为有很强的警示作用。三是在全社会形成尊重知识、崇尚创新、尊重人才、热爱科学、献身科学的浓厚氛围,同时引导广大科技工作者自觉践行社会主义核心价值观。四是《中华人民共和国科学技术普及法》的落地实施标志着科普政策走向法制化、制度化。针对科技人才学风与文化涉及的四方面政策,结合科技人才政策落实情况调查结果,相关政策成效分析具体如下。

一、创新文化建设稳步推进

创新文化建设涵盖基础学术文化和创新生态环境建设两个方面,是建设创新型国家和世界科技强国的根基与关键。经过近10年的部署与实践，我国创新文化建设类政策在观念增强、环境营造、创新型国家建设等方面均取得了显著的成效。

全民创新意识持续增强。一是崇尚学术民主，鼓励学术争鸣。据问卷调查结果显示，36.2%的科技人才认为该政策含金量最高，并且有20.7%的人认为该政策已在本单位进行了有效落实。二是树立与创新相适应的一系列思想观念，在《科技部关于印发〈"十三五"国家科技人才发展规划〉的通知》（国科发政〔2017〕86号）政策的指引下，各地区进行了有效探索。2017年11月，四川省全省科技工作者代表学习宣传贯彻党的十九大精神座谈会在四川大学召开，会议引导广大科技工作者积极投身创新事业，与国际接轨，在科技创新主战场上奋勇前行[1]；2019年12月第一届山西省标准创新贡献奖获奖项目名单由省市场监督管理局公布[2]，系山西省首次奖励标准创新。这些实践有效探索了政策落实的方式与手段，为进一步提高创新意识提供了参考和经验。

创新生态环境不断优化。一是弘扬勇攀高峰、敢为人先的创新精神，鼓励潜心研究、严谨治学。问卷调查统计得出，40.4%的科技人才认为该政策最重要，并且有27.3%的人认为该政策已在本单位进行了有效落实。二是建立健全相关制度保障创新文化发展。为营造良好的创新生态环境，各地积极开展探索，并取得了一系列进展。哈尔滨市委和市人民政府联合发布"39条"激励创新创业的政策，为冰城深化科技体制改革和推进新技术成果产业化发展营造了良好的生态环境[3]；国务院批准北京市实行26项开放创新举措，加大制度创新力度，促进服务业高质量发展[4]。

创新型国家建设稳步推进。一是加强国际科技创新基地和科研条件建设。政策的具体落实，以2018年印发的《科技部 财政部关于加强国家重点实验室建设发展的若干意见》（国科发基〔2018〕64号）为指导，经优化调整和新建，2020年国家重点实验室总量增至700个左右。其中，学科国家重点实验室保持在300个左右，

---

[1] 李晓东，周洪双. 为实现中国梦贡献智慧和力量[N]. 光明日报，2017-12-14（04）.
[2] 山西省市场监督管理局关于开展第一届山西省标准创新贡献奖评选工作的通知[EB/OL].（2019-08-26）[2021-03-26].www.shanxi.gov.cn.
[3] 赵怡，苏强. 哈尔滨"39条"政策红利激励创新创业[N]. 黑龙江日报，2017-02-09（04）.
[4] 《工作方案》从四个维度提出26项开放创新举措[EB/OL].（2020-09-11）[2021-03-26]. http://www.scio.gov.cn/32344/32345/42294/43608/zy43612/Document/1687110/1687110.htm.

企业国家重点实验室保持在 270 个左右，省部共建国家重点实验室保持在 70 个左右[①]。二是全力推进我国基础研究发展。基础研究是科技创新的总开关，在《国务院关于全面加强基础科学研究的若干意见》（国发〔2018〕4 号）的指导下，我国基础研究投入从 2015 年的 716 亿元增长到 2019 年的 1335.6 亿元，年均增幅达到 16.9%，高于全社会研发投入的增幅[②]。"十三五"时期，一批"国之重器"亮相，铁基超导、量子信息、干细胞、合成生物学等多领域涌现出具有国际影响力的原创成果，充分体现了我国科技创新能力的底蕴和后劲[③]。三是积极融入和主动布局全球创新网络。在深度融入全球创新网络方面，广东省取得了显著成效：2017 年 6 月 27 日，第三届中以科技创新投资大会在珠海市开幕，参会中以企业达 2700 多家、5200 多人（其中以色列参会企业 146 家、255 人），13 个中以合作重点项目现场签约，签约金额达 25 亿美元[④]。

二、科研诚信管理持续加强

科研诚信是科技工作者的生命，如果科研诚信失范，就会严重阻碍学风与文化的建设。为治理学术不端问题，加强科研诚信建设，2015 年以来，我国在制度建设、机制完善、案件查处规范等方面出台了一系列政策，取得了良好成效。

科研诚信制度建设向更实更细迈进。一是实行科研诚信承诺制，建立学术诚信档案，对严重失信行为实行"一票否决"。问卷调查结果显示，37.4% 的科技人才认为该政策含金量最高，并且有 26.3% 的人认为该政策已在本单位进行了有效落实。二是执行相关规定引导科技社团发挥自律自净功能。在《关于印发全国科学道德和学风建设宣讲教育 2017 年工作总结和 2018 年工作要点的通知》（科协组函宣字〔2018〕197 号）的指导下，国家各部门开展了相关工作，并且取得了一定成效。中

---

① 一文了解 2020 年中国国家重点实验室市场发展现状 北京位居前列 [EB/OL].（2020-09-22）[2021-05-26]. https://baijiahao.baidu.com/s?id=1678500113754975031&wfr=spider&for=pc.
② 五年来基础研究经费增长近一倍！科技部：加大对冷门学科的长期稳定支持 [EB/OL].（2020-10-24）[2021-06-12]. https://baijiahao.baidu.com/s?id=1681418603514015554&wfr=spider&for=pc.
③ 勇闯创新"无人区" 我国基础研究世界级成果"多点开花" [EB/OL].（2020-10-21）[2021-10-25]. http://www.gov.cn/xinwen/2020-10/21/content_5553102.htm.
④ 广东扩大科技合作"朋友圈" 深度融入全球创新网络 [EB/OL].（2017-06-27）[2021-05-25]. http://www.gov.cn/xinwen/2017/06/27/content_5206022.htm.

国科协、教育部和中国科学院等部门组织编写国内外科学道德和学风建设典型案例教材读本，编译国外科技伦理领域经典著作，开发适合新媒体平台传播的动画动漫产品，为广大师生深入学习科学道德和科技伦理提供图书教材保障[①]；中国科学院、中国工程院和中国科协在新当选院士研修班、科技领军人才研修班期间组织开展科学道德和科研诚信专题活动，加强对院士等科技领军人才的科学道德和科研诚信宣讲教育，充分发挥科技领军人才在科研诚信建设方面的引导作用[②]。三是通过部门协同推进科研诚信建设。2016年，以《科技部　发展改革委　教育部等关于印发〈国家科技计划（专项、基金等）严重失信行为记录暂定规定〉的通知》（国科发政〔2016〕97号）为指导，科技部联合教育部、国家发展改革委等15个部门共同构筑诚实守信的科技环境氛围。

科研诚信管理工作机制和责任体系不断完善。一是鼓励自由探索，建立健全宽容失败和减责免责机制。科技人才政策落实情况调查报告得出，48.9%的科技人才认为该政策最重要，并且有13.2%的人认为该政策已在本单位进行了有效落实。二是科研单位承担科研诚信建设的主体责任。在《中共中央办公厅　国务院办公厅〈关于进一步加强科研诚信建设的若干意见〉》（厅字〔2018〕23号）政策的指引下，国家各部门进行了深度探索。2020年5月，科技部对履行了科研诚信建设第一主体责任的江苏大学给予肯定[③]；2020年7月，科技部和国家自然科学基金委员会明确从事科研活动的各类科研院所、高校、企业、社会组织等是科研作风学风和科研诚信建设第一责任主体。三是部门和地方按分工承担科研诚信建设管理责任。2018年5月，中共中央和国务院提出以下规定：科技部、中国社会科学院分别负责自然科学领域和哲学社会科学领域科研诚信工作的统筹协调和宏观指导；地方各级政府和相关行业主管部门负责本地区本系统的科研诚信建设；中国科学院、中国工程院、中国科协负责对院士的科研诚信要求和监督管理，加强院士推荐（提名）的诚信审核。

---

① 传承精神力量　涵养优良学风——全国科学道德和学风建设宣讲教育十年记[EB/OL].(2021-12-15)[2022-01-15]. https://baijiahao.baidu.com/s?id=1720078357863257423&wfr=spider&for=pc.
② 陈希在新当选两院院士研修班座谈会上强调大力弘扬科学家精神　不断向科学技术广度和深度进军[EB/OL].（2020-09-29）[2021-06-25]. https://baijiahao.baidu.com/s?id=1679174478852221441&wfr=spider&for=pc.
③ 高校院所勇挑主体责任，是科研诚信治理的必由之路[EB/OL].（2020-05-14）[2021-06-28]. https://baijiahao.baidu.com/s?id=1666719070473537376&wfr=spider&for=pc.

科研诚信案件查处走向规范化。一是具体规定科研失信行为处理措施。在政策的具体落实方面，教育部在2016年印发了《高等学校预防与处理学术不端行为办法》（中华人民共和国教育部令第40号），明确高校应依据该办法完善学术不端行为预防和处理的规则与程序。二是规范科研诚信案件调查处理程序。以《关于印发〈科研诚信案件调查处理规则（试行）〉的通知》（国科发监〔2019〕323号）为指导思想，科技部在2020年9月对科学技术活动的受托管理机构、受托管理机构工作人员、科学技术活动实施单位、科学技术人员、科学技术活动咨询评审专家、第三方科学技术服务机构及其工作人员等科技领域六大类主体的64种违规行为，明确了处理措施、尺度和程序[①]。三是实行跨部门联合惩戒。将科研失信行为纳入科研诚信严重失信数据库，相关部门和单位通过科研诚信信息系统和全国信用共享平台系统等获取科研领域联合惩戒对象信息，依法依规实施惩戒[②]。2017年，科技部会同教育部、国家卫生健康委等部门对《肿瘤生物学》撤销107篇中国作者论文事件展开了联合调查，对相关责任人进行了严肃处理，取消了责任人一定期限内承担财政资金资助科研项目等资格，撤销了相关奖励、荣誉称号，并追回奖金[③]。

三、多措并举激发科技创新精神

激发科技创新精神类政策主要包括培育科技工作者的核心价值观和弘扬新时代科学家精神两个方面。近年来科技界、政府部门及新闻媒体携手共进，在精神文明建设方面获得了良好成绩。

开展各类精神文明建设活动。一是从中共中央到各级政府，开展了各种形式的座谈会，加强了对科学家精神的宣传教育。2020年9月11日下午，习近平总书记在京主持召开科学家座谈会，并发表了主旨讲话，就弘扬科学家精神和作风学风建设提出了针对性举措，并明确了具体任务[④]。《在科学家座谈会上的讲话》发表后，

---

① 科技部出台规定遏制违规科技活动 覆盖6大类主体64种违规行为[EB/OL].（2020-09-01）[2021-06-28]. http://www.gov.cn/xinwen/2020-09/01/content_5539143.htm.
② 多部门签署备忘录：对科研失信责任主体实施联合惩戒[EB/OL].（2018-11-09）[2021-11-12]. https://baijiahao.baidu.com/s?id=1616626401456353837&wfr=spider&for=pc.
③ 科技部连发两份重要文件，都为这件事[EB/OL].（2019-10-11）[2021-11-12]. https://baijiahao.baidu.com/s?id=1647063883414551139&wfr=spider&for=pc.
④ 刘杨. 习近平主持召开科学家座谈会并发表重要讲话[N]. 新华日报，2020-09-11（17）.

科技部积极组织科技界深入学习贯彻讲话精神。2020年11月6日，科技部组织召开弘扬科学家精神专题座谈会。"人民英雄"国家荣誉称号获得者、天津中医药大学校长、中国工程院院士张伯礼，中国科学院青藏高原研究所研究员、中国科学院院士姚檀栋，港珠澳大桥管理局总工程师苏权科，中国科学院国家天文台"中国天眼"（FAST）总工程师姜鹏等代表共同围绕"弘扬科学家精神，树立良好作风学风"进行交流座谈，帮助科技工作者学习科学精神和工匠精神，营造崇尚创新的社会氛围①。二是表彰成就突出的先进科技工作者，并号召全社会学习先进科技工作者的感人事迹。在中华人民共和国成立70周年之际，党中央决定，开展国家勋章和国家荣誉称号集中评选，颁授中国工程院院士袁隆平、黄旭华"共和国勋章"②。同时开展了表彰学习活动，对先进科技工作者进行表彰，并号召广大学者学习先进科技工作者的感人事迹。2019年9月29日，中国工程院组织召开了学习袁隆平、黄旭华院士科学精神座谈会。10月8日，中国工程院党组发布了关于向袁隆平、黄旭华院士学习的决定，号召全体院士向袁隆平、黄旭华院士学习，不忘初心、牢记使命，为建设世界科技强国和实现中华民族伟大复兴的中国梦而奋斗③。2020年8月，因为在抗击新冠疫情中贡献突出，钟南山院士被授予"共和国勋章"，张伯礼、陈薇两位院士被授予"人民英雄"国家荣誉称号④。9月8日，中国工程院组织召开了学习钟南山、张伯礼、陈薇院士科学精神座谈会，号召全体院士大力弘扬新时代科学家精神，矢志创新、砥砺奋进。活动向社会报道后，引起良好反响⑤。

加强科学家精神宣传教育。在《中共中央办公厅　国务院办公厅印发〈关于进一步弘扬科学家精神加强作风和学风建设的意见〉的通知》（中办发〔2019〕35号）的指导下，各级政府和部门采取了多种宣传形式，广泛宣传教育新时代科学家精神。2019年以来，中国工程院积极宣传院士楷模、出版院士传记，并开展传记节选、赠书等活动，挖掘院士成长经历中蕴含的学术思想、人生积累和精神财富，弘扬院

---

① 王旭泉，潘一侨.弘扬科学家精神座谈会在京召开[N].中国日报，2020-11-07（22）.
② 朱薇.就国家勋章和国家荣誉称号评选颁授工作答记者问答[N].人民日报，2019-09-28（7）.
③ 陆琦.学习袁隆平、黄旭华院士科学精神：接力科学精神火炬，引领工程科技创新[N].中国科学报，2019-09-30（18）.
④ 白杨."国士无双"习近平亲自为钟南山颁授"共和国勋章"[N].北京大学新闻纵横，2020-09-08（14）.
⑤ 和冠欣.中国工程院举办"学习钟南山、张伯礼、陈薇院士科学精神座谈会"[N].中国日报，2020-09-08（11）.

士科学精神，传承院士高尚品德；开展"院士报告会暨院士传记赠书仪式""青少年走进工程院"等青少年活动，教育和激励青少年热爱祖国、投身科学[①]。自 2020 年 5 月起，由科技部组织编写的"科学家精神丛书"陆续出版，包括"爱国篇""创新篇""求实篇""奉献篇""协同篇""育人篇"等 6 辑，以鲜活的人物事迹宣传科学家精神[②]。2020 年 2 月，科技部、教育部、中国科协、中国科学院、中国工程院、国家自然科学基金委员会等六部门共同发表了"五倡导"激励和引导广大科技工作者弘扬科学家精神。倡导科技报国，倡导严谨求实，倡导潜心钻研，倡导理性质疑，倡导学术民主，弘扬老一代科学家的光荣传统和优良作风学风。中国科协配合抗击新冠疫情大局，及时发出 5 封倡议书，充分动员广大科技工作者投身防疫抗疫人民战争，深入宣传科技界"逆行"英雄，凝聚共克时艰正能量[③]。自 2018 年起，中国科协联合中央宣传部、科技部、中国科学院、中国工程院、国防科工局等广泛开展"最美科技工作者"学习宣传活动，引导广大科技工作者学习最美，争当最美，进一步提振进军世界科技强国的精气神[④]。

四、科普事业稳步发展

科技创新、科学普及是实现创新发展的一体两翼，当前各地方、各部门加快了对科普工作的部署和落实，在建设科普事业、发展科普人才方面进行了有效探索。

建设科普事业。近年来我国实施了一系列科普事业建设工程，包括实施科学教育与培训基础工程、科普资源开发与共享工程、大众传媒科技传播能力建设工程、科普基础设施工程等科普事业工程建设。自《国务院办公厅关于印发全民科学素质行动计划纲要实施方案（2016—2020 年）的通知》（国办发〔2016〕10 号）发布后，各地积极落实相关政策，并进行了有效探索；《国务院关于印发全民科学素质行动计划纲要实施方案（2021—2035 年）的通知》（国发〔2021〕9 号）发布后，

[①] 邹婧. 和院士面对面："青少年走进中国工程院"活动 [N]. 知识就是力量，2020-05-07（7）.
[②] 朱英. 全国科技工作者日前夕"科学家精神"丛书发布活动 [N]. 新华日报，2020-05-20（6）.
[③] 科技部、教育部、中国科协、中科院、工程院、自然科学基金委提出"五倡导"，激励广大科研人员在打赢新冠肺炎疫情阻击战中勇立新功 [EB/OL].（2020-02-14）[2021-05-18]. https://www.most.gov.cn/kjbgz/202002/t20200215_151599.html.
[④] 成岚. 中央宣传部等多部门部署开展 2021 年"最美科技工作者"学习宣传活动 [N]. 新华日报，2021-04-30（8）.

广东、新疆等地积极响应，出台相关政策推动落实落地。浙江省全面部署实施全面科学素质行动计划，推动各县市实施了一系列科普事业建设工程，开展了各式的科普活动，如杭州市于2018年开展了杭州科学大讲堂、下城区科普人员大学习、自然资源科普讲解大赛等一系列科普活动①；嘉兴市海盐县于2020年举办了万人科普知识竞赛②。这些实践有效探索了政策的落实方式与手段，为后续政策的落实提供了宝贵经验。

由科技部在2017年年底公布的统计数据显示，近年来我国科普基础设施建设和运行经费的公共投入不断加大，科普事业也随之不断发展。2016年，全国科普经费额为151.98亿元，比2015年增加7.63%，其中政府拨款115.75亿元。在各项科普经费支持下，我国科普场馆数量快速增加，各类科普活动产生了广泛的社会影响，科普图书出版保持增长，科普影视业、科普展教业也形成了一定规模③。2018年，中国科协推出了"互联网+科普"行动计划和科普信息化建设工程，强化互联网思维，以"科普中国"品牌为引领，大力推进科普信息化建设④。

提升全民科普水平。我国正在实施青少年、农民、产业工人、老年人、领导干部和公务员科学素质提升行动，全面提升公民科学素质。各省积极开展科普活动，其中，宁夏回族自治区积极贯彻落实科普文化类政策，以基层科普提升行动计划项目储备为抓手，在农民科学素质提升行动方面，宁夏于2015年建立了"科普惠农兴村计划"和"社区科普益民计划"项目库，提升农村专业技术协会的科普服务能力⑤。在青少年科学素质提升行动方面，宁夏以"强化青少年科普教育，在科技创新上求突破"的方式，开展了各类科普与创新活动，如青少年科技创新大赛、中国青少年机器人（宁夏赛区）竞赛等，展示了青少年科技活动的特色和优势。同时推动"专家进校园"常态化工作，聘请科普专家到学校开展科普讲座活动，开展"科

---

① 杭州科学大讲堂 | 我的中国"芯"[EB/OL].（2019-06-13）[2021-07-11].http://bj.hzlll.cn/agency/16/article/3621.
② 海盐县被命名为第一批全国科普示范县[EB/OL].（2021-09-10）[2021-06-11].http://www.haiyan.gov.cn/art/2021/9/10/art_1512816_59362925.html.
③ 惠梦.科普产业助力科普事业发展[N].中国财经报，2018-05-03（7）.
④ 吕芮光.厚植科普土壤，提升科学素养——我国着力发展科普事业促进可持续发展[N/OL].新华社，（2019-12-17）[2021-06-11].http://www.xinhuanet.com/2019/12/17/c_138637612.htm.
⑤ 宁夏科普事业进入发展"快车道"[EB/OL].（2020-06-13）[2021-05-11].https://most.gov.cn/dfkj/nx/zxdt/202206/t20220613_181058.html.

普大篷车进校园"活动，深入全市中小学巡回展示宣传丰富多彩的科普知识，让学生们感受科技的魅力，感知科技的发展，感受人类的文明进步，推进中小学校科普教育[①]。

自《国务院关于印发全民科学素质行动计划纲要（2006—2010—2020年）的通知》（国发〔2006〕7号）印发实施以来，特别是在以习近平同志为核心的党中央坚强领导下，在国务院统筹部署下，各地区各部门不懈努力，全民科学素质行动取得显著成效，各项目标任务如期实现。公民科学素质水平大幅提升，2020年具备科学素质的比例达到10.56%，比2015年的6.2%提高了4.36个百分点[②]。科学教育与培训体系持续完善，科学教育纳入基础教育各阶段。大众传媒科技传播能力大幅提高，科普信息化水平显著提升。科普基础设施迅速发展，现代科技馆体系初步建成。科普人才队伍不断壮大。科学素质国际交流实现新突破，建立以科普法为核心的政策法规体系，构建国家、省、市、县四级组织实施体系，探索出"党的领导、政府推动、全民参与、社会协同、开放合作"的建设模式，为创新发展营造了良好社会氛围，为确保如期打赢脱贫攻坚战、如期全面建成小康社会做出了积极贡献。

第三节 政策发展主要方向

中央人才工作会议对科技人才学风与文化建设提出了新要求，要求"坚持营造识才爱才敬才用才的环境，为人才心无旁骛钻研业务创造良好条件，在全社会营造鼓励大胆创新、勇于创新、包容创新的良好氛围"，针对现阶段科技人才学风与文化等政策落实中存在的学风与文化建设缺乏制度保障、创新创业试错容错纠错机制不够完善、创新生态和评审环境不尽人意等问题，未来科技人才学风与文化政策将重点关注以下几个方面。

一是为弘扬科学家精神建立有效的制度保障，进一步加强学风建设，营造科学理性的学术氛围。在建立有效制度保障方面，新时代科学家精神内涵丰富、意义重

---

① 宁夏科普事业蓬勃发展[EB/OL].（2020-11-25）[2021-06-08].https://kjt.nx.gov.cn/kjdt/kjtdt/202011/t20201125_18039.html.
② 何沛苁.公民具备科学素质的比例达10.56%！打开我国公民科学素质建设"成绩单"[N].公民科学素养，2021-01-27（7）.

大，有关部门和单位要对科学家精神的学习和引导提高重视度，加强相关教育培训。在加强学风建设方面，要继续以社会主义核心价值观为引领，持续开展各类科学精神宣传和学风建设活动，如组建科学家宣讲团，建设科学家精神教育宣传基地，选树宣传优秀科技工作者和创新团队典型等。要高度重视"人民科学家""共和国勋章"等功勋荣誉表彰奖励获得者的精神宣传，将传承、培育、弘扬科学家精神融入业务活动。大力营造尊重人才、尊崇创新的良好学术氛围，推动追求真理、勇攀高峰的科学精神。

二是倡导敬业、精益、专注、宽容失败的创新创业文化，完善试错容错纠错机制。拓展科研管理"绿色通道"，弱化指南在科技项目组实施中的牵引作用，提升科研人员在科研活动中的话语权和自主权，充分发挥科研机构、科研人员选题和自由探索的自主性。健全遵循科研不确定性规律的科研失败免责机制。进一步落实科研"去行政化"，增强行政为科研服务的意识，杜绝部分单位行政凌驾于科研之上的现象，杜绝部分高校、院所和企业存在的长官意志现象。

三是完善科研诚信监督问责机制，落实科研作风学风和科研诚信的主体责任，维护公平公正的评审环境和风清气正的创新生态。在科技项目评审、人才计划遴选、科技奖励评选等科技评价活动中，明确项目、计划、奖励等主管或组织实施部门与用人单位对项目承担者和入选者的科研诚信考察权责，让科研诚信监督主动化。加快科研人员学术诚信档案、国家科研诚信系统等制度性建设进展，推进更大范围的联动和共享，为各类有关工作的科研诚信监督及全社会科研诚信的引导添砖加瓦。实施"互联网＋信用监管"，完善信用信息共享平台，加强个人信息保护。

第十一章

科技人才机构与平台政策

科研机构为科技创新培养创新型人才，是科技创新的重要源泉和主力军。创新平台是集聚创新资源的重要抓手，是推动科技进步与创新的有力支撑。作为科研创新的重要载体，良好的机构和平台能为科技人才成长搭建有利的事业平台和良好的科研环境。近年来，我国通过改革高校和科研院所管理体系、建立各类研发机构、基地、改革试验区等途径，有效增强了对科技人才的培养和管理，科技人才的积极性和创新活力有了明显提升。

第一节 政策发展过程和进展

改革开放以来，邓小平同志提出"两个大局"伟大构想，解决了我国区域经济发展问题。在这一思想的指导下，我国以"区域性、渐进式扩大开放"为特征发布了一系列有关科技人才机构与平台建设的政策及方案。机构和平台是科技人才政策落实的主体，起着打通科技人才政策"最后一公里"的关键作用。调查发现，机构和平台支持政策有其独特性，一是政策具有样本性，即可从平台和机构的实施过程中，探索出一些可复制、可推广的经验，进而形成示范作用；二是政策具有普适性及广泛性，即可从创新主体、区域、组织形式等不同维度制定政策，形成覆盖广泛的政策支持网络；三是政策制定较为宏观，为释放机构和平台自主性及灵活性提供了空间。

机构与平台政策主要涵盖5个方面（图11-1-1）。一是高校和科研院所机构改革的相关政策，包括完善机构章程、改革制度体系和治理体系等。二是构建新型研发机构的相关政策，包括建立健全组织机构、建立以激励为导向的薪酬和奖励机制、调动机构平台优势、激发人才创新活力等。三是创建并管理科技创新基地的相关政策，包括以促进科技成果转化为中心、建设国家工程实验室及国家技术创新中心等。四是建设并推广各类示范基地的相关政策，包括建设双创基地（众创空间）和国家科技成果转移转化示范区等。五是探索建设改革试验区的相关政策，包括推进科技创新中心、自由贸易港的建设。

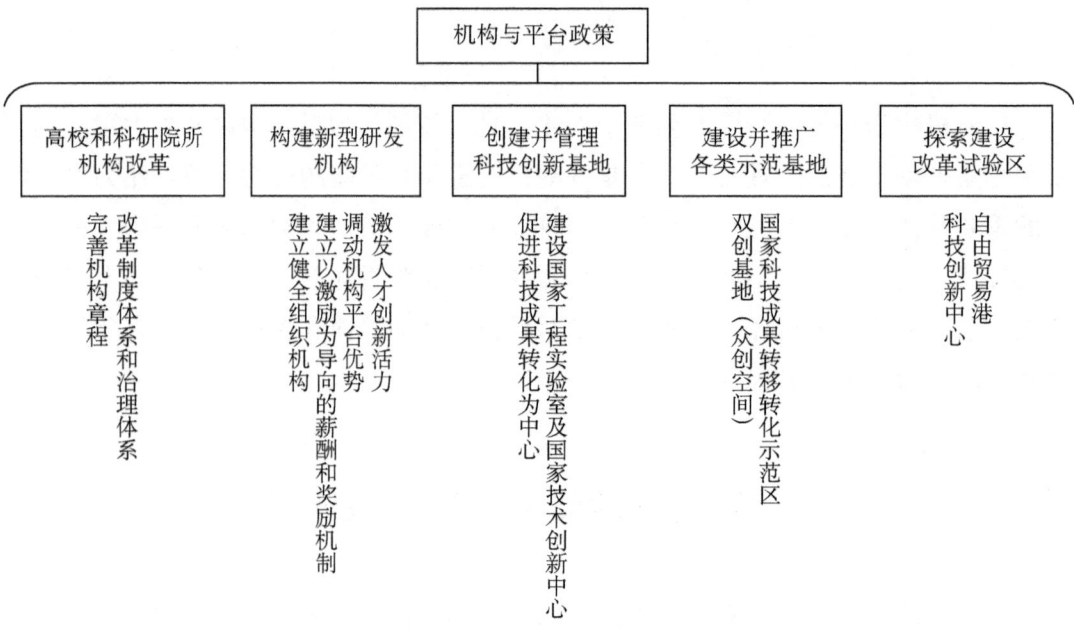

图 11-1-1　科技人才机构与平台政策框架

一、高校和科研院所机构改革

良好的平台能为科技人才成长搭建有利的实践场所和营造良好的科研环境。高校和科研院所作为培养人才的主阵地，是落实科技人才政策的重要平台之一。

（一）政策发展过程及特点

从时间维度来看，我国高校和科研院所机构改革相关政策发展过程如图 11-1-2 所示。一是建立健全高校和科研院所章程及制度建设，以《国务院关于印发统筹推进世界一流大学和一流学科建设总体方案的通知》（国发〔2015〕64号）为指导，

第十一章 科技人才机构与平台政策

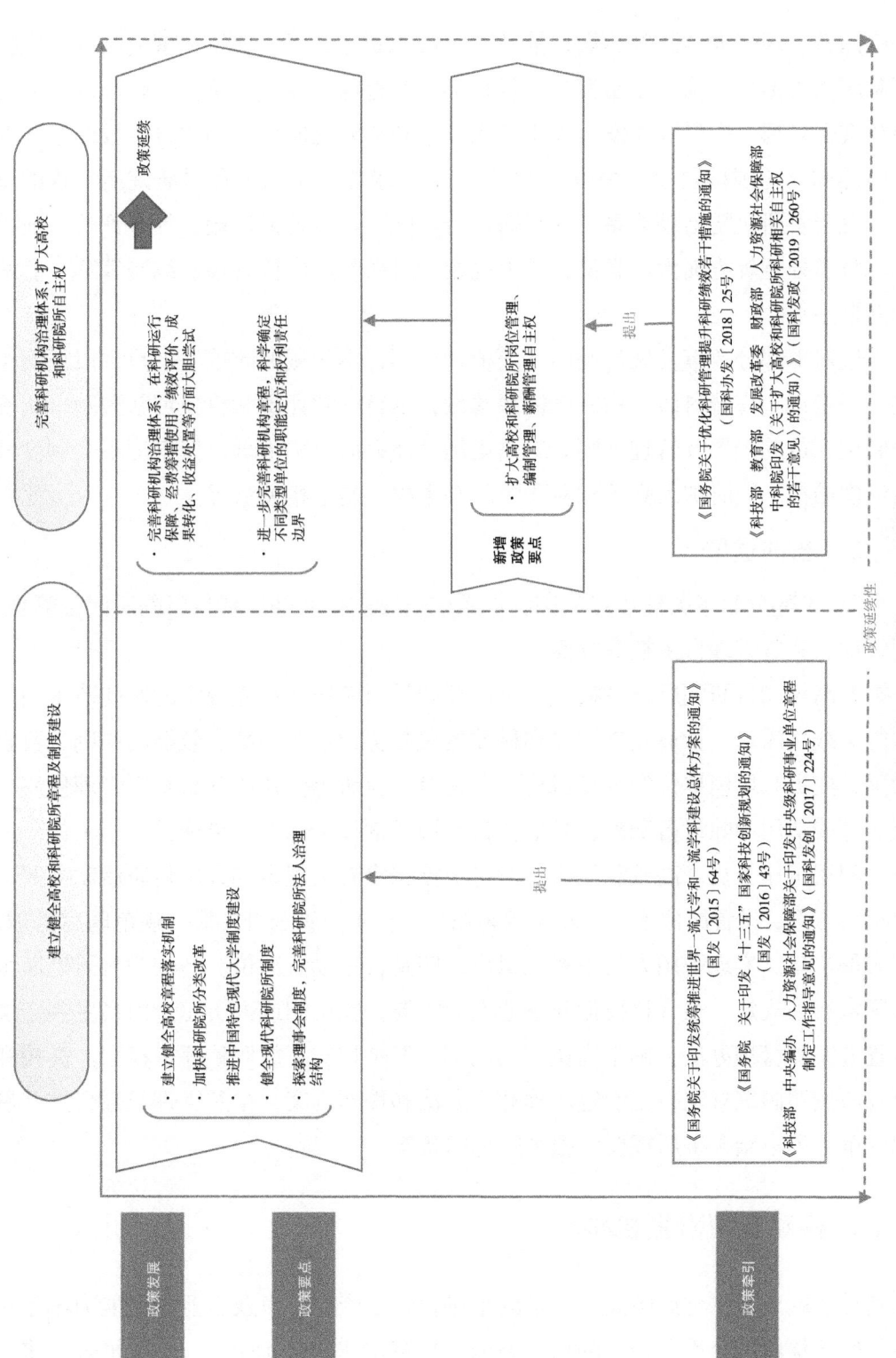

图11-1-2 高校和科研院所机构改革政策发展过程

加快中国特色现代大学制度建设，推动科研机构制定章程，探索理事会制度，完善科研院所法人治理结构。二是发布《科技部　教育部　发展改革委　财政部　人力资源社会保障部　中科院印发〈关于扩大高校和科研院所科研相关自主权的若干意见〉的通知》（国科发政〔2019〕260号），要求在健全高校和科研院所章程的基础上，完善科研机构治理体系，在科研运行保障、经费筹措使用、绩效评价、成果转化、收益处置等方面大胆尝试，扩大高校和科研院所岗位管理、编制管理、薪酬管理的自主权。

通过对本部分政策发展过程的系统梳理可知，本领域的政策发展呈现以下两个特点：一是逐步完善科研机构制度体系建设，推行绩效评价和科技创新激励，明确各个职位人员的选用及管理细则。二是更加关注科研机构治理，探索理事会制度及法人治理结构。同时扩大高校和科研院所自主权，制定相关章程。

（二）当前进展

当前，本部分政策关注焦点从完善体系建设转向扩大高校和科研院所岗位管理、编制管理、薪酬管理自主权等方面。

扩大高校和科研院所自主权。一是高校和科研院所在章程规定的职能范围内，根据国家战略需求、行业发展需要和科技发展趋势，按照精简、效能的原则，可自主设置、变更和取消单位的内设机构。二是赋予科研单位科研项目经费管理使用自主权。直接费用中除设备费外，其他科目费用调剂权全部下放给项目承担单位。三是自主聘用工作人员。高校和科研院所可根据国家有关规定和开展科研活动需要，制定招聘方案，设置岗位条件，发布招聘信息，自主组织公开招聘，规范聘后管理，畅通人员出口，实现聘用人员市场化退出。四是自主设置岗位。高校和科研院所可根据国家有关规定，结合科技创新事业发展需要，在编制或人员总量内自主制定岗位设置方案和管理办法，确定岗位结构比例。五是切实下放职称评审权限。高校和科研院所按照国家规定自主制定职称评审办法和操作方案，按照管理权限自主开展职称评审，评审结果事后按要求报主管部门备案。

二、构建新型研发机构

基础研究成果转化风险高，技术的市场化缺乏牵引，以及企业创新能力不足是科技与经济深度融合难以现实的核心原因。投资主体"多元化"、组建模式"多样化",运行机制"市场化"的新型研发机构能够突破体制机制约束,打通创新全链条,成为创新驱动发展的重要利器。

(一)政策发展过程及特点

我国构建新型研发机构相关政策发展过程如图11-1-3所示。一是提出"建设面向市场的新型研发机构"的总方针,中共中央、国务院发布了《国家创新驱动发展战略纲要》和《国务院关于印发"十三五"国家科技创新规划的通知》(国发〔2016〕43号),围绕区域性、行业性重大技术需求,首次提出发展面向市场的新型研发机构。在发展初期对民办科研机构等新型研发组织,在承担国家科技任务、人才引进等方面与同类公办科研机构实行一视同仁的支持政策。二是构建新型研发机构发展模式,以《科技部印发〈关于促进新型研发机构发展的指导意见〉的通知》(国科发政〔2019〕313号)为标志,贯彻落实"建设面向市场的新型研发机构"的总方针,界定了新型研发机构的概念,坚持"谁举办、谁负责,谁设立、谁撤销",明确了新型研发机构的设立方式、科研组织形式、用人机制等多方面适用政策。

通过对本部分政策的系统梳理可知,本领域的政策有以下3个特点:一是在研发机构改革中更加注重多元化。新型研发机构是投资主体多元化、管理制度现代化、运行机制市场化、用人机制灵活的独立法人机构,可依法注册为科技类民办非企业单位(社会服务机构)、事业单位和企业。二是在用人机制中突出市场化导向。新型研发机构采用市场化用人机制、薪酬制度,充分发挥市场机制在配置创新资源中的决定性作用。三是逐步增强新型研发机构的平台优势,在科技计划项目、创新平台、成果转化等多个方面采用激励人才的政策。

(二)当前进展

当前,我国构建新型研发机构相关政策的关注焦点集中在建立健全组织机构,建立激励人才的薪酬、奖励机制和积极调动新型研发机构平台优势3个方面。

建立健全组织机构。多元投资设立的新型研发机构,原则上应实行理事会、董事会决策制和院长、所长、总经理负责制,根据法律法规和出资方协议制定章程,依照章程管理运行。

建立激励人才的薪酬、奖励机制。新型研发机构可采用市场化用人机制、薪酬制度,自主面向社会公开招聘人员,对标市场化薪酬合理范围确定职工工资水平;可组织或参与职称评审工作;可通过股权出售、股权奖励、股票期权、项目收益分

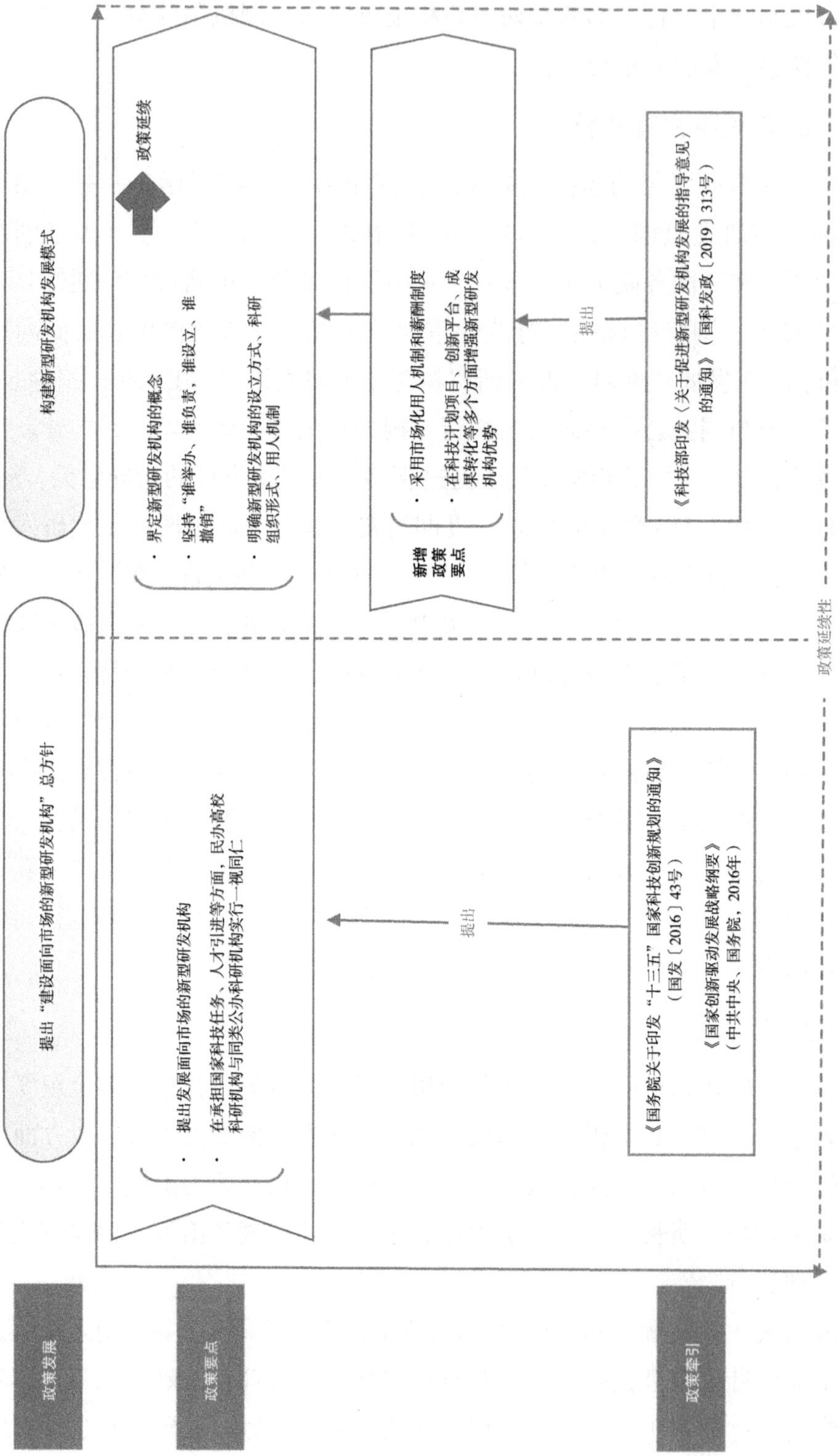

图 11-1-3 构建新型研发机构政策发展过程

红、岗位分红等方式，激励科技人员开展科技成果转化。

积极调动新型研发机构平台优势。一是新型研发机构的科研人员可申报国家科技重大专项、国家重点研发计划、国家自然科学基金等各类政府科技项目、科技创新基地和人才计划。二是新型研发机构可构建产业技术创新战略联盟，探索长效稳定的产学研结合机制，组织开展产业技术研发创新、制定行业技术标准。三是新型研发机构可建设国家国际科技合作基地和国家引才引智示范基地，可联合境外知名大学、科研机构、跨国公司等开展研发，设立研发、科技服务等机构。四是新型研发机构可享受多种形式的税收优惠政策和专项资金支持。推动地方根据区域创新发展需要，从科技计划项目、创新平台、成果转化、人才团队等方面加强专题研究，给予更多针对性的政策支持。五是对重点新型研发机构实行"一所一策"，在内部管理、科研创新、人员聘用、成果转化等方面充分赋予自主权。六是研究制定新型研发机构的统计指标，加快建设新型研发机构数据库和信息服务平台，发布新型研发机构年度报告。

三、创建并管理科技创新基地

科技创新基地是政府支持科技创新活动和引导科技发展的重要政策工具，改革开放以来，各类科技创新基地的快速发展为提升我国行业领域的科技创新能力、支撑我国科技发展做出了重要贡献。

（一）政策发展过程及特点

我国创建并管理科技创新基地政策发展过程如图11-1-4所示。一是关注科技成果转化，集成多方力量，组建科技创新基地。以《国务院关于印发实施〈国家中长期科学和技术发展规划纲要（2006—2020年）〉若干配套政策的通知》（国发〔2006〕6号）为指导，调动整合高等院校、科研院所的科研力量，充分发挥产学研等各方优势和积极性，加强关键技术供给，组建国家工程实验室和行业工程中心。二是优化整合科技创新基地，布局国家技术创新中心。通过实施《国务院印发关于深化中央财政科技计划（专项、基金等）管理改革方案的通知》（国发〔2014〕64号）和《科技部关于印发国家技术创新中心建设工作指引的通知》（国科发创〔2017〕353号），对已有的国家工程实验室等科技创新基地按照新的功能定位要求合理归并，优化整合，停止批复新建国家工程实验室和国家工程技术研

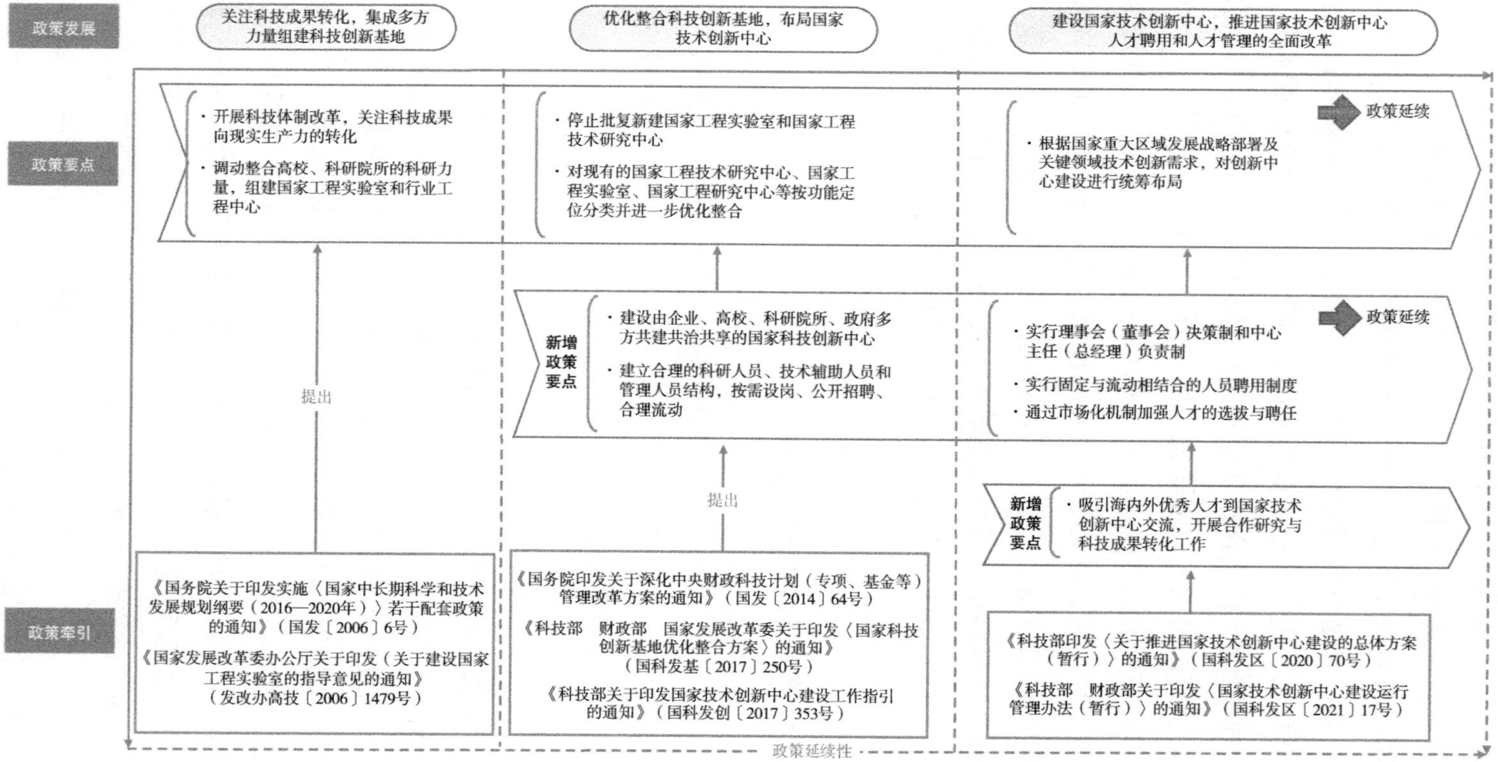

图 11-1-4 创建并管理科技创新基地政策发展过程

中心，同时对国家技术创新中心进行整体布局，明确平台组织结构、治理结构和人员结构。三是建设国家技术创新中心，推进国家技术创新中心人才聘用和人才管理的全面改革。以《科技部印发〈关于推进国家技术创新中心建设的总体方案（暂行）〉的通知》（国科发区〔2020〕70号）、《科技部 财政部印发〈国家技术创新中心建设运行管理办法（暂行）〉的通知》（国科发区〔2021〕17号）为指导，在整体布局的基础上，创新国家技术创新中心人才管理机制，实行固定与流动相结合的人员聘用制度，通过市场化机制加强人才的选拔与任用。

通过对创建并管理科技创新基地政策发展过程的系统梳理可知，本领域的政策呈现以下3个特征：一是重视对"基地与人才专项"重大科技计划实施的统筹，对现有的国家工程技术研究中心、国家工程实验室、国家工程研究中心等按功能定位分类并进一步优化整合。二是治理结构更加多元。国家技术创新中心由企业、高校、科研院所、政府共同治理，构建多方共建共治共享的管理运行机制。三是更加注重人才吸引和人员结构管理。吸引海内外优秀人才到国家技术创新中心交流，开展合作研究与科技成果转化工作。建立合理的科研人员、技术辅助人员和管理人员结构，按需设岗、公开招聘、合理流动。

（二）当前进展

当前，我国科技创新基地类政策已经转向健全产学研深度融合的创新基地体制创新，相关政策的关注焦点集中在优化平台组织和治理结构、持续推动人才管理改革两个方面。

优化平台组织和治理结构。国家技术创新中心实行理事会（董事会）决策制，理事会（董事会）由参与创新中心建设的法人单位和相关政府部门等方面的代表组成；实行中心主任（总经理）负责制，创新中心主任（总经理）应是创新中心的全职工作人员；实行专家委员会咨询制，专家委员会负责审议创新中心的发展目标、重点技术创新任务等，并对相关重大事项提出意见建议。

持续推动人才管理改革。一是实行固定与流动相结合的人员聘用制度，通过市场化机制加强人才的选拔与聘任。二是全面落实科技成果转化奖励、股权分红激励等政策措施，建立市场化的绩效评价与收入分配激励机制。三是在人员结构方面，人才团队集聚本领域知名的技术带头人，形成稳定的全职全时核心技术团队、专业化的技术支撑服务团队及成果转化应用团队，聘用具有丰富科研和管理经验的高层次复合型人才作为中心运营管理主要负责人。四是搭建国际科技创新人才合作平台，要通过设立海外研究机构、建设战略合作关系、探索项目经理制等方式面向全球选聘优秀技术创新人才和成果转化人才。

四、建设并推广各类示范基地

示范基地是汇聚创新资源、承载创业就业、全面创新改革的示范平台，各类示范基地类政策主要包括双创基地（众创空间）政策和国家科技成果转移转化示范区政策。

（一）政策发展过程及特点

从时间维度看，党的十八大以来，建设并推广各类示范基地类政策发展过程如图11-1-5所示。一是鼓励创新创业，推动双创基地（众创空间）的建设和发展。通过实施《国务院办公厅关于建设大众创业万众创新示范基地的实施意见》（国办发〔2016〕35号）和《国务院关于推动创新创业高质量发展 打造"双创"升级版的意见》（国发〔2018〕32号），以双创基地为落脚点，建成创业就业的重要载体、融通创新的引领标杆、精益创业的集聚平台、全球化创业的重要节点、全面创新改革的示范样本，激发人才创新创业活力，强化大学生创新创业教育培训，构建大学生创业支持体系，同时建立健全科研人员双向流动机制，鼓励和支持科研人员积极投身科技创业，促进创新创业人才流动。二是关注科技成果转化，筹建国家科技成果转移转化示范区。通过实施《科技部关于印发国家科技成果转移转化示范区建设指引的通知》（国科发创〔2017〕304号）和《科技部办公厅关于加快推动国家科技成果转移转化示范区建设发展的通知》（国科办区〔2020〕50号），将国家科技成果转移转化区建设为科技成果转移转化机制的试验田，推进全面创新发展。建设技术转移人才培养基地，壮大职业化科技成果转移转化人才队伍，实施科技人员服务企业专项行动，鼓励有条件的示范区开展赋予科研人员职务科技成果所有权或长期使用权试点。

通过对建设并推广各类示范基地政策发展过程的系统梳理可知，本领域的政策呈现以下两个特征：一是以鼓励人才创新创业为中心，在全国范围建设双创基地，发挥创新平台资源集聚优势。二是探索科技成果转化的新机制，培养职业化技术转移人才，壮大职业化科技成果转移转化人才队伍，筹建国家科技成果转移

第十一章 科技人才机构与平台政策

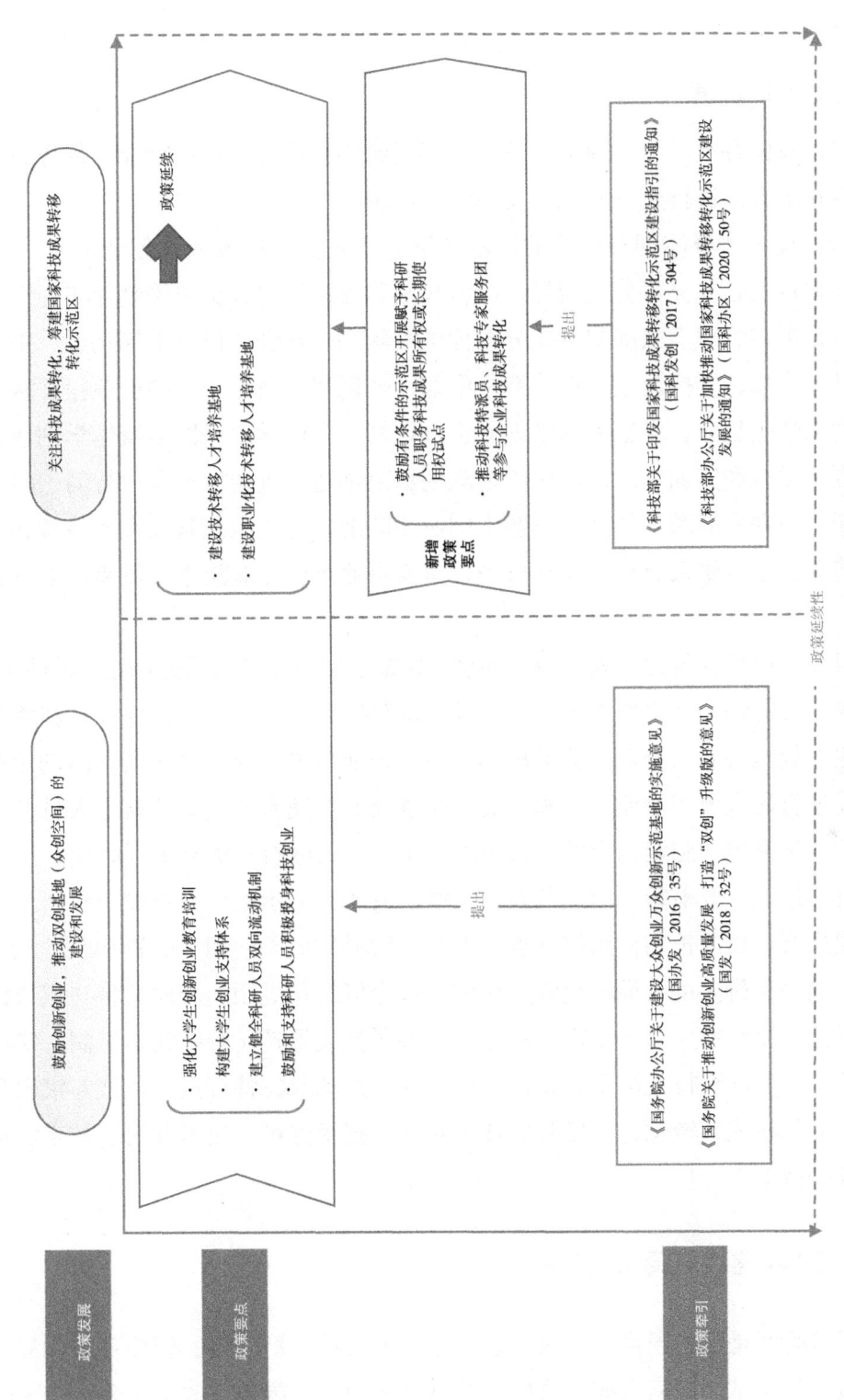

图 11-1-5 建设并推广各类示范基地政策发展过程

转化示范区。

(二)当前进展

当前,我国各类示范基地类政策主要围绕激励科技人才创新创业、促进科技人才成果转化等方面进行先行先试,发挥示范作用。

支持科技人才群体创新创业的示范政策。一是支持科技人才创新创业。对科教类事业单位实施差异化分类指导,出台鼓励和支持科研人员离岗创业实施细则,完善创新型岗位管理实施细则。充分发挥国家新兴产业创业投资引导基金、中小企业发展基金作用,支持设立一批扶持早中期、初创期创新型企业的创业投资基金。二是鼓励大学生创业。实施大学生创业引领计划,允许学生保留学籍休学创业,构建创业创新教育和实训体系,深化实施双创示范基地"校企行"专项行动,将具备持续创新能力和发展潜力的高校毕业生创业团队纳入企业示范基地人才储备和合作计划。建立健全科研人员双向流动机制,落实事业单位专业技术人员离岗创业有关政策。

探索实行更具竞争力的人才吸引制度。鼓励双创示范基地研究制定"柔性引才"政策,吸引关键领域高素质人才。加快社会保障制度改革,完善社保关系转移接续办法,建立健全科研人员双向流动机制,落实事业单位专业技术人员离岗创业有关政策,促进科研人员在事业单位和企业间合理流动。完善各类灵活就业人员参加社会保险的管理措施,制定相应的个人申报登记、个人缴费和资格审查办法。

促进科技人才成果转化的示范政策。鼓励有条件的示范区开展赋予科研人员职务科技成果所有权或长期使用权试点。实行下放科技成果使用、处置和收益权等改革措施,提高科研人员成果转化收益比例。健全以转化应用为导向的科技成果评价机制。规范简化科技成果转化审批程序,完善科技成果转化容错纠错机制,实行审慎包容监管。实施科技人员服务企业专项行动。推动科技特派员、科技专家服务团等参与企业科技成果转化,积极开展技术转让、技术许可、技术开发、技术咨询和技术服务等活动。

五、探索建设改革试验区

改革试验区是服务国家、区域、领域等重大科技创新战略,依托各自优势和资源,政策先行先试,探索形成各具特色的体制机制。我国现行改革试验区主要包括自主创新示范区和自主创新综合试验区、科技创新中心、自由贸易港。

(一) 政策发展过程及特点

党的十八大以来,我国改革试验区相关政策发展过程如图11-1-6所示。一是探索创新优势区域资源集聚优势,建设国家科技创新中心。以《中共中央国务院关于深化体制机制改革加快实施创新驱动发展战略的若干意见》(中发〔2015〕8号)和《国家创新驱动发展战略纲要》为指导,打造具有全球影响力的科技创新策源地,进一步整合创新优势区域资源,建设国家科技创新中心。北京、上海和粤港澳大湾区结合自身优势资源,在政府管理制度、成果转化制度、收入分配制度、人才发展制度等方面推行先行先试改革措施。二是推进对外开放新格局,吸引海内外人才,建设自由贸易港。在系统推进国家科技创新中心建设的基础上,更加关注高水平的开放,积极对接高水平、高标准国际规则。建设自由贸易港是我国扩大对外开放、积极推动经济全球化决心的重大举措。海南是我国最大的经济特区,根据海南自由贸易港发展需要,建立与高水平自由贸易港相适应的人才政策制度体系,吸引海内外人才开展国际创新协同,破除不利于人才发展的体制机制障碍,先行先试各类人才政策,打造人才聚集高地。

通过对改革试验区政策发展过程的系统梳理可知,本领域的政策呈现以下3个特征:一是加大政策先行先试力度。以科技创新中心、自贸试验区、自由贸易港等开放平台建设为突破,加大改革力度。二是开放程度不断提高,以高水平开放带动改革深化。积极对接高水平、高标准国际规则,充分用足用好制度型开放发展红利,吸引更多国内外产业转移。三是实施更具吸引力的海外人才政策。各个改革试验区在不断扩大开放力度的同时,重点关注对海外人才的引进,加强人才国际交流合作。

(二) 当前进展

当前,我国改革试验区相关政策的关注焦点集中在建立激发人才创新创业活力的用人机制、实施更具吸引力的人才集聚政策及搭建多层次人才发展平台3个方面。

建立激发人才创新创业活力的用人机制。北京科创中心以中关村国家自主创新示范区为主要载体,建设创新驱动发展先行区,鼓励高等学校和科研院所人才互聘;上海科创中心以破除体制机制障碍为主攻方向,激发国有企事业单位人员创新活力。

实施更具吸引力的人才集聚政策。一是试点外籍人才出入境管理改革。北京科创中心推进中关村人才管理改革试验区建设,开展外籍人才出入境管理改革试点,

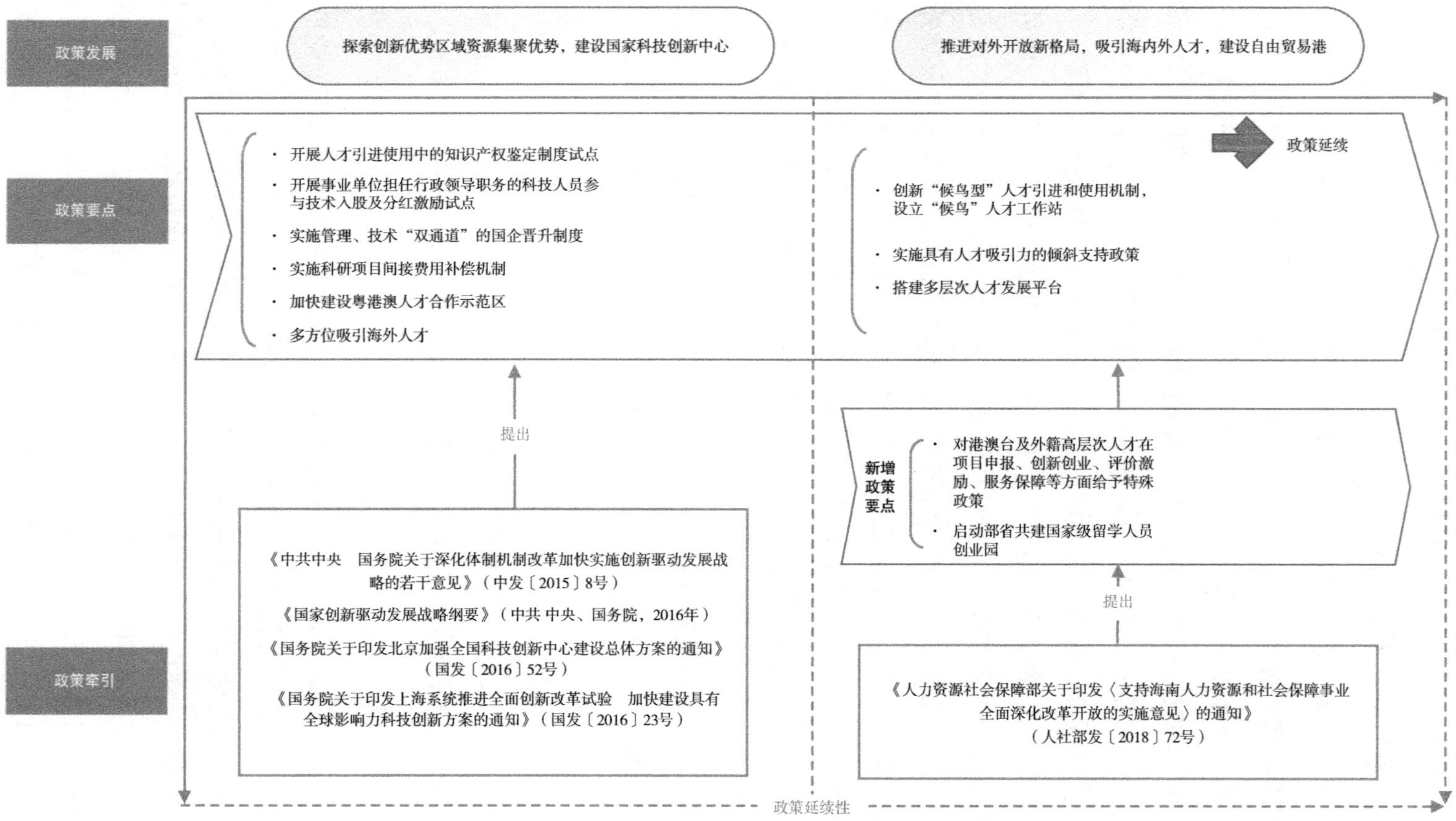

图 11-1-6 探索建设改革试验区政策发展过程

探索聘用外籍人才的新路径。二是建设海外人才离岸创新创业基地。上海科创中心推进张江国家自主创新示范区建设国际人才试验区，建设海外人才离岸创新创业基地，探索"区内注册、海内外经营"的离岸模式，打造具有引才引智、创业孵化、专业服务保障等功能的国际化综合性创业平台。三是实施倾斜支持政策。海南自由贸易港实行更加开放的人才引进政策，建立灵活的引才用才机制，对港澳台及外籍高层次人才在项目申报、创新创业、评价激励、服务保障等方面给予特殊政策。

搭建多层次人才发展平台。海南自由贸易港建设"中国（海南）技能人才综合发展基地"，建成全国一流水平的技能人才培育综合体；支持建立跨省跨境培养培训合作机制，建立培养培训基地（中心）。

第二节 政策落实成效

科技人才发展的机构与平台通过集聚和整合创新资源，提高科技资源的利用效率，提升科技人才的创新能力和水平。本部分政策呈现点、线、面的联系，政策亮点主要为：一是选取综合实力较强的平台机构进行试点。综合实力较强的平台机构具有较为完善的组织结构、管理机制和各类资源优势，在这类平台机构进行政策试点可以较大程度评估政策效果。二是试验探索创新人才政策体系。在机构与平台涉及的人才政策体系中，有多数属于先行先试人才政策，需要机构与平台自主进行探索，具有试验性。三是政策持续关注区域创新布局下的人才管理。从城市内的试验区和科技创新基地到建设覆盖城市和周边的科技创新中心，再到建设海南自由贸易港，作为科技人才政策的重要支撑，机构和平台类政策在人才管理方面不断推进更高水平的开放和创新。"十三五"以来，有关部门、地方、行业围绕国家经济社会发展需求，系统推进科技体制改革，建设多种机构和平台，在发挥机构和平台试点人才政策、聚集人才等方面功能的实践中取得了亮眼成绩，具体如下。

一、高校和科研院所自主权不断扩大

当前，我国高校和科研院所的机构改革相关政策重点关注扩大高校和科研院所自主权，在人才科研管理与绩效奖励分配自主权方面进行了有效探索。

赋予科研单位更大科研管理与绩效奖励分配权。在《科技部　教育部　发展改

革委　财政部　人力资源社会保障部　中科院印发〈关于扩大高校和科研院所科研相关自主权的若干意见〉的通知》（国科发政〔2019〕260号）的指引下，各部门、省市纷纷出台政策进行落实。宁夏回族自治区强化高校、科研院所的主体责任，允许高校、科研院所自主确定基础性绩效工资和奖励性绩效工资比例，自主决定绩效考核和绩效分配办法①。甘肃省赋予科研单位科研项目经费管理使用自主权。省级科技计划项目直接费用中除设备费外，其他科目费用调剂权全部下放给项目承担单位。对于接受企业或其他社会组织委托取得的项目经费，纳入单位财务统一管理，由项目承担单位按照委托方要求或合同约定管理使用②。吉林省深入推进科技管理权限下放，在核定的绩效工资总量内，高校、科研院所可根据自身特点制定合理的科技创新人才收入分配激励办法，自主决定绩效考核和绩效分配办法③。

二、新型研发机构建设快速发展

新型研发机构是近年来新兴的创新研发组织，在2016年之前关于新型研发机构的具体政策几乎空白。在提出"建设面向市场的新型研发机构"的总方针后，当前我国新型研发机构政策在吸引人才和建立人才交流学习平台方面初显成效。

建立新型研发机构促进人才聚集。在一系列国家政策的指引下，各省市地区对新型研发机构的建设进行了有效探索。湖北省科技厅通过市场机制整合各方资源，加快建设新型研发机构。2020年湖北省新型研发机构共吸纳专职科研人员5081人，其中，高级职称的科研人员1008人，硕士、博士学历的科研人员2920人，硕博学历的科研人员占比达77.3%。其中，刘经南院士团队、姜德生院士团队、舒红兵院士团队、马丁院士团队等4家产业创新联合体正式备案，成为集聚高端创新人才资

---

① 自治区人民政府关于优化科研管理提升科研绩效若干措施的通知[EB/OL]．（2019-03-22）[2022-06-22]．http://www.nx.gov.cn/zwgk/gfxwj/201903/t20190322_1335063.html．
② 甘肃省人民政府关于优化科研管理提升科研绩效若干措施的通知[EB/OL]．（2019-04-26）[2022-06-22]．http://www.gansu.gov.cn/art/c103795/c103818/c103837/201904/206279.shtml．
③ 关于印发《关于抓好赋予科研机构和人员更大自主权有关文件贯彻落实工作的实施方案》的通知[EB/OL]．（2019-06-11）[2022-06-22]．http://xxgk.jl.gov.cn/zcbm/fgw_97958/xxgkmlqy/201906/t20190611_5917706.html．

源的新载体①。江苏省建设了438家新型研发机构,共吸纳就业人员超1.6万人,开展技术服务4.5万多项次,转化科技成果近1000项,累计引进、孵化企业4000余家,年收入超100亿元②。广东新型研发机构也凭借市场化的运行机制和人才激励制度,成为国内外高端创新人才的集聚器,短短数年就引进了省科研创新团队23个,集聚了中高级创新人才6000多人,夯实了广东省创新人才基础③。

建立人才交流学习平台。在《科技部印发〈关于促进新型研发机构发展的指导意见〉的通知》(国科发政〔2019〕313号)指导下,为引导科技人才服务地方经济社会发展,部门、地方建立了各类人才交流学习平台。重庆市举办全球科学家高峰会,13位诺贝尔奖得主、4位图灵奖得主等20余位世界顶尖科学家到渝开展科学交流,高质量举办大数据智能化学术论坛、独角兽重庆峰会、中国自然人群资源库,搭建重庆中心建设咨询论证会等高端人才学习展示交流平台④。

三、各类科技创新基地建设成为人才集聚的平台

当前,我国科技创新基地积极打造高水平科技人才集聚平台、建设国家技术创新中心和搭建国际科技创新人才合作平台等,成果颇丰。

打造高水平科技人才集聚平台。各地积极建设标志性平台基地集聚标志性人才,加快推进前沿技术研究,在全球范围吸纳集聚一批能够发挥"塔尖效应"的科研人员,催生一批发展潜力大、带动作用强的新业态新产业,加快构建高水平科技人才集聚平台。例如,江苏省加强与中国科学院等国家战略科技力量的紧密合作,集中资源建设科技创新平台,省地联动支持网络通信与安全紫金山实验室创建国家实验室,培育筹建国家技术创新中心,进一步加强国际合作联合实验室的建设,加快科

---

① 省科技厅:加强新型研发机构建设 服务湖北高质量发展 [EB/OL].(2020-12-23)[2022-06-22]. http://www.hubei.gov.cn/zxjy/zxft/detail.shtml?id=1994&siteId=54.
② 省新型研发机构助力"六稳""六保"工作成效显著 [EB/OL].(2020-06-29)[2022-06-22]. http://www.jiangsu.gov.cn/art/2020/6/29/art_76928_9266493.html?gqnahi=affiy2.
③ 应运而生 趁势而起——访广东省科技厅厅长黄宁生 [EB/OL].(2014-09-28)[2022-06-22]. http://www.banyuetan.org/chcontent/sz/wzzs/szft/2014926/113063.shtml.
④ 19位诺贝尔奖、图灵奖、菲尔兹奖得主来渝开展学术交流 [EB/OL].(2019-08-25)[2022-06-23]. https://baijiahao.baidu.com/s?id=1642808474056455487&wfr=spider&for=pc.

技人才集聚①。

国家技术创新中心稳步推进。根据功能定位、建设目标、重点任务等不同，国家技术创新中心分两个类别进行布局建设。一是建设综合类国家技术创新中心。2020年12月，国家首个综合类技术创新中心"京津冀国家技术创新中心"揭牌成立②。2021年6月，长三角国家技术创新中心在上海揭牌成立，集聚各类创新要素，与长三角地区国家科技创新基地平台有机衔接，打造支撑引领创新型国家和科技强国建设的关键一极③。2021年4月，粤港澳大湾区国家技术创新中心揭牌仪式在广州举行。粤港澳大湾区国家技术创新中心由广东省政府、广州市政府和清华大学等联合发起，引进一大批清华大学及国内高校科研院所的先进成果，和国家实验室、国家重点实验室、行业龙头企业的顶级研究机构深度合作④。二是建设领域类国家技术创新中心。国家高速列车技术创新中心2016年9月在青岛设立，是中国第一个领域类国家技术创新中心。青岛市与中车集团积极发挥各自优势，共同推进创新中心工作，成立青岛事业法人单位、理事会和全球战略咨询委员会，建设轨道交通车辆系统集成国家工程实验室、高速磁浮试制中心和高速磁浮实验中心⑤。2018年3月，国家新能源汽车技术创新中心在北京成立⑥，是中国第二个领域类国家技术创新中心。

四、各类示范基地激发创新创业活力

各类示范基地类政策主要包括双创基地（众创空间）政策和国家科技成果转移

---

① 省发展改革委：《江苏省"十四五"新型基础设施建设规划》一图读懂文字版 [EB/OL].（2021-09-06）[2022-06-23]. http://www.jiangsu.gov.cn/art/2021/9/6/art_32648_10001128.html？gqnahi=affiy2.
② 京津冀三地举行国家技术创新中心揭牌和共建签约仪式 [EB/OL].（2020-12-29）[2022-06-23]. https://kjt.hebei.gov.cn/www/xwzx15/hbkjdt64/233229/index.html.
③ 以更优科技解决方案增进民生福祉　2021浦江创新论坛在沪举行全体大会 [EB/OL].（2021-06-04）[2022-06-24]. https://www.shanghai.gov.cn/nw4411/20210604/0258c1e4cd0c4361a0782f1e17acf157.html.
④ 科技部广东省2021年部省工作会商会议举行　王志刚马兴瑞等出席 [EB/OL].（2021-04-24）[2022-06-24]. http://www.gd.gov.cn/gdywdt/gdyw/content/post_3268673.html.
⑤ 国家高速列车技术创新中心建设在青启动 [EB/OL].（2018-01-11）[2022-06-24]. http://www.gov.cn/xinwen/2018-01/11/content_5255438.htm.
⑥ 国家新能源汽车技术创新中心在京成立 [EB/OL].（2018-03-02）[2022-06-24]. http://www.gov.cn/xinwen/2018-03/02/content_5270157.htm.

转化示范区政策。当前,我国各类示范基地类政策在激励众创空间建设、建设技术转移平台和基地等方面取得了显著成效。

双创示范基地促进创新创业高质量发展。2016—2020年,国务院分两批部署建设了120家示范基地。其间,示范基地按照部署要求,大胆探索实践,示范带动作用开始显现。2019年区域示范基地新增就业超过90万人,同比增长31.4%,带动就业水平大幅提升;实现技术合同成交额超过1750亿元,同比增长48%,科技创新能力持续增强;新登记企业约68万户,同比增长64.1%,产业创新后劲不断夯实;形成一批典型案例,推广复制一批改革经验举措,推动创新创业生态不断优化[1]。

支持众创空间建设。一是加大对众创空间的财税等政策支持力度。2019年,全国众创空间共获得各级政府财政后补助29.93亿元,全年享受税收优惠政策免税金额总计2.23亿元[2]。渤化集团化工新材料专业化众创空间通过给予相应股权及分红激励的方式支持员工兼职创业、离岗创办企业[3]。科研院所和高校依托专业化众创空间将科技成果转化各项政策落到实处,以"激发人的内驱力"为导向探索新模式新做法。二是建立对创业团队的收益提成、股权分配等激励机制和离岗创办企业保留待遇等保障机制。众创空间通过以上机制有效地激发了科技人才的创新创业活力,吸纳了大量最高层次科技创新创业群体。2019年众创空间内大学生创业、留学归国人员创业、科技人员创业、大企业高管高职创业、外籍人士创业等团队和企业数量共计24万个,全国众创空间举办创新创业活动累计达到14.9万次[4]。

强化科技人才服务保障。国家高新区不断加强科技人才服务保障工作,在落户、子女入学、税收、医疗及社会保险等方面给予相应政策优惠,努力解除科技人才的

---

[1] 国家发展改革委负责同志就《关于提升大众创业万众创新示范基地带动作用 进一步促改革稳就业强动能的实施意见》答记者问[EB/OL].(2020-07-31)[2022-06-25]. https://www.ndrc.gov.cn/xxgk/jd/jd/202007/t20200731_1235149.html?code=&state=123.

[2] 关于政协十三届全国委员会第三次会议第1363号(科学技术类073号)提案答复的函[EB/OL].(2020-11-16)[2022-06-25].https://www.most.gov.cn/xxgk/xinxifenlei/fdzdgknr/jyta/202101/t20210129_172646.html.

[3] 天津新增2家国家专业化众创空间[EB/OL].(2020-04-01)[2022-06-25]. http://www.stdaily.com/index/kejixinwen/2020-04/01/content_912527.shtml.

[4] 纯干货!这份报告透露了2019年中国创业孵化的秘密[EB/OL].(2020-20-28)[2022-06-25]. http://k.sina.com.cn/article_6380588872_17c500f480190214rs.html.

新时期中国科技人才政策发展与实践

后顾之忧。例如,深圳高新区积极营造有利于海外高层次人才创新创业的良好生活环境;面向海外高层次人才办理居留和出入境的需求提供便利①。又如,苏州工业园区针对中高层次人才和紧缺骨干人才,在购房补贴、住房公积金缴存优惠、薪酬补贴、子女入学、医疗保健等方面提供各类优惠政策,给予30万~500万元的一次性购房补贴②。

五、改革试验区政策先行先试

我国现行改革试验区主要包括自主创新示范区和自主创新综合试验区、科技创新中心、自由贸易港,通过选择一批有特点和有代表性的区域进行综合配套改革,为全国的各方面改革提供新的经验和思路。当前,我国改革试验区政策在激发人才活力、引进人才、搭建高层次人才发展平台等方面均取得了显著的成效。

建立激发人才创新创业活力的用人机制。一是鼓励高等学校和科研院所人才互聘。北京科创中心以中关村国家自主创新示范区为主要载体,允许高等学校、科研院所设立一定比例的流动岗位,吸引企业人才兼职③。上海科创中心鼓励科研院校人才向企业流动,科研人员可保留人事关系离岗创业,在3~5年的创业孵化期内返回原单位的,待遇和聘任岗位等级不降低④。二是破除体制机制障碍,激发国有企事业单位人员创新活力。例如,上海科创中心取消因公出境的批次、公示、时限等限制,对国有企业领导人员的任期考核加大科技创新指标权重,并实施管理和技术"双通道"的国企晋升制度⑤。

实施更具吸引力的人才引进政策。一是取消部分外籍人才认定限制,探索国际人才聘用途径。例如,北京科创中心研究制定事业单位招聘外籍人才的认定标准,

---

① 深圳市人民政府办公厅关于印发前海外籍高层次人才居留管理暂行办法的通知[EB/OL].(2013-09-04)[2022-06-25]. http://www.sz.gov.cn/zfgb/2013/gb849/content/post_4954822.html.
② 深化人才驱动战略 园区出台高层次和紧缺人才优惠新政[EB/OL].(2016-09-21)[2022-06-30]. http://www.sipac.gov.cn/szgyyq/c113583/201609/f560ec5304634194bf8bab84031d4d20.shtml.
③ 国务院关于印发北京加强全国科技创新中心建设总体方案的通知[EB/OL].(2016-09-18)[2022-06-25]. http://www.gov.cn/zhengce/content/2016/09/18/content_5109049.htm.
④ 国务院关于印发上海系统推进全面创新改革试验 加快建设具有全球影响力科技创新中心方案的通知[EB/OL].(2016-04-15)[2022-06-25]. http://www.gov.cn/zhengce/content/2016-04/15/content_5064434.htm.
⑤ 同④。

探索聘用外籍人才的新路径①。上海科创中心取消海外高层次人才引进的年龄限制，允许符合条件的外籍人士担任国有企业部分高层管理职务②。粤港澳大湾区探索采用法定机构或聘任制等形式引进高层次人才，对在大湾区工作的境外（含港澳台）高端人才和紧缺人才给予补贴③。二是加强人才国际交流合作。例如，北京科创中心鼓励以我国为主发起国际大科学计划和大科学工程，吸引海外顶尖科学家和团队参与④。粤港澳大湾区完善国际化人才培养模式，加强人才国际交流合作，推进职业资格国际互认⑤。三是探索技术移民的运行方式。粤港澳大湾区在技术移民等方面先行先试，开展外籍创新人才创办科技型企业享受国民待遇试点，完善国际化人才培养模式，加强人才国际交流合作⑥。四是实施具有人才吸引力的倾斜支持政策。海南自由贸易港创新"候鸟型"人才引进和使用机制，设立"候鸟"人才工作站；支持海南省在种业、海洋、航天等重点领域建设国家级专家服务基地。在技工院校师资能力培训方面向海南省倾斜，支持全国优秀技工院校教师到海南技工院校交流授课；增加博士后流动站和工作站数量，指导海南建立博士后创新创业基地；对海南自由贸易港高端紧缺人才实施个人所得税优惠政策⑦。

搭建多层次人才发展平台。海南自由贸易港推进海南与国内著名高校、研究院、医疗机构开展合作，建设高层次人才创新创业示范园区；支持海南建设"中国（海南）技能人才综合发展基地"，建成全国一流水平的技能人才培育综合体；支持建立跨省跨境培养培训合作机制，建立培养培训基地（中心）；支持海南建立全省共享的专业技术人才职称评审信息系统⑧。

---

① 国务院关于印发北京加强全国科技创新中心建设总体方案的通知 [EB/OL].（2016-09-18）[2022-07-08]. http://www.gov.cn/zhengce/content/2016/09/18/content_5109049.htm.

② 国务院关于印发上海系统推进全面创新改革试验 加快建设具有全球影响力科技创新中心方案的通知 [EB/OL].（2016-04-15）[2022-06-25]. http://www.gov.cn/zhengce/content/2016-04/15/content_5064434.htm.

③ 中共中央、国务院印发《粤港澳大湾区发展规划纲要》[EB/OL].（2019-02-18）. http://www.gov.cn/gongbao/content/2019/content_5370836.htm.

④ 同①。

⑤ 同③。

⑥ 同③。

⑦ 人力资源社会保障部关于印发《支持海南人力资源和社会保障事业全面深化改革开放的实施意见》的通知 [EB/OL].（2018-11-22）[2022-07-08]. http://www.mohrss.gov.cn/xxgk2020/fdzdgknr/zcfg/gfxwj/zh/201811/t20181127_305664.html.

⑧ 同⑦。

第三节 政策发展主要方向

从科技人才政策设计上，对机构和平台涉及的人才相关政策定位清晰，从宏观到微观都有不同层次的要求和措施。当前，我国机构和平台类政策已取得显著成效，是引导人才要素流动、激发人才创新活力、提升我国自主创新能力的重要支撑。

"十四五"时期，机构与平台作为科技人才进行科技创新工作的重要载体，需要进一步加强顶层设计，统筹推进各类平台建设。与此同时，中央人才工作会议也再次强调，要加快建设世界重要人才中心和创新高地。面向这一需求，结合当前政策亮点及落实成效，未来机构与平台相关政策有必要重点关注以下3个方面。

一是加强科技创新基地建设布局的互补性，关注中西部地区的发展。在科技创新基地的建设布局上，既要抓住事关科技发展全局的核心关键技术领域的重点突破，也要充分兼顾地方，特别是中西部地区的科技和经济发展需要；在突破高精尖技术发展瓶颈和短板的同时，也要牢牢守住我国在传统产业技术上的已有优势。技术创新与成果转化类科技创新基地和市场关系紧密，在此类科技创新基地的布局中，应适当给予民营企业一定倾斜，并从产学研融合的角度，进一步促进民营企业与高校和科研院所之间的互动交流。

二是以中心城市和城市群等经济发展优势区域为重点，完善跨区域的开放协同创新体系，提升创新政策源能力。以京津冀、长三角、粤港澳大湾区为重点，加快打造引领高质量发展的第一梯队。完善自由贸易试验区布局，赋予其更大改革自主权，深化首创性、集成化、差别化改革探索，积极复制推广制度创新成果。在中西部有条件的地区，以中心城市为引领，提升城市群功能，加快工业化城镇化进程，形成高质量发展的重要区域。完善沿边重点开发开放试验区、边境经济合作区、跨境经济合作区功能，支持宁夏、贵州、江西建设内陆开放型经济试验区。

三是探索港澳同内地优势互补、协同发展机制，促进人才创新要素流动。促进合作机制创新。支持粤港澳深度合作，开展更高层面、更宽领域的改革试点，破除人才、技术、资金、设备、信息、数据等创新要素跨境便捷流动的体制机制障碍，形成交流互动、协同创新的新局面，并在更大范围内推动创新能力开放合作，充分吸纳和利用全球创新资源。加强粤港澳产学研协同发展。便利港澳青年到大湾区内地城市就学就业创业，打造粤港澳青少年交流精品品牌。

第十二章

科技人才管理与服务政策

加强科技人才管理与服务是党中央激发人才活力、构建高效人才管理格局、营造良好科研环境的一项重要举措,对于我国加快形成人才竞争比较优势,逐步实现由人力资源大国向人才强国转变的历史进程具有重要意义。近年来,我国坚持"党管人才"的总方针,不断发挥党委(党组)总揽全局、协调各方的领导核心作用。在此基础上,通过下放科技人才管理权、加强用人单位人才制度建设、推动人才服务市场化等多种方式,不断深化科技领域"放管服"改革,有效激发了科技人才创新活力,优化了科技人才管理格局。

第一节 政策发展过程和进展

加大对科技人才的管理与服务是合理配置科技人才资源、提高人才效能的一项有效措施。人才是我国经济社会发展的第一资源,人才管理与服务政策的目标就是用好用活人才,统筹加强高层次人才队伍建设,形成国际人才竞争优势。政府科技管理部门制定并督促落实了一系列人才管理与服务政策,充分调动科技工作者在各项事业中的积极性,更好地服务国家重大需求和经济社会发展需要,最大限度地发挥人才效能。

我国科技人才管理与服务政策的制定,遵循科技创新规律和人才成长规律。在行为科学理论、需求层次理论的指导下,政府科技管理部门通过赋予人财物自主权、推行领导人员聘任制、建立绩效工资制度等一系列政策在组织内建立起良好的人际关系及组织机制,有效破除了束缚人才发展的思想观念和体制机制障碍,构建了科学规范、开放包容、运行高效的人才发展治理框架。

科技人才管理与服务政策框架主要包括以下内容。一是落实党管人才政策。主要包括建立党管人才工作格局，以及落实对党管人才要求的考核、监督、具体举措等方面。二是政府下放科技人才管理权政策。主要包括下放编制管理、岗位管理、薪酬管理，赋予人财物自主权等方面。三是用人单位人才制度建设政策。主要包括推行院所长及领导人员全球聘任制、加强岗位管理、建立绩效工资制度等方面。四是科技资源与平台共享服务政策。主要包括建设统一的网络管理平台、完善国家科技报告开发和共享制度，以及建立共享服务平台考核、补助和监督机制等方面。五是科技人才培训政策。主要包括完善各类科技人才培训机制、加强职业教育和技能人才培养、加强创业培训和高校毕业生就业培训等方面。六是市场化人才公共服务政策。主要包括构建人才市场体系、推进人才市场社会化服务、建立人才供给和需求信息调查制度、做好人力资源市场培育等方面（图 12-1-1）。

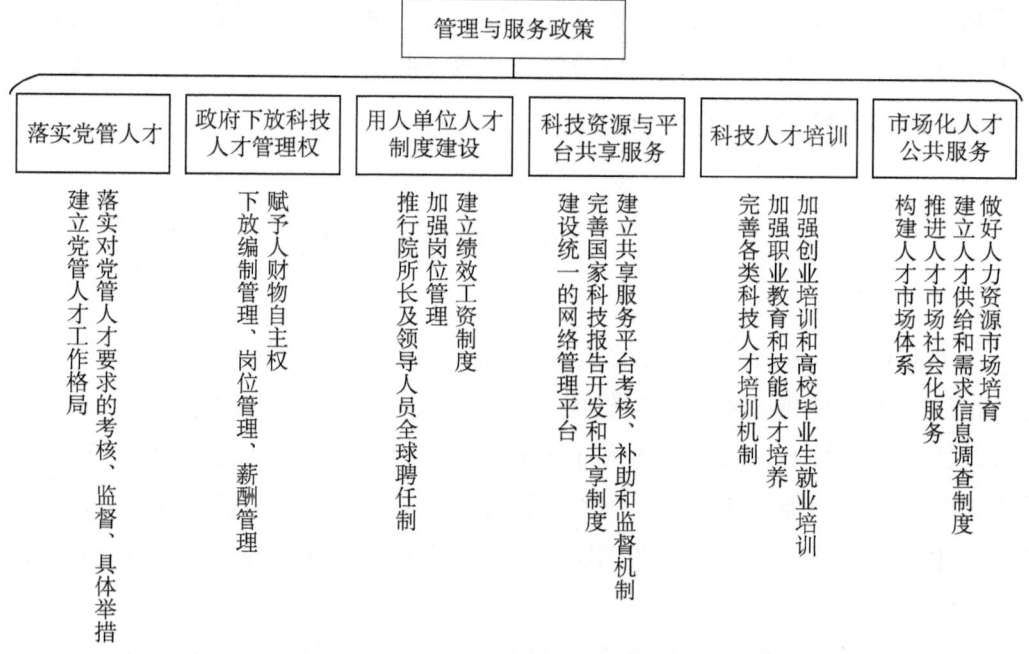

图 12-1-1　科技人才管理与服务政策框架

第十二章 科技人才管理与服务政策

一、落实党管人才

党管人才是做好人才工作的根本保证。落实好党管人才的要求对保证人才工作的正确方向、对实施人才强国战略具有重大意义。2021年修订的《中华人民共和国科学技术进步法》中强调了要坚持中国共产党对科学技术事业的全面领导，健全党管人才领导机制和工作格局，走中国特色自主创新道路，建设科技强国。

（一）政策发展过程及特点

从时间维度来看，我国落实党管人才政策发展过程如图12-1-2所示。一是以党管人才为重要原则，以《国家中长期人才发展规划纲要（2010—2020年）》（中发〔2010〕6号）为指导，建立协调高效的人才工作运行机制。通过推行党委、政府人才工作目标责任制，完善党委联系专家制度建立科学的决策机制与协调高效的人才工作运行机制。二是改进党管人才方式方法，提高议事决策水平，优化人才管理的工作制度。以《中共中央印发〈关于深化人才发展体制机制改革的意见〉》（中发〔2016〕9号）为指导，推动各类创新主体充分发挥党组织作用，加强党政领导干部和人才的直接联系，进一步发展党委工作目标责任制和党管人才监督机制。

通过对落实党管人才政策发展过程的系统梳理可知，本领域的相关政策呈现以下3个特征：一是关注党管人才政策的整体布局，努力构建组织部门牵头抓总、职能部门各司其职的人才工作格局。二是强调发挥专家决策咨询作用，积极探索党委和专家联系新机制。三是逐步加强对党管人才工作目标的考核力度。

（二）当前进展

当前，我国落实党管人才相关政策的关注焦点集中在健全党管人才领导体制和工作格局、创新党管人才方式方法和加强党管人才工作的保障措施3个方面。

健全党管人才领导体制和工作格局。一是加强党委统一领导。设立党的组织，充分发挥党组织在科研事业单位中的战斗堡垒作用，强化政治引领，切实保证党的领导贯彻落实到位。健全各级党委人才工作领导机构，建立科学的决策机制、协调机制和督促落实机制，形成统分结合、上下联动、协调高效、整体推进的人才工作运行机制。二是发挥组织部门牵头抓总作用。主管机关（部门）党委（党组）或者组织（人事）部门按照干部管理权限，根据工作需要和领导班子建设实际提出选拔任用工作启动意见，在综合研判、充分酝酿的基础上形成工作方案，并按照组织考

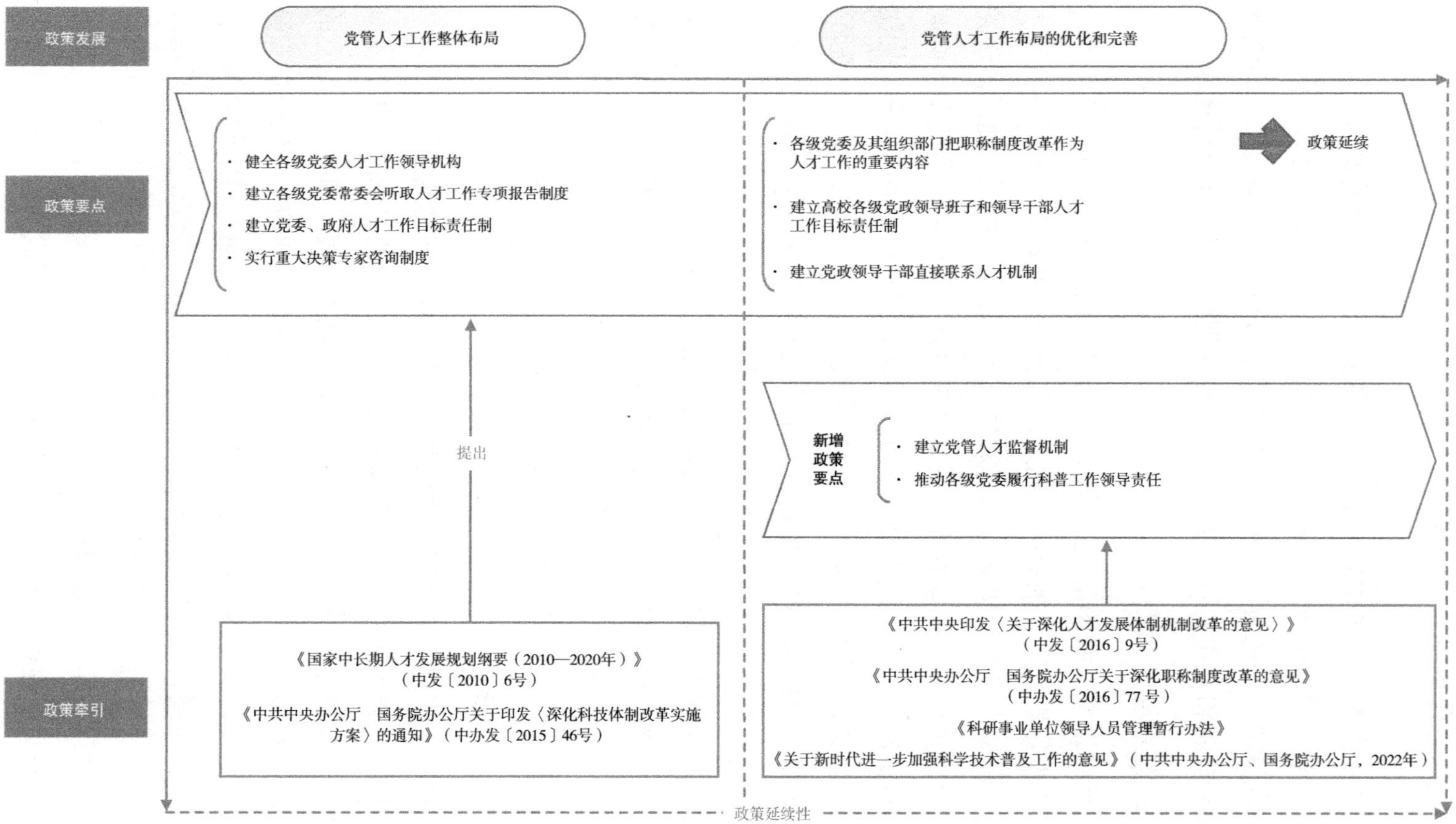

图 12-1-2 落实党管人才政策发展过程

察、会议决定等有关程序和要求认真组织实施。三是强化各级党委（党组）的主体责任，完善党管人才工作格局。实行党委领导下的院所长（院长、所长、主任等）负责制或设立党组的科研事业单位，统筹推进人才工作重大举措落地生效，积极为用人主体和人才排忧解难，加强对人才的政治引领和政治吸纳，引导广大人才爱党报国、敬业奉献。

创新党管人才方式方法。一是建立党政领导干部直接联系人才机制。制定加强党委联系专家工作意见，完善党委联系专家制度。实行重大决策专家咨询制度。二是理顺人才工作职责。理顺党委和政府人才工作职能部门职责，将行业、领域人才队伍建设列入相关职能部门"三定"方案。各级党委及其组织部门要把职称制度改革作为人才工作的重要内容，在政策研究、宏观指导等方面发挥统筹协调作用。

加强党管人才工作的保障措施。一是实行县级以上地方党政领导班子人才工作目标责任制。将考核结果作为领导班子评优、干部评价的重要依据，将人才工作列为落实党建工作责任制情况述职的重要内容，提高各级党政领导班子综合考核指标体系中人才工作专项考核的权重。建立各级党委常委会听取人才工作专项报告制度。二是建立党管人才监督机制。强化监督保障，主管机关（部门）党委（党组）及纪检监察机关、组织（人事）部门按照管理权限和职责分工，综合运用考察考核、述职述责述廉、民主生活会、谈心谈话等方式，对科研事业单位领导班子和领导人员进行监督。院所长全面负责科学研究、行政管理等工作，要强化组织观念和纪律规矩意识，坚持民主决策，定期向党组织通报有关工作情况。

二、政府下放科技人才管理权

高校和科研院所从事探索性、创造性科学研究活动，具有知识和人才独特优势，是实施创新驱动发展战略、建设创新型国家的重要力量。随着科技创新向纵深推进，当局提出了充分发挥用人主体在人才培养、吸引和使用中的主导作用，全面落实国有企业、高校、科研院所等企事业单位和社会组织用人自主权的要求。

（一）政策发展过程及特点

党的十八大以来，我国政府下放科技人才管理权政策发展过程如图12-1-3所示。一是探索人才体制机制改革，初步下放科技人才编制、岗位、薪酬管理权。以《中共中央印发〈关于深化人才发展体制机制改革的意见〉》（中发〔2016〕9号）

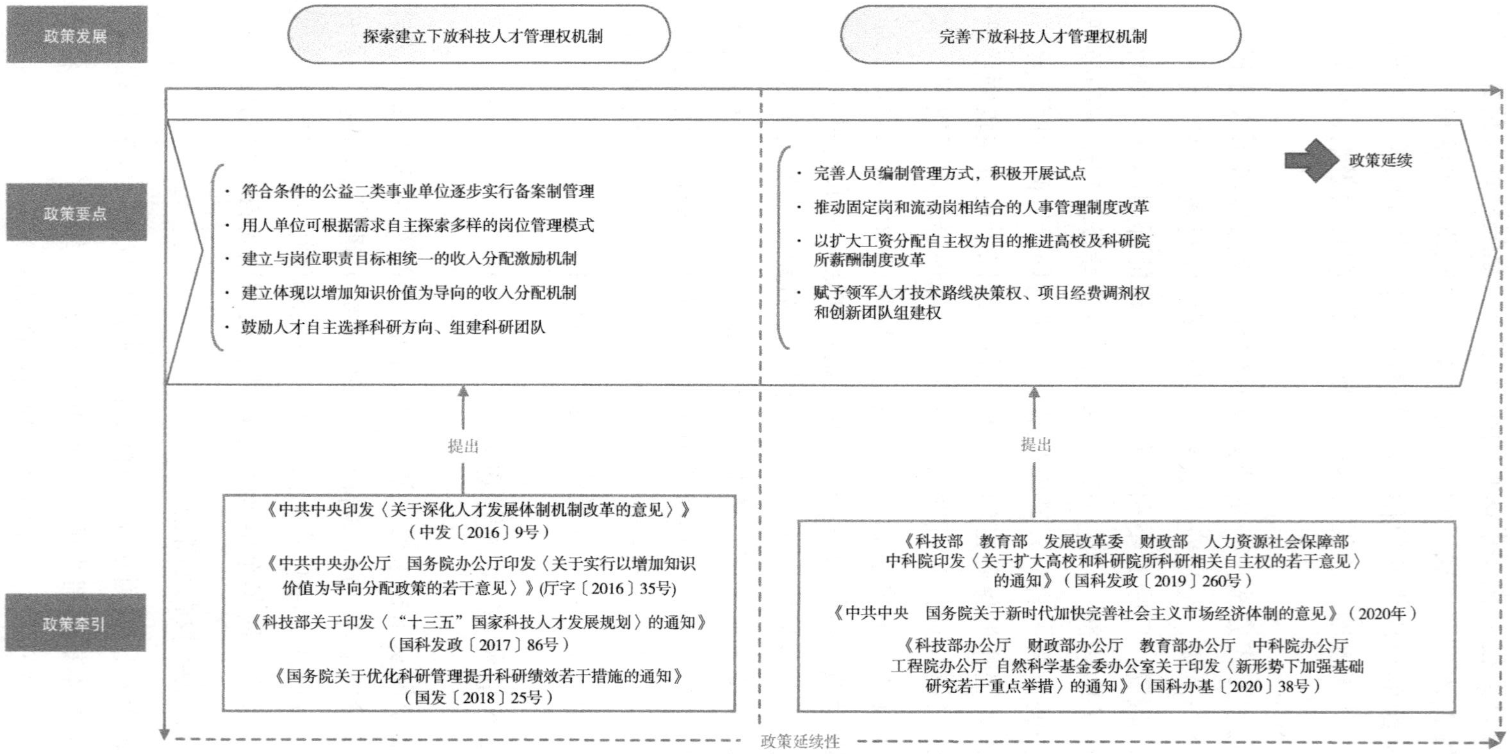

新时期中国科技人才政策发展与实践

图 12-1-3 政府下放科技人才管理权政策发展过程

为指导，相关政策鼓励用人单位自主探索多样的编制和岗位管理模式，建立体现以增加知识价值为导向的收入分配机制，激发人才活力。二是完善人才管理权下放机制，推动科研单位灵活落实。以《科技部　教育部　发展改革委　财政部　人力资源社会保障部　中科院印发〈关于扩大高校和科研院所科研相关自主权的若干意见〉的通知》（国科发政〔2019〕260号）为指导，用人单位重视落实政府"放管服"改革，在编制管理、岗位管理和薪酬制度方面做出系统设计，赋予科研人员技术路线决策权等权利。

通过追踪政府下放科技人才管理权政策发展过程可以看出，本领域的相关政策呈现以下3个特征：一是强调建立以增加知识价值为导向的收入分配机制，扩大高等学校和科研机构收入分配自主权。二是关注固定岗和流动岗相结合的岗位管理模式。三是强调赋予科研人员自主权，激发人才积极性和创造性。

（二）当前进展

当前，本领域政策的关注焦点集中在下放编制管理自主权、下放岗位管理自主权、下放薪酬管理自主权和赋予人财物自主权4个方面。

下放编制管理自主权。创新事业单位编制管理方式，对符合条件的公益二类事业单位逐步实行备案制管理。机构编制部门按照程序办理科研事业单位编制调整事项时，参考评价结果。教育部门要会同机构编制、财政、人力资源社会保障等相关部门加快制定高校人员总量核定指导标准和试点方案，积极开展试点。

下放岗位管理自主权。高校和科研院所可根据创新工作需要，按照国家或所在地政策设置创新型岗位和流动性岗位，自主制定岗位设置方案和管理办法，合理确定岗位等级的结构比例，建立各级专业技术岗位动态调整机制。其中，高层次紧缺人才可通过直接考察的方式引进。事业单位自主探索多样的岗位管理模式，可以根据开展工作需要按照国家有关规定设立流动岗位。

下放薪酬管理自主权。建立体现知识、技术等创新要素价值的收入分配机制，优化收入结构，扩大高等学校和科研机构收入分配自主权，在核定的绩效工资总量内自主确定绩效工资结构、考核办法、分配方式、工资项目名称、标准和发放范围，建立工资稳定增长机制。鼓励企事业单位对科研人员等实行灵活多样的分配形式。鼓励科研机构、高校依据市场规则和市场价格，引进和使用高层次人才。

赋予人财物自主权。鼓励人才自主选择科研方向、组建科研团队，开展原创性基础研究和面向需求的应用研发。国家科研项目负责人可根据国家有关规定自主调整研究方案和技术路线，自主组织科研团队。赋予领军人才技术路线决策权、项目经费调剂权、创新团队组建权。

三、用人单位人才制度建设

科技人才队伍在经济社会发展中是中坚力量，加强用人单位人才制度建设，对国家加快战略人才力量建设、优化科学技术人才队伍结构有重要意义。完善人才发展机制要求深入推进人才发展体制机制改革，不断提高人才工作的科学化、规范化和制度化水平。

（一）政策发展过程及进展

党的十八大以来，我国用人单位人才制度建设政策发展过程如图12-1-4所示。一是鼓励用人单位探索灵活的人才招聘、岗位管理、绩效工资分配的制度管理办法。以2016年中共中央、国务院颁发的《国家创新驱动发展战略纲要》为指导，相关政策支持高校、科研院所和企业面向全球招聘人才，强调完成由身份管理向岗位管理的转变，完善科研事业单位绩效工资制度。二是全面实行聘用合同、岗位管理和公开招聘制度，深化科技人才晋升机制和绩效工资分配改革方案。以《科技部　教育部　发展改革委　财政部　人力资源社会保障部　中科院印发〈关于扩大高校和科研院所科研相关自主权的若干意见〉的通知》（国科发政〔2019〕260号）为指导，相关政策强调根据需要进行岗位比例的灵活设置，完善绩效工资分配机制，探索建立符合行业特点的工资制度。

通过对用人单位人才制度建设政策发展过程的系统梳理可知，本部分政策呈现以下两个特征：一是关注岗位比例设置，鼓励根据需要灵活调整岗位结构。二是关注绩效工资分配方式，明确绩效工资分配重点向关键岗位、业务骨干和做出突出贡献的人员倾斜。

（二）当前进展

当前，我国用人单位人才制度建设政策的关注焦点集中在推行院所长及领导人员全球聘任制、加强岗位管理、建立绩效工资制度3个方面。

推行院所长及领导人员全球聘任制。支持高校、科研院所、企业面向全球招聘人才。

第十二章 科技人才管理与服务政策

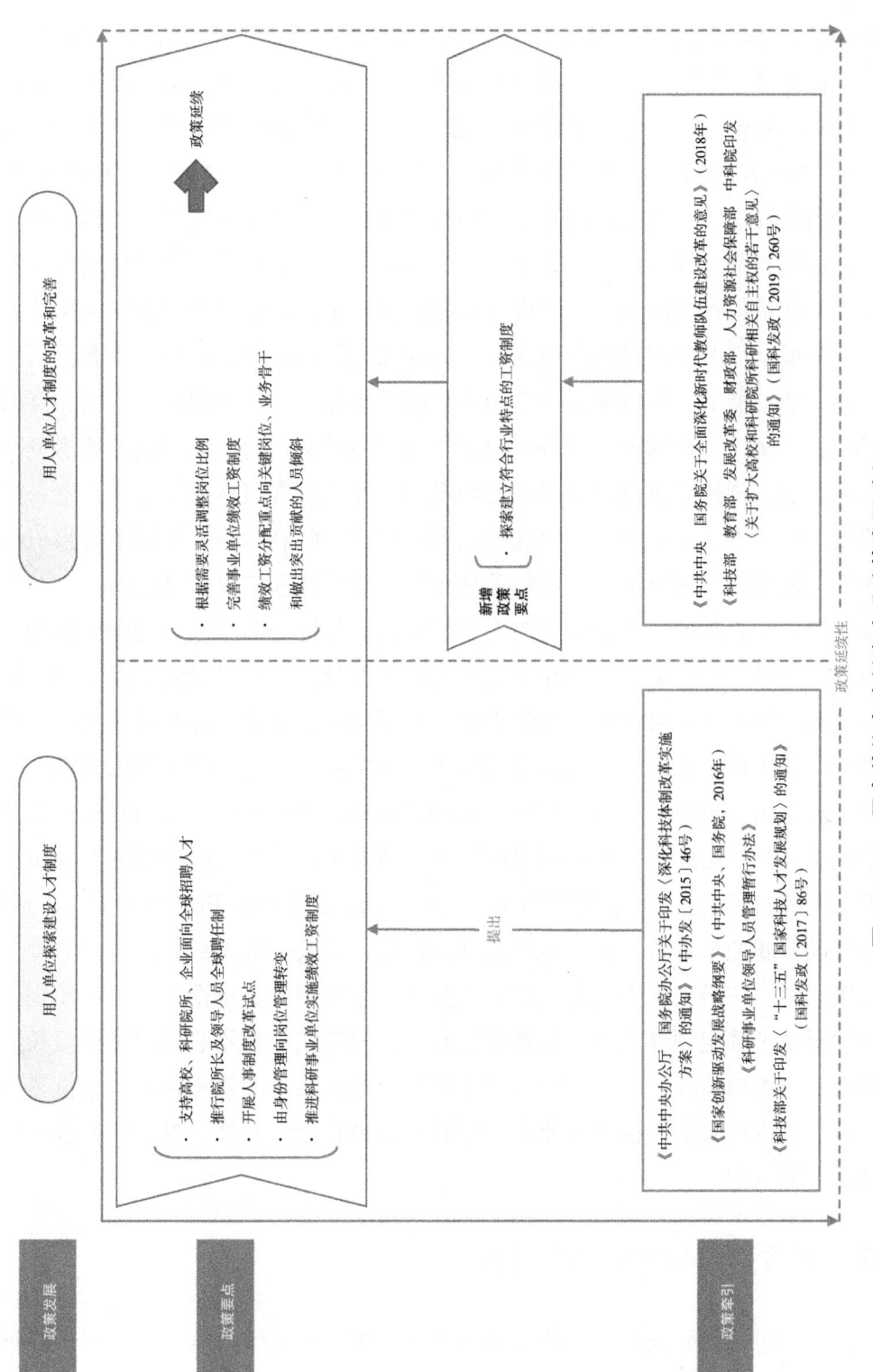

图 12-1-4 用人单位人才制度建设政策发展过程

259

率先在国家实验室等重大科研基地开展人事制度改革试点，开展科研机构和高校非涉密部分岗位全球招聘试点，提高科研机构负责人全球招聘比例，吸收外部专家进行管理。对行政领导人员，逐步加大聘任制推行力度，在条件成熟的单位可以对行政领导人员全部实行聘任制，对打破身份等限制选拔的领导人员，一般应当实行聘任制。

加强岗位管理。一是由身份管理向岗位管理转变。研究制定不同类型事业单位岗位结构比例和最高等级的调整办法，开展事业单位专业技术一级岗位组织实施工作，完成事业单位管理岗位职员等级晋升制度推行工作，实现身份管理向岗位管理转变。二是根据需要灵活调整岗位比例。全面实行聘用合同、岗位管理和公开招聘制度，建立能上能下、能进能出灵活用人机制的单位，可在编制内适当增加高级专业技术岗位比例，调整情况按管理权限报相关部门备案。对单位引进的急需紧缺高层次人才，通过调整岗位设置难以满足需求的，经相关部门审批同意，设置一定数量的特设岗位，不受岗位总量、最高等级和结构比例限制，涉及编制事宜报机构编制管理部门按程序专项审批。完成相关任务后，按照管理权限予以核销。

建立绩效工资制度。一是建立与岗位职责目标相统一的收入分配激励机制。人力资源社会保障、财政部门要同相关主管部门在部分高校和科研院所探索建立符合行业特点的工资制度。合理调节教学人员、科研人员、实验设计与开发人员、辅助人员和专门从事科技成果转化人员等的收入分配关系。二是绩效工资向关键岗位、业务骨干和做出突出贡献的人员倾斜。在绩效工资总量核定中，要向高层次人才集中、向创新绩效突出的高校和科研院所倾斜。绩效工资分配要向关键创新岗位、做出突出贡献的科研人员、承担财政科研项目的人员、创新团队和优秀青年人才倾斜。制定体现高等职业教育特点的教师绩效评价标准，绩效工资内部分配向"双师型"教师适当倾斜。三是完善事业单位领导人员收入分配制度。根据事业单位类别，结合考核情况合理确定领导人员的绩效工资水平，使其收入与履职情况和单位长远发展相联系，与本单位职工的平均收入水平保持合理关系。四是合理调节单位（科研机构、高校）内部各类岗位收入差距。除科技成果转化收入外，单位内部收入差距要保持在合理范围。

四、科技资源与平台共享服务

科技资源包括科研设施、科研仪器和数据资源，是突破科学前沿、解决经济社会发展和国家重大科技问题的技术基础和重要手段。2021年修订的《中华人民共和国科学技术进步法》中重点提出"应当建立健全科学技术资源开放共享机制，促进科学技术资源的有效利用"，以此来推进科技资源向社会开放和共享。

（一）政策发展过程及特点

我国科技资源与平台共享服务政策发展过程如图12-1-5所示。一是探索建立科技资源开放共享机制，建设统一开放的国家网络管理平台。党的十八大以来，《国务院关于国家重大科研基础设施和大型科研仪器向社会开放的意见》（国发〔2014〕70号）为指导，构建了跨部门、跨领域、多层次的网络服务体系，推动了科研设施和科研仪器的开放共享，建设了国家科技报告共享和开发制度。二是面向国家重大科技创新需求，完善平台布局，提高科技资源共享能力。为响应"十三五"国家科技创新规划，以《科技部办公厅 财政部办公厅 教育部办公厅 中科院办公厅 工程院办公厅 自然科学基金委办公室关于印发〈新形势下加强基础研究若干重点举措〉的通知》（国科办基〔2020〕38号）为指导，加强建设国家科技资源共享服务平台，建立共享服务平台考核、后补助和监督机制，完善国家科技报告共享和信息管理，促进科技资源开放共享。

通过对科技资源与平台共享服务政策发展过程的系统梳理可知，本部分政策呈现以下两个特征：一是强调对科技资源的规范管理，建立科学合理的科研设施与仪器开放运行机制。二是强调通过科技资源共享服务平台的建设，对国家科技基础条件平台进行优化整合。

（二）当前进展

当前，本领域政策的关注焦点集中在促进科研设施与仪器共享、促进国家科技资源共享、完善国家科技报告共享及信息管理3个方面。

促进科研设施与仪器共享。一是建立统一开放的国家网络管理平台。将所有符合条件的科研设施与仪器纳入平台管理，将管理单位的服务平台统一纳入国家网络管理平台，公开科研设施与仪器使用办法和使用情况，实时提供在线服务，逐步形成跨部门、跨领域、多层次的网络服务体系。二是引导管理单位实现科研设施与仪器共享。对于纳入国家网络管理平台统一管理、享受科教用品和科技开发用品进口免税政策的科学仪器设备，在符合监管条件的前提下，准予用于其他单位的科技开发、科学研究和教学活动。探索建立用户引导机制，鼓励共享共用。管理单位可以

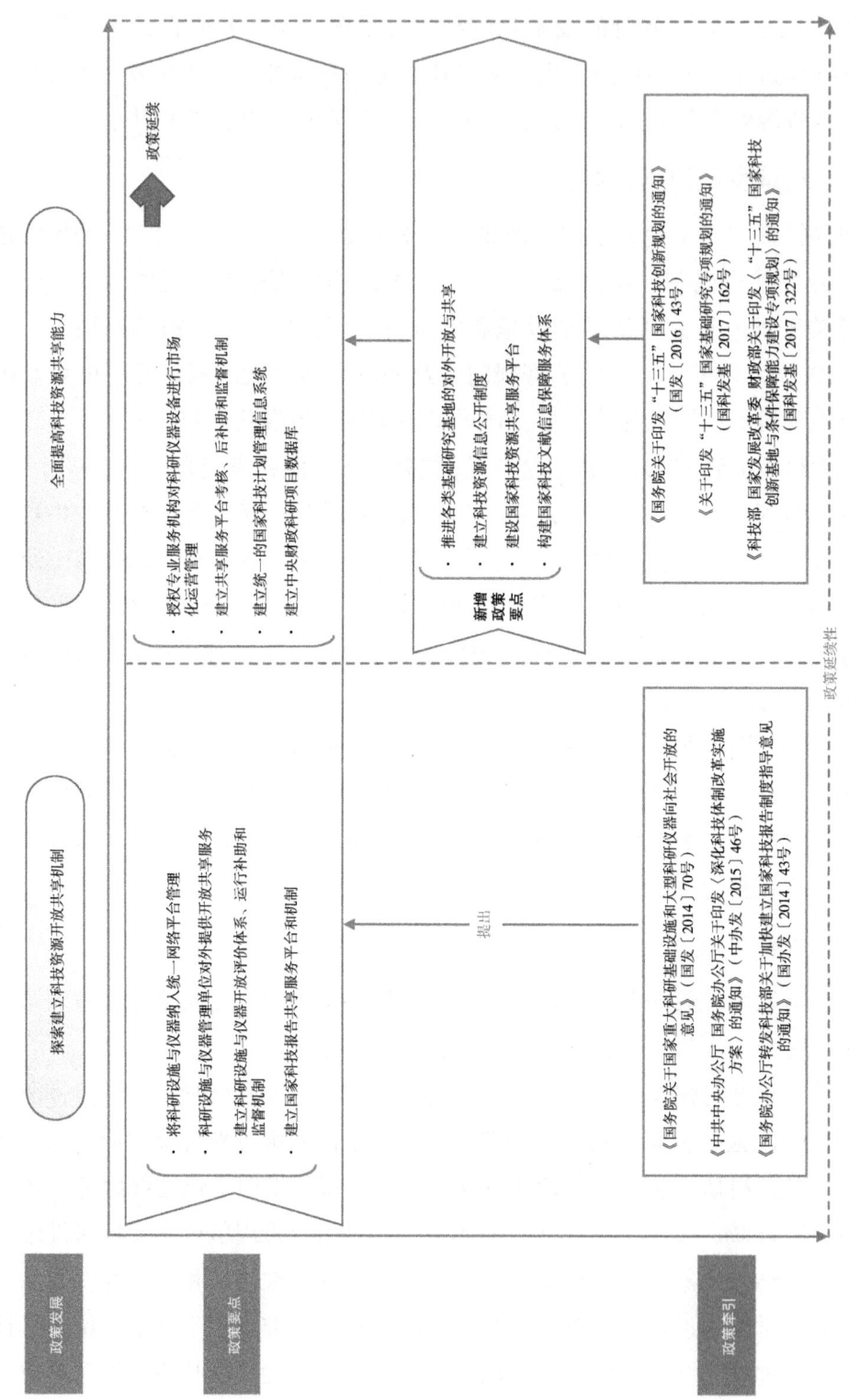

图 12-1-5 科技资源与平台共享服务政策发展过程

按照成本补偿和非营利性原则收取成本和服务费，服务收入纳入单位预算，由单位统一管理。用户独立开展科学实验形成的知识产权由用户自主拥有，所完成的著作、论文等发表时，应明确标注利用科研设施与仪器情况。三是建立科研设施与仪器开放评价体系、运行补助和监督机制。科技部会同有关部门建立评价制度，定期对科研设施与仪器的运行情况、管理单位开放制度的合理性、开放程度、服务质量、服务收费和开放效果进行评价考核。对于科研设施与仪器开放效果好、用户评价高的管理单位，建立开放共享后补助机制，调动管理单位开放共享积极性。科技行政主管部门、相关行政主管部门要建立投诉渠道，接受社会对科研设施与仪器调配的监督。

促进国家科技资源共享。一是建设国家科技资源共享服务平台。根据科技资源类型，对现有国家科技基础条件平台进行优化整合，符合条件的纳入国家科技资源共享服务平台序列进行管理。与此同时，《中华人民共和国科学技术进步法》进一步提出，要"建立科学技术研究基地、科学仪器设备等资产和科学技术文献、科学技术数据、科学技术自然资源、科学技术普及资源等科学技术资源的信息系统和资源库，及时向社会公布科学技术资源的分布、使用情况"。二是加强科技资源共享制度和机构建设。深入开展重点科技资源调查，建立科技资源信息公开制度，制定国家科学数据管理与开放共享办法，完善科学数据汇交和共享机制。建设一批具有国际影响力的国家级科学数据中心、生物种质和实验材料资源库（馆），构建完善的国家科技文献信息保障服务体系。国家鼓励企业和其他社会力量自行创办科学技术研究开发机构，保障其合法权益，并对社会力量设立的非营利性科学技术研究开发机构税收优惠制度。三是加强科技数据资源开放共享的考核和补助。对于利用科研设施与仪器形成的科学数据、科技文献（论文）、科技报告等科技资源，要根据各自特点采取相应的方式对外开放共享。开放共享情况要作为科技资源建设和科技计划项目管理考核的重要内容。

完善国家科技报告共享及信息管理。一是建立健全科技报告制度。建立国家科技报告共享服务平台，实现国家科技资源持续积累、完整保存和开放共享，提供开放共享服务包括建立科技报告共享服务机制，将科技报告呈交和共享情况作为对项目承担单位后续支持的重要依据。二是建立统一的国家科技计划管理信息系统和中央财政科研项目数据库。按照统一的数据结构、接口标准和信息安全规范建成统一的国家科技管理信息系统，对科技计划实行全流程痕迹管理，并向社会开放服务。

五、科技人才培训

为提高科技人才战略思维能力、协同创新能力、团队建设和管理能力及政策实施能力，中央加强顶层设计，加强各类人才培训。各部门各地方立足行业和区域发展实际开展多层次、多类型、多渠道、多形式的培训工作，大力提升科技人才的综合能力素质。

（一）政策发展过程及特点

我国科技人才培训政策发展过程如图12-1-6所示。一是以高层次、高技能人才为重点，探索建立各类科技人才培训的有效机制。以《国家中长期人才发展规划纲要（2010—2020年）》（中发〔2010〕6号）为指导，相关政策要求开展企业经营管理人员培训、加强职业教育和技能人才培养，强调提升专业技术人才、科技管理人才和技术转移人才的能力素质。二是探索在线培训等新模式，构建多层次、模块化的教学体系，全面提升专业人才能力素质。以《国务院关于印发"十三五"促进就业规划的通知》（国发〔2017〕10号）为指导，相关政策强调对各类群体展开技能培训，大规模开展开放式在线培训，培训急需紧缺人才。与此同时，加强基层专业技术人才队伍建设，重点关注职业教育和创业培训。

通过系统梳理科技人才培训政策发展过程可知，本部分政策呈现以下两个特征：一是鼓励探索人才培养新模式，扩大科技人才培训规模。二是人才培养强调与就业需求相适应。鼓励加强职业教育和技能人才培养，加强创业培训和高校毕业生就业培训。

（二）当前进展

当前，我国科技人才培训政策的关注焦点集中在提升科技人才能力和综合素质，实施针对基层、重点地区、重点领域的扶持培训和加强创业培训3个方面。

提升科技人才能力和综合素质。各类科技人才范围包括专业技术人才、科技管理人才、技术转移人才、军工人才、人力资源服务业人才、农村实用人才、企业经营管理人才、职业教育和技能人才、高校毕业生等群体。各有关部门、单位、地方积极开展多种类型、多种形式的研修与培训工作，大力提升科技人才的综合能力素质。

实施针对基层、重点地区、重点领域的扶持培训。通过组织实施重大人才培养

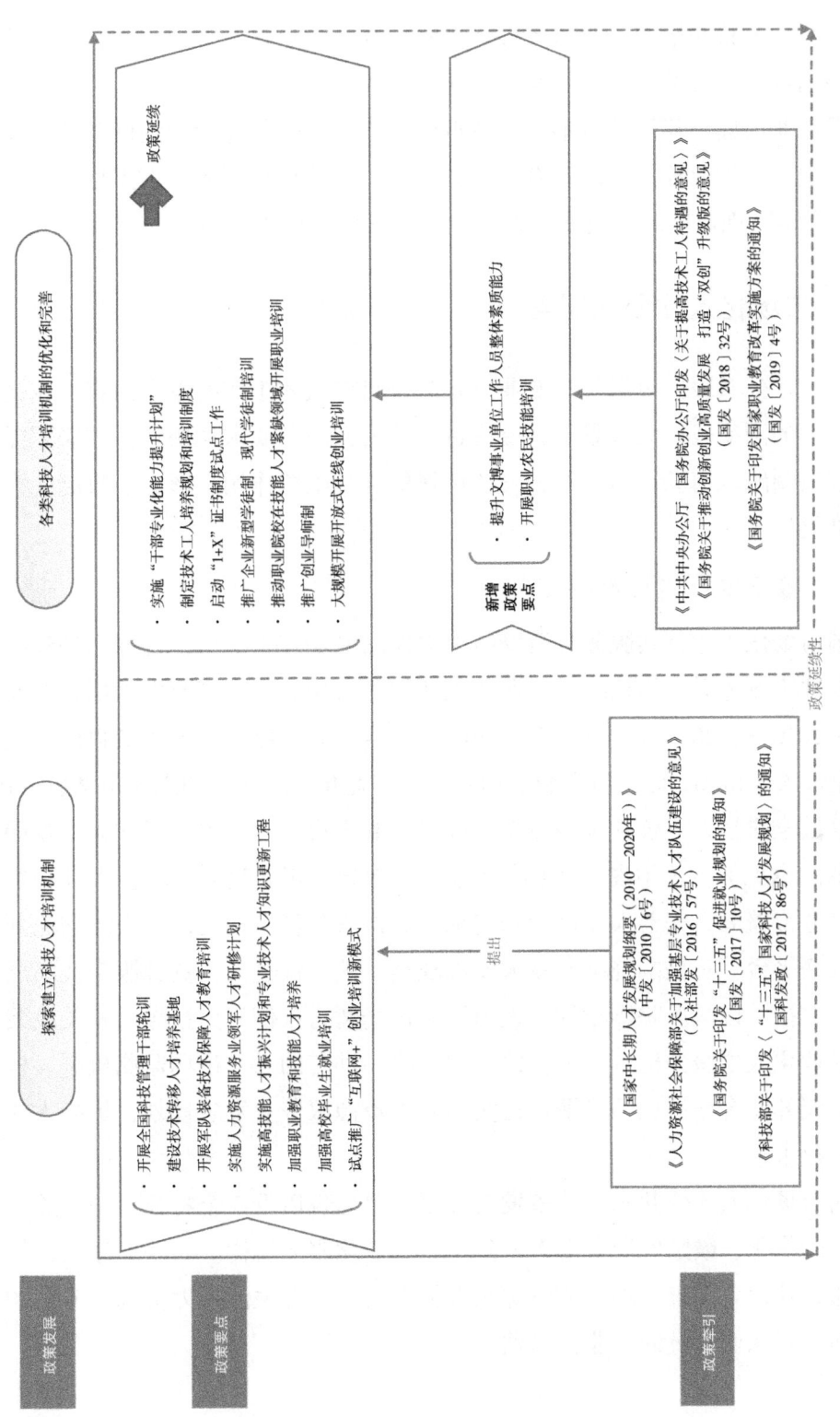

图 12-1-6 科技人才培训政策发展过程

工程、区域人才特殊培养、对口支援等多种方式，重点扶持基层重点领域、特殊区域和关键岗位专业技术人才培养培训工作。

加强创业培训。开发针对不同创业群体、不同阶段创业活动的创业培训项目。研究探索通过"创业券""创新券"等方式提供创业培训服务。试点推广"慕课"等"互联网+"创业培训新模式，大规模开展开放式在线培训。

六、市场化人才公共服务

推动人才公共服务市场化、专业化发展是目前人才工作的重点内容。在建设人力资源强国的国家战略大背景下，要推进人才公共服务要求加快转变政府职能，将人才管理机制融入市场行为，充分发挥市场的资源配置作用，形成小政府、大市场的运行格局。

（一）政策发展过程及特点

我国市场化人才公共服务政策发展过程如图12-1-7所示。一是探索构建统一、开放的人才市场体系，积极培育专业化人才服务机构。以《国家中长期人才发展规划纲要（2010—2020年）》（中发〔2010〕6号）为指导，相关政策强调发展专业性、行业性人才市场，健全专业化、信息化、产业化、国际化的人才市场服务体系。二是建立健全科技人才公共服务体系。以《中共中央印发〈关于深化人才发展体制机制改革的意见〉》（中发〔2016〕9号）为指导，相关政策要求扩大社会组织人才公共服务覆盖面，完善人才供给和需求信息调查制度，构建区域人才交流开发合作信息网络平台。三是围绕国家重大发展战略，关注促进人力资源服务业高质量发展的政策举措。以国务院颁布的《人力资源市场暂行条例》为指导，相关政策致力于推进专业化人才服务机构发展，建立健全统一动态的人才市场监测机制，构建区域人才交流开发合作信息网络平台，实施人力资源服务业发展计划，提高人才公共服务标准化水平。

我国市场化人才公共服务政策发展过程主要呈现以下3个特征：一是关注人才市场体系的优化，鼓励发展高端人才猎头等专业化服务机构。二是关注人才供需信息的畅通，建设全国统一的人才资源大数据平台。三是关注人力资源服务业的发展质量，加强对从业人员的专业化培训。

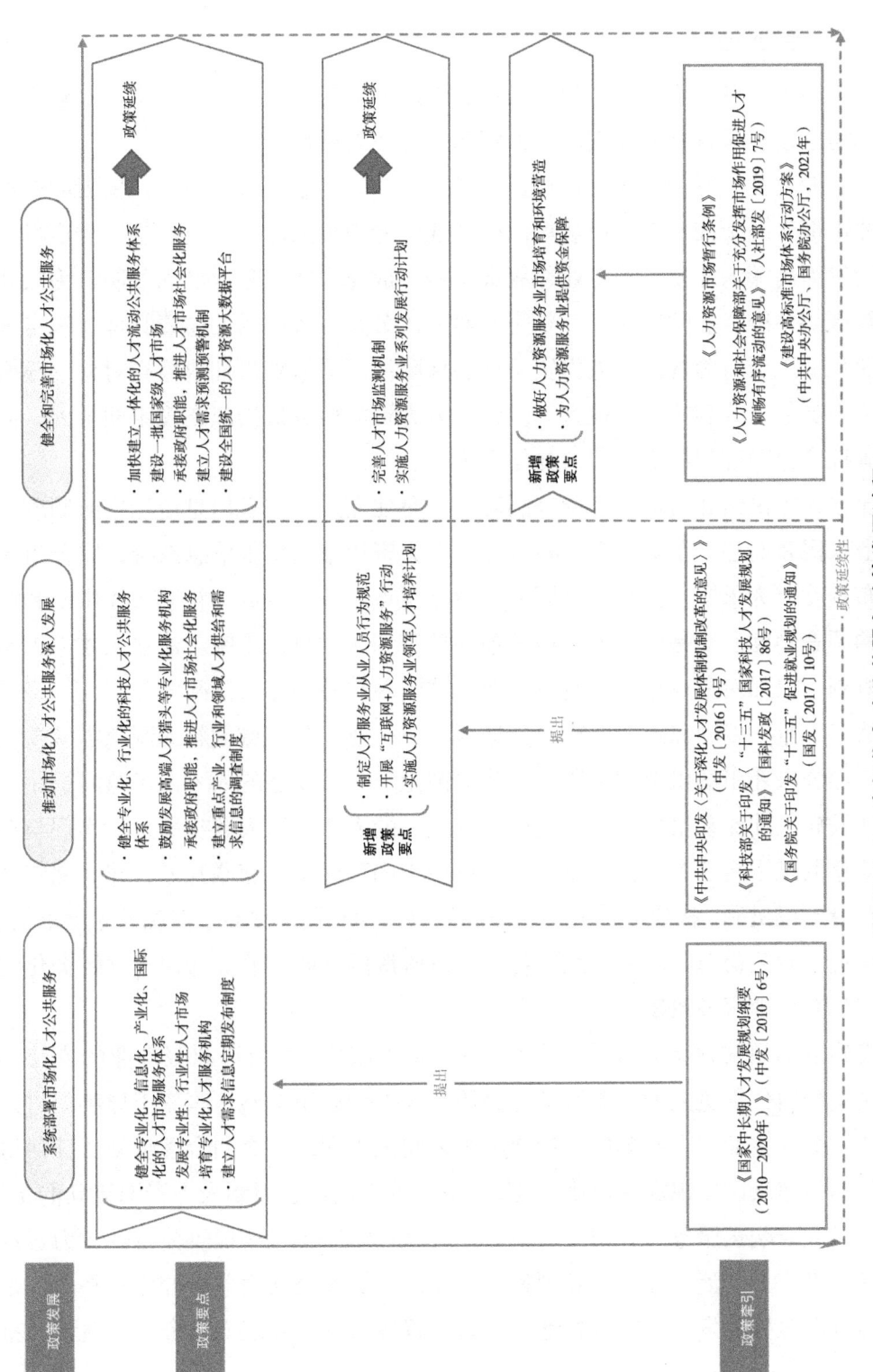

图 12-1-7 市场化人才公共服务政策发展过程

（二）当前进展

当前，本领域政策的关注焦点集中在发展专业性、行业性人才市场，建立人才供给和需求信息调查制度和实施人力资源服务业发展计划3个方面。

发展专业性、行业性人才市场。一是建设一批国家级人才市场。发展职业经理人人才市场、高新技术人才市场等内外融通的专业型人才市场及网络人才市场。二是鼓励发展高端人才猎头等专业化服务机构，放宽人才服务业准入限制，为人才流动配置提供精准专业的服务。三是完善对人才公共服务市场的监督管理。制定人才服务业从业人员行为规范。人力资源社会保障部门采取随机抽取检查对象、随机选派执法人员的方式实施监督检查。经营性人力资源服务机构应在规定期限内，向人力资源社会保障部门提交经营情况年度报告。

建立人才供给和需求信息调查制度。一是建立人才需求信息定期发布制度。县级以上人民政府建立覆盖城乡和各行业的人力资源市场供求信息系统，完善市场信息发布制度，为求职、招聘提供服务。建立重点产业、行业和领域人才供给和需求信息的调查制度。二是开展人才需求预测预警和人才目录编制。建立人才需求预测预警机制，加强对重点领域、重点产业人才资源储备和需求情况的分析，围绕重大发展战略、重大专项和重大工程，分地区、分行业、分领域创新编制急需紧缺人才目录。加强人才市场供求信息监测，建立健全统一、动态的人才市场监测机制，探索定期发布人才流动报告。三是建设全国统一的人才资源大数据平台，实现与全国信用信息共享平台、个人征信系统、"信用中国"网站等互联互通，建立完善个人信用记录形成机制。构建区域人才交流开发合作信息网络平台，实现人才供求信息、薪酬信息、政策信息、培训信息等各类信息资源的互联互通。加快建立社会化的人才档案公共管理服务系统。

实施人力资源服务业发展计划。一是加大国家对人力资源服务业的支持和引导。制定新时代促进人力资源服务业高质量发展的政策措施。国家引导和促进人力资源在机关、企业、事业单位、社会组织之间及不同地区之间合理流动。任何地方和单位不得违反国家规定在户籍、地域、身份等方面设置限制人力资源流动的条件。国家通过政府购买服务等方式支持经营性人力资源服务机构提供公益性人力资源服务。完善推广人才流动公共服务国家标准体系，提高公共服务标准化水平。二是支持人力资源服务业发展。支持各地设立人力资源服务业发展专项资金。建设一批有特色、有规模、有活力、有效益的人力资源服务产业园，充分发挥园区集聚发展和辐射带动作用。推进人力资源服务业和互联网技术融合，开展"互联网+人力资源服务"行动。三是培育专业化人力资源服务业从业人员。实施人力资源服务业领军人才培养计划。开展人力资源服务机构经营管理人员培训，加大人力资源服务业高层次人才培养和引进力度。

第二节 政策落实成效

科技人才的管理与服务是人才工作的重要内容，是提高科研人员积极性及创造性、激发人才活力的关键环节。"十三五"以来，我国科技人才工作在管理与服务方面取得了长足发展，各省市扎实推进人才体制机制改革，出台了一系列符合地方发展特点的人才政策措施，为我国经济持续平稳发展打下了良好的人才基础。政策亮点主要有：一是推动政府下放科技人才管理权。扩大高校和科研单位编制、岗位和薪酬管理自主权，赋予领军人才更多的人财物自主权，激发人才工作活力。二是构建科技数据资源汇交和共享机制。建立科技资源信息公开制度，建设一批国家科学数据中心和国家科技资源库。三是建立人才供给和需求信息调查制度，开展人才需求预测预警和人才目录编制，建设全国统一的人才资源大数据平台，推动市场化人才公共服务。结合科技人才政策落实情况调查结果，相关政策成效分析具体如下。

一、党管人才工作格局基本形成

当前，我国落实党管人才政策在健全党管科技人才领导体制和工作格局、创新党管科技人才方式方法、推动人力资源整体开发等方面取得显著成效。

健全党管科技人才领导体制和工作格局。通过优化党管人才领导体制，充分发挥人才作为创新驱动发展的第一资源作用。目前，全国31个省、自治区、直辖市，新疆生产建设兵团和15个副省级城市全部成立了人才工作领导（协调）小组。例如，海南省以新一轮党政机构改革为契机，积极探索建立统一高效的党管人才领导体制。目前海南省已成立了省委人才工作委员会，以切实加强党对全省人才工作的宏观指导、科学决策、统筹协调和督促落实；组建了省委人才发展局，进一步整合人才工作相关力量，统筹全省人才政策、项目、资金、力量等资源，更好地形成全省人才工作合力；设立了省人才服务中心，专设国内人才服务处与国际人才服务处，打造人才服务"一站式"平台，增强人才服务力量，为各类人才提供优质、高效、便捷服务；完善了产业人才工作机构，在十二大重点产业涉及的10个牵头部门组织人事处（或有关处室）加挂"产业人才工作处"牌子，具体"负责产业人才工作和人才队伍建设，拟定产业人才发展规划和政策并指导实施"。

创新党管科技人才方式方法，推动人力资源整体开发。做好新时代的科技人才工作，应按照科学人才发展观的有关要求，大胆改革，不断创新方式方法。近年来，中组部会同相关部门持续推进《边远贫困地区、边疆民族地区和革命老区人才支持计划科技人员专项计划实施方案》的实施，统一领导、统筹推进科技人员专项等5个专项实施。2014年，为加强党的基层组织建设，统筹区域人才资源开发，科技部联合中央组织部等五部门启动"三区"科技人才专项，通过财政资金、科技计划和人事等方面的政策组合，促进科技人员培养，带动技术、管理、信息及资本等现代要素向贫困地区流动。

二、科技人才管理权逐步下放

当前，我国的政府下放科技人才管理权政策在扩大科研人员技术路线决策权；扩大科研单位科研项目管理自主权；扩大科研单位薪酬管理管理自主权；下放岗位管理自主权，激发科技人才创新活力等方面取得了丰硕成果。

扩大科研人员技术路线决策权。科研项目负责人可根据国家有关规定自主调整研究方案和技术路线，自主组织科研团队。陕西在西安交通大学、西北工业大学、西北农林科技大学3所高校试点下放科技计划立项权，实行联合资助科研项目。试点推行"契约目标合同管理"政策，赋予科研人员更大的人财物支配权、技术路线决定权、资源调动权，让科研人员放手创新、专注创新。浙江积极谋划切口小、成效大的改革任务，大力推行首席专家负责制和经费使用"包干制"，充分赋予科研人员在技术路线、研究方案、经费使用、团队组建等方面的主动权，建立容错免责机制。在省重点研发计划择优委托项目中探索"赛马"机制，探索多条技术路线同步推进或多家优势相当单位共同实施，推进科研项目"里程碑式"管理，让科研人员潜心搞研究。

第十二章 科技人才管理与服务政策

扩大科研单位科研项目管理自主权。加快推进基于绩效、诚信和能力的科研管理改革试点，及时总结推广科研项目资金管理等试点经验和做法。高校、科研院所可在中央和省有关政策规定下，自主细化横向项目、科研出差和会议费管理规定，制定或修订科研项目资金内部管理方法和报销规定。完善适应基础研究特点和规律的经费管理制度，坚持以"人"为本，增加对"人"的支持。福建省在《关于进一步促进高校和省属科研院所创新发展政策贯彻落实的七条措施》中下放项目管理和经费使用预算调剂权限，规定高校、省属科研院所可根据科研活动需要，自主选择固定岗位、短期聘用、第三方外包等多种形式，聘用科研财务助理为科研项目实施提供经费管理和使用服务，其服务费用可在单位业务费、相应科研项目劳务费或间接费用中列支[1]。

扩大科研单位薪酬管理自主权。扩大科研院所的内部分配自主权，适时动态调整绩效工资总额，推行年薪制、协议工资、项目工资等多种薪酬管理模式。2017年4月，科技部鼓励科研机构、高校依据市场规则和市场价格，引进和使用高层次人才，明确绩效工资的来源渠道，由科研机构自主决定科技人才的绩效考核方式和分配方法。明确要求加大绩效工资分配向科研人员倾斜力度，高校和科研院所可在绩效工资总量内，按国家有关规定自主确定绩效工资结构、考核办法、分配方式、工资项目名称、标准和发放范围。上海市印发《关于进一步扩大高校、科研院所、医疗卫生机构等科研事业单位活动自主权的实施办法（试行）》，规定竞争性科研项目中用于科研人员的劳务费用、间接费用中绩效支出，经过技术合同认定登记的技术开发、技术咨询、技术服务等活动的奖酬金提取，职务科技成果转化奖酬支出，均不纳入事业单位核定的绩效工资总量。科研人员经所在单位同意，可到企业和其他科研机构、高校、社会组织等兼职并取得合法报酬，可离岗从事科技成果转化等创新创业活动，兼职或离岗创业获得的收入不受本单位绩效工资总量限制[2]。

下放岗位管理自主权，激发科技人才创新活力。北京积极探索向用人主体放权，对新设立的高校、公立医院等公益二类事业单位，按照人员总量管理，自主决定具

---

[1] 关于印发《关于进一步促进高校和省属科研院所创新发展政策贯彻落实的七条措施》的通知[EB/OL].（2019-09-16）[2022-08-05]. http://kjt.fujian.gov.cn/xxgk/zcwj/201909/t20190916_5023468.htm.

[2] 关于印发《关于进一步扩大高校、科研院所、医疗卫生机构等科研事业单位科研活动自主权的实施办法（试行）》的通知[EB/OL].（2019-04-25）[2022-08-05]. https://stcsm.sh.gov.cn/zwgk/kjzc/zcwj/kwzcxwj/20190425/0016-156464.html.

体岗位分配。支持科研人员自主选题、自由组建团队、自主使用研究经费,为人才提供一个宽松自由的科研环境。

三、用人单位人才制度建设不断优化

当前,我国的用人单位人才制度建设在健全引才制度,全球聘任院所长及领导人员;设置流动或创新岗位引进人才;提高间接经费比例,扩大高水平人才的绩效支出等方面取得了较好的成效。

健全引才制度,全球聘任院所长及领导人员。从科技人才政策落实情况调查结果来看,本部分政策在支持高校、科研院所、企业面向全球招聘人才方面有较好的执行效果。对"围绕国家重大需求,面向全球引进首席科学家等高层次人才"政策条目的投票显示,46.8%的科技人才认为该政策含金量最高,并且近三成的科技人才认为该政策已在本单位进行有效落实。各区域充分认识到人才的重要性,积极践行人才优先发展战略,加大高层次人才引进力度。其中,继上海人才新政"20条""30条"之后,2018年上海发布"人才高峰工程行动方案",聚焦生命科学与生物医药、集成电路与计算科学等13个上海有基础、有优势、能突破的重点领域,"量身定制,一人一策"遴选高峰人才,进一步推动上海形成对全球高峰人才的"磁吸效应"①。

设置流动或创新岗位引进人才。为增强办学活力,提高办学水平,部分高校建立短期流动岗位,吸引海内外著名专家来校进行交流合作。例如,河南大学提出学校设立流动编制,用于吸纳校外优秀人才,实现资源共享,提升竞争实力。其流动编制主要设在校本部教学单位、科研机构,比例暂时控制在本单位编制的5%以内,流动编制岗位包括讲座教授和课程教授②。

提高间接经费比例,扩大对高水平人才的绩效支出。间接费用比例提高能增加绩效激励的空间。在间接经费使用上,国家自然科学基金委在资助经费总额不变的前提下,提高试点单位中国家优秀青年基金项目的间接费用占比,以加大依托单位对项目经费使用的支配权。

---

① 上海不断推出"人才新政",背后有何深意 [EB/OL].(2020-12-24)[2022-08-05]. https://www.shkjdw.gov.cn/c/ 2020-12-24/525649.shtml.
② 关于印发《河南大学流动编制管理暂行办法》的通知 [EB/OL].(2017-02-17)[2022-08-05]. https://rsc.henu.edu.cn/info /1016/1182.htm.

四、科技资源与平台共享服务逐步开放

当前,我国的科技资源与平台共享服务政策在建设科技资源共享服务平台、建设科技成果信息服务系统、建立健全科技报告制度等方面取得了较好成效。

建设科技资源共享服务平台。为了给广大科技人才提供更为优质便捷的科技基础条件资源,"十三五"时期,科技部、财政部及各级政府积极推动国家科技资源共享服务平台建设,为技术进步和社会发展提供网络化、社会化的科技资源共享服务,目前共有51个平台纳入国家科技资源共享服务平台,包括20个国家科学数据中心和31个国家生物种质与实验材料资源库。科技部、财政部每2年组织一次国家科技资源共享服务平台分类评价考核,重点考核科技资源整合能力、服务成效、组织运行管理等内容,督促共享平台依托和建设单位不断完善科技资源集成优化和开放共享服务。

建设科技成果信息服务系统。为进一步推动科技资源开放共享,科技部组织开发建设了国家科技成果信息服务系统,该系统在给社会公众、政府部门、高校等机构提供科技成果信息服务的同时,加强了优质科技资源集成与共享,提升了科技资源使用效率。《2019年全国科技成果统计年度报告》数据显示,截至2019年,在该系统内,地方登记的科技成果共计61 534项,国务院有关部门科技管理机构、行业协会、中央企业等单位的科技成果共登记7028项[1]。目前,科技成果登记工作稳定发展,全国科技成果登记工作体系不断健全和完善,全国年度科技成果登记数量稳步提高。

建立健全科技报告制度。该制度旨在推动科技成果的完整保存、持续积累、开放共享和转化应用,让广大科研人员共享科研成果。2014年9月,《国务院办公厅转发科技部关于加快建立国家科技报告制度的指导意见的通知》(国办发〔2014〕43号)中规定,各地方按照该指导意见要求,抓紧行动。其中,浙江、辽宁、安徽、陕西、四川、山东6个省级科技报告服务系统率先于2014年年底前开通,当年向国家系统呈交了3600多份报告,有效地促进了科技报告的共享。2017年6月5日,《科技部办公厅关于加快地方科技报告制度建设的通知》(国科办创

---

[1] 2019年全国科技成果统计年度报告[EB/OL].(2021-08-15)[2022-08-05]. https://www.chinaoils.cn/research/kycg/ 20541.html.

〔2016〕47号）中要求各地方要高度重视科技报告制度建设，建立健全本地方科技报告管理机制，加快向社会提供科技资源开放共享服务。截至2018年12月4日，全国各省、自治区、直辖市纷纷建立了科技报告制度，并向国家科技报告服务系统汇交了3.7万份科技报告[①]。此外，2021年修订的《中华人民共和国科学技术进步法》还规定了财政性资金资助的科学技术计划项目的承担者应当按照规定及时提交报告。

五、全方位开展科技人才培训

当前，各部门积极推进科技人才培训，围绕国情研修、科技前沿、创新能力、政策宣讲等方面，举办了科技创新人才专题研修班，开展科技创业人才培训辅导、行业人才能力提升培训，推进基层科技人才培训等，在增强使命感责任感、提升创新能力、促进交流方面取得显著成效。

举办科技创新人才专题研修班。按照高水平、小规模、重特色的要求，为科技人才创造一流的进修和交流环境，2012年中央组织部印发了《高层次专家国情研修规划（2012—2020年）》，提出2012—2020年，用8年时间组织1万名左右各领域高层次专家参加国情研修，每年1200名左右。科技部定期组织"中青年科技创新领军人才"和"重点领域创新团队"创新人才入选者开展创新战略研修班。为推动科技界深入学习贯彻习近平总书记系列重要讲话精神，2018年中国科协联合中央党校举办了"学习习近平总书记重要讲话科技领军人才专题研修班"，研修会议围绕贯彻落实"科技三会"精神，充分发挥高层次科技领军人才及其团队的核心示范作用，引领广大科技工作者为建设创新型国家、建设世界科技强国努力奋斗。

开展科技创业人才培训辅导。科技部科技人才交流开发服务中心自2015年起，以提升科技人才创新创业能力为目标，开展科技人才创新创业系列培训辅导工作。一是针对科技型企业的特点和科技人才的需求，创新策划了"主题培训+个案辅导+精准对接"的递进式科技人才投融资辅导模式，打造中国科技创业人才投融资集训营品牌活动，相继在长三角、京津冀、珠三角、中部和东北地区举办25场专题活动，近1万名科技产业人才参加，吸引了招商银行、南京证券等一批专业创投金融机构

---

① 项东婷，王永胜，董建忠，等．国家和地方科技报告制度建设情况调查分析[J]．山西科技，2019，34（1）：14-18．

的支持和赞助。二是构建科技型企业家深度孵化辅导模式，实施了科技创新CEO特训营，累计深度孵化辅导227名科技型企业家，已有10余家学员企业在创业板、科创板和主板上市，涌现出硕世生物、芯朋微电子、编程猫等一批科技型独角兽企业。三是根据地方需求和人才特点，开发系列科技创新CEO地方定制人才特训营，2018年至今先后在鄂尔多斯、上海、襄阳、沈阳等地举办了多期特训营，得到了地方科技管理部门和广大科技创新创业人才的认可。

开展行业高技能人才能力提升培训。工业和信息化部围绕新材料、工业强基、应急通信、工业互联网等专题，年均培训近600名专业技术人员；组织实施工业通信业知识更新工程，每年培训行业专业技术人才30万人；组织实施企业领军人才培训，每年培训中小企业家1000人；建设完善技能人才网上学习平台（产业工人网上学习平台）。截至2020年，已累计提供包括信息技术、汽车、能源等领域在内的14个大类近3200个微课程视频资源，100余场公益直播课程，平台总访问量超过1000余万次，累计为180余万人提供平台在线学习培训服务，有效地推动了科技人才更新知识、提高技术技能水平。

推进基层科技人才培训。按照党中央国务院统一部署，科技部深入实施基层人才培训专项计划，将"三区三州"等深度贫困地区作为专项计划的实施重点，印发《科技部在"三区三州"大力实施"三区"人才支持计划科技人员专项计划工作方案》（国科发农〔2018〕41号）等文件，明确在原有基础上，2017—2020年每年向"三区三州"深度贫困县选派科技特派团，为"三区三州"培训1200名创业扶贫带头人。《中共中央组织部　人力资源社会保障部等五部门关于印发高校毕业生基层成长计划的通知》（人社部发〔2017〕85号）中提出，各地组织基层成长计划后备人才开展集中培训，符合条件的，可采取整建制购买培训项目等方式由就业补助金按规定给予支持。2020年陕西省科技厅出台《陕西省深入推行科技特派员制度实施方案》，围绕"3+X"产业发展和乡村振兴科技需求，持续加强基层人才培训，壮大科技特派员队伍。

六、人才公共服务的市场化建设逐步形成

当前，我国的市场化人才公共服务政策在构建人才流动服务市场；优化人才服务环境，促进人才顺畅流动等方面取得了一定成效。

构建人才流动服务市场。一是营造人力资源合理流动的市场环境。2019年11月，贯彻落实国务院"证照分离"改革要求，在全国自贸区内试点开展人力资源服务许可告知承诺制，进一步简化优化审批流程。12月，人力资源社会保障部经商发展改革委、商务部、市场监管总局按照内外资一致的原则，取消了人力资源服务业外资准入限制，持续开展人力资源服务机构诚信服务主题创建活动，进一步优化外资营商环境。二是规范人力资源市场秩序，推动人力资源服务业标准化建设。依法规范实施人力资源服务许可，推广"双随机、一公开"监管方式，实行年度报告公示制度，持续开展市场秩序清理整顿专项行动，加强事中事后监督。三是积极培育各类专业社会组织和人才中介服务机构，有序承接政府转移的人才培养、评价、流动、激励等职能。截至2019年年底，全国共建立各类人力资源服务机构39 568家，从业人员674 836人，建立人力资源市场网站15 020个，2019年全行业营业总收入为19 553亿元，同比增长10.26%[①]。

优化人才服务环境，促进人才顺畅流动。为促进新时代人力资源服务业高质量发展，提高公共服务标准化水平，各地纷纷开展人才工作。其中，浙江省进一步畅通外国人才服务绿色通道，对外国人才来华工作许可业务进行流程再造，修订完善服务指南，扩大"容缺受理"范围。中关村打造"落地即办、未落先办、全程代办"外籍人才服务体系，建设"全程代办"的"易北京"国际人才服务信息平台，推动涉外业务审批流程改革，实现外籍人才工作、居留许可"一窗办理、一次取证"。

第三节　政策发展主要方向

我国的科技人才管理与服务政策通过不断创新理念、思路与方法，在健全党管人才的工作格局、下放科技人才管理权、促进科技资源与平台共享服务、科技人才培训、市场化人才公共服务等方面均取得了良好成效，为准确选拔和培养人才，科学地管理和使用科技人才，充分发挥科技人才的积极性、主动性和创造性提供了条件，并为科技人才的科技活动创造了良好的外部环境。

当前，国家在对科技人才政策的整体设计上，越发重视对科技人才的管理与服

---

① 2019年度人力资源服务业发展统计报告 [EB/OL].（2020-05-19）[2022-08-05]. http://www.mohrss. gov.cn/rlzyscs/RLZYSCSshichangdongtai/202005/t20200519_369066.html.

务,服务的方式和手段亦不断创新。为适应发展的新阶段、新变化和新要求,《中华人民共和国国民经济和社会发展第十四个五年规划和 2035 年远景目标纲要》提出整合优化科技资源配置,建设重大科技平台;支持科研事业单位试行更灵活的编制、岗位、薪酬等管理制度;实施更加开放包容、互惠共享的国际科技合作战略;发挥市场资源配置的决定性作用,建设高标准市场体系等发展需求。面向这些需求,结合当前政策亮点及落实成效,未来科技人才管理和服务政策将重点关注以下几个方面。

一是进一步加强对科技资源的统筹管理,促进科技资源的有效开发利用和开放共享,为科技人才的发展提供支撑服务。推动利用财政性资金形成的科技资源向社会开放共享,完善并推广科研仪器、科研设施、科学数据、科技文献等科技资源开放共享服务平台试点运行、管理与服务的模式和经验,促进科学技术资源的有效利用。着眼全球新一轮科技革命和产业变革的新趋势、新方向,超前布局国家重大科技基础设施,建设重大科技创新平台,并提高共享水平和使用效率。集约化建设自然科技资源库、国家野外科学观测研究站和科学大数据中心,建立国家科研论文和科技信息高端交流平台。

二是加快对科技人才安全保障体系的系统部署。健全与我国国情相适应的关键核心专家保护制度,提升我国关键核心技术自主创新能力。建立适应国情的人才引进、交流等保护措施和工作机制,确保关键领域高层次核心专家的安全,保障正常开展国际科技合作交流。

三是创新科技人才的组织管理方式,加强机构编制管理与调控。用行政管理的"减法"和创新服务的"加法"换取创新动力活力的"乘法",实行"揭榜挂帅""赛马"等新制度、新模式,充分激发人才创新活力。增强机构编制的柔性,扩大单位引人用人自主权,同时在公益二类事业单位实行总量控制、备案管理的改革方向已经明确的情况下,要制定具体的操作方法,推动其实践落实。

四是加快转变政府职能,推动市场化人才公共服务发展,完善人才流动公共服务国家标准体系。削弱地方人才工作的"政府推动 + 行政主导"模式,落实政府职能转变要求,赋予科技人才更多自主权,通过调动市场力量激发人才活力。发挥市场机制在人才配置中的决定性作用,完善人才资源市场化配置和服务政策中观和微观层面的政策,提高人才流动公共服务标准化水平,促进人才有序流动。

第三部分 Part 3　科技人才政策落实情况调查报告

导　读　为深入贯彻党中央关于科技人才的决策部署，落实中央人才工作会议和党的十九届五中全会精神，科技部人才中心在对党的十八大以来科技人才政策进行系统梳理的基础上，针对当前部分重点科技人才政策落实情况，面向科研人员群体开展了问卷调查，调查科技人才对当前已出台政策的关注度、对落实效果的感受，以及对未来政策的建议和诉求，为深入实施新时代人才强国战略、加快建设世界重要人才中心和创新高地提供现实依据和政策建议。本部分首先介绍了此次调查工作的基本情况，分析了调查结果的总体情况，并提出相关启示，此后按照科技人才政策的分类对各项政策的调查结果展开分析。

第十三章
科技人才政策落实情况调查总体情况

第一节 调查工作基本情况

此次调查选择了与科技人才发展密切相关的发现与遴选、教育与培养、使用与集聚、激励与引导、开放与合作、学风与文化方面的政策，了解科技人才对于科技人才政策落实情况的感受、诉求和建议。

调查问卷设计上，一是兼顾全局与重点，既有对总体政策满意度、政策推进落实等政策全局的把握和调查，也有对关注度较高的核心政策的深度剖析和调查；二是兼顾当前与长远，既有对党的十八大以来已出台政策的重要性、落实效果和加快推进落实等全方位的调查，也有对未来新政策制定的诉求和建议；三是兼顾普遍与差异，既反映科技人才对政策的普遍认识和感受，也充分反映不同类别科技人才对政策认识和感受的差异，并通过开放性问题收集科技人才在问卷选项以外的政策诉求。

调查问卷内容整体上分为四大板块：一是被调查人员基本情况，包括机构、地区、年龄、从事研究活动类型；二是根据对党的十八大以来科技人才政策的梳理情况，选取了50条关注度较高的核心政策，进行已有政策的重要性、满意度、落实效果、进一步推进落实落地等方面调查；三是根据习近平总书记关于科技人才有关工作的重要指示和党中央、国务院对科技人才发展的战略部署，结合实地调研和座谈过程中科技人才反映的问题和诉求，对56条未来希望深化或可能出台的政策诉求进行调查；四是科技人才政策制定和实施的开放式意见和建议。

本次问卷调查采取抽样调查形式，共回收问卷1520份，其中76%的被调查人员对科技人才政策制定和实施提出了开放式意见和建议。此次调查问卷发放体现了抽样调查的代表性：一是实现各类型全覆盖，抽样对象覆盖各地区、各行业、各领域、各机构、各年龄段中活跃在科研一线的各类科技人才①。二是调查对象注重面向高层次科技人才、正高级职称人员、入选国家级科技人才计划的领军人才抽样发放问卷。三是采取多种渠道广发问卷，通过国家科技专家库、实地调研、科技领军人才培训班等多种方式开展线上线下问卷抽样调查，确保问卷调查的代表性。

第二节 调查结果总体情况

调查显示，大多数科技人才对科技人才政策落实情况表示总体满意，反映出我国科技人才政策为科技人才带来了切实的"获得感"，总体上营造了相对适宜的政策环境。从调查的总体情况来看，主要有以下发现。

一是科技人才对最为关注的政策认识集中度较高，教育与培养、发现与遴选、学风与文化建设等部分举措最受关注。对六大类政策50条已有核心政策的关注度调查显示（表13-2-1），科技人才对教育与培养、发现与遴选两类政策关注度最为集中，前4项举措分别是"建立跨学科、跨专业交叉培养创新创业人才的新机制""强化基础教育兴趣爱好和创造性思维培养，推行启发式、探究式教学方式""实行代表性成果评价""规范人才评价结果使用，不把学术头衔、人才称号等作为各类评价和资源配置的限制性条件"，均超过50%。在人才使用与集聚方面，科技人才最为关注松绑减负和支持青年人才长期稳定研究；在人才激励与引导方面，科技人才最为关注提高间接经费激励和基本工资比例；在人才开放与合作方面，科技人才最为关注通过科技计划首席科学家身份和流动岗位设置吸引外国人才；在学风与文化方面，科技人才最为关注营造宽容失败和破除"圈子"文化的环境。

---

① 被调查对象抽样具体分布如下：一是单位分布方面，高校53.6%，科研院所29.4%，企业10.5%，转制院所3.8%，其他2.7%；二是年龄分布方面，35周岁及以下5.9%，36～45周岁32.2%，46～55周岁39.7%，56～60周岁16.2%，61周岁以上6.1%；三是主要从事的研究类型分布方面，基础研究16.6%，应用基础研究43.8%，应用研究和技术开发30.2%，科技成果转化及服务3.3%，科研管理或人事管理6.1%；四是所在地区分布方面，东部43.6%，中部20.9%，西部25.7%，东北9.9%。

第十三章 科技人才政策落实情况调查总体情况

表 13-2-1 科技人才最为关注的政策的调查统计结果

政策方向	政策要点	选择人数占比
发现与遴选	实行代表性成果评价	53.9%
	规范人才评价结果使用，不把学术头衔、人才称号等作为各类评价和资源配置的限制性条件	50.3%
教育与培养	建立跨学科、跨专业交叉培养创新创业人才的新机制	64.5%
	强化基础教育兴趣爱好和创造性思维培养，推行启发式、探究式教学方式	60.9%
使用与集聚	优化科技计划管理，为科研人员松绑减负	43.6%
	支持优秀青年科学家长期稳定开展基础研究	39.7%
激励与引导	提高项目间接经费比例，加大绩效激励	47.0%
	提高基本工资比例	45.8%
开放与合作	围绕国家重大需求，面向全球引进首席科学家等高层次人才	46.8%
	鼓励科研院所和高校设立短期流动岗位，聘用国际高层次科技人才开展合作研究	41.3%
学风与文化	鼓励自由探索，建立宽容失败和减责免责机制	49.8%
	反对"圈子"文化，高层次专家带头在科研实践中多做传帮带，善于发现、培养青年人才	48.6%

注：表中数据为每位调查人员最多选 3 项的统计结果。表中所列政策要点均为该类政策中选择人数比例排名前两位。

二是科技人才对政策落实的期盼与对政策关注度的认识高度一致。就科技人才对已有的 50 条核心政策加快推进落实落地的期盼进行调查，对每类政策中选择人数排名前两位的政策要点统计结果显示（表 13-2-2），科技人才对加快推进教育与培养、学风与文化两类政策落实落地的期盼最高，排名最靠前的政策要点选择比例超过了 50%。总体来看，科技人才认为最为关注的政策，也基本都是其希望加快推进落实落地的政策。

表13-2-2 科技人才对加快推进政策落实期盼的调查统计结果

政策方向	政策要点	选择人数占比
发现与遴选	规范人才评价结果使用，不把学术头衔、人才称号等作为各类评价和资源配置的限制性条件	43.7%
	评价破除"四唯"（唯论文、唯职称、唯学历、唯奖项）	37.1%
教育与培养	建立跨学科、跨专业交叉培养创新创业人才的新机制	52.4%
	强化基础教育兴趣爱好和创造性思维培养，推行启发式、探究式教学方式	45.6%
使用与集聚	优化科技计划管理，为科研人员松绑减负	40.2%
	支持优秀青年科学家长期稳定开展基础研究	35.9%
激励与引导	提高基本工资比例	41.4%
	提高项目间接经费比例，加大绩效激励	41.2%
开放与合作	围绕国家重大需求，面向全球引进首席科学家等高层次人才	36.4%
	鼓励科研院所和高校设立短期流动岗位，聘用国际高层次科技人才开展合作研究	31.8%
学风与文化	反对"圈子"文化，高层次专家带头在科研实践中多做传帮带，善于发现、培养青年人才	51.8%
	鼓励自由探索，建立宽容失败和减责免责机制	45.1%

注：表中数据为每位调查人员最多选3项的统计结果。表中所列政策要点均为该类政策中选择人数比例排名前两位。

三是科技人才对培养、评价、激励、服务等政策深化或新政策制定的诉求较为强烈。就56条未来希望深化或可能出台的政策进行调查，科技人才对已有政策深化和未来新政策制定的诉求集中度较高（表13-2-3），有7条政策的选择人数比例超过了50%，有8条政策的选择人数比例超过了40%。比例最高的是"允许高校和科研院所设置一定比例流动岗、创新岗，吸引有创新实践经验的企业家、企业科技人才和高层次人才兼职"，达70.5%，显著高于对其他方面的政策诉求。60%的科技人才选择"建立合理的绩效工资总额正常增长机制"，反映在工资制度改革方面仍然有较大的需求。

第十三章 科技人才政策落实情况调查总体情况

表 13-2-3 科技人才对深化或可能出台的政策诉求的调查统计结果

政策方向	政策要点	选择人数占比
发现与遴选	完善评价制度，激励吸引实验技术人才	57.9%
	在重大科技任务中发现、识别科技领军人才	57.1%
教育与培养	强化STEM（科学、技术、工程、数学）基础学科的人才教育培养	59.4%
	聚焦关键领域核心技术，以超常规方式加快培养一批紧缺人才	49.1%
使用与集聚	建立人才、项目、基地有机结合机制	44.7%
	国家科技计划项目扩大青年科学家项目领域和比例	37.0%
激励与引导	建立合理的绩效工资总额正常增长机制	60.0%
	弘扬爱国精神和创新精神，鼓励引导科技人才增强好奇心和事业心、保持专注和勤奋	48.4%
开放与合作	发挥用人单位主体作用面向全球自主聘用高层次科技人才	45.3%
	营造国际国内人才一视同仁的科技创新创业环境	45.3%
学风与文化	完善鼓励自由探索、学术民主、宽容失败的制度	55.5%
	完善违背科研诚信行为的边界划定、调查审核、惩戒处理等机制	41.8%
管理与服务	建立院所绩效工资总额正常增长机制	48.2%
	适当放开院所重点学科和重点科研领域的研究生招生名额	42.4%
服务经济社会发展	允许高校和科研院所设置一定比例流动岗、创新岗，吸引有创新实践经验的企业家、企业科技人才和高层次人才兼职	70.5%
	鼓励支持科研人员带着科研项目和成果离岗创业、兼职兼薪服务企业	55.7%

注：表中数据为每位调查人员不限选项数量的统计结果。表中所列政策要点均为该类政策中选择人数比例排名前两位。

四是职业生涯早期青年科技人才对完善早期发现培养和工资激励政策的诉求最强。就未来一段时期加快推进政策落实和已有政策深化及新政策制定的诉求，35周岁及以下被调查人员的统计结果显示，职业生涯早期青年科技人才对完善发现培养专项支持和加大工资激励的诉求最为强烈（表13-2-4）。对于加快推进已有政策落实落地，超过70%的青年人才希望"建立职业早期专项计划，发现培养青年科技人才"，有近50%的青年人才希望"支持优秀青年科学家长期稳定开展基础研究"，体现出处于职业生涯早期的青年科学家，最为需要的是来自各方面相对稳定的支持。有超过60%的青年人才希望"建立合理的绩效工资总额正常增长机制"，反映出当前青年科研人员希望在薪酬方面能够有对未来的预期，能够体现个人成长空间和个人创造的价值。超过50%的青年人才希望高层次专家发挥传帮带作用带动青年人才成长。

表13-2-4 35周岁以下科技人才的主要政策诉求统计

政策方向	选择人数排名前两位的政策及选择人数比例	
	加快推进已有政策落实落地的期盼[a]	已有政策深化或新政策制定的诉求[b]
发现与遴选	规范人才评价结果使用，不把学术头衔、人才称号等作为各类评价和资源配置的限制性条件（44.4%）	建立职业早期专项计划，发现培养青年科技人才（72.2%）
	基于职业属性和岗位要求实行人才分类评价（37.8%）	完善评价制度，激励吸引实验技术人才（57.8%）
教育与培养	强化基础教育兴趣爱好和创造性思维培养，推行启发式、探究式教学方式（42.2%）	强化STEM（科学、技术、工程、数学）基础学科的人才教育培养（53.3%）
	建立健全专业技术人才和青年科技人才多岗位交流和锻炼制度（40.0%）	聚焦关键领域核心技术，以超常规方式加快培养一批紧缺人才（40.0%）
使用与集聚	支持优秀青年科学家长期稳定开展基础研究（48.9%）	国家科技计划项目扩大青年科学家项目领域和比例（44.4%）
	优化科技计划管理，为科研人员松绑减负（42.2%）	建立人才、项目、基地有机结合机制（41.1%）
激励与引导	提高基本工资比例（60.0%）	建立合理的绩效工资总额正常增长机制（65.6%）
	提高项目间接经费比例，加大绩效激励（46.7%）	建立职业早期青年科技人才成长的基本保障机制（52.2%）
开放与合作	鼓励科研院所和高校设立短期流动岗位，聘用国际高层次科技人才开展合作研究（30.0%）	营造国际国内人才一视同仁的科技创新创业环境（40.0%）

续表

政策方向	选择人数排名前两位的政策及选择人数比例	
	加快推进已有政策落实落地的期盼[a]	已有政策深化或新政策制定的诉求[b]
开放与合作	围绕国家重大需求,面向全球引进首席科学家等高层次人才(26.7%)	吸引发达国家STEM领域优秀青年科学家来华工作(38.9%)
学风与文化	反对"圈子"文化,高层次专家带头在科研实践中多做传帮带,善于发现、培养青年人才(53.3%)	鼓励知名科学家举荐优秀青年人才、提携后学(53.3%)
	鼓励自由探索,建立宽容失败和减责免责机制(38.9%)	完善鼓励自由探索、学术民主、宽容失败的制度(43.3%)

注:a 数据为每位调查人员最多选3项的统计结果,b 数据为每位调查人员不限选项数量的统计结果。表中所列政策要点均为该类政策中选择人数比例排名前两位。

五是科技人才认为加强政策指导、协同和督查是推进政策落实落地的关键。选择比例最高的是政策出台部门加强政策落实指导、加强政策之间的协同和衔接、加强政策执行和落实的督查(表13-2-5)。超过50%的人认为最需要"政策出台部门加强政策落实指导,及时出台政策实施细则或配套政策",反映对于已出台政策还需要进一步加强可操作性。46.0%的人认为需要"加强政策之间的协同和衔接",体现了人才政策渗透性较强的特点,推动政策落实还需要加强政策协同与衔接。有39.5%的人认为应该"加强有关部门对政策执行和落实的督查"。

表13-2-5 科技人才认为推进政策落实落地还需要加强方面的调查统计结果

政策要点	选择人数占比
政策出台部门加强政策落实指导,及时出台政策实施细则或配套政策	50.1%
加强政策之间的协同和衔接	46.0%
加强有关部门对政策执行和落实的督查	39.5%
用人单位加强制度建设,打通政策落实"最后一公里"	37.6%
进一步加大政府部门对用人主体的"放权"力度	33.4%
加强政策宣传解读,提高知晓度	17.3%

注:表中数据为每位调查人员最多选3项的统计结果。

第三节 有关启示

总体来看,科研人员普遍认为科技人才发展体制机制改革多点突破、亮点纷呈,对科技计划管理改革、以增加知识价值为导向的收入分配政策、"三评"改革、学风作风建设等政策认可度高;但科技人才分类评价、松绑减负、薪酬激励、科研自主权等政策,虽然已经部署但效果释放与科研人员期望存在较大差距,还需要敢于"啃硬骨头",进一步推动政策落实落地、打通"最后一公里",在新形势下,复杂的外部环境和国家战略发展的需求也对科技人才工作提出新的要求。例如,顶尖人才发现、战略科学家培养使用、青年科技人才发展、人才安全政策等仍有薄弱点和空白点,需要研究新问题提出新对策。

面向未来,贯彻落实中央人才工作会议提出的实施新时代人才强国战略、加快建设世界重要人才中心和创新高地的新要求,迫切需要按人才工作链搭建人才政策链,加强科技人才政策的系统设计和协同推进,打通政策落实的难点堵点,消除政策"孤岛",形成有效衔接、相互促进的科技人才政策链条。基于以上考虑,需要坚持问题导向和需求导向,形成新时期科技人才政策体系建设的主攻方向和改革要点,加强改革的政策统筹、进度统筹、效果统筹,发挥改革整体效应。

一是要按照中央人才工作会议的最新精神和习近平总书记关于人才发现、培养、引进、使用、激励的指示精神,明确了新时期我国科技人才政策的主体框架。坚定不移地把落实习近平总书记关于科技创新和人才工作的重要指示批示作为首要任务,围绕科技人才的发现、培养、引进、使用、激励不断深化体制机制改革,加强科技人才政策的系统设计和协同推进,改善人才发展环境,激发人才创新创造活力,为科技人才更好地发挥作用提供强有力的制度安排和政策保障。

二是贯彻落实党的十八大以来党中央关于人才工作的重要部署,明确促进科技人才改革发展的主要工作目标与任务。以激发人才创新活力为主线,深化人才发展体制机制改革,全方位培养、引进、用好人才,建设国家战略人才力量,造就更多国际一流的战略科学家、科技领军人才和创新团队,培养具有国际竞争力的青年科技人才后备军。改革科技人才评价、激励和保障机制,加强学风建设,坚守学术诚信,实行更加开放的人才政策,吸引集聚国内外优秀人才,用好用活科技人才,全面提升人才政策竞争力。

三是聚焦政策梳理和创新调查发现的政策诉求与普遍期盼，明确新时期构建科技人才政策链的着力点和突破点。根据科技人才的发现、培养、使用、激励和环境建设的政策链完善政策框架，针对科研人员反映集中、需要重点突破的政策难点堵点，及时提出需要完善的政策，补齐顶尖人才发现、青年人才成长、人才组织动员、人才安全等方面的政策空白点、薄弱点，持续推进评价、激励、学风作风等科研人员认可度高、含金量大的政策落实落地，回应科研人员诉求和关切，着力解决"最后一公里"问题。

第十四章

分政策类别调查研究分析

第一节 科技人才发现与遴选政策落实情况调查

科技人才发现与遴选政策是识别人才、用好人才的重要前提，科技人才评价政策是科研活动的"指挥棒"。党的十八大以来，根据党中央、国务院总体部署，科技人才发现与遴选政策不断完善，形成了涵盖科技人才分类评价、完善评价标准、实行同行评议、建立中长期评价制度、扭转评价过度利益化倾向、优化人才计划遴选、完善职称设置和评审通道、下放职称评审自主权、完善科技奖励评选制度等方面的重点政策设计。

一、科技人才最为关注的举措情况

"实行代表性成果评价""规范人才评价结果使用，不把学术头衔、人才称号等作为各类评价和资源配置的限制性条件""评价破除'四唯'（唯论文、唯职称、唯学历、唯奖项）""基于职业属性和岗位要求实行人才分类评价"4项举措的关注度明显较高，选择比例分别为53.9%、50.3%、48.1%和45.4%（图14-1-1）。反映出科技人才当前最为关注的政策是改革评价标准和规范评价结果使用两个方面。

人才类型方面，领军人才最为关注"实行代表性成果评价"和"评价破除'四唯'（唯论文、唯职称、唯学历、唯奖项）"的举措，选择比例分别为57.9%和52.1%。而非领军人才则更关注"实行代表性成果评价"和"规范人才评价结果使用，不把学术头衔、人才称号等作为各类评价和资源配置的限制性条件"，选择比例分别为53.5%和51.8%。单位方面，高校科技人才最关注"实行代表性成果评价"，选择比例为59.3%；科研院所的科技人才对"基于职业属性和岗位要求实行人才分类评价"关注度最高，选择比例为52.6%；企业和转制院所的科技人才则更关注"评价破除'四唯'（唯论文、唯职称、唯学历、唯奖项）"，选择比例分别为60.6%和57.9%。年龄方面，35周岁及以下科技人才对"规范人才评价结果使用，不把学术头衔、人才称号等作为各类评价和资源配置的限制性条件"最为关注，选择比例为54.4%，显著高于其他年龄段。其他年龄段科技人才则均对"实行代表性成果评价"关注度最高，且随年龄上升关注度呈明显上升趋势，最高为61周岁及以上，选择比例达64.1%；最低为35周岁及以下，选择比例为43.3%。

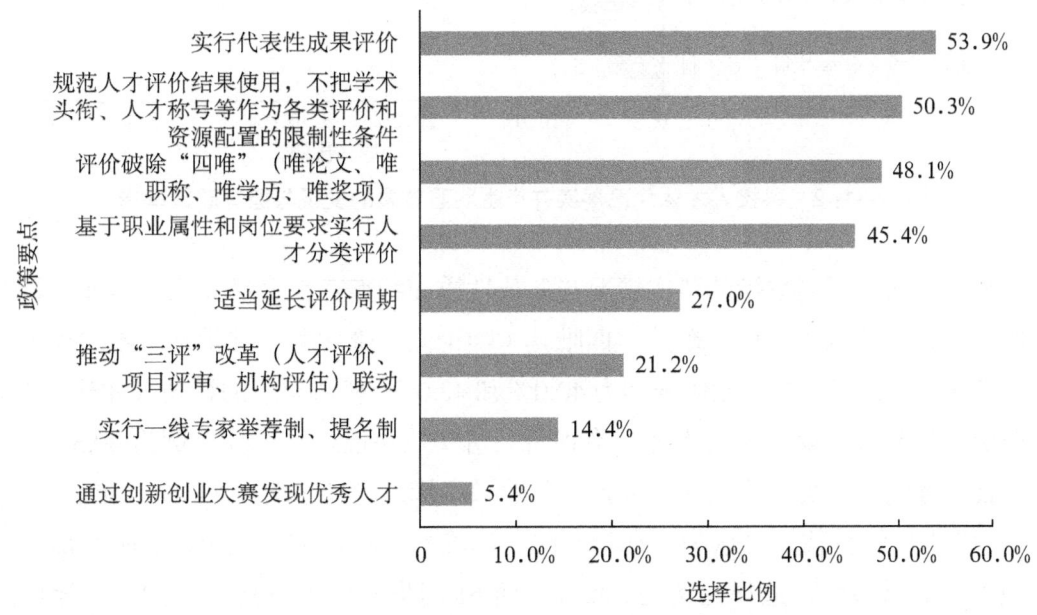

图14-1-1　科技人才最为关注的发现与遴选政策举措

二、已落实并产生明显效果的举措情况

总体来看，科技人才认为"实行代表性成果评价""基于职业属性和岗位要求实行人才分类评价""评价破除'四唯'（唯论文、唯职称、唯学历、唯奖项）"3项举措落实效果较好，选择比例分别为44.1%、36.8%和35.7%。而在科研人员关注度较高的"规范人才评价结果使用，不把学术头衔、人才称号等作为各类评价和资源配置的限制性条件"，落实效果选择比例为16.6%，相对较低，反映出科技人才发现与遴选政策落实仍有较大空间（图14-1-2）。

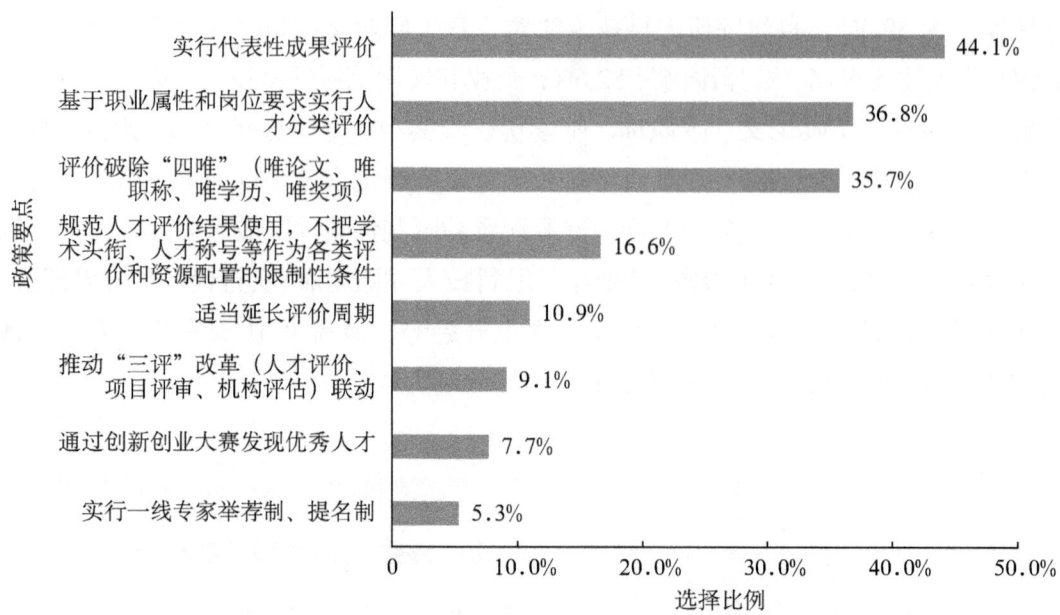

图 14-1-2　科技人才认为已落实并产生明显效果的发现与遴选政策举措

单位方面，不同举措的落实情况与单位性质和特点存在明显关联，企业、转制院所的科技人才认为"评价破除'四唯'（唯论文、唯职称、唯学历、唯奖项）"政策落实效果最好，选择比例分别为40.0%和42.0%；科研院所的科技人才认为"基于职业属性和岗位要求实行人才分类评价"落实效果最好，选择比例为40.3%；高校科技人才认为"实行代表性成果评价"效果最好，选择比例为51.0%。年龄方面，36~45周岁的科技人才认为"评价破除'四唯'（唯论文、唯职称、唯学历、唯奖项）"效果最好，选择比例为39.5%，而61周岁及以上科技人才的选择比例为28.3%，反映出在职科研人员对破除"四唯"落地感受更加明显。36周岁及以上的科技人才认为对于"实行代表性成果评价"取得显著效果的比例均在42.0%以上，而35周岁及以下的科技人才选择比例为33.3%，在一定程度上反映出该措施对职业生涯早期的科技人才作用相对较弱。研究类型方面，基础研究、应用基础研究、应用研究和技术开发人才认为"评价破除'四唯'（唯论文、唯职称、唯学历、唯奖项）""实行代表性成果评价"落实效果最好；而科技成果转化及服务人才认为"基于职业属性和岗位要求实行人才分类评价"落实最好。

三、希望加快推进落实的举措情况

总体来看，科技人才对"规范人才评价结果使用，不把学术头衔、人才称号等作为各类评价和资源配置的限制性条件"呼声最高，选择比例为43.7%，明显高于其他各项举措。其次分别为"评价破除'四唯'（唯论文、唯职称、唯学历、唯奖项）"和"基于职业属性和岗位要求实行人才分类评价"，选择比例分别为37.1%和34.9%。此外，也有近1/3的科技人才希望加快推进落实"实行代表性成果评价"、"适当延长评价周期"和"推动'三评'（人才评价、项目评审、机构评估）改革联动"3项举措（图14-1-3）。

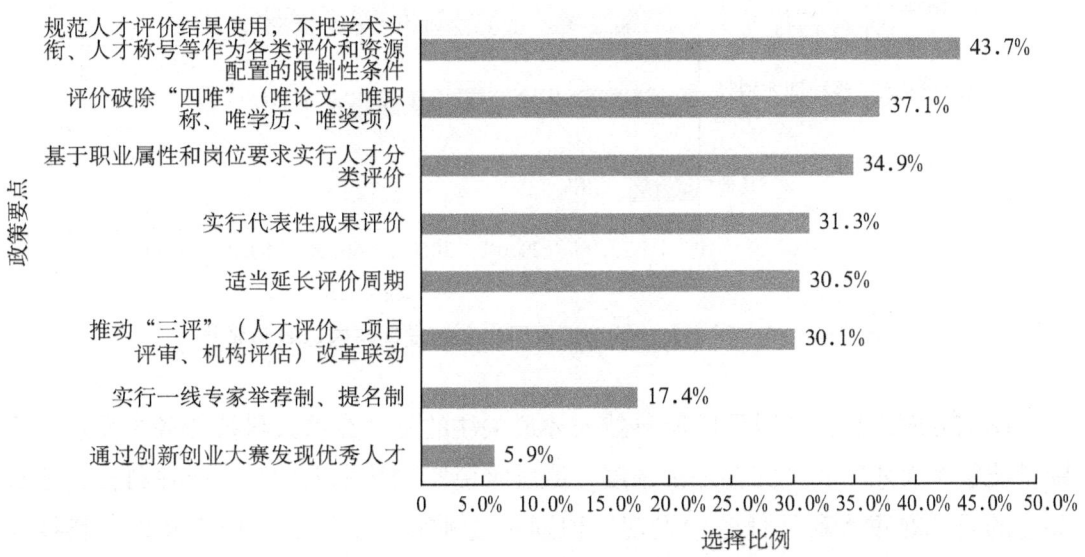

图14-1-3 科技人才希望加快推进落实的发现与遴选政策举措

人才类型方面，非领军人才最希望加快落实"规范人才评价结果使用，不把学术头衔、人才称号等作为各类评价和资源配置的限制性条件"的举措，选择比例为45.5%；而领军人才选择比例较低，选择比例为23.1%。研究类型方面，从事基础研究和应用基础研究的科技人才对"适当延长评价周期"举措的选择比例显著高于其他研究类型。单位方面，高校科技人才对"适当延长评价周期"举措的期望高于科研院所人才，选择比例分别为35.8%和29.3%；企业科技人才期望最低，选择比例为10.6%。

四、还需要出台的政策情况

调查显示，超过 50% 的科技人才希望出台"完善评价制度，激励吸引实验技术人才""在重大科技任务中发现、识别科技领军人才""建立职业早期专项计划，发现培养青年科技人才"（图 14-1-4）。

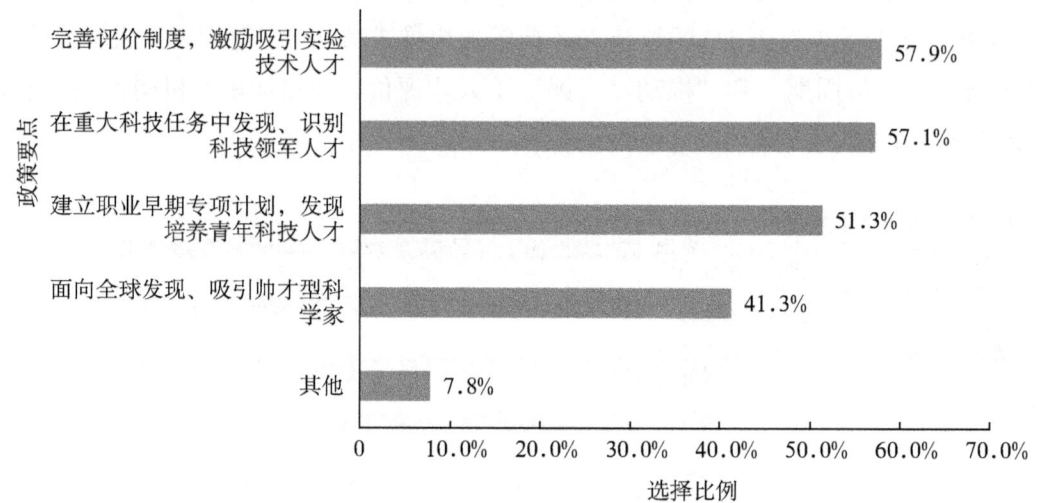

图 14-1-4　科技人才认为还需要出台的发现与遴选政策举措

单位方面，高校和科研院所科技人才最关注的是"在重大科技任务中发现、识别科技领军人才"和"完善评价制度，激励吸引实验技术人才"，企业科技人才最关注的是"在重大科技任务中发现、识别科技领军人才"。35 周岁及以下科技人才认为还需要出台"建立职业早期专项计划，发现培养青年科技人才"政策，选择比例为 72.2%，在各项举措中占比最高，反映出当前政策的短板和强烈的政策诉求。

五、小结

综合来看，科技人才对于发现与遴选政策关注集中度较高，主要集中在"评价破除'四唯'（唯论文、唯职称、唯学历、唯奖项）""基于职业属性和岗位要求实行人才分类评价""实行代表性成果评价""规范人才评价结果使用，不把学术头衔、人才称号等作为各类评价和资源配置的限制性条件"4 项举措。从政策落实情况看，认为已产生明显效果的比例普遍低于对政策关注度的认可比例和对政策加快落实的期盼比例，显示出相关政策仍有较大的落实空间。有的措施相对较好，如科技人才认为"实行代表性成果评价"关注度高、产生较好效果和下一步希望继续推动的比例差异相对较小。有的举措落实情况与期盼存在较大反差，如"规范人才评价结果使用,不把学术头衔、人才称号等作为各类评价和资源配置的限制性条件"，科技人才对政策的认可度和期盼程度都较高，占比分别为 50.3% 和 43.7%，但认为产生效果的占比为 16.6%（图 14-1-5）。

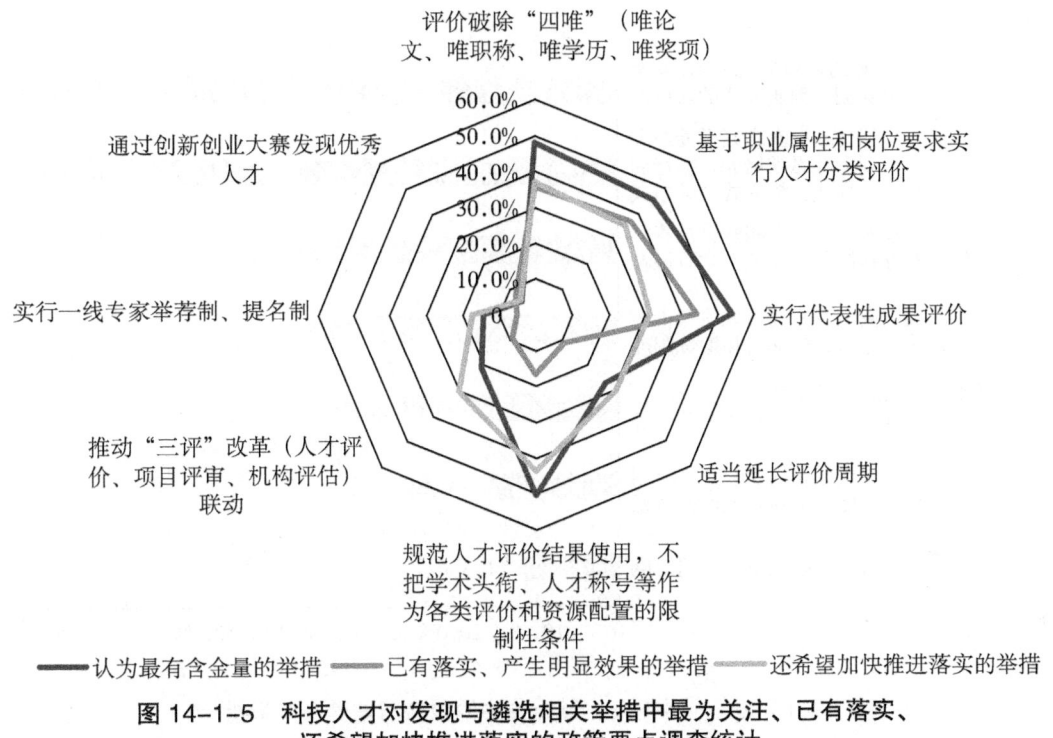

图 14-1-5 科技人才对发现与遴选相关举措中最为关注、已有落实、还希望加快推进落实的政策要点调查统计

第二节 科技人才教育与培养政策落实情况调查

科技人才教育与培养政策主要是遵循科技发展和人才成长规律，提升科技人才素质和能力，为创新型国家建设提供强大的科技人才队伍保障。党的十八大以来，党中央、国务院围绕创新人才培养机制、改进人才培养模式、加快学科专业结构调整、改革教学管理和加强教学能力建设等方面出台一系列政策，加大创新型科技后备人才培养力度。

一、科技人才最为关注的举措情况

调查显示,在科技人才的教育与培养相关举措中,科技人才普遍认为"建立跨学科、跨专业交叉培养创新创业人才的新机制"(64.5%)和"强化基础教育兴趣爱好和创造性思维培养,推行启发式、探究式教学方式"(60.9%)两项举措关注度高,且均超过半数。可见,广大科技人才对教育举措关注度高,聚焦在科学精神和创新意识的培养,以及交叉融合型后备人才的培养方面(图14-2-1)。

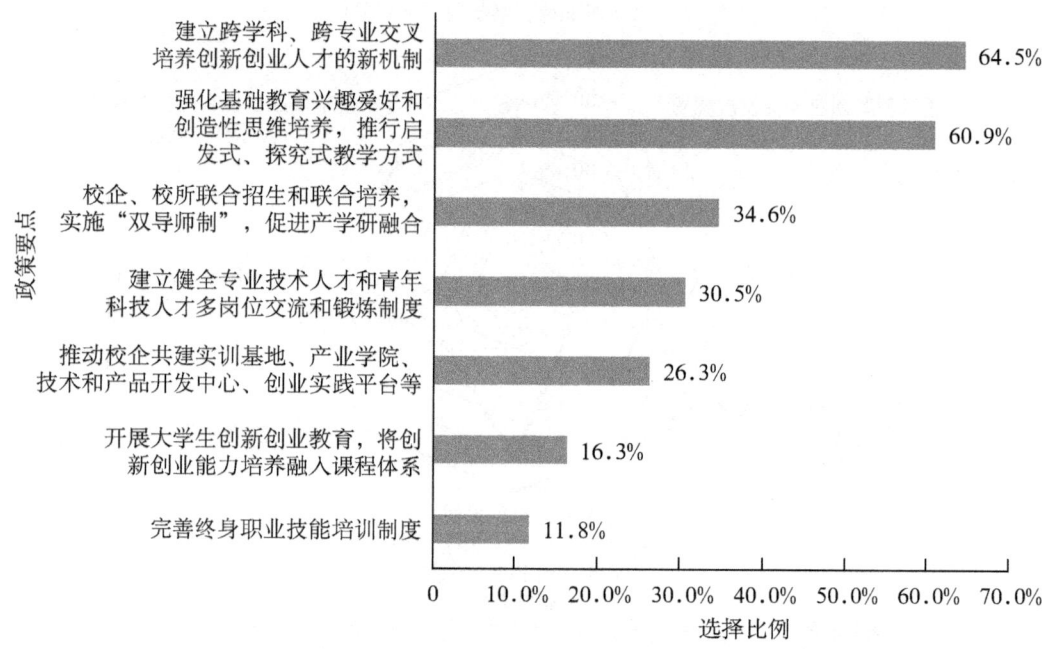

图14-2-1 科技人才最为关注的教育与培养政策举措

人才类型方面,领军人才对于"建立跨学科、跨专业交叉培养创新创业人才的新机制"关注度最高,有67.8%的领军人才选择了这一项。单位方面,64.4%的科研院所科技人才认为最为重要的是"跨学科、跨专业交叉培养创新创业人才的新机制";67.5%的高校科技人才认为"强化基础教育兴趣爱好和创造性思维培养,推行启发式、探究式教学方式"最为重要,与高校培养人才的职责使命相符合;企业和转制院所科技人才除了最为关注"跨学科、跨专业交叉培养创新创业人才的新机制"之外,其次认为"校企、校所联合招生和联合培养,实施'双导师制',促进产学研融合"也很重要,符合企业产学研联合培养人才的需求。研究类型方面,基础研究人才认为"强化基础教育兴趣爱好和创造性思维培养,推行启发式、探究式教学方式"最为重要,选择比例高达76.3%;应用基础研究、应用研究和技术开发人员最为关注"跨学科、跨专业交叉培养创新创业人才的新机制",选择比例分别为66.2%、65.6%;科技成果转化及服务人才最为关注"推动校企共建实训基地、产业学院、技术和产品开发中心、创业实践平台等"。

二、已落实并产生明显效果的举措情况

总体来看,"校企、校所联合招生和联合培养,实施'双导师制',促进产学研融合""开展大学生创新创业教育,将创新创业能力培养融入课程体系""推动校企共建实训基地、产业学院、技术和产品开发中心、创业实践平台等"3项举措被认为已经落地见效,选择比例分别为34.5%、29.6%、25.8%,反映了近年来科教融合和产教融合培养创新创业人才政策落实力度较大。科技人才最为关注的"建立跨学科、跨专业交叉培养创新创业人才的新机制"和"强化基础教育和创造性思维培养,推动启发式、探究式教学方式"两项举措,落实效果选择比例略低,还需要加大落实力度(图14-2-2)。

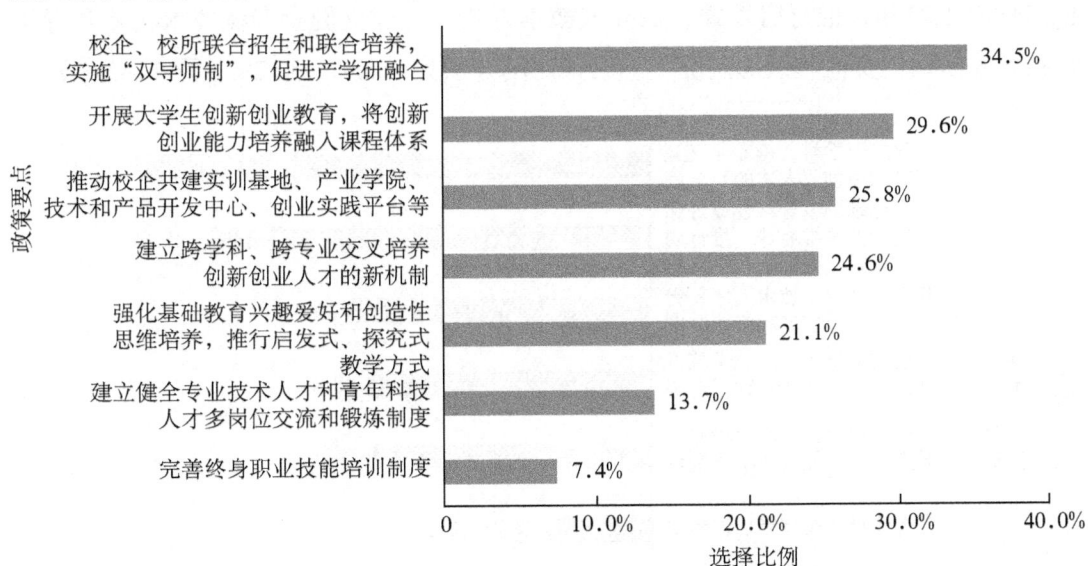

图14-2-2 科技人才认为已落实并产生明显效果的教育与培养政策举措

单位方面,企业、转制院所、科研院所科技人才均认为"校企、校所联合招生和联合培养,实施'双导师制',促进产学研融合"落实效果最好;高校科技人才

认为"开展大学生创新创业教育,将创新创业能力培养融入课程体系"落实效果最好,选择比例为49.2%,而企业、科研院所的科技人才对此举措选择比例最低,分别为6.9%、7.6%。研究类型方面,近40%的基础研究人才认为"强化基础教育和创造性思维培养,推动启发式、探究式教学方式"落实效果最好,而科技成果和转化服务人才对此选择比例最低,只有4%。近40%的应用基础研究人才认为"开展大学生创新创业教育,将创新创业能力培养融入课程体系"落实效果最好,但科技成果和转化服务人才对此选择比例最低,只有4%。43.8%的应用研究和技术开发人才和50%的科技管理或人事管理人才认为"校企、校所联合招生和联合培养,实施'双导师制',促进产学研融合"落实效果最好。科技成果和转化服务人才认为"推动校企共建实训基地、产业学院、技术和产品开发中心、创业实践平台等"举措落实效果最好,选择比例为46%。

三、希望加快推进落实的举措情况

总体来看,科技人才最希望加快推进落实的举措是"建立跨学科、跨专业培养创新创业人才的新机制",选择比例超过50%;其次是"强化基础教育兴趣爱好和创造性思维培养,推行启发式、探究式教学方式""建立健全专业技术人才和青年科技人才多岗位交流和锻炼制度",选择比例分别为45.6%、30.2%(图14-2-3)。

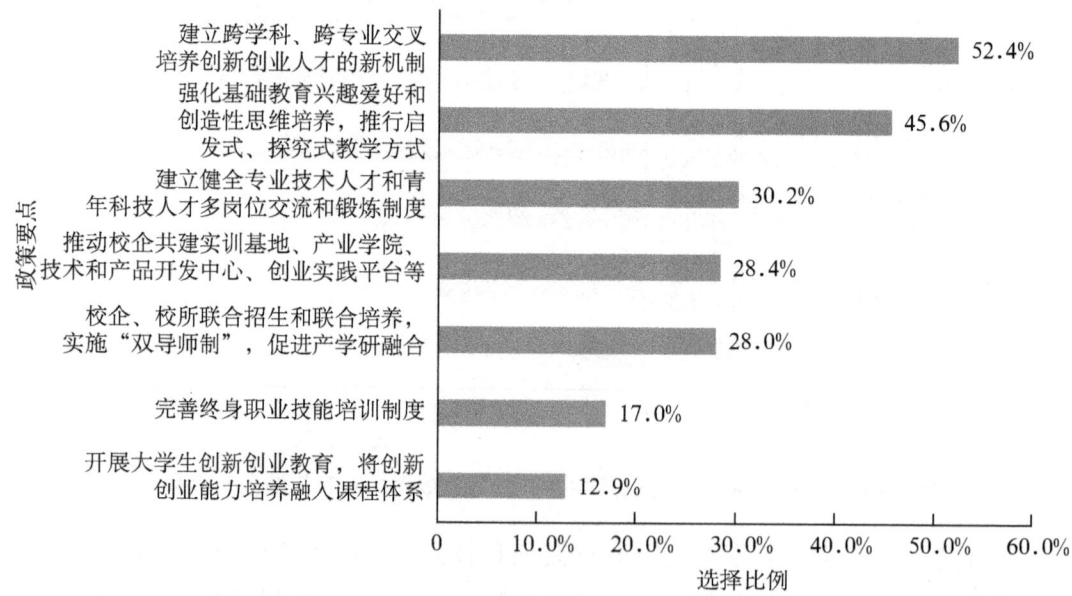

图14-2-3 科技人才希望加快推进落实的教育与培养政策举措

单位方面，近五成的高校、科研院所、转制院所、企业科技人才的政策诉求较为集中，均选择了"建立跨学科、跨专业交叉培养创新创业人才的新机制"。科研院所、高校和转制院所其次希望加快落实"强化基础教育兴趣爱好和创造性思维培养，推行启发式、探究式教学方式"；企业其次希望"推动校企共建实训基地、产业学院、技术和产品开发中心、创业实践平台等"。年龄方面，近四成的35周岁以下和36～45周岁青年人才希望落实"建立健全专业技术人才和青年科技人才多岗位交流和锻炼制度"政策，而其他年龄段的科技人才选择比例较低。

四、还需要出台的政策情况

调查显示，近60%的科技人才认为还需要出台"强化STEM（科学、技术、工程、数学）基础学科的人才教育培养"的政策，其次是"聚焦关键领域核心技术，以超常规方式加快培养一批紧缺人才"和"加强人工智能、生物医学等新兴、交叉学科的人才教育培养"，选择比例分别为49.1%、41.6%，反映了未来教育与培养政策要加强数学、物理、化学、生物等基础学科建设，积极设置基础研究、交叉学科相关学科，围绕关键核心技术加强人才梯队建设（图14-2-4）。

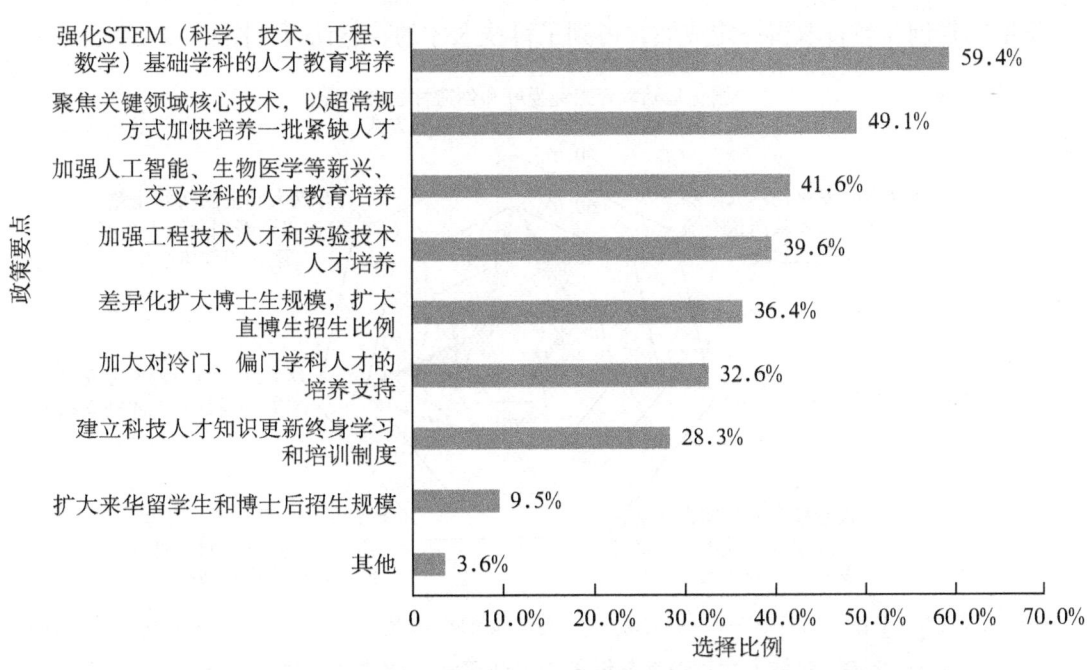

图14-2-4　科技人才认为还需要出台的教育与培养政策举措

人才类型方面，领军人才在"强化STEM（科学、技术、工程、数学）基础学科的人才教育培养"方面的诉求更为集中，选择比例为66.9%。单位方面，转制院所的科技人才认为"加强工程技术人才和实验技术人才培养"最为重要，选择比例为61.4%，体现了转制院所科技创新活动的特点。研究类型方面，超过70%的基础研究人才更为关注STEM人才教育培养，科技成果转化及服务人才和科研管理或人事管理人才更希望加快培养关键核心技术紧缺人才，体现了对急需紧缺后备人才培养的关注。

五、小结

综合来看，科研人员对教育与培养政策落实情况的感受和诉求相对集中。科技人才对教育培养政策的关注、落实效果和诉求与所属单位类型和从事科技活动类型密切相关。例如，高校和基础研究人才更关注创造性思维培养，应用研究人才更关注跨学科跨专业交叉培养创新创业人才，企业更关注产学研联合培养人才，科技成果转化人才更关注校企共建实训基地等。科技人才更加关注培养原始创新能力和交叉创新能力，反映了新一轮科技革命和产业变革带来的科技创新趋势，相关的政策举措被科技人才高度关注，同时需要进一步加强落实。产学研联合培养人才及开展大学生创新创业教育取得一定成效，得到了科技人才的普遍认可（图14-2-5）。

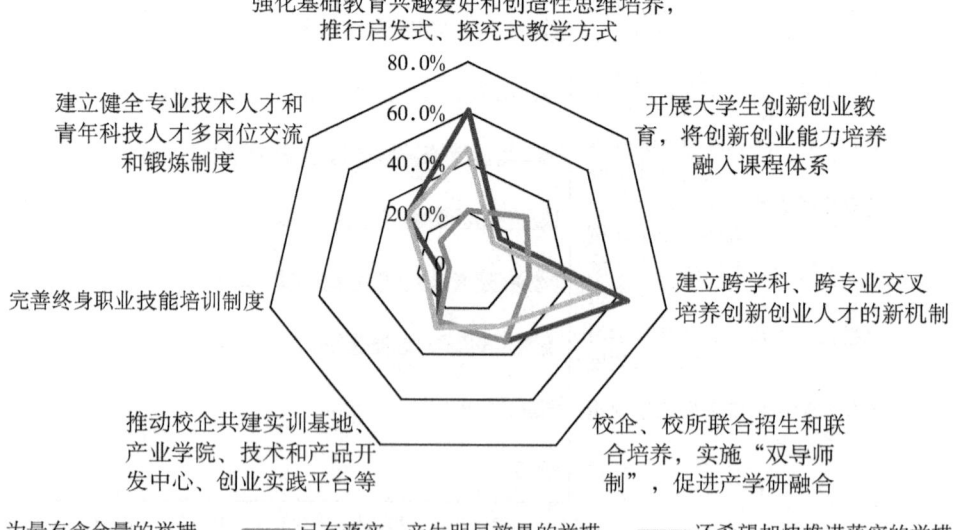

图14-2-5　科技人才对教育与培养相关政策举措中最为关注、已有落实、还希望加快推进落实的政策要点调查统计

第三节　科技人才使用与集聚政策落实情况调查

科技人才使用与集聚政策立足于更好地组织动员科技人才开展创新活动、服务国家和经济社会发展，服务创新驱动发展战略，发挥科技人才重要智力支撑作用。党的十八大以来，党中央、国务院按照人才发展"以用为本"的指导方针，加快推进国家科技计划管理改革，促进科技人才的合理使用，形成了涵盖科技计划管理改革、科研经费管理改革、前沿基础研究组织实施机制探索、科技人才使用机制建设、科技人才合理有序流动机制建设、科研人员离岗创业、兼职兼薪机制创新、引导科技人才服务艰苦边远地区和基层一线、引导科技人才服务企业等方面的重点政策设计，组织引导广大科技人才围绕"四个面向"服务国家创新发展，提高了科技人才组织动员效率效能。

一、科技人才最为关注的举措情况

科技人才认为最为关注的前3项举措为"优化科技计划管理，科研人员松绑减负""支持优秀青年科学家长期稳定开展基础研究""以项目负责人制为核心组建科研团队，赋予领军人才更大自主权"，分别为43.6%、39.7%和35.7%。此外，科技人才认为"构建关键核心技术攻关新型举国体制""对具有明确国家目标、技术路线清晰、组织程度较高、优势承担单位集中的重大科技项目，采取定向择优或定向委托方式""实行项目经费包干制""建立国家实验室稳定支持机制"等举措关注度的比例均为30%左右，显示出科技人才对该类政策的总体认可程度和关注度较高（图14-3-1）。

人才类型方面，领军人才对于"以项目负责人制为核心组建科研团队，赋予领军人才更大自主权"的认可比例最高，为43.0%；非领军人才则对"优化科技计划管理，为科研人员松绑减负"的认可比例最高，为43.8%。单位方面，高校、科研院所科技人才均对于"优化科技计划管理，为科研人员松绑减负"认可比例最高，分别为49.4%和45.2%，反映出该类政策最受科研单位人员欢迎。企业科技人才更为关注"产业化目标明确的重大科技项目由有条件的企业牵头组织实施""以项目负责人制为核心组建科研团队，赋予领军人才更大自主权"等政策，比例分别为52.5%和40.6%。研究类型方面，基础研究和应用基础研究人才对"支持优秀青年

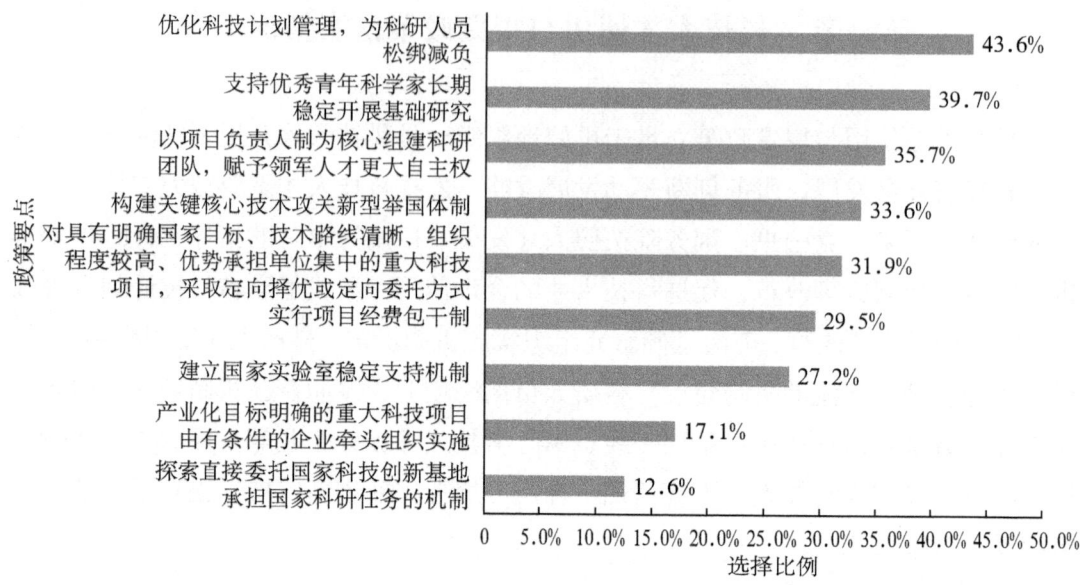

图 14-3-1　科技人才最为关注的使用与集聚政策举措

科学家长期稳定开展基础研究"和"优化科技计划管理,为科研人员松绑减负"政策表现出较高关注度,均高于40%;应用研究和技术开发人才更为关注"以项目负责人制为核心组建科研团队,赋予领军人才更大自主权"、"对具有明确国家目标、技术路线清晰、组织程度较高、优势承担单位集中的重大科技项目,采取定向择优或定向委托方式"、"优化科技计划管理,为科研人员松绑减负"和"构建关键核心技术攻关新型举国体制"等4项举措,比例较高,均接近40%;成果转化及服务人才则对"构建关键核心技术攻关新型举国体制""对具有明确国家目标、技术路线清晰、组织程度较高、优势承担单位集中的重大科技项目,采取定向择优或定向委托方式"和"产业化目标明确的重大科技项目由有条件的企业牵头组织实施"3项举措最为关注,选择比例均为44%。地区方面,中西部地区科技人才更关注"构建关键核心技术攻关新型举国体制"和"对具有明确国家目标、技术路线清晰、组织程度较高、优势承担单位集中的重大科技项目,采取定向择优或定向委托方式",选择比例明显高于东部地区科技人才,一定程度上反映出中西部地区科技人才对改进完善资源配置方式的诉求更为迫切。

二、已落实并产生明显效果的举措情况

科技人才认为落实效果好的举措比例最高的为"以项目负责人制为核心组建科研团队,赋予领军人才更大自主权",选择比例为31.6%;其次为"优化科技计划管理,为科研人员松绑减负"和"支持优秀青年科学家长期稳定开展基础研究",分别为25.2%和20.6%。其余各项举措选择比例均未超过20%,反映了新举措惠及群体相对较小,与科技人才的切身利益直接关联不够紧密,同时也反映出相关举措的知晓度和落实力度有待提升(图14-3-2)。

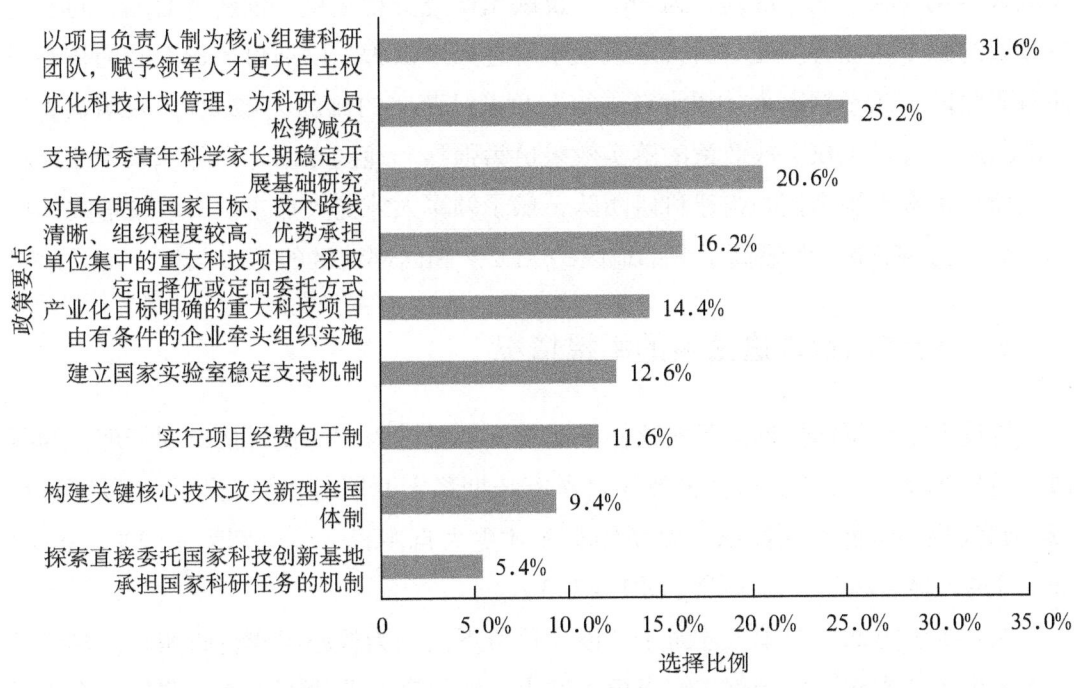

图14-3-2 科技人才认为已落实并产生明显效果的使用与集聚政策举措

人才类型方面,领军人才认为"对具有明确国家目标、技术路线清晰、组织程度较高、优势承担单位集中的重大科技项目,采取定向择优或定向委托方式""以项目负责人制为核心组建科研团队,赋予领军人才更大自主权"等政策落实效果最好。单位方面,科研院所、高校的科技人才认为"以项目负责人制为核心组建科研团队,赋予领军人才更大自主权"举措落实效果最好,选择比例均接近30%;企业和转制院所的科技人才认为"产业化目标明确的重大科技项目由有条件的企业牵头

组织实施"政策落实效果最好,选择比例为37.5%。年龄方面,"优化科技计划管理,为科研人员松绑减负"、"以项目负责人制为核心组建科研团队,赋予领军人才更大自主权"和"支持优秀青年科学家长期稳定开展基础研究"方面的举措在35周岁及以下群体中的落实比例明显低于其他年龄段,反映了职业生涯早期特别是刚进入科研岗位的科技人才的科研负担相对较重、自主权相对更小,需要加强针对性政策支持。研究类型方面,基础研究、应用基础研究、应用研究和技术开发、科技成果转化及服务4类人才对于"以项目负责人制为核心组建科研团队,赋予领军人才更大自主权"举措的落实效果反馈呈递增趋势。基础研究人才最低,为25.3%;科技成果转化及服务人才最高,为36%,反映出研究类型越接近创新链后端,对自主权政策的感受越显著。而科研管理或人事管理人才认为"以项目负责人制为核心组建科研团队,赋予领军人才更大自主权"政策已落实的比例达42.4%,表明从管理者的角度来看自主权下放政策的落实效果更为强烈。地区方面,中部地区人才反映"以项目负责人制为核心组建科研团队,赋予领军人才更大自主权"政策落实的比例最高,为36.3%,明显高于东部地区的31.2%和西部地区的26.9%。

三、希望加快推进落实的举措情况

科技人才希望加快推进落实比例最高的3项举措为"优化科技计划管理,为科研人员松绑减负"、"支持优秀青年科学家长期稳定开展基础研究"和"以项目负责人制为核心组建科研团队,赋予领军人才更大自主权",分别为40.2%、35.9%和32.8%,显著高于其他举措(图14-3-3)。

人才类型方面,领军人才对于"以项目负责人制为核心组建科研团队,赋予领军人才更大自主权"举措落实需求更为突出,明显高于非领军人才;非领军人才对"优化科技计划管理,为科研人员松绑减负""对具有明确国家目标、技术路线清晰、组织程度较高、优势承担单位集中的重大科技项目,采取定向择优或定向委托方式"等举措落实的需求较领军人才比例明显更高。单位方面,高校和科研院所科技人才最希望落实"优化科技计划管理,为科研人员松绑减负"政策,选择比例分别为43.2%、41.8%,显著高于企业;企业科技人才最希望落实"对具有明确国家目标、技术路线清晰、组织程度较高、优势承担单位集中的重大科技项目,采取定向择优或定向委托方式"举措,选择比例为36.9%,显著高于高校和科研院所。年龄方面，36~55周岁的科技人才作为科研骨干力量，最希望落实"优化科技计划管理，为科研人员松绑减负"政策，选择比例高于40%。地区方面，西部地区科技人才对于"优化科技计划管理，为科研人员松绑减负"和"以项目负责人制为核心组建科研团队，赋予领军人才更大自主权"等举措需求更加普遍，选择比例分别为45.6%和37.7%，明显高于东部的36.8%、31.4%和中部地区的38.2%、30.3%，反映出西部地区在优化科技治理等方面的政策需求更为强烈。

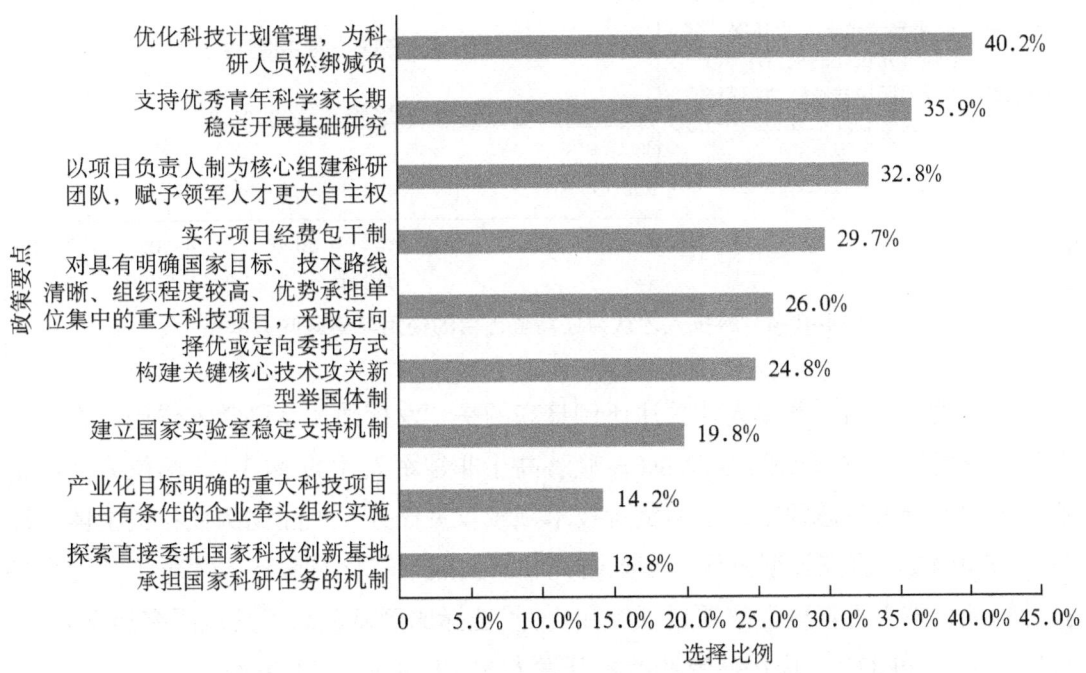

图14-3-3 科技人才希望加快推进落实的使用与集聚政策举措

四、还需要出台的政策情况

调查显示，科技人才对于用好用活科技人才的政策需求较为突出，选择比例均高于30%，其中需求最迫切的政策为"建立人才、项目、基地有机结合机制"，占44.7%，显著高于其他各项举措（图14-3-4）。

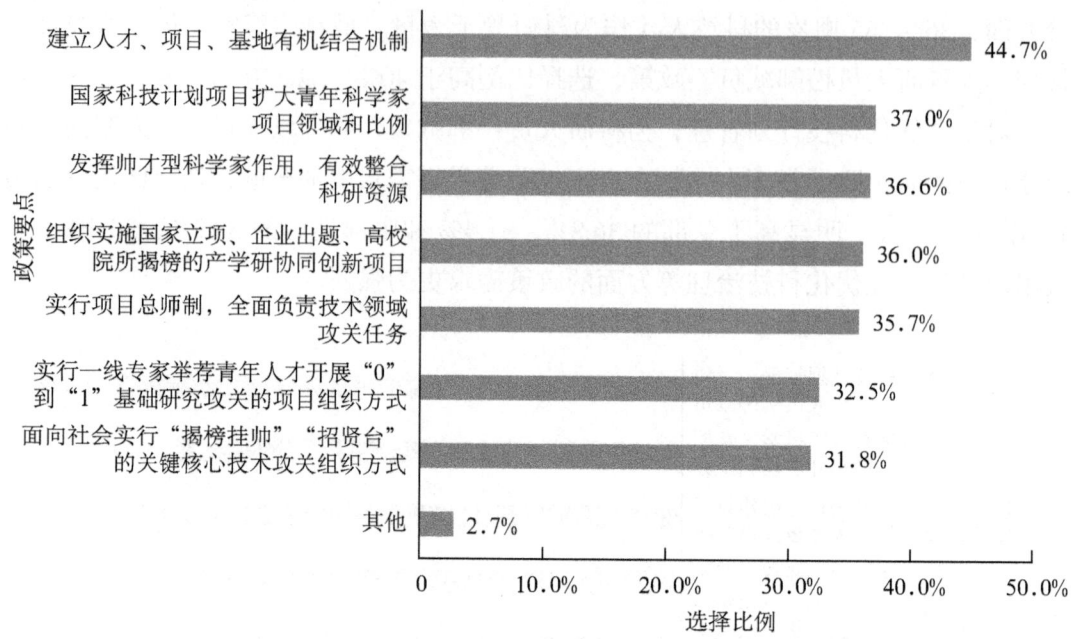

图 14-3-4　科技人才认为还需要出台的使用与集聚政策举措

人才类型方面，领军人才关注比例最高的是"发挥帅才型科学家作用，有效整合科研资源"，选择比例为 62.8%，显著高于非领军人才的 34.3%。单位方面，企业对于"实行项目总师制，全面负责技术领域攻关任务"关注比例在各类主体中最高，为 49.4%。研究类型方面，基础研究和科技成果转化及服务人才对于"国家科技计划项目扩大青年科学家项目领域和比例"选择比例显著高于其他研究类型人才，分别为 47% 和 42%；应用研究和技术开发人才比例最低，为 29.4%。

五、小结

综合来看，科技人才对于使用与集聚相关政策关注的分散度较高，表明该类政策中多项举措均为科技人才关心的政策。但由于政策特点、与科技人才切身利益的直接管理程度、政策传导机制等原因，科技人才感受到政策落实效果的比例整体偏低。从各项举措情况看，"以项目负责人制为核心组建科研团队，赋予领军人才更大自主权"政策被认为最关注、落实产生效果且仍希望加快落实的比例大致相当，表明政策预期与政策落实效果相对接近。但"构建关键核心技术攻关新型举国体制""优化科技计划管理，为科研人员松绑减负""支持优秀青年科学家长期稳定开展基础研究""实行项目经费包干制"等举措，科技人才对政策的认可度和期盼度较高，但感受到落实效果的比例显著偏低，是未来需要加大力度推进落实的重点政策（图14-3-5）。

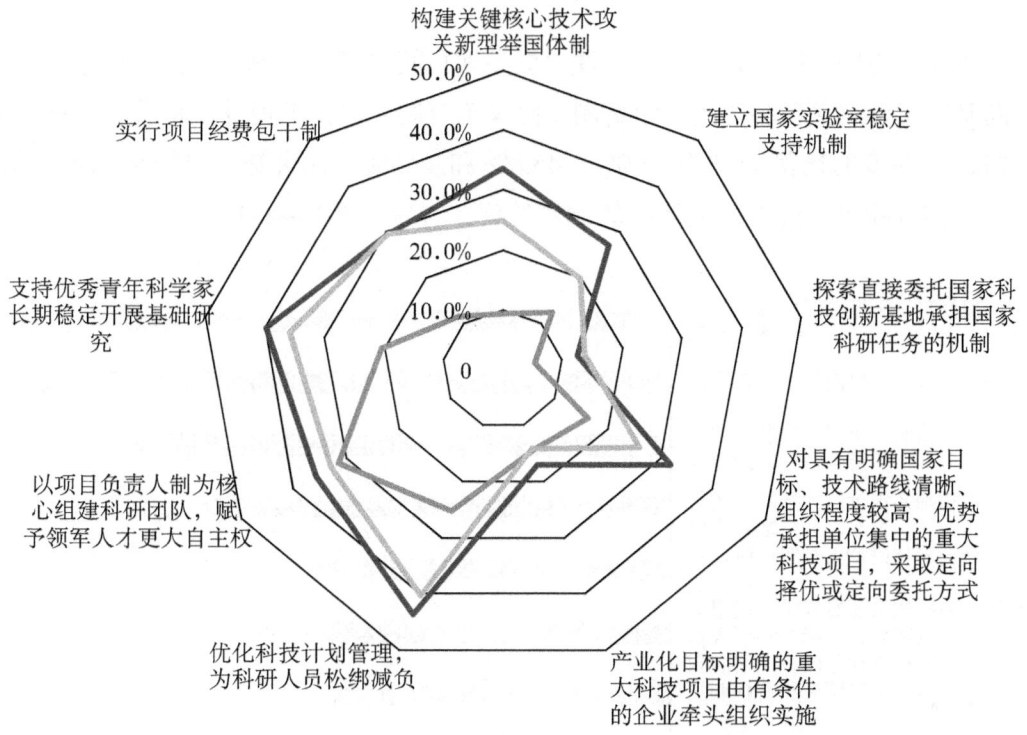

图 14-3-5 科技人才对使用与集聚相关举措中最为关注、已有落实、还希望加快推进落实的政策要点调查统计

第四节 科技人才激励与引导政策落实情况调查

完善科技人才激励与引导机制是党和国家激励自主创新、激发人才活力、营造良好创新环境的一项重要举措，对促进科技支撑引领经济社会发展、加快建设创新型国家和世界科技强国具有重要意义。近年来，我国通过优化工资收入结构、加大科技计划项目经费支持、提高科技成果转化收益、增加科技奖励资金等多种方式，不断加大对科技人才的激励，形成了涵盖薪酬制度改革、实行多元化激励、深化科

技成果权属改革、提高科技成果转化激励力度、科技成果转化服务、科技荣誉奖励等方面的重点政策设计，科技人才的创新创造活力和获得感有了明显提升。

一、科技人才最为关注的举措情况

在各项举措中，科技人才最为关注"提高项目间接经费比例，加大绩效激励"、"提高基本工资比例"和"实行年薪制、协议工资制、项目工资等多种分配方式"3项举措，关注度的比例分别为47.0%、45.8%和40.5%。其次是"以增加知识价值为导向，实行绩效工资"，关注度的比例达到37.7%（图14-4-1）。

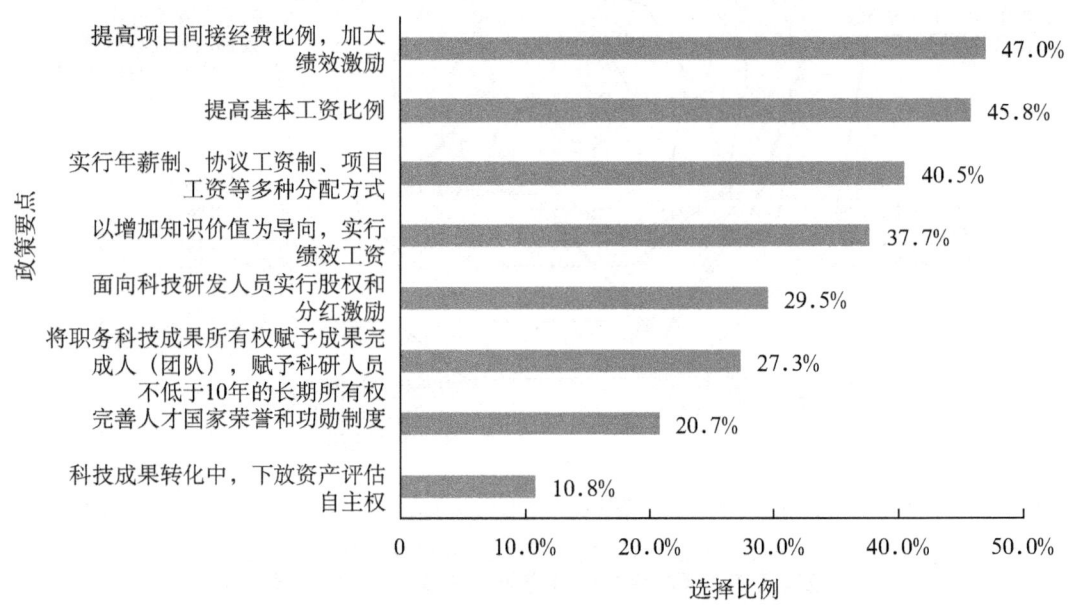

图 14-4-1　科技人才最为关注的激励与引导政策举措

人才类型方面，领军人才最为关注"实行年薪制、协议工资制、项目工资等多种分配方式"，选择比例为46.3%；非领军人才最为关注"提高项目间接经费比例，加大绩效激励""提高基础工资比例"，选择比例分别为47.6%和46.5%，体现了群体的差异性。单位方面，科研院所、高校的科技人才最为关注"提高基础工资比例""提高项目间接经费比例，加大绩效激励"举措，选择比例均超过46%，科研院所科技人才选择比例更是高达54%以上；转制院所、企业科技人才最为关注"面向科技研发人员实行股权和分红激励"举措，选择比例分别为68.4%、46.9%，高于其他单位。年龄方面，35周岁及以下科技人才最为关注"提高基础工资比例""提高项目间接经费比例，加大绩效激励"举措，选择比例为68.9%和56.7%，体现了职业生涯早期的科技人才对工资性激励政策更为敏感。研究类型方面，基础研究人才和应用基础研究人才最为关注"提高基础工资比例"等稳定保障政策，选择比例分别为60.5%、49.5%，显著高于其他研究类型人才。科技成果转化服务人才最为关注"面向科技研发人员实行股权和分红激励"举措，选择比例为52.0%。

二、已落实并产生明显效果的举措情况

调查显示，科技人才认为已经落实并产生明显效果的举措为"以增加知识价值为导向，实行绩效工资"和"实行年薪制、协议工资制、项目工资等多种分配方式"两项举措，选择比例分别为37.9%和31.5%。其他举措的选择比例均未超过20.0%，还有较大的落实空间（图14-4-2）。

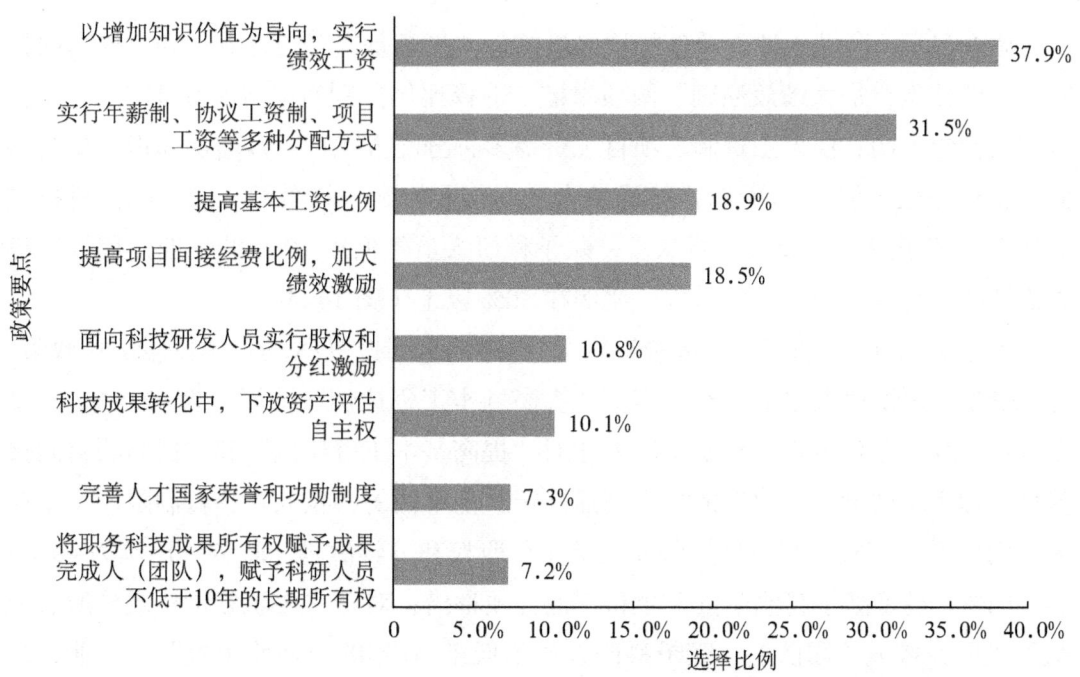

图14-4-2 科技人才认为已落实并产生明显效果的激励与引导政策举措

人才类型方面，领军人才认为"实行年薪制、协议工资制、项目工资等多种分配方式"落实效果最好，选择比例为43.0%，反映出当前政策已经体现了对高层次

人才更加灵活多元的分配保障机制；非领军人才认为"以增加知识价值为导向，实行绩效工资"落实效果明显，选择比例为38.5%。单位方面，科研院所的科技人才认为落实效果最好的政策是"以增加知识价值为导向，实行绩效工资"，选择比例为41.4%；高校和企业科技人才认为落实效果最好的政策是"实行年薪制、协议工资制、项目工资等多种分配方式"，选择比例为38.1%和38.2%。研究类型方面，近40%的基础研究人才认为"实行年薪制、协议工资制、项目工资等多种分配方式"落实效果最好；应用基础研究、应用研究和技术开发、成果转化及服务人才、科研管理或人事管理人才认为"以增加知识价值为导向，实行绩效工资"落实效果最好，其中科研管理或人事管理人才选择比例高达为50%。地区方面，在"实行年薪制、协议工资制、项目工资等多种分配方式"政策上，东部地区人才认为落实效果好的比例为37.4%，显著高于中西部地区的23.7%和26.4%。

三、希望加快推进落实的举措情况

调查显示，科技人才最希望加快推进的是"提高基本工资比例"和"提高项目间接经费比例，加大绩效激励"两项举措，选择比例分别为41.4%和41.2%。其次是"实行年薪制、协议工资制、项目工资等多种分配方式""以增加知识价值为导向，实行绩效工资""面向科技研发人员实行股权和分红激励""将职务科技成果所有权赋予成果完成人（团队），赋予科研人员不低于10年的长期使用权"等方面的政策也有相对较高的需求，比例在30%以上（图14-4-3）。

人才类型方面，领军人才最希望落实"提高项目间接费用，加大绩效激励"政策，为43.8%；非领军人才则更希望落实"提高基本工资比例"政策，为42.4%，远高于领军人才。单位方面，科研院所人才对"提高基本工资比例"和"提高项目间接费用，加大绩效激励"政策的需求明显高于其他单位的科技人才；转制院所、企业人才则更希望落实"面向科技研发人员实行股权和分红激励"政策，比例为49.1%和39.4%，显著高于其他单位人才和其他各项举措；对于"将职务科技成果所有权赋予成果完成人（团队），赋予科研人员不低于10年的长期使用权"，企业、高校科技人才的落实需求比例相当，科研院所人才则相对较低。年龄方面，35周岁及以下的科技人才对"提高基本工资比例"表现出较强的需求，比例达60%，高于其他年龄段人群约20%；61周岁以上的科技人才对"完善人才国家荣誉和功勋制度"

政策的落实需求明显高于低年龄段人才，特别是35周岁及以下科技人才的选择比例仅为11.1%。研究类型方面，基础研究和应用基础研究人才对"提高基本工资比例"和"提高项目间接费用，加大绩效激励"这两项举措的需求显著高于其他研究类型人才。

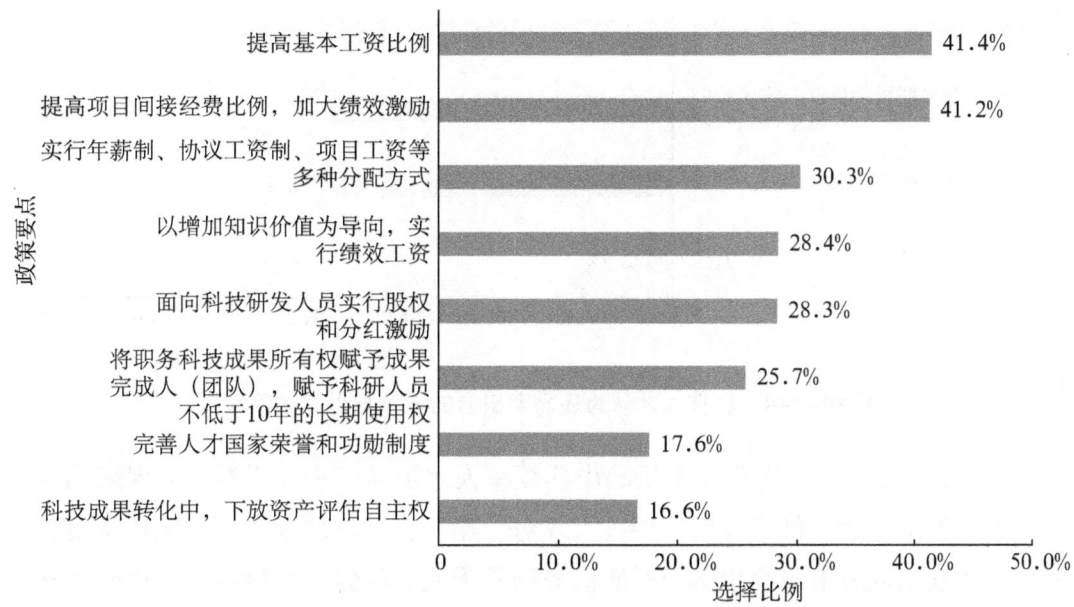

图14-4-3 科技人才希望加快推进落实的激励与引导政策举措

四、还需要出台的政策情况

科技人才对还需要出台的各项举措均反映出较高需求，其中对"建立合理的绩效工资总额正常增长机制"需求最为普遍，比例达60%。对于"弘扬爱国精神和创新精神，鼓励引导科技人才增强好奇心和事业心、保持专注和勤奋""绩效工资分配向承担国家科研任务的骨干人员倾斜"两项举措的需求比例也接近50%（图14-4-4）。

人才类型方面，领军人才认为应出台"弘扬爱国精神和创新精神，鼓励引导科技人才增强好奇心和事业心、保持专注和勤奋"政策的比例达到60.3%，显著高于非领军人才；非领军人才则对"建立合理的绩效工资总额正常增长机制"需求更为

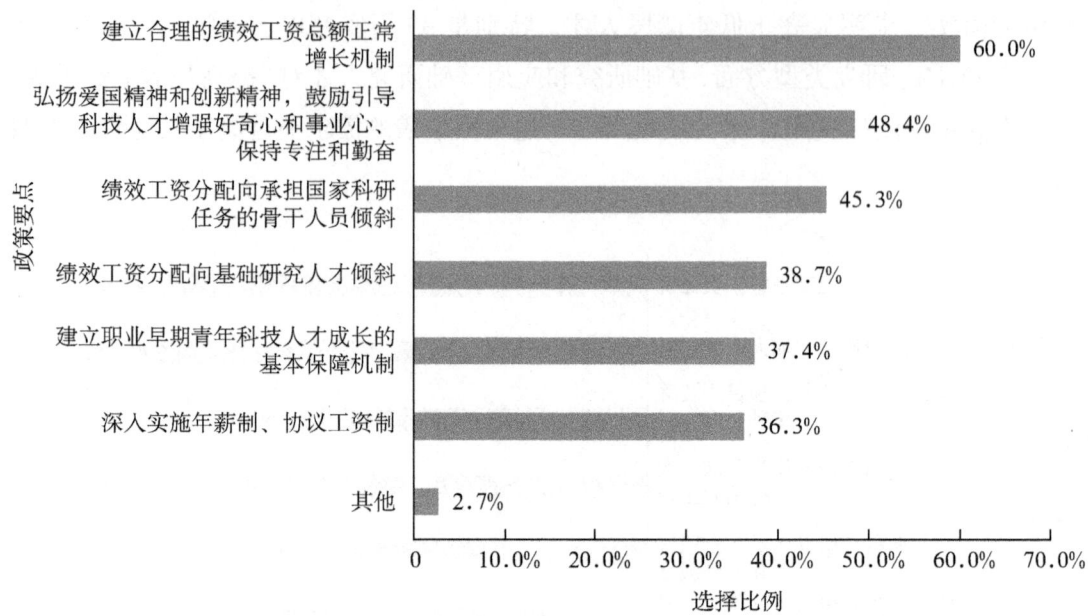

图 14-4-4　科技人才认为还需要出台的激励与引导政策举措

强烈，达到 60.8%，一定程度上反映出非领军人才更多地表现出对收入保障的基础性需求。单位方面，科研院所的科技人才对"建立合理的绩效工资总额正常增长机制""绩效工资分配向承担国家科研任务的骨干人员倾斜"举措的需求比较强烈，选择比例分别为 66.9%、49.4%，高于其他单位的科技人才。年龄方面，对"弘扬爱国精神和创新精神，鼓励引导科技人才增强好奇心和事业心、保持专注和勤奋"举措的需求随着年龄段的增加而提高，35 周岁及以下人才比例最低，为 36.7%，61 周岁及以上人才最高为 53.3%，反映出对青年人才对于精神激励的需求弱于物质激励。研究类型方面，应用基础研究人才对于"建立合理的绩效工资总额正常增长机制"政策需求最为普遍，达到 63.2%；科研管理或人事管理人才认为"建立合理的绩效工资总额正常增长机制"更为重要，选择比例达到 73.9%，显著高于其他群体和其他各项举措。地区方面，西部地区人才同样对工资增长机制政策的需求更加迫切，选择比例达 64.9%，高于东、中部地区的 58.1% 和 57.4%。

五、小结

综合来看，当前科技人才明显更加关注收入分配等物质激励政策，表明该类政策是当前科技人才最关心、需求最为迫切的政策，也从需求侧反映出该类政策仍然具有较好的边际激励效应。"以增加知识价值为导向，实行绩效工资"和"实行年薪制、协议工资制、项目工资等多种分配方式"举措的认可度、落实效果、落实期盼选择比例相对一致，反映出上述两项政策总体上得到了较为普遍的落实，符合广大科技人才的预期。对"提高基本工资比例""提高项目间接经费比例，加大绩效激励"等科技人才普遍呼声较高的政策，落实效果比例相对较低，是未来政策落实的重点（图 14-4-5）。

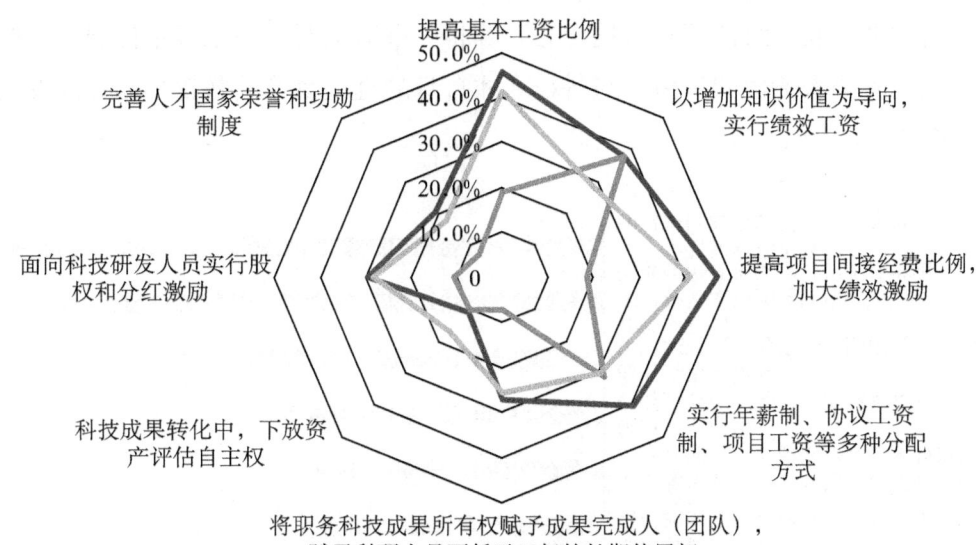

图 14-4-5　科技人才对激励与引导相关举措中最为关注、已有落实、还希望加快推进落实的政策要点调查统计

第五节　科技人才开放与合作政策落实情况调查

科技人才开放与合作政策旨在促进科技人才国际化水平的提高，是具有全球竞争力的人才制度体系的重要组成部分。党的十八大以来，党中央、国务院高度重视提高科技人才国际化水平，围绕推动教育培训国际化、加大科技计划对外开放力度、加大引进海外人才、搭建科技人才国际交流合作平台、鼓励国际人才来华创业就业、海外人才的使用与管理、国际人才服务与保障等方面不断完善科技人才开放与合作政策，不断完善国际人才服务与保障体系。

一、科技人才最为关注的举措情况

在科技人才开放与合作相关举措中,科技人员认为"围绕国家重大需求,面向全球引进首席科学家等高层次人才"和"鼓励科研院所和高校设立短期流动岗位,聘用国际高层次科技人才开展合作研究"两项举措的关注度较高,选择比例分别为46.8%、41.3%,但其他各项举措关注度普遍比较低。从举措类型看,"支持外国专家牵头或参与战略研究、指南编制、项目实施、项目评审等工作""吸引国际知名科研机构来华联合组建国际科技中心"等相关举措主要是国家或单位层面需要整体布局或完善法人治理的举措,与科技人才自身的直接政策关联较小,关注度整体较低(图14-5-1)。

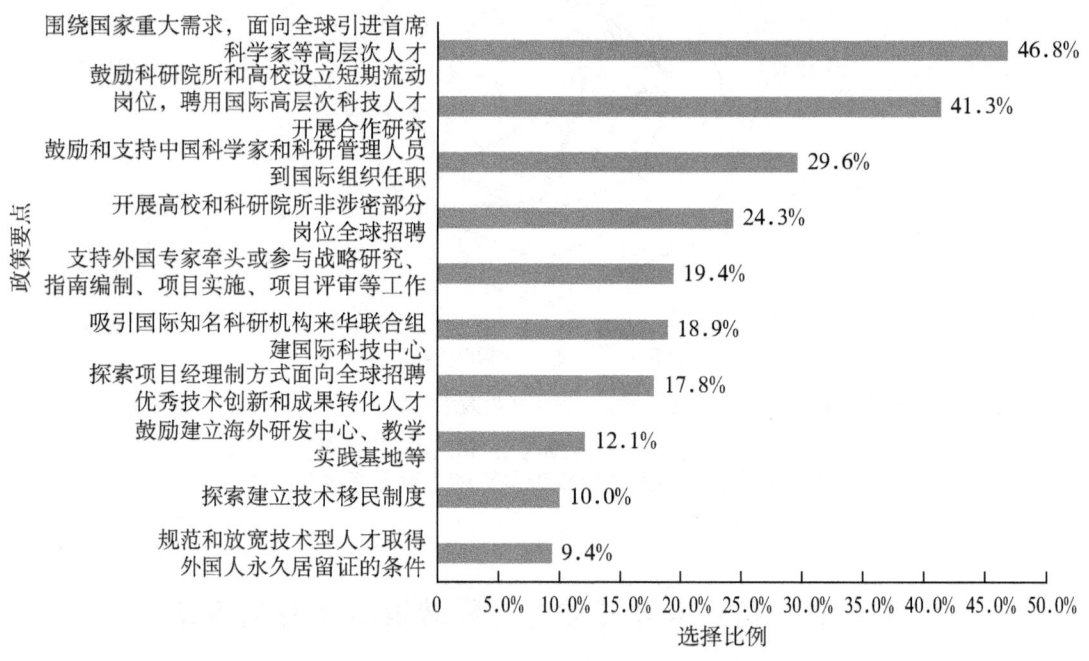

图14-5-1 科技人才最为关注的开放与合作政策举措

单位方面,不同单位的科技人才最为关注的两项举措均为"围绕国家重大需求,面向全球引进首席科学家等高层次人才"和"鼓励科研院所和高校设立短期流动岗位,聘用国际高层次科技人才开展合作研究",表现出高度的一致性。除此之外,31.3%的企业科技人才和36.0%的科技成果转化及服务人才还关注"探索项目经理制方式面向全球招聘优秀技术创新和成果转化人才",而其他单位科技人才的选择比例均较低。年龄方面，45周岁以下的科技人才作为科技人才中青年主力军，还关注"鼓励和支持中国科学家和科研管理人员到国际组织任职"，选择比例在30%以上，61周岁以上科技人才的选择比例最低，为17.4%。

二、已落实并产生明显效果的举措情况

调查显示，科技人才认为"鼓励科研院所和高校设立短期流动岗位，聘用国际高层次科技人才开展合作研究""围绕国家重大需求，面向全球引进首席科学家等高层次人才""开展高校和科研院所非涉密部分岗位全球招聘"3项举措已落实并产生明显效果，选择比例分别为30.5%、27.4%、22.4%。因为与科技人才自身相关性较低的影响，科技人才对开放与合作政策落实感受不强烈（图14-5-2）。

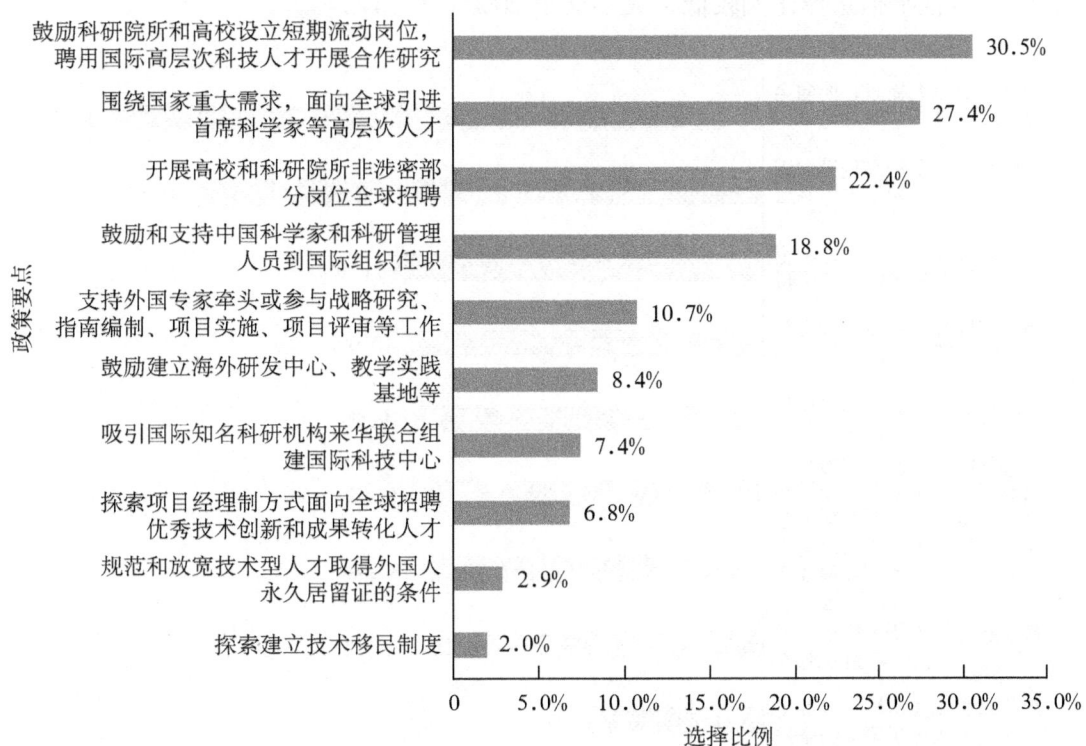

图14-5-2 科技人才认为已落实并产生明显效果的开放与合作政策举措

单位方面，科研院所的科技人才认为"围绕国家重大需求，面向全球引进首席科学家等高层次人才"落实效果最好，选择比例为30.2%；高校科技人才认为"鼓励科研院所和高校设立短期流动岗位，聘用国际高层次科技人才开展合作研究"落

实效果最好,选择比例为 33.9%;企业科技人才认为"探索项目经理制方式面向全球招聘优秀技术创新和成果转化人才"落实效果最好,选择比例为 24.4%。地区方面,东部地区的科技人才认为"围绕国家重大需求,面向全球引进首席科学家等高层次人才"落实效果最好,为 30%,高于其他区域,体现了东部地区面向全球引才力度更为突出。

三、希望加快推进落实的举措情况

调查显示,科技人才最希望加快推进落实的举措是"围绕国家重大需求,面向全球引进首席科学家等高层次人才"和"鼓励科研院所和高校设立短期流动岗位,聘用国际高层次科技人才开展合作研究"两项举措,选择比例分别是 36.4%、31.8%;其他举措选择比例较低,大多低于 20%(图 14-5-3)。

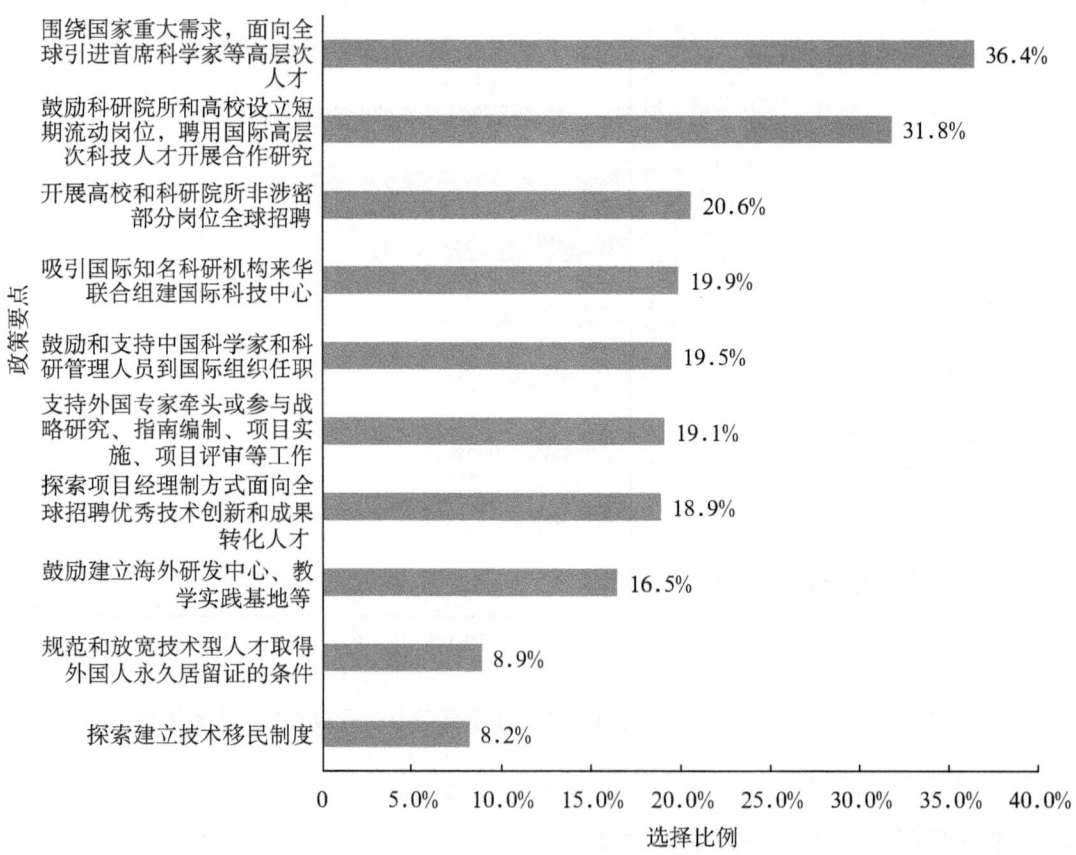

图 14-5-3 科技人才希望加快推进落实的开放与合作政策举措

单位方面，不同单位科技人才对于开放与合作政策的前2项诉求高度一致，在第3项最希望落实的政策方面体现出一定差异，科研院所和高校希望加快"开展高校和科研院所非涉密部分岗位全球招聘"，选择比例为23.9%和21.0%；企业希望加快落实"探索项目经理制方式面向全球招聘优秀技术创新和成果转化人才"，选择比例为25.6%。地区方面，东北地区科技人才对"围绕国家重大需求，面向全球引进首席科学家等高层次人才"的诉求更为强烈，选择比例高达44.7%，高于其他地区，反映了东北地区科技人才引才政策还存在较大落实空间，以及对吸引国际人才的迫切需求。

四、还需要出台的政策情况

调查中，科技人才选择比例最高的是"发挥用人单位主体作用面向全球自主聘用高层次科技人才"和"营造国际国内人才一视同仁的科技创新创业环境"，均为45.3%。"建立国际通行的访问学者制度""吸引发达国家STEM领域优秀青年科学家来华工作""扩大我国科技人才在重要国际组织任职数量"等政策选择比例较高，均超过30%，反映了开放与合作政策需要进一步加大政策创新力度（图14-5-4）。

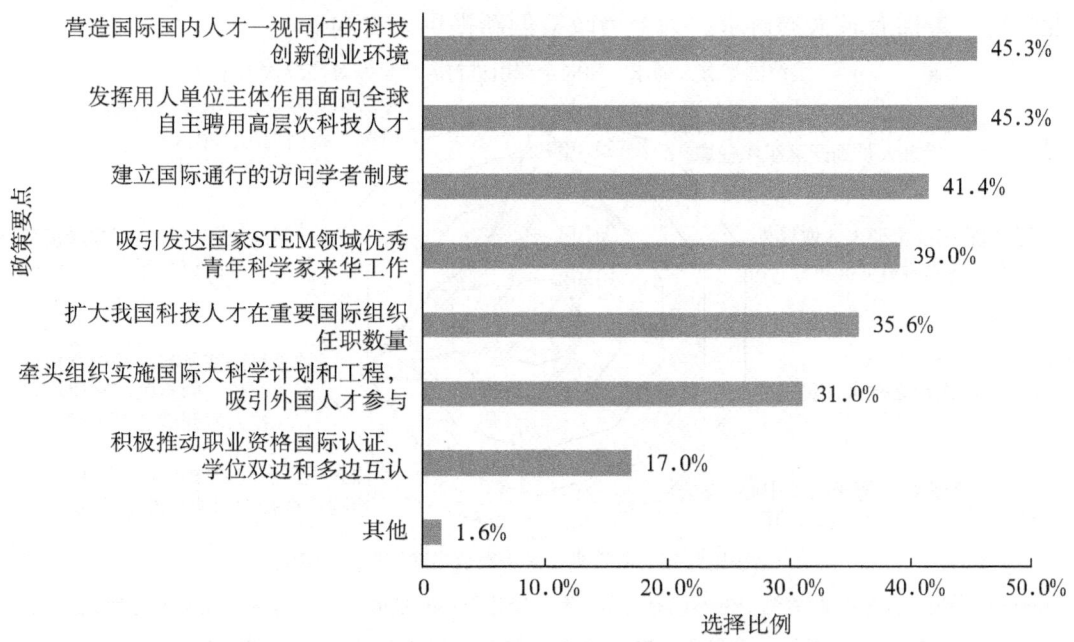

图14-5-4 科技人才认为还需要出台的开放与合作政策举措

单位方面，转制院所和科研院所的科技人才对于"营造国际国内一视同仁的科技创新创业环境"诉求更为突出，选择比例分别为49.1%和47.7%；企业对于"发挥用人单位主体作用面向全球自主聘用高层次科技人才"的诉求更为突出，选择比例为48.8%。研究类型方面，基础研究人才认为最需要出台的两项政策是"建立国际通行的访问学者制度"和"吸引发达国家STEM领域优秀青年科学家来华工作"，选择比例分别是51.0%、49.4%，体现了对于基础研究需要加强学术交流的诉求。地区方面，超过50%的西部地区科技人才最需要出台"营造国际国内一视同仁的科技创新创业环境"政策，高于其他地区，在营造环境方面还较大发展空间。

五、小结

综合来看，科技人才对于开放与合作政策最为关注的是高层次人才的引进工作，特别是"围绕国家重大需求，面向全球引进首席科学家等高层次人才"和"鼓励科研院所和高校设立短期流动岗位，聘用国际高层次科技人才开展合作研究"这两项政策关注度较高，同时在单位落实效果最好，今后还需要继续深化落实，表现出高度的一致性（图14-5-5）。在希望出台的新政策方面，科技人才希望能够赋予用人单位在引进高层次方面的自主权，以及在"营造国际国内一视同仁的科技创新创业环境"方面有较大的诉求，为今后政策创新提供了方向。

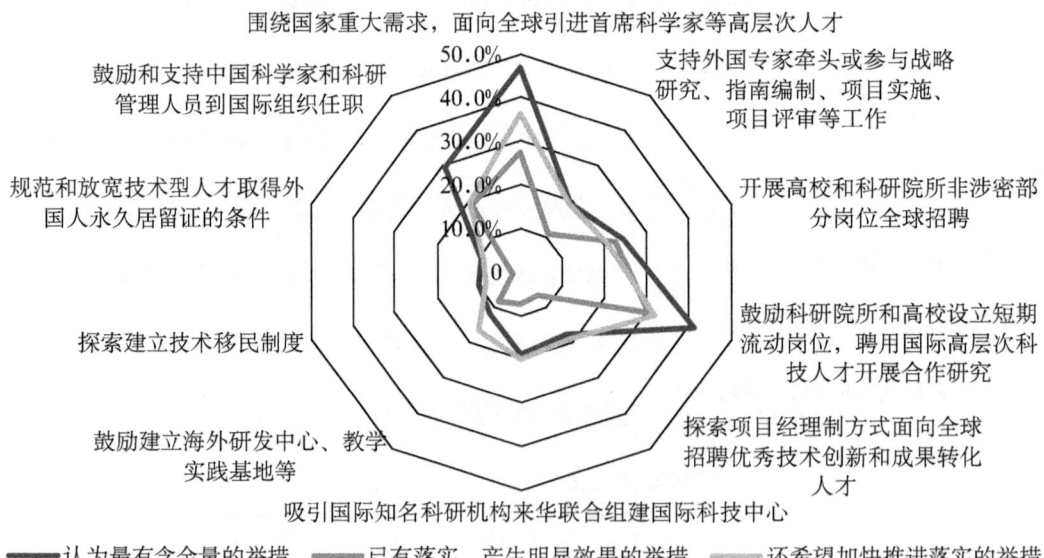

图14-5-5 科技人才对开放与合作相关举措中最为关注、已有落实、还希望加快推进落实的政策要点调查

第六节 科技人才学风与文化政策落实情况调查

科技人才学风与文化的建设是指通过树立科技界广泛认可、共同遵循的价值理念，在全社会营造尊重科学、尊重人才的良好氛围，形成崇尚创新、宽容失败的学术环境。党的十八大以来，党中央、国务院加强学风与文化建设，围绕建设创新文化、完善科研诚信制度、激发科技创新精神、加大科普发展支持力度等方面，制定了一系列政策以激励和引导广大科技工作者追求真理、勇攀高峰。

一、科技人才最为关注的举措情况

调查显示，在科技人才的学风与文化相关举措中，科技人员最为关注"鼓励自由探索，建立宽容失败和减责免责机制""反对'圈子'文化，高层次专家带头在科研实践中多做传帮带，善于发现、培养青年人才"两项举措，选择比例分别为49.8%、48.6%；其次是"弘扬科学家精神，强化爱岗敬业、社会责任和报国情怀"的相关举措，选择比例为40.4%。"实行科研诚信承诺制，建立学术诚信档案，对严重失信行为实行'一票否决'"、"崇尚学术民主、鼓励学术争鸣"和"弘扬勇攀高峰、敢为人先的创新精神，鼓励潜心研究、严谨治学"等3项举措选择比例也较高，均在36%以上，体现了科技人才对于学风作风建设的政策普遍认可度较高，对于营造良好学术环境有较高的诉求（图14-6-1）。

人才类型方面，领军人才对于"弘扬科学家精神，强化爱岗敬业、社会责任和报国情怀"的举措更为关注，选择比例为50.4%，体现了领军人才更为重视关注科学家精神、社会责任和报国情怀。年龄方面，55周岁以下的科技人才普遍最关注的政策是"鼓励自由探索，建立宽容失败和减责免责机制"、"反对'圈子'文化，高层次专家带头在科研实践中多做传帮带，善于发现、培养青年人才"；而56~60周岁的科技人才最关注"弘扬科学家精神，强化爱岗敬业、社会责任和报国情怀"的政策，选择比例为47.6%；61周岁及以上的科技人才最关注"崇尚学术民主、鼓励学术争鸣"政策，选择比例为47.8%。反映了中青年科技人才作为科研活动的主力军，更关注自由探索、反对"圈子"文化等与自身科研事业发展密切相关的政策，而随着年龄的增长和资历的增加更加关注精神层面和学术文化层面的政策。

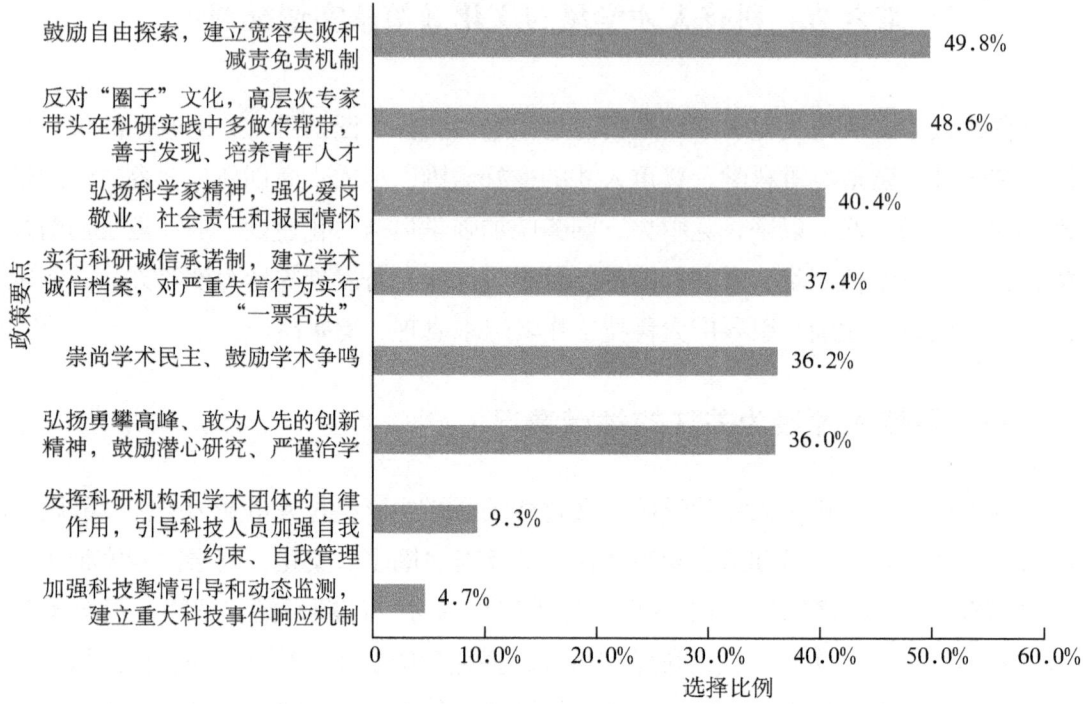

图 14-6-1　科技人才最为关注的学风与文化政策举措

二、已落实并产生明显效果的举措情况

调查显示，有 46.5% 的科技人才认为"弘扬科学家精神，强化爱岗敬业、社会责任和报国情怀"的举措已经落实并产生明显效果，其次是"弘扬勇攀高峰、敢为人先的创新精神，鼓励潜心研究、严谨治学"和"实行科研诚信承诺制，建立学术诚信档案，对严重失信行为实行'一票否决'"两项举措，选择比例分别为 27.3%、26.3%。除了"弘扬科学家精神，强化爱岗敬业、社会责任和报国情怀"选项外，其他的选项选择比例较低，特别是科技人才最为关注的"鼓励自由探索，建立宽容失败和减责免责机制""反对'圈子'文化，高层次专家带头在科研实践中多做传帮带，善于发现、培养青年人才"两项举措的选择比例较低，反映了在加强学风与作风建设方面仍有较大的落实空间（图 14-6-2）。

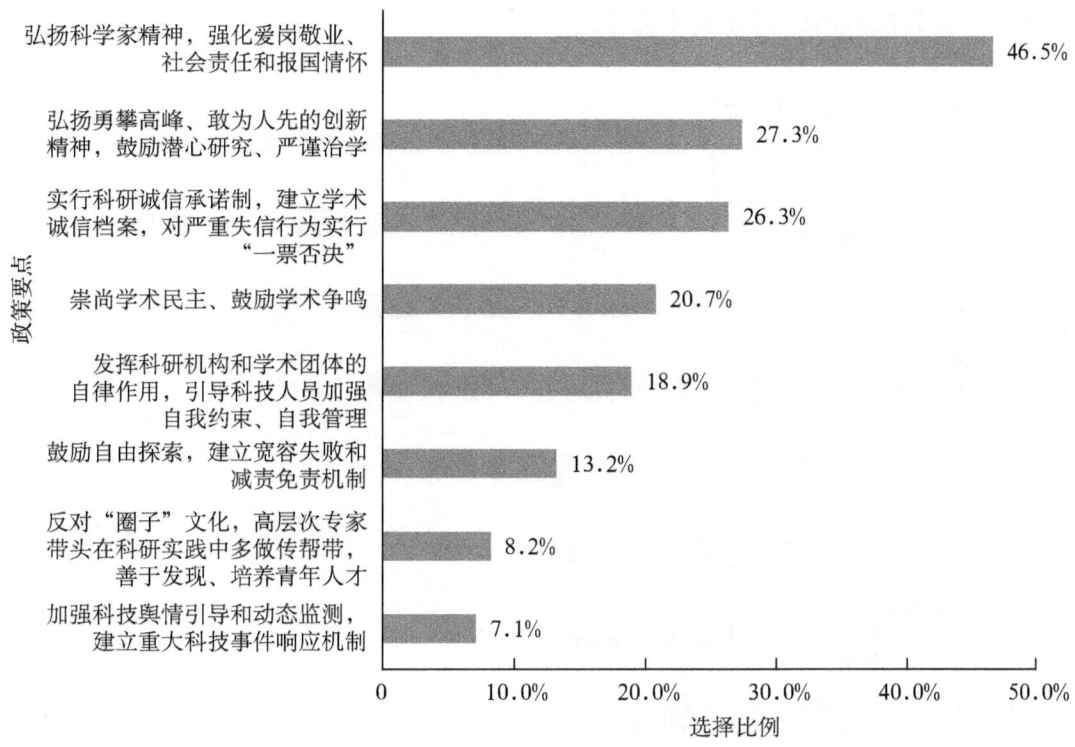

图 14-6-2　科技人才认为已落实并产生明显效果的学风与文化政策举措

单位方面，除了弘扬科学家精神之外，31.9%的企业科技人才还认为本单位在落实鼓励自由探索和宽容失败方面取得明显成效，明显高于其他单位的选择比例，反映了企业在鼓励创新和宽容失败方面更为务实。

三、希望加快推进落实的举措情况

调查显示，科技人才最希望加快推进落实的两项举措是"反对'圈子'文化，高层次专家带头在科研实践中多做传帮带，善于发现、培养青年人才"和"鼓励自由探索，建立宽容失败和减责免责机制"，选择比例分别为51.8%、45.1%；其次是"崇尚学术民主、鼓励学术争鸣"，选择比例为31.6%（图14-6-3）。

人才类型方面，领军人才对"反对'圈子'文化，高层次专家带头在科研实践中多做传帮带，善于发现、培养青年人才"的落实诉求较为突出，选择比例为56.2%。单位方面，超过50%的高校和科研院所的科技人才希望加快推进落实"反对'圈子'文化，高层次专家带头在科研实践中多做传帮带，善于发现、培养青年人才",而转制院所的科技人才选择比例则不足 40%。

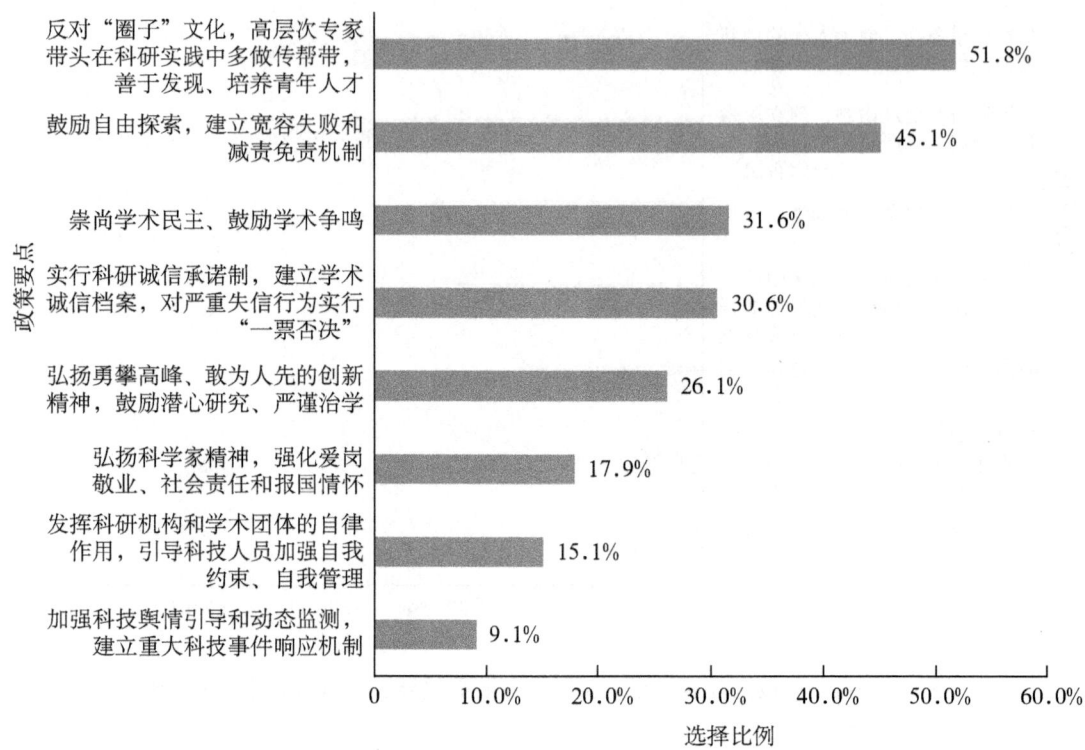

图 14-6-3　科技人才希望加快推进落实的学风与文化政策举措

四、还需要出台的政策情况

总体来看,调查中科技人才希望出台的政策中选择比例最高的是"完善鼓励自由探索、学术民主、宽容失败的制度",选择比例为 55.5%。其次是"完善违背科研诚信行为的边界划定、调查审核、惩戒处理等机制"和"完善国家科研诚信管理信息系统,建立科研诚信监督和信息公开机制"两项举措,选择比例为 41.8%、41.4%。剩下的其他具体举措也受到科技人才的普遍关注,选择比例均高于 30%。体现了科研人员对于营造良好的学风作风环境的突出诉求(图 14-6-4)。

年龄方面,超过 50% 的 35 周岁以下青年科技人才最希望出台"鼓励知名科学家举荐优秀青年人才、提携后学"政策,体现了青年科技人才对于探索举荐制、获得脱颖而出的诉求较为突出。46~55 周岁的科技人才对于"完善鼓励自由探索、学术民主、宽容失败的制度"的诉求更为突出，选择比例为59.4%。

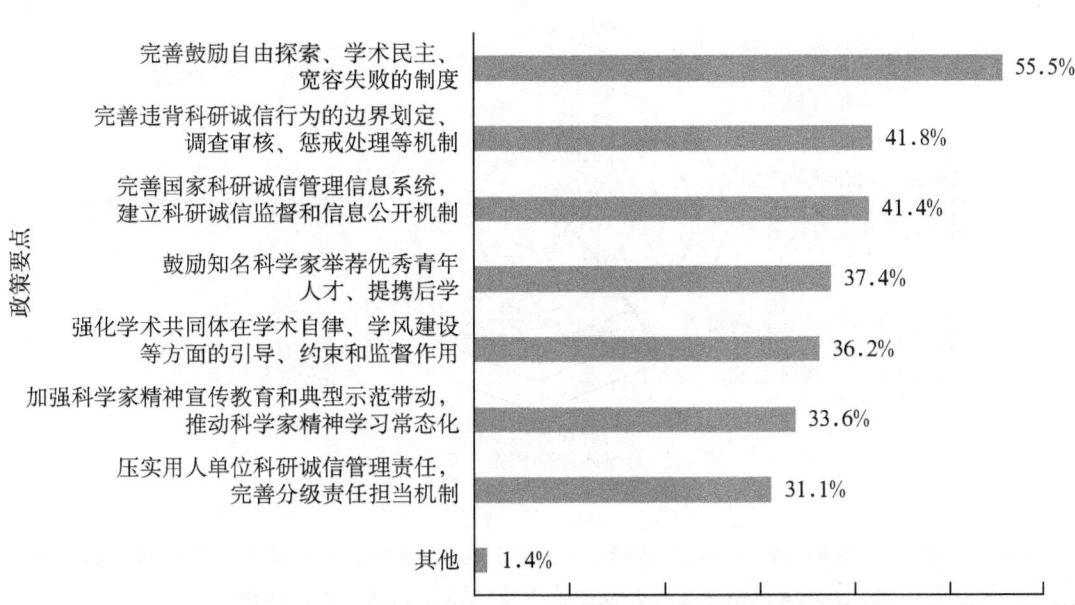

图14-6-4 科技人才认为还需要出台的学风与文化政策举措

五、小结

在学风与文化建设的相关举措中，认为"鼓励自由探索，建立宽容失败和减责免责机制"和"反对'圈子'文化，高层次专家带头在科研实践中多做传帮带，善于发现、培养青年人才"两项举措最受科研人员关注，但落实效果较差，在加快推进落实方面，反对"圈子"文化呼声最高，对宽容免责的氛围需求迫切。学风与文化建设的8项相关举措中，除了"弘扬科学家精神，强化爱岗敬业、社会责任和报国情怀"落实效果较好外，其他几项举措的落实情况普遍比较低。反映出广大科技人才对于加强学风与作风建设、改善学术生态环境的迫切诉求（图14-6-5）。

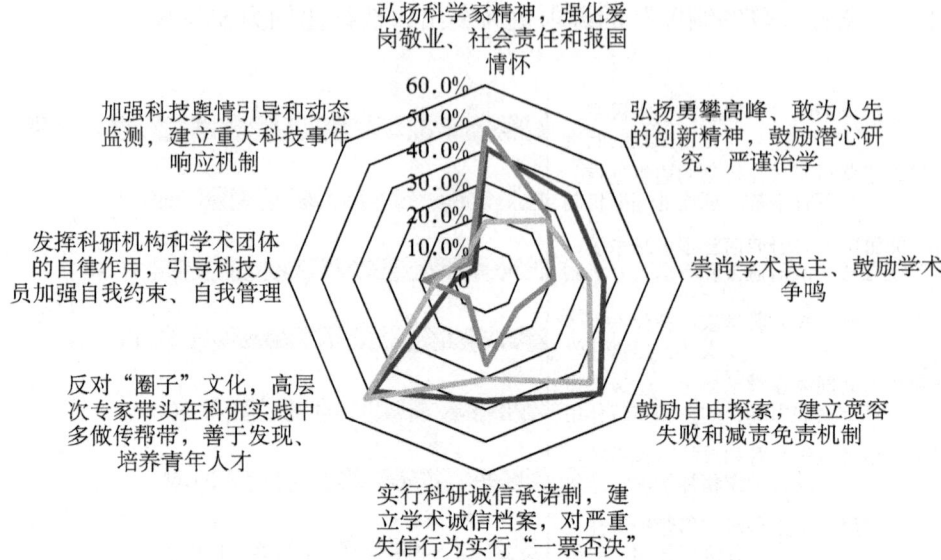

图 14-6-5　科技人才对学风与文化建设相关举措中最为关注、
已有落实、还希望加快推进落实的政策要点调查统计结果

附 录

科技人才相关政策文件列表（2013—2022年）

\multicolumn{5}{c}{全国人大、中共中央、国务院法律法规}
序号	文件名称	发文字号	发文部门	年份
1	中华人民共和国促进科技成果转化法	—	全国人大	2015
2	中华人民共和国专利法	—	全国人大	2020
3	中华人民共和国生物安全法	—	全国人大	2020
4	中华人民共和国著作权法	—	全国人大	2020
5	中华人民共和国科学技术进步法	—	全国人大	2021
6	国家科学技术奖励条例	—	国务院	2013
7	事业单位人事管理条例	—	国务院	2014
8	人力资源市场暂行条例	—	国务院	2018
9	国家科学技术奖励条例	—	国务院	2020

\multicolumn{5}{c}{部门规律法规}
序号	文件名称	发文字号	发文部门	年份
1	科学技术活动违规行为处理暂行规定	中华人民共和国科学技术部令第19号令	科学技术部	2020
2	职称评审管理暂行规定	中华人民共和国人力资源社会和保障部令第40号令	人力资源社会保障部	2019

续表

序号	文件名称	发文字号	发文部门	年份
1	中共中央印发《关于深化人才发展体制机制改革的意见》	中发〔2016〕9号	中共中央	2016
2	2018—2022年全国干部教育培训规划	—	中共中央	2018
3	中华人民共和国国民经济和社会发展第十四个五年规划和2035年远景目标的建议	—	中共中央	2020
4	中共中央 国务院关于深化体制机制改革改快实施创新驱动发展战略的若干意见	中发〔2015〕8号	中共中央、国务院	2015
5	国家创新驱动发展战略纲要	中发〔2016〕4号	中共中央、国务院	2016
6	2018—2022年全国干部教育培训规划	—	中共中央、国务院	2016
7	中共中央 国务院关于营造企业家健康成长环境弘扬优秀企业家精神更好发挥企业家作用的意见	—	中共中央、国务院	2017
8	中共中央 国务院关于全面深化新时代教师队伍建设改革的意见	—	中共中央、国务院	2018
9	深化新时代教育评价改革总体方案	—	中共中央、国务院	2020
10	中共中央 国务院关于做好2022年全面推进乡村振兴重点工作的意见	—	中共中央、国务院	2022
11	中共中央 国务院印发《扩大内需战略规划纲要（2022—2035年）》	—	中共中央、国务院	2022
12	中共中央 国务院关于构建数据基础制度更好发挥数据要素作用的意见	—	中共中央、国务院	2022
13	国务院批转发展改革委等部门关于深化收入分配制度改革若干意见的通知	国发〔2013〕6号	国务院	2013
14	中华人民共和国国民经济和社会发展第十四个五年规划和2035年远景目标纲要	—	全国人大	2021
15	国务院关于改进加强中央财政科研项目和资金管理的若干意见	国发〔2014〕11号	国务院	2014

续表

序号	文件名称	发文字号	发文部门	年份
16	国务院关于加快科技服务业发展的若干意见	国发〔2014〕49号	国务院	2014
17	国务院印发关于深化中央财政科技计划（专项、基金等）管理改革方案的通知	国发〔2014〕64号	国务院	2014
18	国务院关于国家重大科研基础设施和大型科研仪器向社会开放的意见	国发〔2014〕70号	国务院	2014
19	国务院关于促进云计算创新发展培育信息产业新业态的意见	国发〔2015〕5号	国务院	2015
20	国务院关于进一步做好新形势下就业创业工作的意见	国发〔2015〕23号	国务院	2015
21	国务院关于印发《中国制造2025》的通知	国发〔2015〕28号	国务院	2015
22	国务院关于推进国际产能和装备制造合作的指导意见	国发〔2015〕30号	国务院	2015
23	国务院关于大力推进大众创业万众创新若干政策措施的意见	国发〔2015〕32号	国务院	2015
24	国务院关于积极推进"互联网+"行动的指导意见	国发〔2015〕40号	国务院	2015
25	国务院关于印发促进大数据发展行动纲要的通知	国发〔2015〕50号	国务院	2015
26	国务院关于加快构建大众创业万众创新支撑平台的指导意见	国发〔2015〕53号	国务院	2015
27	国务院关于印发统筹推进世界一流大学和一流学科建设总体方案的通知	国发〔2015〕64号	国务院	2015
28	国务院关于印发实施《中华人民共和国促进科技成果转化法》若干规定的通知	国发〔2016〕16号	国务院	2016
29	国务院关于印发上海系统推进全面创新改革试验 加快建设具有全球影响力科技创新中心方案的通知	国发〔2016〕23号	国务院	2016
30	国务院关于印发"十三五"国家科技创新规划的通知	国发〔2016〕43号	国务院	2016

续表

序号	文件名称	发文字号	发文部门	年份
31	国务院关于印发北京加强全国科技创新中心建设总体方案的通知	国发〔2016〕52号	国务院	2016
32	国务院关于印发"十三五"促进就业规划的通知	国发〔2017〕10号	国务院	2017
33	国务院关于强化实施创新驱动发展战略进一步推进大众创业万众创新深入发展的意见	国发〔2017〕37号	国务院	2017
34	国务院关于印发积极牵头组织国际大科学计划和大科学工程方案的通知	国发〔2018〕5号	国务院	2018
35	国务院关于优化科研管理提升科研绩效若干措施的通知	国发〔2018〕25号	国务院	2018
36	国务院关于推动创新创业高质量发展打造"双创"升级版的意见	国发〔2018〕32号	国务院	2018
37	国务院关于印发国家职业教育改革实施方案的通知	国发〔2019〕4号	国务院	2019
38	国务院关于印发全民科学素质行动规划纲要（2021—2035年）的通知	国发〔2021〕9号	国务院	2021
39	国务院关于印发"十四五"数字经济发展规划的通知	国发〔2021〕29号	国务院	2022
40	国务院关于印发"十四五"现代综合交通运输体系发展规划的通知	国发〔2021〕27号	国务院	2022
41	国务院关于印发"十四五"推进农业农村现代化规划的通知	国发〔2021〕25号	国务院	2022
42	国务院关于印发气象高质量发展纲要（2022—2035年）的通知	国发〔2021〕11号	国务院	2022
43	国务院关于印发广州南沙深化面向世界的粤港澳全面合作总体方案的通知	国办发〔2022〕13号	国务院	2022
44	国务院关于支持山东深化新旧动能转换推动绿色低碳高质量发展的意见	国发〔2022〕18号	国务院	2022

附　录　科技人才相关政策文件列表（2013—2022年）

续表

序号	文件名称	发文字号	发文部门	年份
45	事业单位领导人员管理暂行规定	—	中共中央办公厅	2015
46	关于进一步激励广大干部新时代新担当新作为的意见	—	中共中央办公厅	2018
47	干部人事档案工作条例	—	中共中央办公厅	2018
48	关于鼓励引导人才向艰苦边远地区和基层一线流动的意见	—	中共中央办公厅	2019
49	事业单位领导人员管理规定	—	中共中央办公厅	2022
50	国家"十四五"时期哲学社会科学发展规划	—	中共中央办公厅	2022
51	乡村振兴责任制实施办法	—	中共中央办公厅	2022
52	中共中央办公厅　国务院办公厅关于印发《深化科技体制改革实施方案》的通知	中办发〔2015〕46号	中共中央办公厅、国务院办公厅	2015
53	关于加强外国人永久居留服务管理的意见	—	中共中央办公厅、国务院办公厅	2016
54	专业技术类公务员管理规定（试行）	—	中共中央办公厅、国务院办公厅	2016
55	中共中央办公厅　国务院办公厅印发《关于进一步完善中央财政科研项目资金管理等政策的若干意见》	中办发〔2016〕50号	中共中央办公厅、国务院办公厅	2016
56	中共中央办公厅　国务院办公厅印发《关于实行以增加知识价值为导向分配政策的若干意见》	厅字〔2016〕35号	中共中央办公厅、国务院办公厅	2016
57	中共中央办公厅　国务院办公厅关于深化职称制度改革的意见	中办发〔2016〕77号	中共中央办公厅、国务院办公厅	2016
58	关于进一步加强党委联系服务专家工作的意见	—	中共中央办公厅、国务院办公厅	2017
59	关于深化教育体制机制改革的意见	—	中共中央办公厅、国务院办公厅	2017
60	聘任制公务员管理规定（试行）	—	中共中央办公厅、国务院办公厅	2017

续表

序号	文件名称	发文字号	发文部门	年份
61	中共中央办公厅 国务院办公厅印发《关于分类推进人才评价机制改革的指导意见》	中办发〔2018〕6号	中共中央办公厅、国务院办公厅	2018
62	中共中央办公厅 国务院办公厅印发《关于提高技术工人待遇的意见》	—	中共中央办公厅、国务院办公厅	2018
63	中共中央办公厅 国务院办公厅《关于进一步加强科研诚信建设的若干意见》	厅字〔2018〕23号	中共中央办公厅、国务院办公厅	2018
64	中共中央办公厅 国务院办公厅印发《关于深化项目评审、人才评价、机构评估改革的意见》	中办发〔2018〕37号	中共中央办公厅、国务院办公厅	2018
65	中共中央办公厅 国务院办公厅印发《关于进一步弘扬科学家精神加强作风和学风建设的意见》的通知	中办发〔2019〕35号	中共中央办公厅、国务院办公厅	2019
66	关于强化知识产权保护的意见	—	中共中央办公厅、国务院办公厅	2019
67	关于促进劳动力和人才社会性流动体制机制改革的意见	—	中共中央办公厅、国务院办公厅	2019
68	关于加强科技伦理治理的意见	—	中共中央办公厅、国务院办公厅	2022
69	关于新时代进一步加强科学技术普及工作的意见	—	中共中央办公厅、国务院办公厅	2022
70	关于加强新时代高技能人才队伍建设的意见	—	中共中央办公厅、国务院办公厅	2022
71	关于深化现代职业教育体系建设改革的意见	—	中共中央办公厅、国务院办公厅	2022
72	国务院办公厅关于强化企业技术创新主体地位 全面提升企业创新能力的意见	国办发〔2013〕8号	国务院办公厅	2013
73	国务院办公厅转发科技部关于加快建立国家科技报告制度指导意见的通知	国办发〔2014〕43号	国务院办公厅	2014
74	国务院办公厅关于发展众创空间推进大众创新创业的指导意见	国办发〔2015〕9号	国务院办公厅	2015

续表

序号	文件名称	发文字号	发文部门	年份
75	国务院办公厅关于深化高等学校创新创业教育改革的实施意见	国办发〔2015〕36号	国务院办公厅	2015
76	国务院办公厅关于改革完善博士后制度的意见	国办发〔2015〕87号	国务院办公厅	2015
77	国务院办公厅关于加快众创空间发展服务实体经济转型升级的指导意见	国办发〔2016〕7号	国务院办公厅	2016
78	国务院办公厅关于印发促进科技成果转移转化行动方案的通知	国办发〔2016〕28号	国务院办公厅	2016
79	国务院办公厅关于深入推行科技特派员制度的若干意见	国办发〔2016〕32号	国务院办公厅	2016
80	国务院办公厅关于建设大众创业万众创新示范基地的实施意见	国办发〔2016〕35号	国务院办公厅	2016
81	国务院办公厅关于支持返乡下乡人员创业创新促进农村一二三产业融合发展的意见	国办发〔2016〕84号	国务院办公厅	2016
82	国务院办公厅印发关于深化科技奖励制度改革方案的通知	国办函〔2017〕55号	国务院办公厅	2017
83	国务院办公厅关于深化产教融合的若干意见	国办发〔2017〕95号	国务院办公厅	2017
84	国务院办公厅关于改革完善全科医生培养和使用激励机制的意见	国办发〔2018〕3号	国务院办公厅	2018
85	国务院办公厅关于印发《知识产权对外转让有关工作办法（试行）》的通知	国办发〔2018〕19号	国务院办公厅	2018
86	国务院办公厅关于推广第二批支持创新相关改革举措的通知	国办发〔2018〕126号	国务院办公厅	2018
87	国务院办公厅关于抓好赋予科研机构和人员更大自主权有关文件贯彻落实工作的通知	国办发〔2018〕127号	国务院办公厅	2018
88	国务院办公厅关于印发职业技能提升行动方案（2019—2021年）的通知	国办发〔2019〕24号	国务院办公厅	2019

续表

序号	文件名称	发文字号	发文部门	年份
89	国务院办公厅关于提升大众创业万众创新示范基地带动作用 进一步促改革稳就业强动能的实施意见	国办发〔2020〕26号	国务院办公厅	2020
90	国务院办公厅关于完善科技成果评价机制的指导意见	国办发〔2021〕26号	国务院办公厅	2021
91	国务院办公厅关于改革完善中央财政科研经费管理的若干意见	国办发〔2021〕32号	国务院办公厅	2021
92	国务院办公厅关于进一步支持大学生创新创业的指导意见	国办发〔2021〕35号	国务院办公厅	2021
93	国务院办公厅关于印发要素市场化配置综合改革试点总体方案的通知	国办发〔2021〕51号	国务院办公厅	2021
94	国务院办公厅关于印发"十四五"国民健康规划的通知	国办发〔2022〕11号	国务院办公厅	2022
95	国务院办公厅关于印发"十四五"现代物流发展规划的通知	国办发〔2022〕17号	国务院办公厅	2022

部门文件

序号	文件名称	发文字号	发文部门	年份
1	中共中央组织部 人力资源社会保障部等五部门办公厅（室）关于为外籍高层次人才办理签证及居留手续有关事项的通知	人社厅函〔2013〕341号	中央组织部办公厅、人力资源社会保障部办公厅、外交部办公厅、公安部办公厅、国家外专局办公室	2013
2	中共中央组织部 人力资源社会保障部等九部门关于做好2015年高校毕业生"三支一扶"计划实施工作的通知	人社部发〔2015〕34号	中共中央组织部、人力资源社会保障部、教育部、财政部、水利部、农业部、国家卫生和计划生育委员会、国务院扶贫开发领导小组办公室	2015
3	科研事业单位领导人员管理暂行办法	—	中共中央组织部、科学技术部	2017

附　录　科技人才相关政策文件列表（2013—2022 年）

续表

序号	文件名称	发文字号	发文部门	年份
4	国家海外高层次人才引进计划管理办法	—	中共中央组织部	2017
5	国家高层次人才特殊支持计划管理办法	组通字〔2017〕9 号	中共中央组织部	2017
6	中共中央组织部　人力资源社会保障部等五部门关于印发高校毕业生基层成长计划的通知	人社部规〔2017〕85 号	中共中央组织部、人力资源社会保障部、教育部、财政部、共青团中央	2017
7	中央组织部　人力资源社会保障部关于印发《事业单位工作人员奖励规定》的通知	人社部规〔2018〕4 号	中共中央组织部、人力资源社会保障部	2018
8	中央组织部　人力资源社会保障部关于印发《事业单位工作人员培训规定》的通知	人社部规〔2019〕4 号	中共中央组织部、人力资源社会保障部	2019
9	中共中央宣传部教育部科技部印发《关于推动学术期刊繁荣发展的意见》的通知	中宣发〔2021〕17 号	中共中央宣传部、教育部、科技部	2021
10	中共中央编制办科技部关于进一步完善科研事业单位机构设置审批的通知	中央编办发〔2014〕3 号	中共中央编制办、科技部	2014
11	发展改革委　科技部　人力资源社会保障部中科院关于促进东北老工业基地创新创业发展　打造竞争新优势的实施意见	发改振兴〔2015〕1488 号	发展改革委、科技部、人力资源社会保障部、中科院	2015
12	关于印发《老工业基地产业转型技术技能人才双元培育改革试点方案》的通知	发改振兴〔2015〕2103 号	国家发展改革委、教育部、人力资源社会保障部、国家开发银行	2015
13	印发《关于对科研领域相关失信责任主体实施联合惩戒的合作备忘录》的通知	发改财金〔2018〕1600 号	国家发展和改革委员会、人民银行等 41 部门	2018
14	国家发展改革委　科技部关于深入推进全面创新改革工作的通知	发改高技〔2021〕484 号	国家发展改革委、科技部	2020
15	上海市建设具有全球影响力的科技创新中心"十四五"规划	—	国家发展改革委、上海市人民政府	2021

续表

序号	文件名称	发文字号	发文部门	年份
16	国家发展改革委关于印发《"十四五"生物经济发展规划》的通知	发改高技〔2021〕1850号	国家发展改革委	2022
17	国家发展改革委关于印发《新发展阶段浙江嘉善县域高质量发展示范点建设方案》的通知	发改地区〔2022〕1529号	国家发展改革委	2022
18	国家发展改革委关于印发长三角国际一流营商环境建设三年行动方案的通知	发改法规〔2022〕1562号	国家发展改革委	2022
19	国家发展改革委 科技部印发《关于进一步完善市场导向的绿色技术创新体系实施方案（2023—2025年）》	发改环资〔2022〕1885号	国家发展改革委、科技部	2022
20	教育部 国家发展改革委 财政部关于印发《中西部高等教育振兴计划（2012—2020年）》的通知	教高〔2013〕2号	教育部、国家发展改革委、财政部	2013
21	教育部 国家发展改革委 财政部关于深化研究生教育改革的意见	教研〔2013〕1号	教育部、国家发展改革委、财政部	2013
22	教育部 人力资源社会保障部关于深入推进专业学位研究生培养模式改革的意见	教研〔2013〕3号	教育部、人力资源社会保障部	2013
23	教育部 中国工程院关于印发《卓越工程师教育培养计划通用标准》的通知	教高函〔2013〕15号	教育部、中国工程院	2013
24	教育部关于深化高等学校科技评价改革的意见	教技〔2013〕3号	教育部	2013
25	教育部关于印发《国际合作联合实验室计划》的通知	教技〔2014〕1号	教育部	2014
26	教育部 商务部关于创新服务外包人才培养机制提升服务外包产业发展能力的意见	教高〔2014〕2号	教育部、商务部	2014
27	教育部等六部门关于医教协同深化临床医学人才培养改革的意见	教技〔2014〕2号	教育部、国家卫生计生委、国家中医药管理局、国家发展改革委、财政部、人力资源社会保障部	2014

附　录　科技人才相关政策文件列表（2013—2022年）

续表

序号	文件名称	发文字号	发文部门	年份
28	关于《高等学校科技分类评价指标体系及评价要点》的函	教技委〔2014〕4号	教育部	2014
29	教育部关于深化职业教育教学改革全面提高人才培养质量的若干意见	教职成〔2015〕6号	教育部	2015
30	教育部关于公布《高等职业教育创新发展行动计划（2015—2018年）》项目认定结果的通知	教职成〔2015〕9号	教育部	2015
31	教育部关于深化高校教师考核评价制度改革的指导意见	教师〔2016〕7号	教育部	2016
32	教育部　人力资源社会保障部　工业和信息化部关于印发《制造业人才发展规划指南》的通知	教职成〔2016〕9号	教育部、人力资源社会保障部、工业和信息化部	2016
33	教育部　国务院学位委员会关于印发《学位与研究生教育发展"十三五"规划》的通知	教研〔2017〕1号	教育部、国务院学位委员会	2017
34	教育部　财政部　国家发展改革委关于印发《统筹推进世界一流大学和一流学科建设实施办法（暂行）》的通知	教研〔2017〕2号	教育部、财政部、国家发展改革委	2017
35	教育部　人力资源社会保障部关于印发《高校教师职称评审监管暂行办法》的通知	教师〔2017〕12号	教育部、人力资源社会保障部	2017
36	教育部关于全面落实研究生导师立德树人职责的意见	教研〔2018〕1号	教育部	2018
37	教育部关于加快建设高水平本科教育全面提高人才培养能力的意见	教高〔2018〕2号	教育部	2018
38	教育部关于深化本科教育教学改革全面提高人才培养质量的意见	教高〔2019〕6号	教育部	2019
39	教育部关于加强新时代教育科学研究工作的意见	教政法〔2019〕16号	教育部	2019
40	教育部关于印发《高等学校科学研究优秀成果奖（科学技术）奖励办法》的通知	教技〔2019〕3号	教育部	2019

续表

序号	文件名称	发文字号	发文部门	年份
41	教育部关于在部分高校开展基础学科招生改革试点工作的意见	教学〔2020〕1号	教育部	2020
42	教育部 科技部印发《关于规范高等学校SCI论文相关指标使用 树立正确评价导向的若干意见》的通知	教科技〔2020〕2号	教育部、科技部	2020
43	教育部 国家发展改革委 财政部关于加快新时代研究生教育改革发展的意见	教研〔2020〕9号	教育部、国家发展改革委、财政部	2020
44	教育部关于印发《研究生导师指导行为准则》的通知	教研〔2020〕12号	教育部	2020
45	教育部印发《关于正确认识和规范使用高校人才称号的若干意见》的通知	教人〔2020〕15号	教育部	2020
46	教育部印发《关于破除高校哲学社会科学研究评价中"唯论文"不良导向的若干意见》的通知	教社科〔2020〕3号	教育部	2020
47	教育部等六部门关于加强新时代高校教师队伍建设改革的指导意见	教师〔2020〕10号	教育部、中央组织部、中央宣传部、财政部、人力资源社会保障部、住房和城乡建设部	2021
48	教育部 财政部 国家发展改革委关于印发《"双一流"建设成效评价办法（试行）》的通知	教研〔2020〕13号	教育部、财政部、国家发展改革委员会	2021
49	教育部关于印发《加强碳达峰碳中和高等教育人才培养体系建设工作方案》的通知	教高函〔2022〕3号	教育部	2022
50	关于加强高校有组织科研 推动高水平自立自强的若干意见	—	教育部	2022
51	教育部关于印发《绿色低碳发展国民教育体系建设实施方案》的通知	教发〔2022〕2号	教育部	2022
52	关于印发《边远贫困地区、边疆民族地区和革命老区人才支持计划科技人员专项计划实施方案》的通知	国科农发〔2014〕105号	科技部、中共中央组织部、财政部、人力资源社会保障部、国务院扶贫办	2014

续表

序号	文件名称	发文字号	发文部门	年份
53	科技部关于印发《发展众创空间工作指引》的通知	国科发火〔2015〕297号	科技部	2015
54	科技部 发展改革委 教育部等关于印发《国家科技计划（专项、基金等）严重失信行为记录暂行规定》的通知	国科发政〔2016〕97号	科技部、国家发展改革委、教育部、工业和信息化部、财政部、农业部、人力资源社会保障部、国家卫生计生委、新闻出版广电总局、中科院、社科院、工程院、自然科学基金会、中国科协、中央军委装备发展部	2016
55	科技部 中宣部关于印发《中国公民科学素质基准》的通知	国科发政〔2016〕112号	科技部、中宣部	2016
56	科技部 财政部 发展改革委关于印发《科技评估工作规定（试行）》的通知	国科发政〔2016〕382号	科技部、财政部、发展改革委	2016
57	科技部关于印发《中央财政科技计划（专项、基金等）科技报告管理暂行办法》的通知	国科发创〔2016〕419号	科技部	2016
58	科技部 财政部关于发布国家科技资源共享服务平台绩效考核与评估结果的通知	国科发基〔2017〕24号	科技部、财政部	2017
59	科技部关于印发《"十三五"国家科技人才发展规划》的通知	国科发政〔2017〕86号	科技部	2017
60	科技部 财政部 国家税务总局关于印发《科技型中小企业评价办法》的通知	国科发政〔2017〕115号	科技部、财政部、国家税务总局	2017
61	科技部关于印发《"十三五"国际科技创新合作专项规划》的通知	国科发外〔2017〕118号	科技部	2017
62	科技部 中央宣传部关于印发《"十三五"国家科普与创新文化建设规划》的通知	国科发政〔2017〕136号	科技部、中央宣传部	2017
63	关于印发"十三五"国家基础研究专项规划的通知	国科发基〔2017〕162号	科学技术部、教育部、中国科学院、国家自然科学基金委员会	2017

续表

序号	文件名称	发文字号	发文部门	年份
64	科技部 财政部关于印发《国家重点研发计划管理暂行办法》的通知	国科发资〔2017〕152号	科技部	2017
65	科技部关于进一步鼓励和规范社会力量设立科学技术奖的指导意见	国科发奖〔2017〕196号	科技部	2017
66	关于进一步做好企业研发费用加计扣除政策落实工作的通知	国科发政〔2017〕211号	科技部、财政部、国家税务总局	2017
67	科技部 财政部 国家发展改革委关于印发《国家科技创新基地优化整合方案》的通知	国科发基〔2017〕250号	科技部	2017
68	科技部 中央编办 人力资源社会保障部关于印发中央级科研事业单位章程制定工作指导意见的通知	国科发创〔2017〕224号	科技部、中央编办、人力资源社会保障部	2017
69	科技部关于印发国家科技成果转移转化示范区建设指引的通知	国科发创〔2017〕304号	科技部	2017
70	科技部 国家发展改革委 财政部关于印发《"十三五"国家科技创新基地与条件保障能力建设专项规划》的通知	国科发基〔2017〕322号	科技部、国家发展改革委、财政部	2017
71	科技部 财政部 人力资源社会保障部关于印发《中央级科研事业单位绩效评价暂行办法》的通知	国科发创〔2017〕330号	科技部、财政部、人力资源社会保障部	2017
72	科技部关于印发国家技术创新中心建设工作指引的通知	国科发创〔2017〕353号	科技部	2017
73	科技部 教育部 人力资源社会保障部 中科院 工程院关于开展清理"唯论文、唯职称、唯学历、唯奖项"专项行动的通知	国科发政〔2018〕210号	科技部、教育部、人力资源社会保障部、中科院、工程院	2018
74	科技部关于印发《关于技术市场发展的若干意见》的通知	国科发创〔2018〕48号	科技部	2018
75	科技部 教育部 发展改革委 财政部 人力资源社会保障部 中科院印发《关于扩大高校和科研院所科研相关自主权的若干意见》的通知	国科发政〔2019〕260号	科技部、教育部、发展改革委、财政部、人力资源社会保障部、中科院	2019

附　录　科技人才相关政策文件列表（2013—2022年）

续表

序号	文件名称	发文字号	发文部门	年份
76	科技部印发《关于促进新型研发机构发展的指导意见》的通知	国科发政〔2019〕313号	科技部	2019
77	关于印发《科研诚信案件调查处理规则（试行）》的通知	国科发监〔2019〕323号	科技部、中央宣传部、最高人民法院、最高人民检察院、国家发展改革委、教育部、工业和信息化部、公安部、财政部、人力资源社会保障部、农业农村部、国家卫生健康委、国家市场监管总局、中科院、社科院、工程院、自然科学基金委、中国科协、中央军委装备发展部、中央军委科技委	2019
78	科技部　发展改革委　教育部　中科院　自然科学基金委关于印发《加强"从0到1"基础研究工作方案》的通知	国科发基〔2020〕46号	科技部、发展改革委、教育部、中科院、自然科学基金委	2020
79	科技部印发《关于破除科技评价中"唯论文"不良导向的若干措施（试行）》的通知	国科发监〔2020〕37号	科技部	2020
80	科技部印发《关于科技创新支撑复工复产和经济平稳运行的若干措施》的通知	国科发区〔2020〕67号	科技部	2020
81	科技部印发《关于推进国家技术创新中心建设的总体方案（暂行）》的通知	国科发区〔2020〕70号	科技部	2020
82	科技部等9部门印发《赋予科研人员职务科技成果所有权或长期使用权试点实施方案》的通知	国科发区〔2020〕128号	科技部、发展改革委、教育部、工业和信息化部、财政部、人力资源社会保障部、商务部、知识产权局、中科院	2020
83	科技部　教育部印发《关于进一步推进高等学校专业化技术转移机构建设发展的实施意见》的通知	国科发区〔2020〕133号	科技部、教育部	2020

续表

序号	文件名称	发文字号	发文部门	年份
84	科技部　教育部　人力资源社会保障部　财政部　中科院　自然科学基金委关于鼓励科研项目开发科研助理岗位吸纳高校毕业生就业的通知	国科发资〔2020〕132号	科技部、教育部、人力资源社会保障部、财政部、中科院、国家自然科学基金委	2020
85	科技部　财政部　发展改革委关于印发《中央财政科技计划（专项、基金等）绩效评估规范（试行）》的通知	国科发监〔2020〕165号	科技部、财政部、发展改革委	2020
86	科技部　财政部　教育部　中科院关于持续开展减轻科研人员负担　激发创新活力专项行动的通知	国科发政〔2020〕280号	科技部、财政部、教育部、中科院	2020
87	科技部　自然科学基金委关于进一步压实国家科技计划（专项、基金等）任务承担单位科研作风学风和科研诚信主体责任的通知	国科发监〔2020〕203号	科技部、自然科学基金委	2020
88	科技部关于印发《赋予科研人员职务科技成果所有权或长期使用权试点单位名单》的通知	国科发区〔2020〕273号	科技部	2020
89	科技部关于印发《科学技术活动评审工作中请托行为处理规定（试行）》的通知	国科发监〔2020〕360号	科技部	2020
90	科技部　财政部关于印发《国家技术创新中心建设运行管理办法（暂行）》的通知	国科发区〔2021〕17号	科技部、财政部	2021
91	科技部等十三部门印发《关于支持女性科技人才在科技创新中发挥更大作用的若干措施》的通知	国科发才〔2021〕172号	科技部、全国妇联、教育部、工业和信息化部、人力资源社会保障部、卫生健康委、国资委、中科院、工程院、社科院、全国总工会、中国科协、自然科学基金委	2021

附　录　科技人才相关政策文件列表（2013—2022年）

续表

序号	文件名称	发文字号	发文部门	年份
92	科技部　财政部　海关总署　税务总局关于印发《科研院所等科研机构免税进口科学研究、科技开发和教学用品管理细则》的通知	国科发政〔2021〕270号	科技部、财政部、海关总署、税务总局	2021
93	科技部　浙江省人民政府关于印发《推动高质量发展建设共同富裕示范区科技创新行动方案》的通知	国科发区〔2022〕13号	科技部、浙江省人民政府	2022
94	科技部等九部门关于印发《"十四五"东西部科技合作实施方案》的通知	国科发区〔2022〕25号	科技部、教育部、工业和信息化部、自然资源部、生态环境部、国资委、中科院、工程院、中国科协	2022
95	科技部印发《关于开展科技系统法治宣传教育的第八个五年规划（2021—2025年）》的通知	国科发政〔2022〕77号	科技部	2022
96	科技部等七部门关于做好科研助理岗位开发和落实工作的通知	国科发区〔2022〕185号	科学技术部、教育部、财政部、人力资源和社会保障部、国务院国有资产监督管理委员会、中国科学院、国家自然科学基金委员会	2022
97	科技部　财政部　教育部　中科院　自然科学基金委关于开展减轻青年科研人员负担专项行动的通知	国科发政〔2022〕214号	科技部、财政部、教育部、中科院、自然科学基金委	2022
98	科技部等六部门关于印发《关于加快场景创新以人工智能高水平应用促进经济高质量发展的指导意见》的通知	国科发规〔2022〕199号	科技部、教育部、工业和信息化部、交通运输部、农业农村部、国家卫生健康委	2022
99	科技部　财政部关于印发《企业技术创新能力提升行动方案（2022—2023年）》的通知	国科发区〔2022〕220号	科技部、财政部	2022
100	科技部　中央宣传部　中国科协关于印发《"十四五"国家科学技术普及发展规划》的通知	国科发才〔2022〕212号	科技部、中央宣传部、中国科协	2022

续表

序号	文件名称	发文字号	发文部门	年份
101	科技部等九部门关于印发《科技支撑碳达峰碳中和实施方案（2022—2030年）》的通知	国科发社〔2022〕157号	科技部、国家发展改革委、工业和信息化部、生态环境部、住房城乡建设部、交通运输部、中科院、工程院、国家能源局	2022
102	科技部 上海市人民政府 江苏省人民政府 浙江省人民政府 安徽省人民政府关于印发《长三角科技创新共同体联合攻关合作机制》的通知	国科发规〔2022〕201号	科技部、上海市人民政府、江苏省人民政府、浙江省人民政府、安徽省人民政府	2022
103	科技部等二十二部门关于印发《科研失信行为调查处理规则》的通知	国科发监〔2022〕221号	科技部、中央宣传部、最高人民法院、最高人民检察院、国家发展改革委、教育部、工业和信息化部、公安部、财政部、人力资源社会保障部、农业农村部、国家卫生健康委、国务院国资委、市场监管总局、中科院、社科院、工程院、自然科学基金委、国防科工局、中国科协、中央军委装备发展部、中央军委科学技术委员会	2022
104	科技部关于印发《"十四五"技术要素市场专项规划》的通知	国科发区〔2022〕263号	科技部	2022
105	科技部 生态环境部 住房和城乡建设部 气象局 林草局关于印发《"十四五"生态环境领域科技创新专项规划》的通知	国科发社〔2022〕238号	科技部、生态环境部、住房和城乡建设部、气象局、林草局	2022
106	科技部等八部门印发《关于开展科技人才评价改革试点的工作方案》的通知	国科发才〔2022〕255号	科技部、教育部、工业和信息化部、财政部、水利部、农业农村部、国家卫生健康委、中科院	2022

续表

序号	文件名称	发文字号	发文部门	年份
107	科技部 应急部关于印发《"十四五"公共安全与防灾减灾科技创新专项规划》的通知	国科发社〔2022〕246号	科技部、应急部	2022
108	科技部关于印发《"十四五"国家高新技术产业开发区发展规划》的通知	国科发区〔2022〕264号	科技部	2022
109	科技部 住房城乡建设部关于印发《"十四五"城镇化与城市发展科技创新专项规划》的通知	国科发社〔2022〕320号	科技部、住房城乡建设部	2022
110	国防科学技术奖励制度改革方案	—	工业和信息化部、国防科工局	2018
111	工业和信息化部 国家发展和改革委员会 科学技术部 财政部 人力资源和社会保障部 中国人民银行国务院国有资产监督管理委员会 国家市场监督管理总局 中国银行保险监督管理委员会 国家知识产权局 中华全国工商业联合会关于开展"携手行动"促进大中小企业融通创新（2022—2025年）的通知	工信部联企业〔2022〕54号	工业和信息化部、国家发展和改革委员会、科学技术部、财政部、人力资源和社会保障部、中国人民银行、国务院国有资产监督管理委员会、国家市场监督管理总局、中国银行保险监督管理委员会、国家知识产权局、中华全国工商业联合会	2022
112	工业和信息化部 人力资源社会保障部 生态环境部 商务部 市场监管总局关于推动轻工业高质量发展的指导意见	工信部联消费〔2022〕68号	工业和信息化部、人力资源社会保障部、生态环境部、商务部、市场监管总局	2022
113	工业和信息化部关于加强和改进工业和信息化人才队伍建设的实施意见	工信部人〔2022〕138号	工业和信息化部	2022
114	工业和信息化部 教育部 文化和旅游部 国家广播电视总局 国家体育总局关于印发《虚拟现实与行业应用融合发展行动计划（2022—2026年）》的通知	工信部联电子〔2022〕148号	工业和信息化部、教育部、文化和旅游部、国家广播电视总局、国家体育总局	2022

续表

序号	文件名称	发文字号	发文部门	年份
115	财政部 国家税务总局关于中关村、东湖、张江国家自主创新示范区和合芜蚌自主创新综合试验区有关股权奖励个人所得税试点政策的通知	财税〔2013〕15号	财政部、国家税务总局	2013
116	关于印发《国家科技计划及专项资金后补助管理规定》的通知	财教〔2013〕433号	财政部、科技部	2013
117	关于扩大中央级事业单位科技成果处置权和收益权管理改革试点范围和延长试点期限的通知	财教〔2013〕306号	财政部	2013
118	财政部 人力资源和社会保障部关于印发《专业技术人才知识更新工程国家级继续教育基地补助经费管理办法》的通知	财行〔2014〕6号	财政部、人力资源和社会保障部	2014
119	财政部 国家税务总局 科技部关于中关村国家自主创新示范区有关股权奖励个人所得税试点政策的通知	财税〔2014〕63号	财政部、国家税务总局、科技部	2014
120	财政部 科技部 国家知识产权局关于开展深化中央级事业单位科技成果使用、处置和收益管理改革试点的通知	财教〔2014〕233号	财政部、科技部、国家知识产权局	2014
121	关于推广中关村国家自主创新示范区税收试点政策有关问题的通知	财税〔2015〕62号	财政部、国家税务总局	2015
122	关于印发《国有科技型企业股权和分红激励暂行办法》的通知	财资〔2016〕4号	财政部、科技部、国资委	2016
123	财政部 科技部关于印发《中央引导地方科技发展专项资金管理办法》的通知	财资〔2016〕81号	财政部、科技部	2016
124	关于印发《中央级公益性科研院所基本科研业务费专项资金管理办法》的通知	财教〔2016〕268号	财政部	2016
125	关于完善股权激励和技术入股有关所得税政策的通知	财税〔2016〕101号	财政部、国家税务总局	2016

附　录　科技人才相关政策文件列表（2013—2022年）

续表

序号	文件名称	发文字号	发文部门	年份
126	关于印发《高等学校哲学社会科学繁荣计划专项资金管理办法》的通知	财教〔2016〕317号	财政部、教育部	2016
127	关于完善中央单位政府采购预算管理和中央高校、科研院所科研仪器设备采购管理有关事项的通知	财库〔2016〕194号	财政部	2016
128	关于进一步做好中央财政科研项目资金管理等政策贯彻落实工作的通知	财科教〔2017〕6号	财政部、科技部、教育部、发展改革委	2017
129	关于科技人员取得职务科技成果转化现金奖励有关个人所得税政策的通知	财税〔2018〕58号	财政部、税务总局、科技部	2018
130	关于扩大国有科技型企业股权和分红激励暂行办法实施范围等有关事项的通知	财资〔2018〕54号	财政部、科技部、国资委	2018
131	关于进一步完善中央财政科技和教育资金预算执行管理有关事宜的通知	财库〔2018〕96号	财政部	2018
132	关于粤港澳大湾区个人所得税优惠政策的通知	财税〔2019〕31号	财政部、税务总局	2019
133	关于进一步加大授权力度　促进科技成果转化的通知	财资〔2019〕57号	财政部	2019
134	关于印发《中央引导地方科技发展资金管理办法》的通知	财教〔2019〕129号	财政部、科技部	2019
135	关于印发《国家科学技术奖励绩效评价暂行办法》的通知	财教〔2019〕228号	财政部、科技部	2019
136	关于海南自由贸易港高端紧缺人才个人所得税政策的通知	财税〔2020〕32号	财政部、税务总局	2020
137	关于印发《国家重点研发计划管理暂行办法》的通知	财教〔2021〕178号	财政部、科技部	2021
138	关于印发《国家自然科学基金资助项目资金管理办法》的通知	财教〔2021〕177号	财政部、国家自然科学基金委员会	2021
139	关于《中央级公益性科研院所基本科研业务费专项资金管理办法》有关问题的补充通知	财教〔2021〕203号	财政部	2021

续表

序号	文件名称	发文字号	发文部门	年份
140	关于印发《中央高校基本科研业务费管理办法》的通知	财教〔2021〕283号	财政部、教育部	2021
141	关于印发《中央高校建设世界一流大学（学科）和特色发展引导专项资金管理办法》的通知	财教〔2022〕242号	财政部、教育部	2022
142	国家百千万人才工程实施方案	—	人力资源社会保障部	2013
143	人力资源社会保障部 全国博士后管委会关于印发博士后创新人才支持计划的通知	人社部发〔2016〕33号	人力资源社会保障部、全国博士后管委会	2016
144	人力资源社会保障部关于加强基层专业技术人才队伍建设的意见	人社部发〔2016〕57号	人力资源社会保障部	2016
145	人力资源社会保障部关于印发人力资源和社会保障事业发展"十三五"规划纲要的通知	人社部发〔2016〕63号	人力资源社会保障部	2016
146	人力资源社会保障部关于支持和鼓励事业单位专业技术人员创新创业的指导意见	人社部规〔2017〕4号	人力资源社会保障部	2017
147	人力资源社会保障部关于印发人力资源服务业发展行动计划的通知	人社部发〔2017〕74号	人力资源社会保障部	2017
148	人力资源社会保障部关于印发《支持海南人力资源和社会保障事业全面深化改革开放的实施意见》的通知	人社部发〔2018〕72号	人力资源社会保障部	2018
149	人力资源社会保障部关于在工程技术领域实现高技能人才与工程技术人才职业发展贯通的意见（试行）	人社部发〔2018〕74号	人力资源社会保障部	2018
150	人力资源社会保障部 工业和信息化部关于深化工程技术人才职称制度改革的指导意见	人社部发〔2019〕16号	人力资源社会保障部、工业和信息化部	2019
151	人力资源社会保障部 中国民用航空局关于深化民用航空飞行技术人员职称制度改革的指导意见	人社部发〔2019〕19号	人力资源社会保障部、中国民用航空局	2019
152	人力资源社会保障部 科技部关于深化自然科学研究人员职称制度改革的指导意见	人社部发〔2019〕40号	人力资源社会保障部、科技部	2019

续表

序号	文件名称	发文字号	发文部门	年份
153	人力资源社会保障部 中国社会科学院关于深化哲学社会科学研究人员职称制度改革的指导意见	人社部发〔2019〕109号	人力资源社会保障部、中国社会科学院	2019
154	人力资源社会保障部 中国外文局关于深化翻译专业人员职称制度改革的指导意见	人社部发〔2019〕110号	人力资源社会保障部、中国外文局	2019
155	人力资源社会保障部 农业农村部关于深化农业技术人员职称制度改革的指导意见	人社部发〔2019〕114号	人力资源社会保障部、农业农村部	2019
156	人力资源社会保障部 国家文物局关于进一步加强文博事业单位人事管理工作的指导意见	人社部发〔2019〕120号	人力资源社会保障部、国家文物局	2019
157	人力资源社会保障部 国家文物局关于深化文物博物专业人员职称制度改革的指导意见	人社部发〔2019〕122号	人力资源社会保障部、国家文物局	2019
158	人力资源和社会保障部关于充分发挥市场作用促进人才顺畅有序流动的意见	人社部发〔2019〕7号	人力资源社会保障部	2019
159	人力资源社会保障部关于深化经济专业人员职称制度改革的指导意见	人社部发〔2019〕53号	人力资源社会保障部	2019
160	人力资源社会保障部关于改革完善技能人才评价制度的意见	人社部发〔2019〕90号	人力资源社会保障部	2019
161	人力资源社会保障部 财政部关于实施职业技能提升行动"互联网+职业技能培训计划"的通知	人社部发〔2020〕10号	人力资源社会保障部、财政部	2020
162	人力资源社会保障部 教育部关于深化高等学校教师职称制度改革的指导意见	人社部发〔2020〕100号	人力资源社会保障部、教育部	2020
163	人力资源社会保障部关于进一步加强高技能人才与专业技术人才职业发展贯通的实施意见	人社部发〔2020〕96号	人力资源社会保障部	2021
164	人力资源社会保障部 财政部 国务院国资委 中华全国总工会 全国工商联关于印发《关于全面推行中国特色企业新型学徒制 加强技能人才培养的指导意见》的通知	人社部发〔2021〕39号	人力资源社会保障部、财政部、国务院国资委、中华全国总工会、全国工商联	2021

续表

序号	文件名称	发文字号	发文部门	年份
165	人力资源社会保障部关于印发人力资源和社会保障事业发展"十四五"规划的通知	人社部发〔2021〕47号	人力资源社会保障部	2021
166	人力资源社会保障部 国家卫生健康委 国家中医药局关于深化卫生专业技术人员职称制度改革的指导意见	人社部发〔2021〕51号	人力资源社会保障部、国家卫生健康委、国家中医药局	2021
167	人力资源社会保障部 教育部关于深化实验技术人才职称制度改革的指导意见	人社部发〔2021〕62号	人力资源社会保障部、教育部	2021
168	人力资源社会保障部 财政部 工业和信息化部 科技部 教育部 中国科学院关于印发专业技术人才知识更新工程实施方案的通知	人社部发〔2021〕73号	人力资源社会保障部、财政部、工业和信息化部、科技部、教育部、中国科学院	2021
169	人力资源社会保障部 工业和信息化部 国务院国资委关于印发《制造业技能根基工程实施方案》的通知	人社部发〔2022〕33号	人力资源社会保障部、工业和信息化部、国务院国资委	2022
170	人力资源社会保障部 财政部关于印发《国家级高技能人才培训基地和技能大师工作室建设项目实施方案》的通知	人社部发〔2022〕62号	人力资源社会保障部、财政部	2022
171	人力资源社会保障部关于实施人力资源服务业创新发展行动计划（2023—2025年）的通知	人社部发〔2022〕83号	人力资源社会保障部	2022
172	关于印发《国家适应气候变化战略2035》的通知	环气候〔2022〕41号	生态环境部、国家发展和改革委员会、科学技术部、财政部、自然资源部、住房和城乡建设部、交通运输部、水利部、农业农村部、文化和旅游部、国家卫生健康委员会、应急管理部、中国人民银行、中国科学院、中国气象局、国家能源局、国家林业和草原局	2022

续表

序号	文件名称	发文字号	发文部门	年份
173	交通运输部 科学技术部关于科技创新驱动加快建设交通强国的意见	交科技发〔2021〕80号	交通运输部、科学技术部	2021
174	交通运输部 科学技术部关于印发《交通领域科技创新中长期发展规划纲要（2021—2035年）》的通知	交科技发〔2022〕11号	交通运输部、科学技术部	2022
175	交通运输部 科学技术部关于印发《"十四五"交通领域科技创新规划》的通知	交科技发〔2022〕31号	交通运输部、科学技术部	2022
176	农业农村部 国家发展改革委 教育部 科技部 财政部 人力资源社会保障部 自然资源部 退役军人部 银保监会关于深入实施农村创新创业带头人培育行动的意见	农产发〔2020〕3号	农业农村部、国家发展改革委、教育部、科技部、财政部、人力资源社会保障部、自然资源部、退役军人部、银保监会	2020
177	农业农村部关于印发《"十四五"全国农业农村科技发展规划》的通知	农科教发〔2021〕13号	农业农村部	2022
178	关于印发医学科研诚信和相关行为规范的通知	国卫科教发〔2021〕7号	国家卫生健康委、科技部、国家中医药管理局	2021
179	国家卫生健康委关于印发"十四五"卫生健康标准化工作规划的通知	国卫法规发〔2022〕2号	国家卫生健康委	2022
180	国家卫生健康委关于印发"十四五"卫生健康人才发展规划的通知	国卫人发〔2022〕27号	国家卫生健康委	2022
181	国家减灾委员会关于印发《"十四五"国家综合防灾减灾规划》的通知	国减发〔2022〕1号	国家减灾委员会	2022
182	中国人民银行 科技部 银监会 证监会 保监会 知识产权局关于大力推进体制机制创新扎实做好科技金融服务的意见	银发〔2014〕9号	中国人民银行、科技部、银监会、证监会、保监会、知识产权局	2014
183	国家外国专家局 外交部 公安部 人力资源社会保障部关于进一步完善外国专家短期来华相关办理程序的通知	外专发〔2015〕176号	国家外国专家局、外交部、公安部、人力资源社会保障部	2015
184	国家外国专家局关于印发《外国专家短期来华相关办理程序实施细则（试行）》的通知	外专发〔2015〕186号	国家外国专家局	2015

续表

序号	文件名称	发文字号	发文部门	年份
185	国家外国专家局关于印发《外国文教专家经费管理暂行办法》的通知	外专发〔2016〕85号	国家外国专家局	2016
186	国家外国专家局关于印发《地方所属高等学校聘请外国专家项目管理办法》的通知	外专发〔2016〕120号	国家外国专家局	2017
187	国家外国专家局 公安部关于为境外非政府组织外籍工作人员办理工作许可等有关问题的通知	外专发〔2017〕124号	国家外国专家局、公安部	2017
188	国家外国专家局关于推进落实外国人才引进改革创新重要举措的通知	外专发〔2017〕167号	国家外国专家局	2017
189	国家外国专家局 外交部 公安部关于印发《外国人才签证制度实施办法》的通知	外专发〔2017〕218号	国家外国专家局、外交部、公安部	2017
190	国家海洋局 教育部关于联合印发《海洋人才港访问学者项目管理办法(试行)》的通知	国海发〔2014〕21号	国家海洋局、教育部	2014
191	中国科学院外籍青年科学家计划管理办法	科发际字〔2013〕31号	中国科学院	2013
192	中国科学院院士章程（修订稿）	—	中国科学院	2014
193	关于深入实施"中国科学院人才培养引进系统工程"的意见	科发人字〔2015〕64号	中国科学院	2015
194	中国科学院青年创新促进会管理办法	科发人字〔2015〕69号	中国科学院	2015
195	中国科学院创新交叉团队管理办法	科发人字〔2015〕70号	中国科学院	2015
196	中国科学院王宽诚率先人才计划管理办法	科发人字〔2015〕71号	中国科学院	2015
197	中国科学院关键技术人才管理办法	科发人字〔2015〕72号	中国科学院	2015
198	中国科学院率先行动"百人计划"管理办法	科发人字〔2015〕74号	中国科学院	2015

续表

序号	文件名称	发文字号	发文部门	年份
199	中国科学院青年科学家奖管理办法	科发人字〔2015〕75号	中国科学院	2015
200	中国科学院"西部之光"人才培养引进计划管理办法	科发人字〔2015〕77号	中国科学院	2015
201	中国科学院特聘研究员计划管理办法	科发人字〔2015〕89号	中国科学院	2015
202	中国科学院 科学技术部关于印发《中国科学院关于新时期加快促进科技成果转移转化指导意见》的通知	科发促字〔2016〕97号	中国科学院、科学技术部	2016
203	中国工程院院士增选工作实施办法	—	中国工程院	2014
204	中国工程院外籍院士增选工作实施办法	—	中国工程院	2014
205	中共中央组织部办公厅 人力资源社会保障部办公厅 国家外专局办公室关于为外籍高层次引进人才提供签证及居留便利备案工作有关问题的通知	人社厅函〔2014〕432号	中共中央组织部办公厅、人力资源社会保障部办公厅、国家外专局办公室	2014
206	关于深入组织实施创业带动就业示范行动的通知	发改办高技〔2021〕244号	国家发展改革委办公厅、教育部办公厅、工业和信息化部办公厅、人力资源社会保障部办公厅、农业农村部办公厅、国务院国资委办公厅	2021
207	中共教育部党组关于加快直属高校高层次人才发展的指导意见	教党〔2017〕40号	中共教育部党组	2017
208	中共教育部党组关于印发《"长江学者奖励计划"管理办法》的通知	教党〔2018〕51号	中共教育部党组	2018
209	中共教育部党组关于抓好赋予科研管理更大自主权有关文件贯彻落实工作的通知	教党函〔2019〕37号	中共教育部党组	2019
210	教育部办公厅关于做好2016年"三区"人才支持计划教师专项计划有关实施工作的通知	教师厅函〔2016〕2号	教育部办公厅	2016

续表

序号	文件名称	发文字号	发文部门	年份
211	教育部办公厅关于坚持正确导向促进高校高层次人才合理有序流动的通知	教人厅〔2017〕1号	教育部办公厅	2017
212	教育部办公厅等十四部门关于印发《职业院校全面开展职业培训 促进就业创业行动计划》的通知	教职成厅〔2019〕5号	教育部办公厅等十四部门	2019
213	教育部办公厅 农业农村部办公厅 中国科协办公厅关于推广科技小院研究生培养模式助力乡村人才振兴的通知	教研厅函〔2022〕2号	教育部办公厅、农业农村部办公厅、中国科协办公厅	2022
214	教育部办公厅 工业和信息化部办公厅 国家知识产权局办公室关于组织开展"千校万企"协同创新伙伴行动的通知	教科信厅函〔2022〕26号	教育部办公厅、工业和信息化部办公厅、国家知识产权局办公室	2022
215	教育部办公厅关于印发《新农科人才培养引导性专业指南》的通知	教高厅函〔2022〕23号	教育部办公厅	2022
216	教育部办公厅 国家知识产权局办公室 科技部办公厅关于组织开展"百校千项"高价值专利培育转化行动的通知	教科信厅函〔2022〕42号	教育部办公厅、国家知识产权局办公室、科技部办公厅	2022
217	国务院学位委员会 教育部 国家卫生和计划生育委员会 人力资源社会保障部 国家中医药管理局关于做好临床医学（全科）硕士专业学位授予和人才培养工作的意见（试行）	学位〔2013〕8号	国务院学位委员会、教育部、国家卫生和计划生育委员会、人力资源社会保障部、国家中医药管理局	2013
218	国务院学位委员会 教育部关于印发《专业学位研究生教育发展方案（2020—2025）》的通知	学位〔2020〕20号	国务院学位委员会、教育部	2020
219	科技部办公厅关于印发《国家科技专家库管理办法（试行）》的通知	国科办创〔2017〕25号	科技部办公厅	2017
220	科技部办公厅关于印发《落实〈中长期青年发展规划（2016—2025年）〉实施方案》的通知	国科办党委〔2017〕53号	科技部办公厅	2017
221	科技部办公厅关于做好在华外国专家防控新型冠状病毒疫情服务工作的通知	国科办专〔2020〕4号	科技部办公厅	2020

续表

序号	文件名称	发文字号	发文部门	年份
222	科技部办公厅关于开展科技人员服务企业专项行动的通知	国科办函智〔2020〕59号	科技部办公厅	2020
223	科技部办公厅 财政部办公厅 教育部办公厅 中科院办公厅 工程院办公厅 自然科学基金委办公室关于印发《新形势下加强基础研究若干重点举措》的通知	国科办基〔2020〕38号	科技部办公厅、财政部办公厅、教育部办公厅、中科院办公厅、工程院办公厅、自然科学基金委办公室	2020
224	科技部办公厅关于加快推动国家科技成果转移转化示范区建设发展的通知	国科办区〔2020〕50号	科技部办公厅	2020
225	科技部办公厅关于实施科技人员服务企业专项行动·湖北专项的通知	国科办智〔2020〕94号	科技部办公厅	2020
226	科技部办公厅关于营造更好环境支持科技型中小企业研发的通知	国科办区〔2022〕2号	科技部办公厅	2022
227	科技部办公厅 教育部办公厅 财政部办公厅 人力资源社会保障部办公厅印发《〈关于扩大高校和科研院所科研相关自主权的若干意见〉问答手册》的通知	国科办政〔2022〕5号	科技部办公厅、教育部办公厅、财政部办公厅、人力资源社会保障部办公厅	2022
228	科技部办公厅 贵州省人民政府办公厅关于印发《"科技入黔"推动高质量发展行动方案》的通知	国科办区〔2022〕87号	科技部办公厅、贵州省人民政府办公厅	2022
229	科技部办公厅 财政部办公厅 自然科学基金委办公室关于进一步加强统筹国家科技计划项目立项管理工作的通知	国科办资〔2022〕107号	科技部办公厅、财政部办公厅、自然科学基金委办公室	2022
230	科技部办公厅等关于允许在中关村国家自主创新示范区核心区（海淀园）的中央高等院校、科研机构及企事业单位等适用《北京市促进科技成果转化条例》的通知	国科办区〔2022〕116号	科技部办公厅、发展改革委办公厅、教育部办公厅、财政部办公厅、国资委办公厅、工业和信息化部办公厅、卫生健康委办公厅、人力资源社会保障部办公厅、中科院办公厅	2022

续表

序号	文件名称	发文字号	发文部门	年份
231	人力资源社会保障部办公厅关于印发《国家级高技能人才培训基地建设项目实施管理办法（试行）》的通知	人社厅发〔2013〕52号	人力资源社会保障部办公厅	2013
232	人力资源社会保障部办公厅关于印发《专业技术人才知识更新工程高级研修项目管理的办法》的通知	人社厅发〔2014〕70号	人力资源社会保障部办公厅	2014
233	人力资源社会保障部办公厅关于印发《专家服务基地建设管理办法》的通知	人社厅发〔2014〕72号	人力资源社会保障部办公厅	2014
234	人力资源社会保障部办公厅 农业部办公厅关于鼓励事业单位种业骨干科技人员到种子企业开展技术服务的指导意见	人社厅函〔2015〕28号	人力资源社会保障部办公厅、农业农村部办公厅	2015
235	人力资源社会保障部办公厅 财政部办公厅关于开展企业新型学徒制试点工作的通知	人社厅发〔2015〕127号	人力资源社会保障部办公厅、财政部办公厅	2015
236	人力资源社会保障部办公厅关于在部分职称系列设置正高级职称有关问题的通知	人社厅发〔2017〕139号	人力资源社会保障部办公厅	2017
237	人力资源社会保障部办公厅关于动员组织各类专家助力脱贫攻坚活动的通知	人社厅函〔2019〕69号	人力资源社会保障部办公厅	2019
238	人力资源社会保障部办公厅关于切实做好新型冠状病毒感染肺炎疫情防控期间技能人才评价有关工作的通知	人社厅函〔2020〕22号	人力资源社会保障部办公厅	2020
239	人力资源社会保障部办公厅关于支持企业大力开展技能人才评价工作的通知	人社厅发〔2020〕104号	人力资源社会保障部办公厅	2020
240	人力资源社会保障部办公厅关于印发《技能人才薪酬分配指引》的通知	人社厅发〔2021〕7号	人力资源社会保障部办公厅	2021
241	人力资源社会保障部办公厅关于印发《国有企业科技人才薪酬分配指引》的通知	人社厅发〔2022〕54号	人力资源社会保障部办公厅	2022
242	人力资源社会保障部办公厅关于进一步做好职称评审工作的通知	人社厅发〔2022〕60号	人力资源社会保障部办公厅	2022

续表

序号	文件名称	发文字号	发文部门	年份
243	农业农村部办公厅　教育部办公厅关于推介乡村振兴人才培养优质院校的通知	农办科〔2020〕15号	农业农村部办公厅、教育部办公厅	2020
244	农业农村部办公厅印发《关于深化农业科研机构创新与服务绩效评价改革的指导意见》的通知	农办科〔2021〕36号	农业农村部办公厅	2022
245	农业农村部办公厅关于加快推进种业基地现代化建设的指导意见	农办种〔2022〕11号	农业农村部办公厅	2022
246	关于印发《关于外国文教专家在华工作工资发放有关问题的指导意见》的通知	外专办发〔2014〕378号	国家外国专家局办公室	2014
247	关于印发《国家自然科学基金创新研究群体项目管理办法》的通知	国科金发计〔2013〕75号	国家自然科学基金委员会	2013
248	关于印发《国家自然科学基金国际(地区)合作交流项目管理办法》的通知	国科金发外〔2014〕15号	国家自然科学基金委员会	2014
249	关于印发《国家自然科学基金优秀青年科学基金项目管理办法》的通知	国科金发计〔2014〕38号	国家自然科学基金委员会	2014
250	国家自然科学基金委员会　财政部关于进一步完善科学基金项目和资金管理的通知	国科金发财〔2019〕31号	国家自然科学基金委员会、财政部	2019
251	国家自然科学基金委员会　科学技术部　财政部关于在国家杰出青年科学基金中试点项目经费使用"包干制"的通知	国科金发计〔2019〕71号	国家自然科学基金委员会、科学技术部、财政部	2019
252	中国科协　民政部印发《关于进一步推动中国科协学会创新发展的意见》的通知	科协发学字〔2020〕31号	中国科协、民政部	2020
253	中国科协　教育部　科技部等联合发布《关于支持青年科技人才全面发展联合行动倡议》	—	中国科协、教育部、科技部、共青团中央、中国科学院、中国工程院、国防科工局、国家自然科学基金委员会	2022